模板工程与滑模施工

卞广勇 吴 奎 郭延强 主编

文化发展出版社
Cultural Development Press

图书在版编目（CIP）数据

模板工程与滑模施工 / 卞广勇，吴奎，郭延强主编 . —北京：文化发展出版社有限公司，2019. 6

ISBN 978-7-5142-2600-3

Ⅰ．①模… Ⅱ．①卞… ②吴… ③郭… Ⅲ．①模板法工程②滑模板施工 Ⅳ．① TU755. 2

中国版本图书馆 CIP 数据核字（2019）第 053508 号

模板工程与滑模施工

主　　编：卞广勇　吴　奎　郭延强

责任编辑：李　毅　　　　　　责任校对：岳智勇
责任印制：邓辉明　　　　　　责任设计：侯　铮
出版发行：文化发展出版社有限公司（北京市翠微路 2 号　邮编：100036）
网　　址：www. wenhuafazhan. com　www. printhome. com　　www. keyin. cn
经　　销：各地新华书店
印　　刷：阳谷毕升印务有限公司

开　　本：787mm×1092mm　1/16
字　　数：414 千字
印　　张：22.25
印　　次：2019 年 9 月第 1 版　2021 年 2 月第 2 次印刷
定　　价：58. 00 元
Ｉ Ｓ Ｂ Ｎ：978-7-5142-2600-3

◆ 如发现任何质量问题请与我社发行部联系。发行部电话：010-88275710

编委会

作　者	署名位置	工作单位
卞广勇	第一主编	兖矿东华建设有限公司
吴　奎	第二主编	陕西恒驰建设工程有限公司
郭延强	第三主编	兖矿东华建设有限公司
张　珂	副　主　编	济宁市兖州区住房保障中心
孟宪洲	副　主　编	兖矿东华建设有限公司三十七处
陈开远	副　主　编	陕西恒驰建设工程有限公司
马　腾	编　　委	兖矿东华建设有限公司三十七处
萧金良	编　　委	兖矿东华建设有限公司
周文龙	编　　委	兖矿东华建设有限公司三十七处

在建筑施工技术中，模板被大面积、大规模地应用，故而模板施工技术占具着至关重要的地位，是保障建筑工程质量重要的基础性环节，是建筑施工不可分割的一部分，因此，严格地保障模板工程的质量至关重要。伴随着我国建筑工程行业日新月异的发展，建筑模板技术诞生并且崭露头角。1994年，我国建设部提出在建筑事业中广泛应用十种新技术，模板施工技术就是其中之一。之后，模板施工技术被大面积、大规模地应用。建筑模板技术作为重点推广的新技术之一，最主要的特点就是在增长建筑施工效益的同时，最大限度地保障了施工质量，弥补了我国建筑行业施工技术不足的缺漏，有效地促进了建筑事业的发展。近几年，我国成功自助研制了液压自动爬模技术，并得到了极大的推广应用，这标志着我国建筑工程进入了崭新的历史发展时期。

滑模施工技术是在高层建筑工程中被广泛推广并应用的施工技术，它属于会随着柱子本身高度而逐渐上升的一种滑模施工工艺，常被应用在筒层构筑物的施工过程中去。由于高层建筑本身常会受到现场堆放条件等各方面因素的限制，所以建议还是采用滑模施工技术施工。这种施工技术具有施工速度快、混凝土连续性比较好、表面非常光滑及没有施工缝等多种优势，而且它的施工过程比较安全，而且会将模板的损耗率降到最低。

本书在编写过程中参考了大量的国内、外专家和学者的专著、报刊文献、网络资料，以及模板工程与滑模施工的有关内容，借鉴了部门国内、外专家、学者的研究成果，在此对相关专家、学者表示衷心的感谢。

虽然本书编写时各作者通力合作，但因编写时间和理论水平有限，书中难免有不足之处，我们诚挚地希望读者给予批评指正。

《模板工程与滑模施工》编委会

目录
CONTENT

第一章 模板工程基础知识

钢筋混凝土工程是现代建筑工程中不可缺少的重要组成部分，按照施工方法不同其又分为装配式钢筋混凝土工程和现浇式钢筋混凝土工程。现浇式钢筋混凝土工程施工是在结构物的设计位置，现场制作结构（构件）的一种施工过程，由钢筋工程、模板工程和混凝土工程三部分组成。

现浇式钢筋混凝土工程施工，具有结构整体性强、抗震性能好、节约大量钢材、不需大型起重机械等优点，但也具有模板消耗量多、现场运输量大、劳动强度较高、施工影响因素多等缺点。

模板工程是钢筋混凝土结构工程的重要组成部分，特别是在现浇钢筋混凝土结构施工中占有非常重要的地位。模板是新浇筑混凝土结构或构件成型的模型，使硬化后的混凝土具有设计所要求的形状和尺寸；支撑部分是保证模板的形状和位置，并承受模板和新浇筑混凝土的重量及施工荷载。

第一节 混凝土模板的分类

模板工程是为满足各类混凝土结构工程成型要求的模板面板及其支撑体系（支架）的总称。工程实践证明：虽然模板是钢筋混凝土结构工程的一个分项工程，但也是一个工序复杂、内容广泛的系统工程，包括设计、选材、选型、制作、支模、浇筑监控、拆除模板和周转等全部施工过程。

随着现代化建筑工程的快速发展，对模板的性能和质量要求也越来越高，模板的种类也越来越多。建筑工程中对模板分类的方法，主要有：按制作材料不同分类、按结构类型不同分类、按模板功能不同分类、按模板形状不同分类、按组装方式不同分类、按施工方法不同分类和按模板位置不同分类等。

一、按制作材料不同分类

工程实践证明：在混凝土浇筑成型的施工过程中，很多材料都可以作为模板的材料。按制作材料不同，目前常见的有：木模板、钢木模板、覆（复）面木质胶合板模板、覆（复）面竹质胶合板模板、钢模板、塑料模板、铝合金模板、玻璃钢模板、压型钢板模板、钢筋混凝土模板、预制混凝土薄板模板、特种材料模板等。此外，还有一种以纸基加胶或浸塑制成的、各种直径和厚度的圆形筒模板和半圆筒模板，可以很方便地切割成使用长度，用于在墙板中设置各种管径的预留孔道和构造圆柱模板。

由于各方面的原因，传统的木模板和钢木模板已逐渐退出使用，大量应用的是复合胶合板模板、钢模板、铝合金模板、塑料模壳、玻璃钢模壳、压型钢板模板、钢筋混凝土模板和预制混凝土薄板模板等。

二、按结构类型不同分类

按混凝土结构类型不同，模板可分为：基础模板、梁模板、柱子模板、楼板模板、楼梯模板、电梯井模板、墙体模板、壳体模板、烟囱模板、桥梁模板、涵洞模板、隧道模板、筒仓模板、航道模板、河道模板和护壁模板等。

三、按模板功能不同分类

按模板的功能不同，可以分为：普通模板（普通混凝土成型要求的模板）、清水模板（清水混凝土成型要求的模板）、装饰模板（装饰混凝土成型要求的模板）、永久性模板（作为结构组成部分的混凝土模板）、带内保温层模板（模板的内保温层黏结于混凝土的外墙面上，成为外保温墙体的组成部分）和带外保温层模板（用于冬期施工要求的保温模板）等。

四、按模板形状不同分类

混凝土结构（构件）有各种各样的形状，使其成型的模板也应随之有不同形状。按模板形状不同，可以分为：平模（平面模板）、圆柱形模板、筒状模板、拱形模板、弧形模板、曲面模板、球面模板、箱形模板、壳形模板和异形模板等。

五、按组装方式不同分类

按组装方式不同，模板可分为：整体式模板（大模板）、组装整体式模板（用板件在地面拼装好、整体吊装的模板）、组装式模板（模板规格较小、用人工或简单机具直接安装的模板，如组合小钢模板）、现配式模板（即用面板和骨架材料直接剪裁配置的模板）和整体装拆式模板（如铰链模板）等。

六、按施工方法不同分类

按施工方法不同，模板可分为：现场装拆式模板（如梁模板、墙体模板等）、固定式模板（如土胎模、砖石胎模、混凝土胎模）和移动式模板（如飞模、滑升模板、爬升模板、提升模板、隧道移动式衬砌模板）等。

现场装拆式模板是按照设计要求的结构形状、尺寸及空间位置在施工现场组装，当混凝土达到拆除模板强度后即拆除模板，这种模板多用定型模板和工具式支撑。固定式模板是按照构件的形状、尺寸在施工现场或预制厂制作，然后涂刷隔离剂、浇筑混凝土，当混凝土达到规定的强度后，即脱模、清理模板，再重新涂刷隔离剂，继续制作下一批构件。移动式模板是随着混凝土的浇筑，模板可沿垂直方向或水平方向移动，直至混凝土结构或构件成型，这是一种最节省材料的模板。

七、按模板位置不同分类

按所处位置不同，模板可分为：边模板（侧模板）、角模板（阳角模板、阴角模板）、底模板、端模板、顶模板、洞口模板和节点模板等。

随着新结构、新技术、新工艺的广泛应用，模板工程也在不断发展，其发展方向是：构造上由不定型向定型发展，材料上由传统的木模板和钢模板向多种材料模板发展，功能上由单一功能向多功能发展。由于模板的快速发展，使钢筋混凝土结构模板逐渐实现定型化、装配化、工具化，不仅节约了大量钢材和木材，提高了模板的周转率，而且降低了工程成本，加快了工程进度。

近年来，在建筑工程中采用大模板、滑升模板、爬升模板等先进的施工工艺，以整间大模板代替普通模板进行混凝土墙板结构施工，不仅节约了模板材料，还大大提高了工程质量和施工机械化程度，甚至使模板本身也形成建筑体系，为高层和超高层建筑的快速度、高质量施工闯出一条新的道路。

第二节　模板系统的组成和要求

模板工程是混凝土结构工程的重要组成部分，特别是在现浇钢筋混凝土结构工程施工中起主导作用，不仅决定施工方法和施工机械的选择，而且直接影响混凝土结构的质量、工期和造价。

一、模板系统的基本组成

模板系统主要包括面板、支撑体系和紧固件三个部分（见表 1-1）。它是保证混凝土在浇筑过程中保持正确的形状和尺寸的模型，也是混凝土在硬化过程中进行防护和养护的工具。

表 1-1　模板系统的组成

项目	内容
模板面板	模板系统的面板是构成模板并与混凝土接触的板材，其质量如何直接关系到混凝土结构的形状和尺寸。我国建筑工程施工人员习惯将"面板"材料称为"模板"，实际上"面板"仅是模板的一个组成部分，是用于模板设计及受力分析的；当面板为木、竹胶合板或其他达不到耐水、耐磨、平整要求的材料时，其表面一般应需要做耐水、耐磨漆、涂料涂层或贴面，以满足表面平整光滑、易于脱模和提高使用寿命（周转次数）的要求
支撑体系	模板系统的支撑体系即模板的支架，系指在模板面板本身构造之外的、用于保持模板系统要求的形状、尺寸，同时起到分布、承受、传递模板系统荷载作用的杆件和支架体系。其中，保持模板系统形状和尺寸的杆（构、配件）件有：围箍、夹持件、支撑与拉结杆件和锁固件等。这些杆件应能可靠地承受浇筑混凝土时对侧模板产生的水平力作用，确保不出现模板开裂、模板鼓胀和其他明显变形
紧固件	模板系统中所用的紧固件，是进行模板安装和固定的重要部件，是确保混凝土结构形状、尺寸和顺利浇筑不可缺少的零件。模板紧固件的种类和规格很多，如螺栓、螺杆、接头连接件、螺母等

随着现代高层和超高层建筑的发展，对模板系统所用紧固件的要求也越来越高。目前，一种新型建筑模板紧固件已经用于混凝土工程，这种紧固件具有螺纹不易被混凝土粘污、不易受损伤，装拆省力、方便、快捷，容易存放，使用寿命长，节省材料、易于加工、成本较低等优点。

二、对模板的基本要求

为保证混凝土结构或构件在浇筑过程中保持正确的形状、准确的尺寸和相对位置，在硬化过程中进行有效的防护和养护，对于模板系统必须符合下列基本要求：

保证混凝土结构和构件各部位形状、尺寸和相互位置的正确性；具有足够的强度、刚度和稳定性，能可靠地承受新浇筑混凝土的自重、侧压力和施工荷载，以确保施工质量和施工安全；模板系统的组成要尽量构造简单、装拆方便，并便于钢筋的绑扎、安装和混凝土的浇筑；模板板条之间的接缝应当严密，不得出现漏浆现象，并能够多次周转使用，以达到降低工程造价的目的。

近年来，越来越多的工程要求建筑物的表面浇筑成清水混凝土，或对混凝土的表面有更高的要求。因此，对所用模板提出了更高、更新的要求：一是要求模板的面板具有一定的硬度和耐摩擦、耐冲击、耐酸碱、耐水及耐热等性能；二是要求模板板面面积大、重量较轻、表面平整，能够浇筑成表面平整光洁的清水混凝土，以达到装饰混凝土表面的设计要求。

第三节　模板施工前的准备工作

模板施工前的准备工作，是一项非常重要、不可缺少的技术性工作，不仅直接关系到模板和其他工程的施工质量，而且也关系到模板安装是否顺利和牢固，甚至还关系到施工人员的人身安全。因此，在模板工程正式施工前，必须按照设计要求做好一切准备工作。根据工程实践经验，模板施工前的准备工作主要有以下方面：

（1）在模板正式安装之前，首先应根据设计图纸对照所制作的模板是否符合要求，如果不符合要求应进行改正。在检查模板时，着重应当检查模板的形状、尺寸、强度、刚度、数量等方面。

（2）进行模板安装中心线和位置线的放线。首先用经纬仪将建筑物的轴线和边线定位，经反复校核无误后，方可进行模板的放线。在进行模板放线时，应先清理好施工现场，然后根据施工图用墨线弹出模板的内边线和中心线，墙模板要弹出模板的内、外边线，以便于模板安装和校正。

（3）做好建筑物标高的测量工作，这是安装模板非常重要的技术数据。即用水准仪把建筑物水平标高引测到模板安装位置，以此作为安装模板的依据。

（4）进行模板安装的找平工作，这是保证模板安装顺利和准确的基础。模板的底部应预先找平，以保证模板位置正确，并可防止模板底部漏浆。常用的找平方法是沿模板内边线用 1∶3 水泥砂浆抹平层；在模板正式安装之前，设置模板安装定位的基准。很多工程采用钢筋定位，即根据构件断面尺寸切割一定长度的钢筋，点焊在主筋上（以勿烧伤主筋断面为准），以保证钢筋与模板位置的准确。

（5）模板在进场后要堆在适宜的地方，堆放的场地应达到以下要求：根据施工现场总平面图确定模板堆放区、配件堆放区及模板周转用地等；堆放模板的场地应平整坚实、排水流畅。

（6）模板堆放场地一般宜采用厚度为 15cm 的 2∶8 灰土、上面铺设一层石子夯实而成，并以 2% 的坡度向排水沟方向找坡，堆放区四周再设置排水沟；模板堆放时如果需要重叠码放，其高度一般不超过 10 块，相邻的堆放区之间要留出通道，便于模板和配件的装卸，底层模板离地面 10cm。

（7）存放大模板应随时将自稳角调好，使自稳角度成 70° ~ 80°，模板的下部要垫上通长木方，面对面放置，防止倾倒；大模板存放必须将地脚螺栓提上来，长期存放的模板，应用拉杆连接绑牢。没有腿及单腿的大模板，必须存放在专用的模板插放架内，不得靠在其他模板或构件上。

（8）当模板堆放采取两块板面相对侧向放置时，应采取临时拉结的措施，以防止模板出现倾倒。模板的下部应用方木进行垫高，堆放模板的地面应按要求调整平整。

（9）当模板工程构造比较复杂，或高层建筑采用大模板及滑动模板时，施工前应进行施工组织设计，对模板工程施工方案进行专项设计。

（10）在模板工程正式施工前，应进行人员统筹安排和全面技术交底。现场设专职人员、专业施工班组负责对于模板的施工，要求熟悉模板平面图及模板设计方案，熟悉大模板的施工安全规定；在模板开始安装前，要按照模板设计图纸和数量表，清点运到现场的模板、穿墙螺栓、各种连接螺栓和一切配件，并要入库保存，以防止模板损坏和生锈，对支撑的调节丝杠、穿墙螺栓要涂抹润滑油，以便安装时顺利进行。

（11）在模板的安装中如果需要吊装机械，应对吊装机械进行全面检查。主要检查吊装机械的型号、起重量、起重高度和台数是否符合要求，同时还要检查吊装机械运转是否正常，以便及早进行调整和维修。

（12）由于模板安装和拆除属于高空作业，所以对高空作业需要配置的安全设施一定要齐全，并经检查合格。

（13）安装墙体外侧模板时，必须按设计交底要求搭好外防护架，及时安装好防护栏杆和安全网，安全网必须牢靠、封严。

第二章　木模板安装施工工艺

第一节　木模板的概述

木模板是混凝土浇筑施工中最常应用的模板之一，即将木材加工成木板、方木，然后根据设计计算组合而制成所需的模板。20世纪50年代以前，我国现浇混凝土结构所用的木模板，主要采用传统的手工拼装的木模板，其耗用木材量大，施工方法落后。

近些年来，在工程中出现了用多层胶合板做模板进行施工的方法。对于这种胶合板制成的模板，国家专门制定了《混凝土模板用胶合板》（GB/T17656—2008）的专业标准，对模板的尺寸、材质、加工都提出了具体要求。

用多层胶合板制作的木模板，具有加工成型比较容易、材质坚韧、不易透水、自重很轻等优点，浇筑出来的混凝土外观比较清晰、美观。

一、木模板的构造

木模板及其支撑系统，一般是在加工厂或现场木工棚制成元件，然后运至施工现场进行拼装。木模板主要的基本元件是拼板，拼板是由板条和拼条（木档）所组成。

板条一般为厚度25～50cm的板条，其宽度一般不宜超过200mm，以便保证板条出现干缩时缝隙比较均匀，浇水湿润后易于胀缝严密，受潮后板条又不产生翘曲。但梁底部的模板板条宽度不受此限制，这样可以减少模板的拼缝，防止产生严重漏浆。

拼板一般不宜太大，最大的拼板其重量以两个工人能顺利搬动为宜。当拼板的板条长度不够而需要接长时，板条的接缝应设在拼条处，并要相互错开，以保证拼板的刚度。拼条的截面尺寸一般为（25mm×35mm）～（50mm×50mm），拼条的间距应根据施工荷载的大小及板条的厚度而确定，一般取400～500mm。固定板条的钉子长度要适宜，一般应为模板厚度的1.5～2.0倍。也可以利用短小的木料拼钉在木边框或角钢制作的边框上，制成一定规格的定型木模板或定型钢木模板，充分利用边角木料，并可与以上所述的拼板联合使用。

二、木模板的特点

工程实践充分证明：并不是所有的木材都能制作木模板，通常采用的木材主要是不易变形的松木材（如红松、白松、落叶松、马尾松及杉木等），材质一般不低于Ⅲ等材。木材的含水率不宜过高，一般控制在12%～15%，以免模板的板条产生干裂而变形。当木材上有节疤、缺口等疵病时，在拼模板时应截去疵病的部分，对于不贯通截面的疵病部分可放在模板的反面。

木材属于软质材料，用来制作木模板具有制作容易、拼装随意的显著特点，尤其适用于外形比较复杂或异形的混凝土构件。在进行运输和吊装时质量较轻，安装时也比较方便、容易。当模板不合适进行改造时，也比较简单易行。此外，由于木材的导热系数较小，具有良好的保温性能，对低温下混凝土施工有一定的保温作用。但是，由于木材容易腐朽和损坏，使用寿命和周转次数不如钢材和塑料等材料；加上木材日趋稀少，价格逐渐升高，对工程造价有一定影响。

三、木模板制作要求

木模板在拼制时，板边应当找平刨直，拼缝应当严密，当混凝土表面不再进行粉刷时，板面应当刨光。制作木模板所用的板材和方材，要求四角方正、尺寸一致，圆材的最小头直径必须满足模板设计要求。

大模板所用的顶撑、横龙骨和围箍等，应选用坚硬、挺直的木料，其配置尺寸除必须满足模板设计的要求外，还应注意其通用性。木模板及支撑用材的规格可参考一些模板手册选用，必要时按《木结构设计规范》（GB50005）进行设计。

经过多年的摸索和试验，在传统木模板的基础上，我国一些模板生产厂家研制出了新型建筑木模板，成为当今比较先进的木模板。这种新型建筑木模板产品的主要特点是：

这种木模板是按照国家有关木模板标准生产的，并采用绿色环保专用胶精工制造，是一种环保型模板产品；这种木模板是在专业工厂中采用机械化生产的，具有形状标准、质量优良、价格低廉等特点；这种木模板防水、耐酸、耐碱性能均很好，在混凝土养护过程中遇水受潮不变形，高温煮10小时不开胶，如使用合理，可以周转使用20次以上；这种木模板幅面比较大，施工中模板的接缝较少，操作比较轻便，比钢模板支模、拆模的速度快；这种木模板较竹模板硬度低，钻孔、钉钉、锯边轻而易举，从而大大方便了施工，提高了施工效率；这种木模板的板面非常光滑，可减少或取消墙体抹灰作业，可以缩短装修工期，降低工程成本；这种木模板的导热系数小，在冬期混凝土施工中可改善混凝土的防冻性能，提高混凝土结构的施工质量。

第二节 现浇结构木模板的施工

在建筑工程和其他土木工程的施工中，可以用于现浇混凝土结构的木模板，是最常用的一种模板，常见的现场拼装的木模板主要有：基础木模板、柱子木模板、过梁木模板、楼梯木模板、楼板木模板和圈梁木模板等。

一、基础木模板

在建筑工程中常用的混凝土基础的形式有：带形基础、有地梁带形基础、阶梯形基础、杯形基础等。

1. 带形基础的木模板

带形的基础木模板构造非常简单，有的由侧板、斜撑和木桩等组成，也有的由侧板、平撑和垫板等组成。侧板采用拼板模板，其高度等于基础的阶高，斜撑的上端钉牢于侧板的木档上，下端钉牢于木桩上，木档的下端与木桩之间要设置平撑，以确保模板位置准确、固定牢靠、整体性好。

基础如果有基槽壁，可用平撑支撑侧板，平撑一端钉牢于木档上，另一端顶紧于基槽壁附加的垫板上。为确保侧板尺寸准确、不易变形，两侧板的上口应加若干搭头木。

2. 有地梁带形基础的木模板

有地梁带形基础的木模板构造比带形基础木模板复杂，主要由下阶侧板、横担、斜撑、木楔、垫板和木桩等组成。下阶侧板的高度等于下阶混凝土基础的高度，用斜撑、平撑与木桩加以固定。下阶基础的上部为地梁，地梁的侧板是利用木档及斜撑悬挂于水平横担之下，横担两端的下部垫以木楔及垫板，垫板置于地面上，如果敲打垫板上的木楔，可以适当调整地梁的标高。

3. 阶梯形基础的木模板

阶梯形基础的木模板构造与杯形基础木模板不同，主要由上阶侧板、下阶侧板、斜撑、平撑和木桩等组成。下阶侧板与木桩之间设置斜撑及平撑，上阶侧板的其中两面侧板的最下边一块拼板应当加长，并用木档加以钉固。

4. 杯形基础的木模板

杯形基础的木模板是独立柱子的基础模板，主要由下阶侧板、上阶侧板、杯口模、轿杠、斜撑、平撑、木桩等组成。

木模板中的下阶侧板与木桩之间用斜撑及平撑进行固定，上阶侧板的两侧外面钉上轿杠，轿杠两端搁置于下阶侧板的上口，并用木档加以固定。

杯口模是杯形基础的木模板主要部分，由侧板、手把、上口框、下口框等组成。为便于杯口模的固定和拆除，其两侧设置手把，手把搁置于上阶侧板的上口，并用木档加以固定。杯口模底部没有底，这样杯口底处的混凝土容易捣密实。杯口模的上口宽度应比柱子脚的宽度大 100 ~ 150mm，下口宽度应比柱子脚的宽度大 40 ~ 60mm，杯口模安装底标高应比基础杯口底标高低 20 ~ 30mm。

在安装轿杠时，其底面不得超出上阶侧板的底面。基础木模板中所用的侧板厚度，一般为 25 ~ 30mm，木档的间距、断面尺寸和钉固方法，应根据基础阶的高度而确定，实际工程中可参考表 2-1 中的数据。

表 2-1　基础侧板所用木档的标准和钉固方法

基础阶高（mm）	木档间距（mm）	木档断面面积（mm）	木档钉固方法
300	500	50 × 50	—
400	500	50 × 50	—
500	500	50 × 75	平摆
600	400 ~ 500	50 × 75	平摆
700	400 ~ 500	50 × 75	立摆

工程实践证明：普通钢筋混凝土独立基础或条形基础的特点，主要是其高度不大而体积较大。基础模板一般直接支撑或架设在基槽（或基坑）的土壁上，如果基槽中的土质良好，基础的最下一级可以不用模板，直接浇筑于原槽中。

二、柱子木模板

在建筑工程中普通钢筋混凝土柱子的最大特点，主要是断面尺寸不大但其高度较高。柱模板的构造和安装，主要应考虑保证垂直度及有效抵抗新浇筑混凝土的侧压力，同时还要考虑浇筑混凝土前清理模板内的杂物和绑扎钢筋的方便。柱子模板的拼装是由两块相对的内拼板，夹在两块外拼板之间而组成的。

柱模板的底部应设置清扫孔，以便清理落入模板内的杂物。沿模板高度每隔 2m 设置一个浇筑孔，以便使混凝土从不同高度浇入模板内。柱子模板底部一般应有一个固定在底部支撑面上的小木框，用于固定柱子模板的平面位置。为承受混凝土的侧压力，柱子模板的外侧要设置一定数量的柱子箍，柱子箍一般为木制、钢制或钢木制作。柱箍间距与混凝土侧压力大小、拼板厚度等有关。由于新浇筑的混凝土侧压力分布是下部大上部小，因此柱子模板下部的柱子箍应当稠密些。柱模板顶部根据需要开设与梁模板连接的缺口。

在安装柱模板之前，首先应绑扎好柱子钢筋，测出标高并标在钢筋上，同时在已浇筑的基础顶面或楼面上固定好柱子模板底部的小木框，在内外拼板上弹出中心线，根据柱边线及小木框位置竖立内外拼板，并用斜支撑加以临时固定，然后由顶部用垂球校正其垂直度。经检查无误后用斜支撑钉牢固定。同在一条轴线上的柱子，应当先校正两端的柱子模板，再从柱子模板上口中心线拉一铁丝，逐个校正中间的柱模。为加强柱子模板竖立后的稳定性，在各个柱子模板之间，还要用水平撑和剪刀撑相互拉结。

三、过梁木模板

在建筑工程中过梁的最大特点，主要是其跨度较大而宽度不大。由于在混凝土梁的施工中，梁底一般是架空的，混凝土对梁侧面模板有水平侧释力，对梁底模板有垂直压力，因此梁模板及其支架必须承受这些荷载的作用，同时不致于发生超过规范允许的过大变形。

过梁模板的组成是比较简单的，主要由底模、侧模、斜撑、水平拉条、夹木及其支架系统组成。

底模板用长条板和拼条拼装而成，有条件时最好用整块板条。为承受底模板以上的垂直荷载，在梁底模板的下面每隔一定间距（800～1200mm）用顶撑（琵琶撑）垂直顶住。用作顶部支撑的材料很多，可以用圆木、方木、钢管等制成。顶部支撑底部要加垫一对木质楔块（也称对拔榫），既可以用于调整顶部支撑的标高，也可以方便于梁模板的装拆。为使顶部支撑传下来的集中荷载均匀地传给地面，在顶部支撑下底要加铺木垫板。在多层建筑施工中，应使上下层的顶部支撑设置于同一竖直面上。

侧面模板是用长的板条和拼条组成，为承受混凝土的侧压力，保证梁的上下口尺寸符合设计要求，在梁的顶部支撑上部、侧面模板两边用夹木固定，上部用斜撑和水平拉条固定。单个梁的侧面模板一般拆除较早，因此，侧面模板应包在底模板的外侧。柱子的模板与梁的侧面模板一样可较早拆除，所以梁的模板也不应伸到柱子模板的开口内。同样，次梁模板也不应伸到主梁侧面模板的开口内，应充分考虑拆模的方便。如果梁或板的跨度等于或大于4m，应使梁或板的底模板有一定起拱，防止新浇筑混凝土的荷载使模板产生下挠，造成梁或板的中部受力不良。如果在设计中对起拱的高度无具体规定时，起拱的高度宜控制为梁跨度全长的1/1000～3/1000。

在进行梁模板安装时，下层楼板应达到足够的强度或具有足够的顶部支撑。首先，沿梁的模板下方楼地面上铺木垫板，在柱子模板缺口处钉上衬口档，把梁底板搁置在衬口档上，然后立起靠近柱子或墙的顶撑，再将梁的长度进行等分，逐个立中间部分的顶撑。在顶部支撑底下打入对拔楔，并随时检查垂直度、调整其标高，接着把梁的侧面模板放上，两头钉在衬口档上，在侧面模板的外侧铺钉夹木，再钉上斜支撑和水平拉条。

在进行主、次梁模板安装时，要待主梁模板安装并校正后，才能进行次梁模板的安装。梁模板安装后再拉中线进行检查，复核各个梁模板中心线位置是否正确。

四、楼梯木模板

图 2-1 所示为一整体浇筑钢筋混凝土楼梯模板。在进行楼梯模板安装时，一般应按照以下步骤进行：

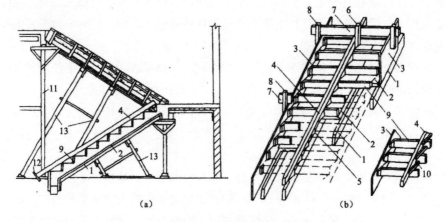

图 2-1　整体浇筑钢筋混凝土楼梯模板示意图

1—楞木；2—底模；3—边侧模；4—反扶梯基；5—三角木；6—吊木；7—横楞；
8—立木；9—踢脚板；10—顶木；11—立柱；12—木桩；13—斜撑

（1）在楼梯间的墙上按设计标高画出各楼梯段、楼梯踏步、平台板、平梁的位置，以便在安装中按图纸施工。

（2）先立平台梁、平台板的模板，然后在楼梯基础侧面板上钉上托木，楼梯模板的斜楞钉在基础梁和平台梁侧板外的托木上。

（3）在斜楞上面铺钉楼梯底模，在下面设置杠木和斜顶撑，斜顶撑的间距一般为 1.0 ~ 1.2m，并要用拉杆进行拉结。然后再沿着楼梯边立外帮板，用外帮板上的横档木、斜向支撑和夹木将外帮板钉固在杠木上。

（4）再在靠墙的一面把反三角板立起，反三角板的两端可钉固在平台梁和梯基的侧板上，然后在反三角板与外侧帮板之间逐块钉上踏步侧板，踏步侧板一头钉在外倒帮板的木档上，另一头钉在反三角板上的三角木块侧面上。如果梯段比较宽，应在梯段中间再加反三角板，以免发生踏步侧板凸肚现象。

（5）为了确保楼梯板的厚度符合设计的要求，在踏步侧面板下面可垫若干小木块，在浇筑混凝土时随时取出。

（6）现浇混凝土结构模板安装和预埋件、预留孔洞的允许偏差，应当符合现行规范中的有关规定；对于特种楼梯的模板（如旋转楼梯、悬挑楼梯等），要根据工程实际情况，进行专门的楼梯设计。

五、楼板木模板

楼板结构的最大特点是面积大而厚度较薄。楼板模板及其支架系统，主要承受钢筋、混凝土的自重及施工荷载，确保模板不产生变形。

楼板模板的底模用木板条式定型模板拼成，将木板条铺钉在楞木上。楞木搁置在梁模板外的托木上，楞木面加木楔进行调平，以满足钢筋混凝土板底部的设计高程。当楞木的跨度较大时，中间应当根据承载的实际情况加设立柱，在立柱上钉上通长的杠木。底模板应垂直于楞木方向铺钉，应按照、定型模板的尺寸规格调整楞木间距。当主、次梁模板安装完毕后，才可安装托木、楞木及楼板底模板。

六、墙体木模板

墙体木模板的构造比较简单，主要是由两片侧模板、对拉螺栓、横楞和竖楞等组成，每片模板由若干块平面模板拼成。

这些平面模板可以横向拼成或者竖向拼成，外面用竖、横钢楞加固，并用斜撑保持稳定，用对拉螺栓保持两片模板之间的距离（墙厚），并承受浇筑时混凝土的侧压力。

墙体木模板可以用散块进行拼装，即按照模板配板图由一端向另一端、由下向上逐层拼装，也可以在拼装平台上预拼成整片后，用吊具吊至设计位置进行安装。

墙的钢筋可以在模板安装前绑扎，也可以在安装好一侧模板后再绑扎钢筋，最后再安装另一边侧面模板。

墙体木模板也可以采用胶合板模板、组合钢模板，也可采用专制的大模板。墙体木模板在安装中的质量要求是：位置准确、墙宽正确、固定牢靠、墙体垂直、表面光洁、强度满足、刚度适宜、便于装拆。

七、圈梁木模板

圈梁木模板是砖混墙体结构中常采用的一种模板，这种木模板由横担、侧板、托木、夹木、斜撑、搭头木等组成。

横担是圈梁木模板中较大的杆件，承担着模板大部分荷载，它穿过墙体中的预留孔洞，两边伸出的长度一致。横担的截面尺寸一般为 70 ~ 100mm，其间距应根据截面尺寸、材料质量、承担荷载等进行选择和计算确定，一般为 1200 ~ 1500mm。横担一般可设置于圈梁底以下的第二皮砖处。

侧板立铺于各个横担上，侧板上部外侧钉托木。侧板下部外侧设置夹木，两条夹木钉固在横担上，并夹紧侧板。斜撑上端钉牢在托木之上，斜撑下端钉牢在横担上，沿着侧板的长度方向，在侧板上口钉若干根搭头木，以保持圈梁的宽度一致。

第三节 预制构件木模板的施工

预制构件木模板是木模板的常见生产形式，对于快速度、高质量进行混凝土施工，具有非常重要的作用。在建筑工程中所用的预制构件木模板很多，常见的有预制普通柱子木模板、预制 I 形柱子木模板、预制 T 形梁木模板和预制薄腹梁木模板等。

一、预制普通柱子木模板

预制普通柱子木模板的构造比较复杂，主要由底板、侧板、横担、托木、斜撑、夹木、木楔、垫板、搭头木等组成。

底板和侧板是柱子成型的模板，底板平铺于横担上，侧板立铺于横担上。侧板上部外侧钉托木，侧板底部外侧设置夹木，两侧夹木应牢固地钉于横担上。斜撑的上端应钉在托木上，斜撑的下端应钉牢于横担上。横担下面垫以木楔及垫板。在侧板上口应钉若干根搭头木。

如果预制柱子需要叠层生产，则上层柱子的侧板宽度应比柱子宽度大 50mm 以上，并将侧板的木档加长，作为侧板的支脚。

二、预制 I 形柱子木模板

预制 I 形柱子木模板的构造比预制普通柱子更加复杂，主要由底板、侧板、上芯模、下芯模、横担、托木、夹木、斜撑、木楔、垫板、搭头木等组成。

底板平铺于横担上，侧板立铺于横担上。侧板上部外侧钉托木，侧板底部外侧设置夹木，两侧夹木应牢固地钉于横担上。上芯模钉在搭头木上，下芯模钉在底板上。斜撑的上端应钉在托木上，斜撑的下端应钉牢于横担上。横担下面垫以木楔及垫板。在侧板上口应钉若干根搭头木（连同上芯模）。

为了浇筑混凝土方便，上芯模只有两侧斜向板，底板模在混凝土浇至上芯模底部时安放。

三、预制 T 形梁木模板

预制 T 形梁木模板的构造也是比较复杂的，主要由底板、侧板、立档、横担、托木、夹木、斜撑、木楔、垫板、搭头木等组成。

底板平铺于横担上，侧板立铺于横担上。侧板上部外侧钉托木，侧板底部外侧设置夹木，两侧夹木应牢固地钉于横担上。斜撑的上端应钉在托木上，斜撑的下端应钉牢于横担上。为保持侧板的形状不变，在侧板的外侧应设置立档，立档可用木板拼制，其间距一般不超过 1m。横担下面垫以木楔及垫板。

如果 T 形梁在水泥地面上预制，可省去底板、横担、木楔和垫板等。夹木及斜撑的下端均可钉牢于水泥地面中预埋的木砖上。

四、预制薄腹梁木模板

预制薄腹梁木模板的构造，与预制 I 形柱子木模板的构造基本相同。主要由底板、侧板、上芯模、下芯模、横担、托木、夹木、斜撑、木楔、垫板、搭头木等组成。

底板及下芯模平铺于横担上，侧板立铺于横担上。侧板上部外侧钉托木，侧板底部外侧设置夹木，两侧夹木应牢固地钉于横担上。上芯模钉在搭头木上，斜撑的上端应钉在托木上，斜撑的下端应钉牢于横担上。横担下面垫以木楔及垫板。在侧板上口应钉若干根搭头木（连同上芯模）。

为了浇筑混凝土方便，上芯模只有两侧斜向板，底板模在混凝土浇至上芯模底部时安放。搭头木的形状应符合构件形状。

第三章 钢模板与大模板施工工艺

第一节 钢模板施工工艺

钢模板又称组合式钢模板，是现浇混凝土结构施工常用的模板类型之一，具有通用性较强、装拆很方便、周转次数多、成型质量高等特点。用钢模板进行现浇混凝土结构施工，既可以事先按设计要求组装成整体大型模板，也可以根据结构形状采用散安装、散拆除的方法。

一、钢模板的结构构造

组合式钢模板自 20 世纪 70 年代引进，在我国大力推广应用，并获得了迅速发展。目前，我国生产的组合式钢模板已达 125 种以上，年生产能力接近 1000 万 m^2，已成为我国现浇混凝土结构模板工程中的主导模板。但是，随着社会不断进步，科学技术的不断提高，人们对于自身生存环境的重视，以及环保意识的增强，对建筑施工也提出了更新、更高的要求。组合式钢模板由于其单位面积重量大不易操作，与混凝土亲和力强拆除比较困难、施工噪声大、影响文明施工等缺陷的充分暴露，使得钢模板的更新换代已迫在眉睫。

1. 钢模板构造与种类

组合式钢模板的部件，主要由钢模板、连接件和支承件三个部分组成。钢模板是组合式钢模板的重要组成部件，一般采用 Q235 钢材制成，钢板的厚度为 2.5mm，对于大于或等于 400mm 宽面钢模板，应采用厚度为 2.75mm 或 3.00mm 的钢板制成。

不同的结构和部位，要采用不同的钢模板。所以，钢模板的类型很多，在建筑工程中常用的有：平面钢模板、阴角钢模板、阳角钢模板和连接钢角模板等。

除以上四种模板外，另外还有倒棱模板、梁腋模板、柔性模板、搭接模板、可调模板和嵌补模板等专用钢模板。

2. 钢模板的编码和规格

建筑工程常用的钢模板，平面模板其长度有 450mm、600mm、750mm、

900mm、1200mm、1500mm 和 1800mm 等，其宽度有 100mm、150mm、200mm、250mm、300mm、350mm、400mm、450mm、500mm、550mm 和 600mm 等，另外还有配套的阴角模板、阳角模板、连接角模、倒棱模板、梁腋模板、柔性模板、搭接模板、双曲可调模板和变角可调模板等。

二、钢模板常用配件简介

组合式钢模板常用配件，主要包括连接件和支承件，这是钢模板组装和固定不可缺少的配件。不同的配件具有不同的用途，并用于不同的部位。配件的数量、质量和规格如何，不仅关系到组合式钢模板的组合状况，而且关系到混凝土结构的施工质量和施工人员的安全。因此，必须重视钢模板配件的使用。

1. 组合式钢模板的连接件

组合式钢模板的连接件主要有：U 形卡、L 形插销、钩头螺栓、对拉螺栓、紧固螺栓和扣件等（见表 3-1）。

表 3-1　组合式钢模板的连接件

名称	内容
U 形卡（亦称为 U 形销）	主要用于钢模板纵向和横向的自由拼接，将相邻的钢模板夹紧固定，用于钢模板的 U 形卡其间距一般不大于 300mm，一般可每隔 1 个孔设卡
L 形插销	插入相邻模板端部横肋的插销孔，用以增强钢模板的纵向拼接刚度，确保模板接缝板面的平整，其直径为 12mm，长度一般为 345mm
钩头螺栓	主要用于钢模板与内外龙骨（钢楞）的连接固定，其长度有 205mm 和 180mm 两种，其间距一般不宜超过 600mm
对拉螺栓（亦称穿墙螺栓）	主要用于拉结两竖向侧模板，不仅组合墙体模板、保证两侧模板的间距，而且承受混凝土侧压力和其他荷载，确保模板有足够的强度和刚度
紧固螺栓	主要用于紧固内龙骨（钢楞）和外龙骨（钢楞），增强拼接钢模板的整体性和刚度
扣件	主要用于龙骨（钢楞）与钢模板或龙骨（钢楞）之间的紧固连接，与其他配件一起将钢模板拼装连接成一个整体，扣件应与相应的龙骨（钢楞）配套使用。按龙骨（钢楞）的不同形状，分别采用碟形扣件和 3 形扣件，扣件的刚度与配套螺栓的强度相适应。钢模板配套用扣件容许荷载见表 3-2

表 3-2　钢模板配套用扣件容许荷载

项目	型号	容许荷载（kN）
碟形扣件	26 型	26
	18 型	18

续表

项目	型号	容许荷载（kN）
3 形扣件	26 型	26
	12 型	12

2. 组合式钢模板的支承件

组合式钢模板的支承件，主要有龙骨（钢楞）、柱箍、梁卡具、钢支柱、早拆柱头、斜撑、桁架、钢管脚手支架等。

（1）龙骨（钢楞）

龙骨又称为钢楞，主要用于支承钢模板并加强模板的整体刚度。用于龙骨的材料很多，如 Q235 圆钢管、矩形钢管、轻型槽钢、内卷边槽钢和轧制槽钢等，可根据设计要求和供应条件进行选用。

（2）柱箍

柱箍又称为柱子卡箍、定位夹箍，主要用于直接支承和夹紧各类柱子模板的支承件，可根据柱子模板的外形尺寸和侧压力的大小进行选用。

（3）梁卡具

梁卡具又称为梁托架，是一种将大梁、过梁等钢模板夹紧固定的装置，并承受施工中的混凝土侧压力。梁卡具的种类较多，应用较多的是钢管型梁卡具、扁钢和圆钢管组合梁卡具。钢管型梁卡具适用于断面为 700mm×500mm 以内的梁；扁钢和圆钢管组合梁卡具适用于断面为 600mm×500mm 以内的梁。这两种梁卡具均用 Q235 钢制作，其高度和宽度都能进行调节，使用比较方便。

（4）钢支柱

钢支柱主要用于大梁、楼板等水平模板的垂直支撑，采用 Q235 钢管制作。按其结构不同，钢支柱有单管钢支柱和四管支柱等多种形式。

单管钢支柱分为 C-18 型、C-22 型和 C-27 型三种，它们的长度分别为 1812 ~ 3112mm、2212 ~ 3512mm 和 2712 ~ 4012mm。

（5）早拆柱头

早拆柱头是一种应用于建筑工程钢模板的配件，它主要由柱头上体、柱头下体、梁托和支承销等组成。柱头上体与柱头下体首尾相接并固定在一起，梁托则套在柱头上体上，并可沿柱头上体上、下移动。

在使用早拆柱头时，梁托向上移动到固定位置，然后由支承销固定。这时槽梁及模板就搭在梁托上，待混凝土强度达到设计强度的 40% 时，撤掉支承销梁托下移，就可拆除横梁及模板移作他用。混凝土则由柱头上体上的平板支撑。这样，横梁和模板的使用周期大大缩短，同时加快施工速度。

（6）斜撑

由组合式钢模板拼成的整片墙体模板或柱子模板，在模板吊装就位后，应当用斜撑来调整和固定模板位置，以确保模板的垂直度符合设计要求。

（7）桁架

用于组合式钢模板的桁架，主要有平面可调式桁架和曲面可变式桁架两种。平面可调式桁架是用于支承楼板、梁平面构件的模板，曲面可变式桁架是用于曲面构件的模板。平面可调式桁架采用扁钢、角钢和圆钢筋制成，由两榀桁架组合后，其跨度可在 2100 ~ 3500mm 范围内调整，一个桁架的总承载力可以达到 20kN。

曲面可变式桁架由桁架、连接件、垫板、连接板和方垫块等组成，主要适用于筒仓、沉井、圆形基础、明渠、暗渠、水坝、桥墩、挡土墙等侧向构件的曲面构筑物模板的支撑。桁架的承载力大小，主要取决于所用材料规格、制作质量和桁架的截面特征。

（8）钢管脚手支架

钢管脚手支架，主要用于层高较大的梁、板等水平构件模板的垂直支撑。根据钢管脚手支架的构造不同，可分为扣件式钢管脚手支架、碗扣式钢管脚手支架和框组式脚手架（门式支架）等。

3．组合钢模板及配件质量要求

（1）组合钢模板及配件加工制作要求

组合钢模板及配件加工制作质量，应符合国家现行标准《组合钢模板技术规范》（GB50214）中的要求；钢模板的槽板制作宜采用冷乳冲压整体成型的生产工艺，沿槽板纵向两侧的凸棱倾角，应严格按标准尺寸控制；钢模板的槽板边肋上的 U 形卡孔和凸鼓，宜采用一次冲孔和压鼓成型的生产工艺；为确保钢模板的制作质量，钢模板的组装焊接宜采用组装胎具定位及合理的焊接顺序；钢模板组装焊接后，对模板的变形处理宜采用模板整形机校正，当采用手工校正时，不得碰伤模板棱角，且板面不得留有锤敲击痕；钢模板及配件的焊接，当采用手工电弧焊时，应按照国家现行标准《手工电弧焊焊接接头的基本形式与尺寸》的规定，所选用焊条的材质、性能及直径大小，应与被焊物的材质、性能及厚度相适应。焊缝外形应光滑、均匀、不得有漏焊、焊穿和裂缝等缺陷，并也不得产生咬肉、夹渣和气孔等缺陷；U 形卡应采用冷加工工艺成型，其卡口弹性夹紧力不应小于 1500kN。U 形卡、L 形插销等配件的圆弧弯曲半径应符合设计图的要求，且不得出现非圆弧形的折角皱纹；各种螺栓连接件的加工，应符合国家现行有关标准的规定，连接件应进行表面镀锌处理，镀锌层厚度应为 0.05 ~ 0.08mm，镀锌层厚度和色彩应均匀，表面光亮细致，不得有漏镀缺陷。

（2）组合钢模板及配件质量标准

1）配件的制作质量标准。钢模板所用的配件均应进行随机抽样试验，符合要求才能用于工程中。U形卡试件进行试验后，不得有裂纹和脱皮等缺陷；扣件应按规定进行荷载试验；支柱和桁架也应按规定进行荷载试验。钢模板所用配件的制作质量标准应符合表3-3的要求。

表 3-3　配件的制作质量标准

项目		要求尺寸（mm）	允许偏差（mm）
U形卡	卡口宽度	6.0	±0.5
	卡口脖高	44	±1.0
	弹性孔直径	20	±2.0
	试验50次后的卡口残余变形	–	≤1.0
扣件	高度	–	±2.0
	螺栓孔直径	–	±1.0
	长度	–	±1.5
	宽度	–	±1.0
	卡口长度	–	+2.0，0
支柱	钢管的不直度	–	≤L/1000
	插管上端最大振幅	–	≤60.0
	顶板和底板的孔中心与管轴同轴度	–	1.0
	销孔对管径的对称度	–	1.0
	销孔插入套管的最小长度	≥280	–
桁架	上平面直线度焊缝长度	–	≤2.0
	焊缝长度	–	±5.0
	销孔直径	–	±1.0
	两排孔之间的平行度	–	±0.5
	长方向任意两孔中心距	–	±0.5
梁卡具	销孔直径	–	±1.0
	销孔中心距	–	±1.0
	立管垂直度	–	≤1.5

2）钢模板组装质量要求。钢模板组装质量标准应符合表 3-4 中的要求。

表 3-4　钢模板组装质量标准

项目	允许偏差（mm）
两块模板直径的拼接缝隙	≤ 1.0
相邻模板面的高低差	≤ 2.0
组装模板板面平整度	≤ 2.0
组装模板板面的长度尺寸	± 2.0
组装模板两对角线长度差值	≤ 3.0
—	—

三、组合钢模板的施工工艺

组合式钢模板的施工，是混凝土结构施工中的重要工序。根据工程实践证明：组合式钢模板的施工，主要包括钢模板施工设计、钢模板施工准备、钢模板安装固定、钢模板拆除工作和钢模板施工安全等。这里着重介绍后四者。

1. 钢模板施工准备

为使组合式钢模板准确、顺利、安全、牢固地安装在设计位置，在正式安装之前，应做好一切施工准备工作。

（1）支承模板的土壤地面应事先夯实整平，并做好防水、排水设置，准备好支承模板的垫木。

（2）模板要涂刷脱模剂。但对于凡是结构表面需要进行处理的工程，严禁在模板上涂刷油类脱模剂，以防止污染混凝土表面。

（3）在模板正式安装前，要向施工班组进行技术交底，并且做好工程样板，经监理和有关人员认可后，才能大面积展开。

（4）在模板正式安装前，要做好模板的定位基准工作，其工作步骤是：

①进行中心线和模板位置的放线。首先复核和引测建筑边柱或墙体的轴线，并以确定的这条轴线为起点，引出建筑的其他轴线。在进行模板放线时，根据施工图用墨线弹出模板的内边线和中心线，墙体模板要弹出模板的边线和外侧控制线，以便于模板安装和校正。

②做好模板安装位置标高的测量。用水准仪把建筑物水平标高根据实际标高的要求，直接引测到模板的安装位置。

③进行模板安装位置处的找平工作。模板安装的底部应进行预先找平，以保证模板位置正确，防止模板底部出现漏浆。找平的方法是：沿着模板边线用 1∶3 水泥

砂浆抹找平层；另外，外墙、外柱部位，在安装模板前，要设置模板承垫条带，并校正其平直度。

④设置模板定位的基准。传统的方法是按照构件的断面尺寸，先用同强度等级的细石混凝土浇筑 50 ~ 100mm 的导墙，作为模板定位的基准。另一种做法是采用钢筋定位，即墙体模板可根据构件断面尺寸，切割一定长度的钢筋焊成定位梯子支撑筋，绑（焊）在墙体的两根竖向钢筋上，起到支撑的作用，间距为 1200mm 左右；柱子模板可在基础和柱子模板上部用钢筋焊成井字形套箍，用来撑住模板并固定竖向钢筋，也可在竖向钢筋靠模板一侧焊一短钢筋，以保持钢筋与模板的位置。

（5）按照施工所需用的模板及配件，对其规格、数量和质量逐项清点检查，未经修复的部件不得使用。

（6）采取预组装模板施工时，预组装工作应在组装平台或经平整夯实的地面上进行，其组装的质量标准应达到表 3-5 中的要求，并按要求逐块进行试吊，试吊后再进行复查，并检查配件的数量、位置和紧固情况，不合格的不得用于工程；经检查合格的模板，应当按照安装程序进行堆放或装车运输。当采用重叠平放形式时，每层模板之间应当加设垫木，为使力的传递垂直，模板和木垫块都应当上下对齐，底层模板应离开地面不小于 10cm。在进行运输时，要避免模板碰撞，防止产生倾倒，应采取措施保证稳固。

表 3-5　钢模板施工组装质量标准　　　　　单位：（mm）

项目	允许偏差（mm）
两块模板之间的拼接缝隙	≤ 2.0
相邻模板面的高低差	≤ 2.0
组装模板板面平整度	≤ 2.0（用 2m 长平尺检查）
组装模板板面的长度尺寸	≤ 长度和宽度的 1/1000，最大 ± 4.0
组装模板两对角线长度差值	≤ 对角线长度的 1/1000，最大 ≤ 7.0

2. 钢模板安装固定

组合式钢模板安装固定，是其施工过程中的主要工序，对混凝土结构质量和施工安全起着重要作用。组合式钢模板安装固定主要包括：钢模板安装的基本要求和钢模板安装的操作工艺。

（1）钢模板安装的基本要求

为确保拼接模板所用的 U 形卡受力合理、卡接牢固，同一条拼接缝上的 U 形卡，不宜向同一个方向卡紧；墙体模板的对拉螺栓孔应平直相对，穿插螺栓时不得斜拉硬顶。钻孔应采用机具，严禁采用电焊和气焊灼孔；钢模板所用的龙骨（钢楞）宜尽量采用整根杆件，接头应错开设置，搭接长度不应少于200mm；对于现浇混凝土梁或板，当其跨度不小于4m时，模板应按设计要求起拱；当设计中无具体要求时，起拱的高度宜为其跨度的1/1000～3/1000；曲面混凝土结构可采用曲面可调模板，当采用平面模板组装时，应使模板面与设计曲面的最大差值不得超过设计的允许值；在进行合模之前，要检查构件竖向接槎处面层混凝土是否已经凿毛处理，是否达到设计要求；钢模板组装方法有单块就位组装和预组装两种。当采用预组装方法时，必须具备相适应的吊装设备和较大的拼装场地。

（2）钢模板安装的操作工艺

组合式钢模板可以任意进行组装，用于多种不同的混凝土结构施工。但不同的混凝土结构，钢模板安装的操作工艺各不相同。

柱子模板安装的操作工艺：

1）保证柱子模板的长度要符合模数，不符合模数要求的部分应放在节点部位处理；或以梁底标高为准，由上往下进行配模，不符合模数要求的部分应放在柱子根部位处理；柱子的高度在4m和4m以上时，一般应四面支撑。当柱子高度超过6m时，不宜单根柱子进行支撑，应将几根柱子同时支撑连成构架。

2）柱子模板根部要用水泥砂浆堵严，防止浇筑混凝土时跑浆；柱子模板的浇筑口和清理口，在配置模板时应一并考虑留出。

3）梁和柱子模板分两次安装时，在柱子混凝土达到拆模强度时，最上部一段柱子模板先保留不拆，以便于与梁模板进行连接。

4）柱子模板的清渣口应留置在柱脚的一侧，如果柱子的断面较大，为了便于内部的清理，也可以考虑两面留置。但在清理完毕后，必须立即封闭。

5）柱子模板安装就位后，立即用四根支撑或有张紧器花篮螺栓的缆风绳与柱子顶四角拉结，并校正其中心线位置和垂直度，经全面检查合格后，再群体固定。

梁模板安装的操作工艺：

1）梁柱接头模板的连接特别重要，往往是此类工程施工成败的关键，一般可用专门加工的梁柱接头模板。

2）梁模板支柱的设置，必须经过模板设计计算后决定，一般情况下采用双支柱时，间距以60～100cm为宜。

3）模板支柱纵横方向设置的水平拉杆和剪刀撑等，均应按设计要求布置：一般工程当设计中无规定时，纵横方向水平拉杆的上下间距不宜大于1.5m，纵横方向垂直剪刀撑的间距不宜大于6.0m；跨度大或楼层高的工程，必须认真进行设计和计算，尤其是对支撑系统的稳定性必须进行结构计算，按照设计要求精心施工。

4）当梁模板安装采用扣件式钢管脚手或碗扣式钢管脚手作为支架时，扣件一定要拧紧，杯口一定要紧扣，要复查扣件的扭力矩。横杆的步距要按设计要求设置。当采用桁架支模时，要按事先设计的要求设置，要考虑桁架的横向上下弦要设置水平连接，拼接桁架的螺栓一定要拧紧，数量一定要满足要求。

5）由于空调等各种设备管道安装方面的要求，需要在模板上预留孔洞时，应尽量使穿梁的管道孔分散，管道的间距应大于梁的高度，穿梁管道孔的位置应设置在梁中，以防止削弱梁的截面，影响梁的承载能力。

墙体模板安装的操作工艺：

1）在组装墙体模板时，要使两侧穿孔的模板对称放置，并确保孔洞对准，以使穿墙螺栓与墙体模板保持垂直。

2）相邻模板边肋连接所用的 U 形卡，其间距不得大于 300mm，预组装模板接缝处宜满上。

3）预留门窗洞口的模板应有一定锥度，安装一定要牢固，既不变形，又便于拆除。

4）墙体模板上预留的小型设备的孔洞，当遇到钢筋时，应设法确保钢筋位置正确，不得将钢筋挤向一侧，影响混凝土墙体结构的受力状态。

5）墙体模板优先采用预组装的大块模板，这种模板必须有良好的刚度，以便于模板的整体安装、拆除和运输。

6）墙体模板的上口必须在同一个水平面上，严格防止墙顶的标高不一样。

楼板模板安装的操作工艺：

1）当楼板模板采用立柱作支架时，从边跨一侧开始逐排安装立柱，并同时安装外侧钢楞（大龙骨）。立柱和外钢楞（大龙骨）的间距，应根据模板设计计算决定，一般情况下立柱与外钢楞（大龙骨）的间距为 600 ~ 1200mm，内钢楞（小龙骨）的间距为 400 ~ 600mm。待调平后即可铺设模板。

2）在模板铺设完毕经标高校正后，立柱之间应加设水平拉杆，以提高立柱的稳定性和模板支架的整体性，其道数应根据立柱的高度决定。一般情况下离地面 200 ~ 300mm 处设置一道，往上纵横方向每隔 1.6m 左右设置一道。

3）当采用桁架作支承结构时，一般是预先支好梁和墙体的模板，然后将桁架按模板设计要求，支设在梁侧面模板通长的型钢或方木上，调平并固定后再铺设模板。

4）当楼板模板采用单块就位组装时，宜以每个节间从四周先用阴角模板与墙体、梁模板连接，然后再向中间进行铺设。相邻模板的边肋应按设计要求用 U 形卡连接，也可以用钩头螺栓与龙骨（钢楞）连接，还可以用 U 形卡将模板预组装成大块，然后再吊装铺设。

5）当采用钢管脚手架作为支撑时，在立柱的高度方向每隔 1.2 ~ 1.3m 设置一道双向水平拉杆，以增强其刚度和稳定性。

6）为提高楼板模板的周转效率，要优先采用支撑系统的快拆体系。

楼梯模板安装的操作工艺：

1）楼梯模板与前几种模板相比，其构造是比较复杂的，常见的楼梯模板有板式和梁式两种，它们的支模工艺基本相同。

2）在楼梯模板正式安装前，应根据施工图和实际层高进行放样，首先安装休息平台梁模板，再安装楼梯模板斜楞，然后铺设楼梯的底模，安装外帮侧模粮和踏步模板。安装模板时要特别注意斜向支柱固定牢固，防止浇筑混凝大时模板产生移动。

3．钢模板拆除工作

钢模板的拆除工作，也是混凝土结构施工中的重要工序，如果拆除时间和方法不当，不仅会损坏混凝土结构的表面和棱角，而且也会造成对钢模板的损伤。因此，在钢模板的拆除过程中，应当注意如下事项：

钢模板拆除的顺序和方法，应当按照模板组装和拆除设计的规定进行，即遵循"先支后拆、先非承重部位、后承重部位、自上而下"的原则。在拆除模板时，严禁用大锤和撬棍硬性砸撬；当混凝土的强度大于 $1N/mm^2$ 时，先拆除侧面模板；承重模板的拆除，必须使混凝土达到设计规定的强度后才能进行；组合式的大模板宜大块整体拆除，一般不得再拆开拆除，大模板拆除要配备相应的吊装机械；钢模板的支承件和连接件应逐件拆卸，模板应按顺序逐块拆卸传递，拆除过程中不得损伤模板和混凝土；拆下的钢模板和各种配件，均应分类堆放整齐，附件应放在工具袋内。有条件的单位，对拆下的模板和配件应及时进行维修和保养。

4．钢模板施工安全

在组合式钢模板的整个施工过程中，很多是比较危险的操作，应切实做好安全工作，施工中应符合下列安全要求：

钢模板上架设的电线和使用的电动工具，应采用36V的低压电源或采取其他有效的安全措施。施工中的用电应符合《施工现场临时用电安全技术规范》（JGJ46—2005）中的规定。

施工人员登高作业时，各种配件应放在工具箱或工具袋中，严禁放在模板或脚手架上；各种工具应系挂在操作人员的身上或放工具袋内，不得掉落下面。

高耸建筑物施工时，应有可靠的防雷击措施，特别是在夏季雷雨天气下施工，应及早检查防雷击设施的可靠性。

高空作业人员严禁攀登组合钢模板或脚手架等上下，也不得在高空的独立梁、墙顶及其模板等上面行走；钢模板上的预留孔洞、电梯井口等处，应加盖或设置防护栏，必要时应在洞口处设置安全网。

在安装和拆除钢模板时，上下应有人接应，随拆除随转运，并要把活动部件固定牢靠，严禁随意堆放在脚手板上和任意抛掷；在安装和拆除钢模板时，必须采用稳固的登高工具，高度超过 3.5m 时，必须搭设脚手架，并按高空作业规程操作，操作人员必须挂上安全带。在安装和拆除钢模板过程中，除了操作人员外，下面一律不得站人。

在安装墙体和柱子钢模板时，应随时进行支撑固定，防止出现倾覆；对于预组装的钢模板的安装，应边就位、边校正、边安设连接件，并加设临时支撑稳固。

预组装的大模板在垂直吊运时，应采取两个以上的吊点；在水平吊运时，应采取四个吊点。吊点应进行应力计算，并要布置合理；预组装的大模板应整体进行拆除。在拆除时，首先挂好吊索并进行认真检查，然后拆除支撑及拼接两片模板的配件，待模板离开混凝土结构表面后再起吊。

在拆除承重钢模板时，应根据混凝土的强度和模板实际进行，必要时应先设立临时支撑，以防止突然整块坍落。

四、组合钢模板配板设计

1. 配板设计的基本原则

（1）在进行钢模板设计时，应力求保证模板对强度、刚度和稳定性的需要，保证构件的几何尺寸及相互位置的准确。

（2）组合钢模板的设计，宜选用大规格的钢模板为主板，以减少模板拼接的工作量，其他规格的钢模板作为补充。

（3）在绘制钢模板配板图时，应明确标出钢模板的位置、规格型号和数量。对于预组装的大模板，应标绘出分界线，以便顺利地进行拼装。

（4）组合钢模板预埋件和预留孔洞的位置，应在配板图上标注清楚，并注明其具体的固定方法。

（5）为增加组合钢模板的整体刚度和整体性，钢模板的长度方向接缝宜采用错开布置的方式。

（6）为设置对拉螺栓或其他拉筋，需要在钢模板的适当位置钻孔，应使钻孔的模板能多次周转使用，并应尽可能地在钢模板上钻孔。

（7）模板的支承系统应根据模板的荷载和部件的刚度进行布置。内钢楞的配置方向应与模板的长度方向相垂直，直接承受钢模板传递的荷载。其间距应根据荷载大小和钢模板的力学性能计算确定。外钢楞承受内钢楞传递的荷载或用于加强钢模板结构的整体刚度和调整平直度。

（8）内钢楞的悬挑长度不宜大于 400mm，支柱应着力在外钢楞上。

（9）对于一般柱子和梁的模板，宜采用柱箍和梁卡具作支承杆，对于面积较大的柱、梁，宜用对拉螺栓和钢楞；当模板端缝采取齐平布置时，一般每块钢模板应有两个支承点；采取错缝布置时，其间距可不受端缝位置的限制。

（10）支承系统应经过设计计算确定，保证其具有足够的强度、刚度和稳定性。当支柱或其节间的长细比大于 110 时，应按临界荷载进行计算，安全系数一般可取 3 ~ 3.5；在组合钢模板的支承系统中，对连续形式和排架形式的支柱应适当配置水平撑与剪刀撑，以保证其稳定；对于在同一工程中可多次使用的预组装模板，宜采用钢模板和支承系统连成的整体的模架。该整体模架可随结构及施工方式的不同而采用不同的构造形式。

2. 组合钢模板配板设计

（1）组合钢模板的设计步骤

根据施工组织设计对施工区段进行划分，同时对施工工期和流水作业作出安排，明确需要配板的模板数量；根据拟建工程的实际情况，制定模板的组装方法；根据以上所确定配模板的数量，按照施工图纸中梁、柱、墙、板等构件尺寸，进行模板组配设计；在以上各项工作的基础上，再确定支承系统的布置、连接和固定方法；进行夹箍和支撑杆等的设计计算和选配工作；确定预埋件的固定方法、管线埋设方法以及特殊部位的处理方法；将所需钢模板、连接件、支撑及架设工具等列表，以便进行备料。

（2）组合钢模板的组配方法

钢模板配板设计，除应当考虑工程实际情况外，所用的钢模板还应符合国家标准《组合钢模板技术规范》（GB50214—2001）中提出的钢模板规格。

在建筑工程中常用的钢模板长度有 1500mm、1200mm、900mm、750mm、600mm 和 450mm 六种，宽度有 300mm、250mm、200mm、150mm 和 100mm 五种。

模板横排合理方式的选用。当钢模板以 P3015 为主板，进行横向排列时，横向长度可以 150mm 为长度基本级差。

梁和柱的模板排列。对于梁和柱及条形基础模板等长条形的配模平面，模板的长度方向应按构件长度方向配置。

第二节　大模板施工工艺

大模板是一种工具式大型模板，是大型模板或大块模板的简称。这种模板配以相应的起重吊装机械，通过合理的施工组织，可以用工业化生产方式在施工现场浇筑混凝土墙体结构。

一、大模板的简介和分类

现浇钢筋混凝土结构的施工特点，就是在结构构件的设计位置进行构件的制作，这种施工方法工期较长，湿作业多，劳动条件较差，但现浇钢筋混凝土结构的整体性和抗震性好、耗钢量较少、施工方法较简单，因此，长期以来得到广泛采用。

现浇钢筋混凝土框架结构是将基础、柱、梁板等构件，在现场的设计位置浇筑成为整体的结构。这种结构的整体性较好，抗震性能较高，施工时主要由钢筋、模板、混凝土等多个工种相互配合进行。采用工具式模板机械化现浇施工，是实现建筑工业化的基本途径之一。目前被广泛应用于现浇框架结构、大模板法和滑升模板法施工中。

1. 大模板施工的工艺特点

采用大模板进行建筑施工的工艺特点是：利用工业化建筑施工的原理，以建筑物的开间、进深和层高的标准化设计为基础，以大模板为主要施工手段，以现浇钢筋混凝土墙体为主导工序，配以相应的施工机械，组织有节奏的均衡施工。

大量的工程实践充分证明：大模板这种施工方法的优点是模板装拆快、操作简单，劳动生产率高；节约大量木材和钢材，工程质量较好；墙面表面平整光滑，可减少装修抹灰的湿作业和用工量；结构整体性好，抗震性和抗风性强。由于用这种模板的工业化和机械化施工程度高，综合经济效益好，因而在剪力墙结构和框架剪力墙结构中得到广泛应用。大模板的主要缺点是：与一般传统模板方法相比，模板本身质量较重，用钢量及一次投资较大。

2. 大模板的基本分类

按照大模板的构造组合方式不同，一般可分为拼装式大模板、模数式大模板和整体式大模板三种（见表3-6）。

表3-6 大模板按构造组合方式分类

类别	内容
模数式大模板	模数式大模板是由模数制的小块标准板件装配而成。使用时，根据工程需要，用不同尺寸的标准板件进行组合，组装成所需各种尺寸和形状的大模板
整体式大模板	整体式大模板是整块模板的尺寸按照房间墙面的大小而确定的模板，在一般情况下，其高度等于建筑物的层高，长度一般等于房间的进深
拼装式大模板	拼装式大模板是将组成大模板的部件，根据所需要的尺寸和形状在施工现场进行拼装。其特点是模板可以解体和重新组装，以适应不同用途的需要

二、大模板的构造与组装

大模板是进行现浇剪力墙结构施工的一种工具式模板，一般配以相应的起重吊装机械，通过合理的施工组织安排，以机械化施工方式在现场浇筑混凝土竖向（主要是墙、壁）结构构件。其特点是：以建筑物的开间、进深、层高为标准化的基础，以大模板为主要手段，以现浇混凝土墙体为主导工序，组织进行有节奏的均衡施工。

为此，要求建筑和结构设计能做到标准化，以使模板能做到周转通用，降低工程造价。为了加强和满足模板的刚度、稳定性及施工操作上的需要，在大模板的背面上设有支撑结构和操作平台。

我国从 1974 年开始进行大模板建筑技术的研究，先后在北京、沈阳、上海、天津、大连和广州等地，陆续兴建了一批多层、高层住宅和宾馆、饭店，并于 1979 年 12 月通过了"大模板建筑成套技术"鉴定，荣获原国家建筑工程总局优秀科研成果一等奖，其中"内浇外砌多层抗震住宅建筑体系成套技术"，获得了全国创造发明奖。

1. 大模板的构造与组成

在建筑工程中所用的大模板，一般由面板、加劲肋、竖楞、支撑桁架、稳定机构及附件等组成。

（1）大模板的面板

大模板的面板是直接与混凝土结构接触的部分，其质量如何将直接影响拆除模板后的混凝土结构的质量。大模板对于面板的要求，从总体上讲必须达到表面平整、刚度适宜、安装简便、拆除容易、坚固耐用、比较经济等。

目前，在建筑工程中常用的大模板面板，主要有整块钢面板、组合钢模板组装面板、多层胶合板面板、覆膜胶合板面板、覆面竹材胶合板面板和高分子合成材料面板等。

（2）大模板的加劲肋

加劲肋的主要作用是固定面板，并把混凝土的侧压力传递给竖向楞。在建筑工程施工中，大模板的加劲肋一般采用 [65 角钢或者 [65 槽钢，其间距一般为 300 ～ 500mm。

（3）大模板的竖楞

大模板的竖向楞是穿墙螺栓的固定点，是模板中的主要受力构件，承受传来的水平力和垂直力，一般采用背靠背的两个 [65 槽钢和 [80 槽钢，竖向楞的间距一般为 1.0 ～ 1.2m。

（4）大模板的支撑桁架

大模板的支撑结构为型钢组成的桁架，与竖向楞用螺栓连接在一起，一般每块模板至少两道，在其上部安装操作平台，下部支点设有调整螺栓，用以调整模板的垂直度。支撑桁架的另一功能是保证模板在堆放时的稳定性，不致于在风荷载的作用下产生倾覆。

（5）大模板的穿墙螺栓

两片大模板组成一面墙体，按照墙体厚度可用穿墙螺栓进行固定。穿墙螺栓在适当位置的竖向楞上面设置三根，中部和下部两根螺栓应穿过墙面，上部螺栓可设在竖向楞的顶端，以免在面板上开孔。

2. 常用的几种大模板

在建筑工程中所用的大模板很多，按照结构形式的不同，常见的有桁架式大模板、组合式大模板、拼装式大模板、外墙式大模板和筒形大模板等。

（1）桁架式大模板

桁架式大模板是我国最早采用的工业化模板，在建筑工程中已取得成功的经验和良好的效益。这种大模板主要由板面、支撑桁架和操作平台组成；板面由面板、横向肋和竖向肋组成。在桁架的上方铺设脚手板作为操作平台，下方设置可调节模板高度和垂直度的地脚螺栓。桁架式大模板的通用性较差，主要适用于标准化设计的剪力墙施工。在进行墙体施工时，纵横墙需要分两次浇筑混凝土，同时还需要另外配角模板解决接缝问题。

（2）组合式大模板

组合式大模板是建筑工程中应用最广泛的一种模板形式。这种模板通过固定于大模板上的角模板，把纵横墙体的模板组装在一起，以便同时浇筑纵横墙的混凝土，并可以利用条形模板调整大模板的尺寸，以适应不同开间、进深尺寸的变化。组合式大模板由板面、支撑系统、操作系统和连接件等部分组合而成。

（3）拼装式大模板

拼装式大模板是将面板、骨架、支撑系统等，全部采用螺栓或销钉连接固定组装而成的大模板，这种大模板不仅比组合式大模板拆除和改装方便，而且还可以减少因焊接而产生的模板变形问题。拼装式大模板具有如下特点：

可以利用施工现场的常用模板、管架和部分型钢制作，节省大量的模板投资，从而可降低工程造价；模板系统的安装和拆除比较容易，可以在较短的时间内进行组装和拆除，从而可提高施工速度；拼装式大模板可以根据房间的大小拼装成不同规格的大模板，以适应开间、进深和轴线尺寸变化的要求；某钢筋混凝土结构施工完毕后，可以将拼装式大模板拆散另作他用，使模板材料重复使用，从而减少工程费用的开支。

拼装式大模板又可分为全拼装式大模板、用组合模板拼装大模板等形式。

（4）外墙式大模板

外墙式大模板的构造与组合式大模板基本相同。由于外墙面对垂直度和平整度的要求比内墙面更高，特别是清水混凝土或装饰混凝土外墙面，对外墙面的施工所用大模板的设计、制作也有着特殊的要求。

工程实践证明，对于外墙式大模板的设计和制作，主要应特别注意解决以下问题：

要认真解决外墙墙面垂直度、平整度、角部垂直方正和楼层层面的平整过渡，使这些方面均要符合设计要求；要很好地解决门窗洞口模板与外墙式大模板的固定连接问题，使两者连接牢固、位置准确，同时解决好门窗洞口的方正；如果外墙设计为装饰混凝土，要认真解决模板设计如何达到装饰的要求，同时还要解决好混凝土如何脱模的问题；外墙大模板面积较大，运输、吊装和安装均有一定难度，应当特别解决好外墙大模板如何进行安装的问题。

外墙式大模板常与门窗洞口模板连接在一起，因此，处于门窗洞口处的外墙式大模板，既要克服设置门窗洞口模板后大模板刚度受到削弱的问题，还要解决模板安装、拆除和混凝土浇筑问题，使浇筑的门窗洞口位置正确、形状方正、不产生变形、不出现位移，完全符合设计要求。

（5）筒形大模板

筒形大模板是将一个房间或电梯井的两道、三道或四道现浇墙体的大模板，通过固定架和铰链、脱模器等连接件，组成一组大模板群体。筒形大模板根据其结构不同，可分为模架式筒形大模板、组合式铰接筒形大模板和电梯井筒形大模板。

筒形大模板的主要优点是：可以将一个房间的模板整体吊装就位和拆除，从而大大减少了塔式起重机吊装次数，节约了大量的施工时间，不仅可以加快施工速度，而且模板的稳定性能好，一般不会出现倾覆；其主要缺点是自重较大，造价比较高，堆放时占用施工场地大，拆模时需落地，不易在楼层上周转使用。

筒形大模板的角部需用角形模板连接，为确保墙体的浇筑质量，在设计和安装角形模板时，要做到定位和尺寸准确，安装牢固，拆除比较方便，这样才能确保混凝土墙体的成形和表面质量。

最初在建筑工程中采用较多的是模架式筒形模板，它是采用一个钢架将固定四周的模板连成一个整体，在墙体部位用小角模板进行活动连接，从而形成一个筒形单元体。由于这种筒形大模板不易发生变形，能确保墙体的浇筑质量，所以在一些工程中仍然采用。但是，这种筒形大模板由于用材较多、自重较大、通用性差，目前已被其他形式的筒形大模板所代替。

经过多年的工程实践，在建筑工程中发明了组合式铰接筒形大模板、滑板平台骨架筒形模板、组合式提升筒形大模板和电梯井自动提升筒形模板等。

组合式铰接筒形大模板。组合式铰接筒形大模板，是以铰链式的角模板作为连接，各面墙体用钢框胶合板作为大模板。因此，组合式铰接筒形大模板，是由组合式模板组合成大模板、铰接式角模板、脱模器、横龙骨、竖龙骨、悬吊梁和紧固件等组成。

滑板平台骨架筒形大模板。滑板平台骨架筒形大模板，是由装有连接定位滑板的型钢骨架，将井筒四周的大模板组成一个单元筒体，通过定位滑板上的斜向孔与大模板上的销钉产生相对滑动，从而完成筒形大模板的安装和拆除工作。滑板平台骨架筒形大模板，主要由滑板平台骨架、大模板、角模板和模板支承平台等组成。

组合式提升筒形大模板。组合式提升筒形大模板，主要由模板、定位脱模架和底盘平台等组成，将电梯井内侧四面模板固定在一个支撑架上。在整体安装模板时，将支撑伸长，模板就可就位；在拆除模板时，吊装支撑架，模板收缩移位，脱离混凝土墙体，即可将模板连同支撑架一起吊出来。电梯井内底盘平台可以做成工具式，伸入电梯间筒壁内的支撑杆可以做成活动式，在拆除模板时将活动支撑杆缩入套筒内即可。

电梯井自动提升筒形模板。电梯井自动提升筒形大模板，与其他筒形大模板的主要区别是，将模板与提升机具、支架结合为一体，具有构造简单合理、操作比较简便和适用性能较强等特点，是电梯井混凝土结构施工中最为常用的模板。电梯井自动提升筒形大模板，由模板托架和立柱支架提升系统两大部分组成。

3. 大模板的组装形式

大模板施工主要用于民用建筑，板面的划分主要取决于房间的开间与进深尺寸。由于大模板的尺寸较大、构造复杂、一次性投资大，因此必须具有定型化、规格少、通用性强等特点，尽可能满足不同平面组合的要求，使其达到经济实用的效果。

大模板的组装方案取决于结构体系。在建筑工程施工中，大模板常用的组装形式主要有：平模板组装、小角模组装和大角模组装等。

（1）平模板组装

平模板组装方案的主要特点是按一墙面尺寸做成大模板，适用于"内浇外挂"或"内浇外砌"的结构。如果内外墙全部现浇混凝土，应当分两次进行浇筑，一般是先浇筑横向墙体，拆除模板后再安装纵向墙体模板并浇筑混凝土。

由于平模板组装方案装拆方便、加工简便、通用灵活、墙面平整、墙体方正，在大模板施工中是首选的组装方案。但是，这种组装方案工序多，同一作业面上占用时间长，纵向和横向墙体之间有竖直施工缝，墙体的整体性相对较差。

（2）小角模组装

为了使纵横墙体同时进行浇筑，以增加墙体的整体性，可在平模板的交角处附加一小角模，将四面墙体的平模板连接成为一个整体，这样纵横墙体可一次完成混凝土的浇筑工作。小角模模板方案是以平模板为主，转角处采用∟100×10的角钢。小角模模板方案的优点是：模板的整体性好，纵横墙体可同时浇筑混凝土，施工方便且速度快，增加了墙体的抗震性能。但是，小角模模板的拼缝多，加工精度要求高，模板安装比较困难，墙角方正不易保证，修补工作量较大，大部分工序靠人工操作，工人的劳动强度大。

（3）大角模组装

大角模组装方案，即一个房间四面墙的内模板用四个大角模组合而成，从而使内墙模板成为一个封闭体系。

大模板的两肢（即两边的平模板）可绕着铰链转角。沿着高度方向设置三道由∟90×9钢组成的支撑杆，作为大角模模板的控制机构。支撑杆用花篮螺栓与角部相连，正反转动花篮螺栓可改变两肢的角度，特别适用于全现浇的钢筋混凝土墙体。

大角模模板的宽度为1/2开间墙面的净宽度减去5mm。当四面墙体都用大角模模板时，进深墙面不足的部分，应当用平模板将其补齐。大角模模板的优点是：模板的稳定性很好，纵横墙体可以一起浇筑，墙体结构的整体性好。其缺点是：在模板相交处如组装不平整，会在墙壁中部出现凹凸线条，两块角模板的接缝不易调整，如果拼装偏差较大，墙面平整度则较差，造成维修比较困难，模板拆除也比较费劲。目前，在实际工程中很少采用这种组装方案，已逐渐被以平模板和小角模模板为主的构造形式所取代。

三、大模板的制作与维修

为确保大模板在工程中的准确性、实用性和经济性，在施工过程中必须按照有关规范进行认真设计，遵照有关标准进行精心制作，按有关规定进行必要维修，这些都是大模板工程不可缺少的工作。

1. 大模板的制作

大模板的制作是大模板施工中极其重要的环节，不仅关系到钢筋混凝土结构的质量，而且关系到工程投资的大小，还关系到施工人员的安全，因此，必须足够重视大模板制作工序的质量，必须符合设计对大模板的要求。

为确保大模板制作符合质量要求，在大模板正式加工前，必须认真审核设计图纸，明白制作的质量要求，核对模板的型号、数量、部位和加工要求，搞清连接件和穿墙螺栓的加工要求。

随着建筑工业化、标准化的发展，各种模板的设计和制作也逐渐走向专业化，很多已由专门生产厂家负责制作。尤其是对大模板的拼装接缝、角部模板的加工，进行了专门的研究改进，有的已采用数控机床进行加工，不仅加快了模板制作的速度，而且提高了模板加工的精度，有力地促进了大模板的推广应用。

（1）大模板制作工艺流程

由于大模板主要是由模板主体和配件两部分组成，所以其制作工艺流程也分为大模板主体加工工艺流程和大模板配件加工工艺流程。

1）大模板主体加工工艺流程

大模板去体是一个非常简单的板状结构，其加工工艺流程相应地也比较简单，一般可按图3-1所示的流程进行加工。

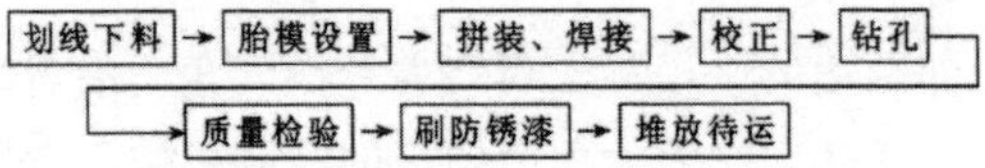

划线下料 → 胎模设置 → 拼装、焊接 → 校正 → 钻孔 → 质量检验 → 刷防锈漆 → 堆放待运

图3-1　大模板主体加工工艺流程

2）大模板配件加工工艺流程

大模板配件的加工，主要是指固定大模板所用的连接件和穿墙螺栓的加工，一般可按图3-2所示的流程进行加工。

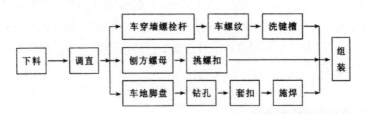

图3-2　大模板配件加工工艺流程

（2）大模板制作基本方法

采用正确的制作方法是确保大模板加工质量的关键。大模板制作的基本方法主要包括画线与下料、设置胎模板、拼装与焊接、钻孔与校正等。每个制作均有不同方法和严格要求，在制作时应按照要求认真操作，并要检验是否符合设计的要求。

1）画线与下料

在大模板制作之前，首先应根据设计图纸放好足尺寸的大样，做好比较标准的样板，并根据检查合格的样板进行画线、下料。在画线时要避开翘曲不平的边缘，要将型钢逐根铺开，统一画线后再进行切割，以防止逐根画线而产生的误差。当采用气割下料时，不能在线外切割，以避免出现下料过长。下料完毕后，要对下料型钢进行逐根调直。当钢板板面的接缝在横肋部位时，最好用剪板机进行剪切，然后用压边机压平。当采用电焊接缝时，必须将焊渣清除干净。

2）设置胎模板

为了确保大模板的精度，制作应在胎模板上进行。胎模板一般应设置两个，一个用于组装大模板的板面，另一个用于组装大模板的骨架。

为保证胎模板不产生变形，从而使组装的大模板符合设计要求，设置胎模板的场地必须坚实平整，并用27号和30号工字钢分两层互相垂直搭设，每层用水平仪加以抄平。下层工字钢的间距为2.5m，上层工字钢的间距为12m。面板胎模板的上层工字钢，要根据模板拼缝的位置，使钢板拼缝正好落在工字钢上。胎模板的平面尺寸应适宜，其宽度应能放置模板边框，其长度应能放置两块尺寸相同、正反对拼的模板。另外，胎模板应根据钢模板的骨架和面板的大小，用角钢或槽钢在周边进行镶挡，以便加工组装。为了使大模板出胎模板时方便，在镶挡之处可以放置垫块。

3）拼装与焊接

拼装是将大模板的板面和骨架分别进行组合，组合的方式一般采用焊接的方法。根据以上制作的方法步骤，钢板面和骨架分别在两个胎模板上拼接组装。

在组装骨架时，将正反模板骨架在同一侧放在一起。先将横肋放在胎模板上，并适当调整间距，以使板面的拼缝正好对着横肋。正反两块模板的骨架要同时进行组对，然后安装竖肋，并用卡具将竖肋、横肋与胎模板卡牢。

竖肋和横肋安装完毕，经检查确实无误，卡牢后可开始焊接。焊接应由两人从两侧同时进行，以减少焊接中产生的变形。同时要注意，骨架上的其他附件也应随之焊接。在焊缝冷却后，可将卡具放开，并调整平整度，以便进行板面的组装。

在组装板面时，应将经裁切比较平直的侧边用在拼缝处，然后用定位焊接方法进行固定。板面拼装每次可铺3~4层，然后将组对好的骨架放在板面上，并将骨架、钢板与胎模板用卡具卡紧，对于骨架不能紧贴板面之处，应进行认真校正，必须使两者贴紧。当校正确实无效时，可在空隙处用铁楔子塞紧，然后对称地进行施焊。

板面与骨架组装宜采用断续焊，通常每隔150~200mm焊接10mm的长度。在其周边焊接时，不准将焊缝高出板面，可采取在周边骨架上钻孔，在孔内施焊的方法。一般情况下，钻孔的直径为12mm，孔的间距为150mm。

板面与骨架焊接完毕后，要认真进行质量检查，合格后才能吊离开胎模板。同时将上卡子支座、吊环等焊上。对周边焊接不牢固者，要进行补焊，并将焊接产生的毛刺打掉。要特别注意的是：所有的吊环、挂钩件等必须采用热加工。

4）钻孔与校正

钻孔是大模板制作中的一个重要的工序，是进行大模板固定不可缺少的孔洞，即在设计位置钻出穿墙螺栓孔。在正式钻孔前，先将板面朝上平放，精确量出穿墙螺栓孔的位置，画出两条中心线后用电钻进行钻孔。

为了保证穿墙螺栓孔位置的准确，可先用较小直径的电钻钻孔定位，然后再用大直径电钻钻至要求的孔径。每块大模板在制作完毕后，都必须按设计图纸及加工质量标准进行严格检查，质量不合格者应进行返修。

在大模板制作的过程中，因焊接高温变形而产生翘曲，是大模板中一种最常见的质量缺陷。当变形超过允许偏差时，应当采取措施校正。校正的方法是：将两块翘曲的模板板面相对放置，四周用卡具将它们卡紧，在不平整的部位打入适宜的钢楔，在静置一段时间后，使其焊接产生的内应力消失，这样就可以达到调平的目的。

经过检查合格的大模板，要清除其表面的浮锈，均匀地涂刷上一层防锈漆，然后按照安装顺序进行编号，以便运至工地使用。

（3）大模板制作质量要求

大模板制作质量是否符合要求，不仅关系到浇筑的混凝土的质量，而且关系到施工人员的安全。因此，在大模板制作完毕后，必须按照现行的规范和标准严格进行检查验收。根据工程实践经验，在一般情况下，大模板的制作质量应符合以下规定：

加工大模板所用的各种材料和焊接材料，大模板的强度、刚度、形状、几何尺寸必须符合设计要求；各个焊接的部位必须确保焊接牢固，焊缝尺寸符合设计要求，不得出现漏焊、夹渣、开焊等质量缺陷；大模板焊接处的毛刺和焊渣，一定要清理干净，板面表面上的铁锈要认真清除，涂刷的防锈漆要均匀一致；大模板制作质量主要包括：表面平整、平面尺寸、对角线差和螺栓孔位置偏差等方面，其允许偏差和检查方法如表3-7所示。

表 3-7　大模板制作允许偏差和检查方法

检查项目	允许偏差（mm）	检查方法
表面平整	2	2m靠尺、楔尺检查
平面尺寸	长度 -2，高度 ±3	钢直尺检查
对角线差	3	钢直尺检查
螺栓孔位置	2	钢直尺检查

为方便大模板制作前的材料准备，表3-8中列出了组合式大模板制作钢材用量参考数值，供此类大模板制作时参考。

表3-8 组合式大模板制作钢材用量参考数值

开间尺寸（m）	模板使用部位	钢材用量（kg）			
		型钢	扁钢	钢板	总重
2.70	外墙模板	945.5	32.4	342.4	1321.3
2.70	内模板	553.4	24.5	273.4	851.3
3.30	外墙模板	948.2	38.2	403.8	1426.2
3.30	内模板	574.0	36.1	345.4	955.5
3.90	外墙模板	989.5	45.6	533.5	1586.6
3.90	内模板	627.6	36.1	417.5	1081.2
4.80	外墙模板	1172.1	60.1	641.2	1873.4
4.80	内模板	761.0	58.2	515.2	1334.4
5.10	外墙模板	1197.1	67.3	627.6	1937.0
5.10	内模板	782.7	64.2	560.4	1407.3
2.15	电梯井外模板	362.4	–	315.4	677.8
2.15	电梯井内模板	321.9		256.7	578.6

2. 大模板的维修

工程实践充分证明：大模板由于用钢量较大、一次性投资较多，所以要求其周转使用次数要在400次以上。但是，在使用的过程中，不可避免地会出现各种各样的损坏，这就需要加强对大模板的管理，及时做好维修和保养工作，以便减小摊销费用，降低工程的造价。

根据工程经验，大模板的维修保养工作，并不单纯指某次模板拆除后的修理，而是应当包括：大模板的日常保养、大模板的现场修理和大模板的规范保管等方面。

（1）大模板的日常保养

在大模板使用的过程中，应注意尽量不要碰撞损伤模板，运输中不要有过大的颠簸，拆除模板时不要任意强力撬砸，堆放时要防止出现倾覆。对于拆除下来的模板，必须及时清除模板表面的残渣和砂浆，并均匀地涂刷一层脱模剂。

对于大模板上所用的零件要妥善保管，螺母和螺杆要经常涂润滑油，以防止产生锈蚀。拆下来的零件不要乱丢，要随手放在工具箱内，并跟随大模板一块运走；当一个工程使用大模板完毕后，在转移到新的工程之前，必须对模板进行一次彻底清理，零件清理后要归类入库保存，对于损坏和丢失的零件应当一次补齐，易损件要按需要准备充足。

（2）大模板的现场修理

模板经过工程施工，很容易出现板面翘曲、凹凸不平、焊缝开焊、地脚螺栓折断、穿墙螺栓弯曲和护身栏杆弯折等情况，这些都是大模板在使用过程中的常见病和多发病，应根据实际情况在现场进行修理。在一般情况下，简易的修理办法是：

当板面出现翘曲时，可以按照板面制作方法进行修理；板面出现凹凸不平，一般常见部位是穿墙螺栓孔周围，产生的原因是：如果穿墙螺栓塑料套管不合适，则会出现凹凸不平。在进行修理时，将模板的板面向上放置，用磨石机将板面的砂浆和脱模剂打磨干净；如果焊缝出现开裂，先将焊缝中的砂浆和杂质清理干净，整平后再在横肋上增加几个焊点即可。当板面拼缝不在横肋上时，要用气焊边烤边砸，整平后全面补焊缝，然后用砂轮打磨平整。当周边部位出现开焊时，应当用卡子将板面与边框卡紧，然后按照要求再进行施焊；由于施工中有时会出现对模板的碰撞和撬动，容易使模板的角部出现变形。在进行修理时，先用气焊加以烘烤，并边烤边砸，使变形部位逐渐恢复原状；如果地脚螺栓损坏，应及时进行更换。如果护身栏杆弯折和断裂，应及时加以调直，断裂部位要立即焊牢；如果胶合板出现局部破损，可用扁铲将损坏处剔凿整齐，然后刷胶补上同样大小的胶合板，最后再涂上一层覆面剂；对于损坏和变形比较严重，在施工现场不能恢复原状的模板，应当运到专业工厂进行大修。

（3）大模板的规范保管

大模板的规范保管是大模板维修保养中不可忽视的工作，尤其是当工程不能连续进行，大模板需要存放一段时间时更加重要。为确保大模板在保管期间的质量，一般应做到以下几个方面：

模板拆除后应立即进行修理，以防止模板产生更大的损坏和变形。然后将模板上所黏结的混凝土及砂浆等清理干净，并均匀地涂刷一层防锈漆；维修好的模板要尽量存放在通风的仓库内，当露天进行存放时必须用防雨、防晒材料覆盖，千万不可雨淋和暴晒；大模板要分类进行存放，不可将骨架、板面和配件无次序地堆放在一起。有条件的要做到挂牌存放，牌上标明模板的类型、数量、尺寸、质量状况等；存放大模板的地基要坚实平整，最好要进行硬化处理。大模板的最底层要设置垫木，使模板离开地面，以便通风和防止水淹。

四、大模板的施工工艺

大模板的施工工艺，主要可分为内浇外挂施工、内浇外砌施工和内外墙全部现浇施工三种。这三种施工工艺各具有不同的特点和方法。

1. 内浇外挂施工工艺

内浇外挂施工工艺是建筑物外墙为预制钢筋混凝土板，内墙为大模板现浇钢筋混凝土承重墙，也是现浇与预制相结合的一种剪力墙结构。

内浇外挂施工工艺的特点是：外墙混凝土板在工厂预制时，保温层和外墙装饰层一般已完成，不需要在高空进行外墙的装修；内墙现浇可以保证结构的整体性。但是，这种施工工艺用钢量大、造价较高，且受预制厂生产的影响，墙板在运输、堆放中问题较多，吊装工程量大。

内浇外挂施工工艺流程如图3-3所示。

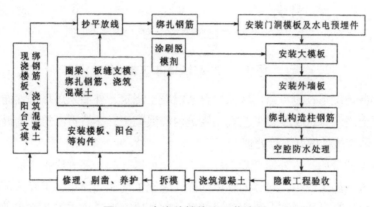

图3-3 内浇外挂施工工艺流程

2. 内浇外砌施工工艺

内浇外砌施工工艺与内浇外挂施工工艺不同，建筑物外墙为砖砌体或其他材料砌体，内墙为大模板现浇钢筋混凝土承重墙，外墙与内墙通过钢筋拉结成为一个整体，现浇内墙与外墙砌体也可采用构造柱连接。

内浇外砌施工工艺技术上比较简单，施工中容易操作，钢材和水泥用量比内外墙全部现浇、内浇外挂工艺都少，工程造价相应也比较低。但是，这种工艺手工作业多，施工速度慢，一般多用于多层建筑工程中。内浇外砌施工工艺流程示意图，如图3-4所示。

3. 内外墙全部现浇施工工艺

内外墙全现浇施工工艺，两者可以全部采用普通混凝土一次浇筑成形，然后用高效保温材料做外墙内保温处理，或内墙外保温处理，从而达到舒适和节能的目的。这是一种常用的传统施工工艺。

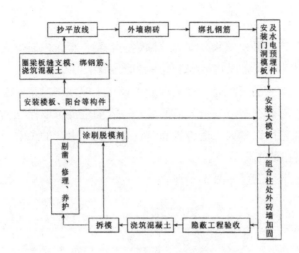

图 3-4　内浇外砌施工工艺流程

在一些情况下，也可以内墙采用普通混凝土浇筑，外墙采用热工性能良好的轻骨料混凝土浇筑。这种施工工艺宜先浇筑内墙混凝土，然后再浇筑外墙混凝土，并且在内外墙交接处做好连接处理。

工程实践证明，内外墙全现浇施工工艺，可以一起安装大模板并浇筑混凝土，这种施工方案施工缝少，墙体的整体性强，施工工艺比较简单，工程造价比较低，但所用的模板型号比较多，且周转比较慢。内外墙全现浇施工工艺流程示意图，如图 3-5 所示。

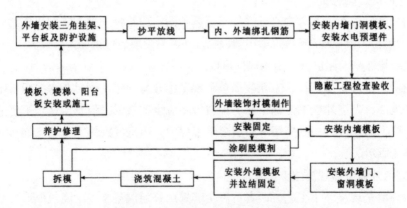

图 3-5　内外墙全现浇施工工艺流程

五、大模板的施工质量要求

用大模板浇筑的混凝土结构的质量如何，在很大程度上取决于大模板的本身质量和安装质量。因此，在大模板的安装过程中，必须严格按照施工规范的要求，认真进行操作，确保安装质量符合设计要求。

1. 大模板安装的基本要求

根据工程实践经验，对于大模板的安装，应当符合以下基本要求：

（1）大模板安装必须符合施工规范的要求，做到板面必须垂直、角部模板方正、位置十分准确、标高一定正确、两端确实水平、固定确保牢靠。

（2）模板之间的拼缝及模板与结构之间的接缝必须严密，不得出现漏浆现象。

（3）门窗洞口必须垂直方正、尺寸正确、位置准确。如果采用"先立口"的做法，门窗框必须固定牢固，连接紧密，在浇筑混凝土时不得产生位移和变形；如果采用"后立口"的做法，其位置必须准确，模板框架要牢固，并便于模板的拆除；在大模板安装前或安装后，必须按设计要求涂刷脱模剂，并要做到涂刷均匀、到位，不可出现漏刷。

（4）装饰性的里衬模板及门窗洞口模板的安装必须牢固，在外力的作用下不产生变形；对于双边大于的门窗洞口，在拆除模板后应加强支护，以防止发生变形。

（5）全现浇外墙、电梯井筒及楼梯间墙在支模时，必须保证上下层接槎顺直，不产生错台质量缺陷和漏浆。

2. 大模板安装的施工工艺

在建筑工程的大模板施工中，经常遇到内墙大模板的安装、外墙大模板的安装和筒形大模板的安装等。由于以上大模板的安装部位不同，所以它们的安装工艺也有所差别。为确保大模板的安装质量符合设计要求，应分别按以下步骤和做法进行安装。

（1）内墙大模板的安装工艺

在正式安装大模板之前，内墙中所配置的钢筋必须绑扎完毕，水电、管线等预埋管件必须安装到位，并且经过检查全部合格。内浇外砌的墙体在安装大模板之前，外墙砌筑、内墙绑扎钢筋和水电预埋管件的埋设等工序也必须完成，经过检查全部合格。

在正式安装大模板之前，必须做好模板安装部位的抄平和放线工作，并且在大模板下部抹好找平层砂浆，依据放线位置进行大模板的安装就位。

在安装大模板时，必须按照施工组织设计中规定的顺序，使逐块模板对号入座吊装就位。一般先从第二个房间开始，安装一侧内墙（横墙）模板并调整垂直，并放入穿墙螺栓和塑料套管后，再安装另一侧内墙（横墙）模板，经调整垂直和确定墙宽后，即可旋紧穿墙螺栓。横向墙的大模板安装完毕后，再安装纵向墙的大模板，并做到安装一间、固定一间。

在安装大模板过程中，关键要做好各节点部位的处理。主要包括：外（山）墙节点的处理、十字形内墙节点的处理、错位墙处节点的处理和流水段分段处的处理等。

外（山）墙节点的处理。外墙节点的处理，可采用活动式角模板；山墙节点的处理，可采用85mm×100mm木方解决组合柱的支模问题。外（山）墙节点模板安装如图3-6所示。

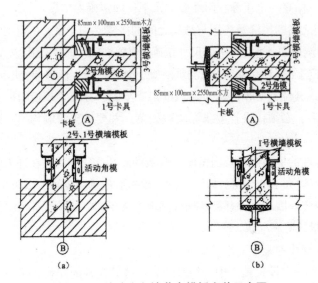

图3-6 外（山）墙节点模板安装示意图

十字形内墙节点的处理。十字形内墙节点的处理比较容易，可将纵向墙体和横向墙体大模板直接连接成为一体。

错位墙处节点的处理。错位墙处节点的模板安装比较复杂，既要使穿墙螺栓顺利进行固定，又要使模板的连接处缝隙严实，在浇筑混凝土时不在此处出现漏浆。

流水段分段处的处理。前一流水段在纵向墙体的外端采用木方作为堵头模板，可在后一流水段纵向墙体安装模板时用木方作为补模。

拼装式组合大模板，在安装前要认真检查各个连接螺栓是否齐全、拧紧，以保证模板的整体性和刚度，不使模板变形超过允许值。

大模板的安装必须保证位置准确、立面垂直。安装好的大模板可用双十字靠尺在模板背面检查其垂直度。当发现模板不垂直时，通过支架下的地脚螺栓可进行调整。模板的横向应水平一致，当发现模板不平时，也可通过支架下的地脚螺栓进行调整。

大模板安装后接缝部位必须严密，防止出现漏浆。当底部有空隙时，应用聚氨酯泡沫条、纸袋或木条塞严。但要注意不能将纸袋和木条塞入墙体内，以免影响墙体的断面尺寸。

每面墙体的大模板就位后，要拉通线对模板进行调直然后再进行连接固定。

（2）外墙大模板的安装工艺

内外墙现浇混凝土工程的施工，其内墙部分与内浇外板工程相同；但现浇外墙部分，其工艺有所不同，特别是采用装饰混凝土时，必须保证外墙表面光洁平整、图案新颖、花纹清晰、线条协调、棱角整齐。

在安装外墙大模板之前，必须安装三角挂架和平台板。首先利用外墙上的穿墙螺栓孔，插入"L"形连接螺栓，在外墙内侧放好垫板、旋紧螺母，然后将三角挂架钩挂在"L"形的螺栓上，再在三角挂架上安装平台板；也可以将三角挂架和平台板组装成一体，采取整体组装、整体拆除的方法。当"L"形连接螺栓需要从门窗洞口上侧穿过时，应防止碰坏新浇筑的混凝土。

在安装外墙大模板之前，要放好模板的位置线，保证外墙大模板就位准确。如果外墙面为装饰混凝土，应把下层竖向装饰线条的中线，引至外侧模板的下口，作为安装该层竖向的衬模板的基准线，以保证该层竖向线条的顺直。

在外侧大模板底面 10cm 处的外墙上，弹出楼层的水平线，作为内外墙体模板安装及楼梯、阳台、楼板等预制构件安装的依据。防止因楼板、阳台板出现较大的竖向偏差，造成内外侧大模板难以组合，也防止阳台处外墙水平装饰线条发生错台和门窗洞口错位等现象。

当安装外侧大模板时，应先使大模板的滑动轨道搁置在支撑挂架的轨枕上，并先用木楔将滑动轨道与前后轨枕定牢，在后轨枕上放入防止模板向模板倾覆的横向栓，这样才能摘除塔式起重机的吊钩。然后松开固定地脚盘的螺栓，用撬棍轻轻地拨动模板，使其沿滑动轨道滑至墙面设计位置。

待调整好模板的标高和位置后，使模板下端的横向衬模板进入墙面的线槽内，并紧贴下层的外墙面，防止出现漏浆。待大模板的横向及水平位置均调整好以后，方可拧紧滑动轨道上的固定螺钉，将大模板加以固定。

外侧大模板经过校正固定后，以外侧大模板位置为准，然后再安装内侧大模板。为了防止大模板产生位移，必须与内墙大模板进行拉结固定。其拉结点应设置在穿墙螺栓位置处，使作用力通过穿墙螺栓传递到外侧大模板，要特别注意防止拉结点位置不当而造成模板的位移。

当外墙采取后浇混凝土时，应在内墙的外端按设计要求留好连接钢筋，并用堵头模板将内墙的端部封严。

外墙大模板上的门窗洞口模板，是外墙大模板安装处理的重点，必须严格按设计图纸进行操作，做到安装牢固、垂直方正；装饰混凝土衬模板要安装牢固，在大模板正式安装前要认真进行检查，发现松动应及时进行修理，防止在施工中发生位移和变形，也防止在拆除大模板时将衬模拔出；大模板内镶有装饰混凝土衬模板时，宜选用水乳性脱模剂，不宜选用油性脱模剂，以免污染墙面，影响墙面的装饰效果。

（3）筒形大模板的安装工艺

筒形大模板按其组成和施工方法不同，可分为组合式铰接筒形大模板和自升式筒形大模板等，它们在安装过程中的工艺也是不同的。

组合式铰接筒形大模板的安装：

组合式铰接筒形大模板，应在坚实平整的场地上进行组装，组装经检查合格后才能进行安装。在组装时先由角部模板开始按顺序连接，并注意利用对角线找方正。首先安装下层模板，使其形成筒体，再依次安装上层模板，并及时安装横向龙骨和竖向龙骨，可用底脚螺栓进行调平。在安装脱模器时，必须特别注意四角和四面大模板的垂直度，可以通过放松或旋紧脱模器来调整模板位置，也可以用固定板先将复式角模板位置固定下来。当四个角都调整到垂直位置后，用四道方钢管将其围拢，再用方钢管卡固定，使铰接筒形大模板成为一个刚性的整体。铰接筒形大模板形成整体后，可进行上部悬吊撑架的安装，然后在撑架上铺设脚手板，以供施工人员在上面操作。对安装的铰接筒形大模板系统要进行必要的调试。调试时脱模器要收到最小限位，即角部移开 42.5mm，四面墙体模板可移进 141mm，待一切运行自如后再进行安装。组装成型的铰接筒形大模板，应达到垂直方正、符合标准的要求，每个角部模板两侧的板面要保持一致，误差不超过 10mm，两对角线长度之差不超过 10mm。

自升式筒形大模板的安装：

自升式筒形大模板主要适用于电梯井的施工，在施工的过程中可按以下方法和步骤进行安装：

1）在电梯井的墙壁绑扎钢筋后，即可安装筒形大模板。首先调整好各个连接部件，使这些连接部件均运转自如，并注意调整好水平标高和筒形大模板的垂直度，模板接缝处一定要严密。

2）当浇筑的混凝土强度达到 $1N/mm^2$ 时，即可进行脱模。通过花篮螺杆脱模器使模板产生收缩，模板逐渐脱离混凝土表面，然后拉动倒链，使筒形大模板及其托架慢慢升起，托架支腿自动收缩。当支腿升至上面的预留孔部位时，在配重的作用下会自动伸入孔中。当支腿进入预留孔后，让支腿稍微上悬，立即停止拉动倒链。然后找准托架面板与四周墙壁的位置，使其周边间隙均保持在 30mm。通过拧动调节丝杆使托架面板调至水平，再将筒形大模板调整就位。

3）当完成筒形大模板提升就位后，再提升立柱支架，其具体做法是：在筒形大模板的顶部安装专备的横梁，并注意要放置于承力部位，然后在横梁上悬挂倒链，通过钢丝绳和吊钩将立柱和支架慢慢升起，其过程和提升式筒形大模板基本相同。最后将立柱及支架支撑在墙壁的下一排预留孔上，与筒形大模板支架支腿预留孔上下错开一定距离，并将立柱支架找正、找平。

自升式筒形大模板的提升过程工艺流程比较简单，主要包括：筒形模板就位和校正—绑扎井壁钢筋—浇筑混凝土—提升平台—抽出筒形模板穿墙螺栓和预留孔模板—吊升筒形模板井架并脱模—吊升筒形大模板及其平台至上一层—再对筒形模板就位和校正。

3. 大模板安装的质量标准

大模板安装的质量技术要求指标主要包括：模板垂直、轴线位置、截面尺寸、相邻模板高低差和表面平整度等。

4. 大模板拆除的基本要求

大模板拆除是一项非常重要的技术工作，不仅关系到模板的周转率和工程造价，而且关系到混凝土结构的表面质量。大模板拆除的关键在于掌握好拆除时间，以能保证混凝土结构表面不因拆除模板而受到损坏为原则。在一般情况下，当混凝土的强度达到 1.0MPa 以上时，可以进行模板拆除工作。但是，在低温的冬期施工时，应当根据施工方法和混凝土强度增长情况而决定拆除模板的时间。

在建筑工程中采用大模板施工的主要有：内墙大模板、角部大模板、外墙大模板和筒形大模板等。不同位置的混凝土结构，其拆除模板的顺序、方法和注意事项是不同的。

（1）内墙大模板的拆除

内墙大模板的拆除顺序是：先拆除纵墙上的模板，后拆除横墙上的模板、门洞口模板和组合柱子模板，工程实践证明这是比较科学合理的拆模顺序。每块大模板的拆除顺序是：先拆除连接件（如花篮螺栓、上口卡子、穿墙螺栓等），并将连接件放入工具箱内；然后再松动地脚螺栓，使模板与墙面逐渐脱离。当脱模比较困难时，可在模板的底部用撬棍轻轻撬动，但不得在模板的上口撬动、晃动和大锤砸模板。

（2）角部大模板的拆除

角部大模板的拆除，不同于内墙大模板的拆除。角部大模板的两侧都是混凝土墙面，吸附力比较大，加之施工中模板封闭不严，或者出现角部模板移动，模板被混凝土握裹，从而造成拆除模板困难。在进行角部大模板拆除时，可先将模板外表黏结的混凝土剔除，然后用撬棍在其底部轻轻撬动，将角部模板脱出。千万不可因拆除困难而用大锤强力砸模板，从而造成模板变形，会为以后的安装和拆除模板造成更大困难。

（3）外墙大模板的拆除

外墙大模板的拆除比较复杂，为确保模板拆除质量和安全，在拆除过程中应当注意如下事项：

拆除顺序：拆除内侧外墙大模板的连接固定装置（如倒链、钢丝绳等）—拆除穿墙螺栓及上口卡子—拆除相邻模板之间的连接件—拆除门窗洞口模板与大模板的连接件—松开外侧大模板滑动轨道的地脚螺栓紧固件—用撬棍向外侧轻轻地拨动大模板，使模板平稳脱离墙面—松动大模板的地脚螺栓，使模板向外产生倾斜—拆除墙体内侧的大模板—清理模板表面并涂刷脱模剂—拆除平台板及三角挂架。

在拆除外墙装饰混凝土模板时，必须使模板先平行外移，待装饰衬模板离开墙面后，再松动地脚螺栓，最后再将模板吊出。在拆除模板的过程中，要特别注意装饰衬模板拉坏墙面，也要防止装饰衬模板坠落。

在拆除门窗洞口框架模板时，要先拆除窗台模板并加设临时支撑后，再拆除洞口角部模板及两侧模板。上口的底模板要待混凝土达到规定的强度后才能进行拆除。

在外墙大模板拆除后，要及时清理模板及装饰衬模板上的残渣，并均匀地涂刷一层脱模剂，但装饰衬模板的阴角处不可积存脱模剂，并要防止脱模剂污染墙面。

在外墙大模板拆除后，如果发现装饰图案出现破损，应及时用同一品种水泥所拌制的砂浆进行修补，修补的图案造型力求与原图案一致。

（4）筒形大模板的拆除

筒形大模板的拆除与以上几种大模板有所不同。在筒形大模板的拆除过程中，应当特别注意如下事项：组合式提升大模板的拆除：拆除时先拆除内外模板的各个连接件，然后将大模板底部的承力小车调松，再调松可调卡具，使大模板逐渐脱离混凝土的墙面。当塔式起重机吊出大模板时，将可调卡具翻转后再行落地；筒形大模板拆除后，便可提升门架和底盘平台，当提升至预留洞口处，搁脚自动伸入预留洞口，然后缓慢落下电梯井的筒形大模板。预留洞口的位置必须准确，以减少校正提升模板的时间；由于预留洞口要承受提升模板的荷载，因此必须使混凝土的强度达到设计要求，一般应在 $1N/mm^2$ 以上。

六、大模板施工安全技术措施

大模板的安装、拆除和混凝土浇筑，多数是属于比较危险的高空作业，如果不严格按照规范进行操作，很容易对施工人员造成安全威胁。因此，在大模板的施工过程中应按如下规定进行操作。

1. 大模板安全施工的基本要求

（1）在进行大模板工程施工组织设计编制时，必须针对大模板施工的特点，制定行之有效的安全技术措施，将安全施工作为施工组织设计中不可缺少的内容，并按照规定层层进行安全技术交底，由专职安全员进行经常性检查，加强安全施工的宣传教育工作。

（2）施工中进入现场的大模板和预制构件，必须堆放在适宜的位置，堆放场地必须坚实平整、运输方便、排水畅通。

（3）当采用吊装方式运输大模板和预制构件时，必须采用自锁式卡环，防止出现脱钩现象，避免产生坠落砸伤下部物体和人员。

（4）在大模板和其他工程的吊装作业中，应实行统一的指挥信号，以便于统一进行指挥和协调。吊装工必须要经过专业培训，并要持证上岗；当大模板和其他吊件就位或落地时，要防止其摇晃碰伤人或碰坏墙体；电梯井内和楼板洞口处均要设置防护板，电梯井口及楼梯处要设置防护栏，电梯井内每层都要设置廊道安全网。

2．大模板施工中的安全措施

大模板在施工的过程中，不可避免地要有堆放、安装和拆除，在这些操作中均应采取一定的安全措施。工程实践证明，在一般情况下，可采取如下安全措施：

（1）大模板的堆放应当满足自行稳定的基本要求，并要采取面对面的堆放方式；当大模板需要长期堆放时，应当用细长通直的杉木通过吊环把各块大模板连接在一起，这样既能整齐统一进行堆放，又能防止模板产生变形。

（2）对于没有支架或自稳性不足的大模板，要存放在专用的插放架上，既不能任意乱堆放，也不得靠在其他物体上，防止模板滑移而产生倾倒破坏。

（3）在楼层上放置大模板时，必须采取可靠的防止倾倒措施，防止因碰撞而使模板造成坠落。当遇有大风天气时，应将大模板与建筑物固定在一起，以防止风将大模板吹动而产生碰撞损坏。

（4）在拼装式大模板进行组装时，场地要坚实平整，骨架要组装牢固，然后再按照由下而上的顺序逐块组装。在组装的过程中，要做到组装一块立即用连接螺栓固定一块，防止未固定模板出现滑脱。为防止模板在安装前出现变形和碰撞，整块大模板组装完毕后，应转运至专用堆放场地放置，并加强对模板的保护。

（5）当采用大模板施工方案时，大模板上必须有操作平台、上人梯道、防护栏杆、安全网等附属设施，在施工中如果发现有损坏之处，应当及时进行修补，千万不可拖延。

（6）如果墙体为装饰性混凝土，在大模板上固定衬模板时，必须将模板卧放在支架上，下部留出可供操作用的空间。

（7）在正式起吊大模板之前，首先应将吊装机械的位置调整适当，并按规定进行试车，以便做到稳起稳落、就位准确、安全可靠，严格禁止出现大幅度摆动。

（8）内浇外挂工程的大模板安装就位后，应及时用穿墙螺栓将各块模板连成一个整体，并用花篮螺栓与外墙板固定，以防止产生倾斜。

（9）全现浇混凝土大模板工程，在安装外侧大模板时，必须确保三角挂架、平台板安装十分牢固，及时安装安全防护栏杆和挂吊安全网。在大模板安装后，应立即将穿墙螺栓拧紧。安装三角挂架和外侧大模板的操作人员，在施工中必须系好安全带，按《建筑施工高处作业安全技术规范》中的规定进行作业。

（10）在大模板（特别是钢模板）安装就位后，要立即采取防止触电的保护措施，将大模板加以串联，以防止漏电伤人；同时，对大模板也要设置避雷网，防止雷雨天气出现雷击事故。在安装或拆除大模板时，必须按照规定的顺序进行，操作人员和现场指挥必须站在安全可靠的地方，防止出现意外伤人。拆除模板后起吊模板时，应认真检查所有穿墙螺栓和连接件是否拆除干净，在确认全部拆除、模板与墙体完全脱离后，方可准许起吊；待起吊高度超过障碍物后，方可准许转臂行车。

（11）在楼层或地面需要临时堆放大模板时，都应将模板面对面放置，中间要留出60cm宽的人行道，以便进行模板清理、涂刷脱模剂和简单维修等工作。

（12）筒形大模板可以用拖车整体进行运输，也可拆成平面模板重叠放置用拖车进行运输；其他各类型的大模板，在运输前都要拆除支架，卧倒放在运输车上运送，卧放的各层垫木条必须上下对齐，并将各层模板绑扎牢固。

（13）在电梯间进行大模板施工作业时，必须逐层搭好安全防护平台，并逐个检查平台支腿伸入墙内的尺寸是否符合安全规定。在拆除安全防护平台时，要先挂好吊钩，等待操作人员退到安全地带后，方可准许起吊；当采用自升式模板时，应经常检查所用的电动葫芦（倒链）是否挂牢，立柱支架及筒模板托架是否伸入墙内。在拆除这种模板时，要待支架及托架分别离开墙体后才能进行起吊提升。

第四章　其他现浇混凝土模板施工工艺

工程实践证明，很多混凝土结构需要在现场进行浇筑，这就不可避免地要在现场制作、安装和拆除模板。由于现浇混凝土的施工条件与预制混凝土有较大差异，所以模板的施工工艺也有很大区别。

第一节　爬升模板的施工工艺

爬升模板简称爬模，国外也称为跳模，是施工剪力墙体系和筒体体系的钢筋混凝土结构高层建筑的一种有效的模板体系，我国已推广应用。由于模板能自爬，不需起重运输机械吊运，减少了高层建筑施工中起重运输机械的吊运工作量，能避免大模板受大风影响而停止工作。由于自爬的模板上悬挂有脚手架，所以还省去了结构施工阶段的外脚手架，因为能减少起重机械的数量，加快施工速度从而经济效益较好。爬模分有爬架爬模和无爬架爬模两类。有爬架爬模由爬升模板、爬架和爬升设备三部分组成。

爬升模板是综合大模板与滑动模板工艺和特点的一种模板新工艺，这种模板不仅具有大模板的优点，而且也具有滑动模板的优点，是一种适用现浇钢筋混凝土竖直或倾斜结构施工的模板工艺，是高层、超高层建筑和高耸构筑物模板工程的常用工艺。爬升模板与大模板一样，是逐层分块安装的，所以其垂直度和平整度易于调整和控制，可以避免施工误差的积累。爬升模板与滑动模板一样，在结构施工阶段依附在建筑物竖向结构上，随着结构施工而逐层上升，这样可以不占用施工场地，也不用其他垂直运输设备，特别适用于在狭窄场地上建造多层或高层建筑。

一、爬升模板的爬升方式

爬升模板根据其爬升方式不同，主要可分为"有架爬升"、"无架爬升"和"自动爬升"三种。"有架爬升"的应用始于 20 世纪 70 年代后期；"无架爬升"的应用始于 20 世纪 80 年代；"自动爬升"的应用始于 20 世纪 90 年代中后期。

随着爬升模板的应用和发展，目前已逐步发展形成"模板与爬架互爬"、"模板与模板互爬"和"架子与架子互爬"三种工艺，其中前两种应用较为普遍，第一种是其主要方式，即在工程上一般所说的爬升模板。

1. "模板与爬架互爬"

"模板与爬架互爬"，也称为"有架爬模"，即"模板爬架子"或"架子爬模板"。"有架爬模"是以建筑物的墙体为承力结构，通过依附在墙体上的爬升支架和悬挂在爬升支架顶端梁上的大模板，两者交替受力，形成"爬架提升模板、模板提升爬架"的交替提升体系。

爬升模板一般与大模板基本相同。爬升支架采用格构式钢桁架制成，爬架由一节下部与整体固定的附墙架和 2 ~ 3 节上部支托大模板的支承架组成，顶部装有悬吊爬升模板爬杆的悬臂梁，爬架的附墙架可用 M25 穿墙螺栓固定在下层墙体上。

2. "模板与模板互爬"

"模板与模板互爬"，也称为"无架爬模"，即取消了"有架爬模"中的爬升支架，采取甲、乙（或 A、B）两种大模板互为依托，用提升设备和爬杆使两种相邻模板互相交替爬升。模板分为甲、乙两种，甲种模板窄长（高度大于两个层高），乙种模板按建筑外墙配制。

两种模板交替布置，甲种模板处于内外墙的交接处，或大开间外墙的中部；乙种模板下面用竖向龙骨紧贴墙面，用螺栓固定在下层的墙体上，并作"生根"处理。爬升装置由三角爬架、爬杆、卡座和液压千斤顶等组成。

3. "模板自动爬升"

"模板自动爬升"，也称为"自动爬模"、"自动爬升模板"，它是由大模板模板、支承架、爬升架和提升设备组成，也就是原来用吊装机械提升的大模板，装上了爬升设施，模板系统自身就能向上爬升。

欧洲在 20 世纪 70 年代已经开发应用这种工艺，它利用结构下部已经硬化了的混凝土，支承上部墙体模板提升的施工荷载。凡是滑升模板能施工的工程，自动爬升模板也都能胜任，并解决了滑升模板难以克服的质量上和管理上存在的问题。

二、一般爬升模板的装置

在建筑工程中一般爬升模板的装置，由大模板、爬升支架、爬升设备和脚手架 4 个部分组成。

1. 大模板

爬升模板中所用的大模板，一般是用型钢作为骨架，用薄钢板、组合钢模板和覆面胶合板作为面板，与其他大模板的不同是不设置提升吊点。爬升模板中所用的大模板，其分块不宜过大，应与爬升和拆除用设备的负载能力相适应，其高度比楼层高 100 ~ 300mm，宽度可按结构情况确定，且不宜大于 8.0m，并要尽量减少模板的规格数量，以便于模板的组装。

2. 爬升支架

爬升模板中所用的爬升支架，由支架（也称"立柱"）和底座（也称"附墙座"）组成。

支架一般采用格构形式的柱架，宜制作成标准节，以便于安装和拆除。支架必须具有足够的结构刚度、支承能力和传递能力，以确保能可靠承担悬吊、爬升和固定大模板的工作要求。支架的总高度一般取三层楼高，其标准节和调节段应有很好的互换性，可适应组装不同高度支架的需要。爬升支架的设置位置，即支架的"架位"或爬升机具的"机位"，应依据大模板的分块而确定，一般设置于每块大模板的两端，但不得设在墙体的转角处，以避免相互碰撞和影响作业。

当用爬升模板施工钢结构工程中的钢筋混凝土墙体时，可利用上部的钢结构固定爬升设备，这样就不必设置爬升支架。当内墙使用爬升模板时，支架可直接坐于同层的梁或楼板上，也不必设置支架底座。

3. 爬升设备

爬升模板中所用的爬升设备，是用于爬升的动力设备。爬升设备可根据爬升单元及施工流水和其他施工要求等，选用手拉葫芦、手扳葫芦、电动葫芦、液压千斤顶和滑轮等适合的爬升设备，以及采用多机同步爬升时的控制系统。

4. 脚手架

爬升模板一般在大模板背后的支架之间设置脚手架，其构造应与模板的骨架相配合，可用型钢焊接或脚手杆件进行组装。脚手架一方面可以作为操作架子用，另一方面可以增强大模板的整体刚度。在脚手架的各步（作业层）之间设置供人上下的爬梯。爬升模板装置的基本构造，如图 4-1 所示。

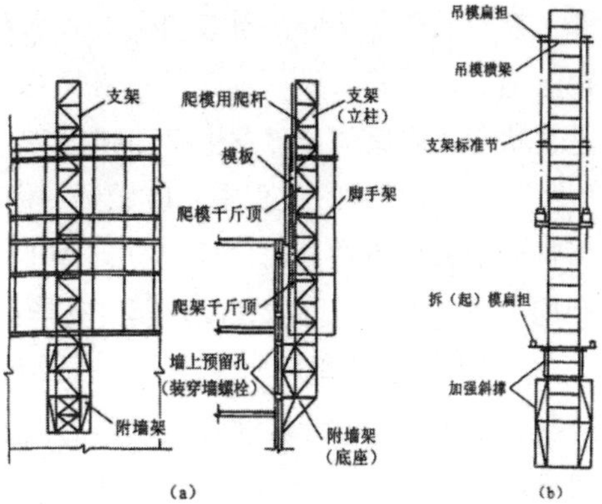

三、爬升模板的施工要点

图 4-1　爬升模板装置的基本构造示意图

1. 爬升模板的工艺流程

爬升模板施工的一般工艺流程，如图 4-2 所示。

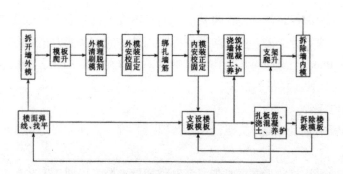

图 4-2　爬升模板施工的一般工艺流程

2. 爬升模板的施工要点

爬升模板是一种动态的操作，如果不按有关规定进行操作，很可能造成质量不符合设计要求。因此，在爬升模板的施工过程中，应掌握以下施工要点和注意事项：

（1）根据工程的实际情况和施工具体要求，安排好墙体和楼板两条施工流水线的交叉与配合，以便科学地安排爬升模板的施工。

（2）采用正确的爬升模板装置安装顺序，以保证爬升模板安装符合设计要求。爬升模板装置安装顺序为：底座—支架—爬升设备—大模板。

（3）在进行底座安装时，应先临时固定部分穿墙螺栓，校正标高符合要求后，才能固定全部穿墙螺栓，支架应先在地面上组装好，吊起就位并校正好垂直度后，再固定其与底座连接的全部螺栓。

（4）模板就位后要先进行临时固定，待校正后方可正式固定。所有穿墙螺栓均应由外向内穿入，然后在内模紧固；每个爬升单元在正式爬升前，应先拆除其与相邻大模板及脚手架间的连接杆件，使各爬升单元之间分离。收紧悬吊模板或支架的钢丝绳后，拆除大模板或支架的穿墙螺栓，调整好大模板或支架的重心，使其保持垂直状态，避免爬升时发生晃动和扭转。

（5）在爬升的过程中，应做到"稳起、稳升、稳落"，避免出现摆动和碰撞。当爬升中遇到不顺利时，应当立即停下，待故障排除后再继续爬升。每个单元的爬升均应在一个工作班内完成，爬升完毕后及时予以固定。

（6）在进行爬升时，承载穿墙螺栓处混凝土强度应达到 10MPa 以上。每爬升一次都要全数检查穿墙螺栓，用扭力扳手测其扭矩，以确保其达到 40 ~ 50N·m 的要求。

（7）每个爬升单元完成爬升后，应随即恢复其与相邻爬升单元的连接，以保证爬升模板固定后的整体性；爬升模板装置的拆除可采用塔式起重机，或在屋面上另设置适合的起重设备，拆除的顺序与安装的顺序相反。

四、导轨式液压爬升模板

导轨式液压爬升模板简称液压爬升模板，这是我国研制成功的竖向结构施工的一项新工艺和新技术。经过不同类型工程施工应用，取得了良好的经济效益和社会效益，2003 年被建设部列为科技成果推广项目。

1. 液压爬升模板的主要特点

液压爬升模板是滑动模板和支承模板相结合的一种新工艺，它吸收了支承模板工艺按常规方法浇筑混凝土、劳动组织和施工管理简便、受外界条件的制约少、混凝土表面质量易于保证等优点，又避免了滑动模板施工常见的缺陷，施工偏差可逐层消除。在爬升方法上它同滑动模板工艺一样，提升架、模板、操作平台及吊架等以液压千斤顶为动力自行向上爬升，无须塔式起重机反复装拆，也不要层层放线和搭设脚手架，钢筋可以随上升、随绑扎，操作方便安全。一项工程完成后，模板、爬升模板装置及液压设备可继续在其他工程上通用，周转使用次数多。

采用液压爬升模板工艺将立面结构施工简单化，节省了按常规施工所需的大量反复装拆模板所用的塔吊运输，使塔吊有更多的时间保证钢筋和其他材料的运输。爬升模板可实现分段爬升，错开层次爬升施工，爬升模板还可节省模板堆放场地，现场施工文明，管理简便易行。在工程质量、安全生产、施工进度和经济效益等方面均有良好的保证。液压爬升模板适用于全剪力墙结构、框架结构核心筒、钢结构核心筒、高耸构筑物等，对于在城市中心施工场地狭窄的项目而言，液压爬升模板更具有明显的优越性。

2. 液压爬升模板的基本组成

组成液压爬升模板的主要部件包括：承力构件、升降爬箱、型钢导轨、附着装置、支撑与模板、防坠装置等。

（1）承力构件

液压爬升模板的承力构件，包括主承力架、次承力架和横向承力桁架。

主承力架也称为上承力架，是一种三角长方框组合形，顶部水平主梁的宽度 $a \geq 2.0m$，上面设有供模板支承前后水平移动用的台车，内端为 U 形挂座并设有与上爬升箱连接用的轴套座，外端设有栏杆固定座；长方形框架的宽度 $b \leq 1.2m$，2 根立柱的下端设有悬挂下承力架用的销孔座；内立柱中下部位的 U 形支腿，长度可进行调节，支腿内侧设置的双向开口式夹板，附着在 H 型钢导轨的外翼缘上；立柱上端和下端的两侧有供组装横向承力桁架用的耳板；三角形斜边加强撑的下部设有供组装吊篮架用的滑轮座等配套装置。

次承力架也称为下承力架，由钢管组焊而成，上端横梁部位设有供组装提升机与滑轮用的配套座板，2 根立柱的中心距离与主承力架立柱中心距离相同，通过钢丝绳悬吊在主承力架的下面；立柱的长短因使用要求的不同而设有不同的规格，其上端和下端的两侧设有供组装横向承力桁架用的耳板。

横向承力桁架是设置在相邻竖向承力架之间内侧和外侧的水平梁架，也称为作业平台桁架。通过钢管扣件组装成相应的作业平台承力架，上下弦杆的端头设有连接板。横向承力桁架的长度与相邻竖向承力架之间的距离相配套而有不同的规格。

（2）升降爬箱

爬升模板架体升降用的爬升箱，分为上爬升箱和下爬升箱。爬升箱主要由箱体、凸轮摆块（承力块）、导向轮、定位销和连接轴等部件组成。上爬箱与下爬箱所不同的是：上端有一个与主承力架轴套座相连接的连接轴。

（3）型钢导轨

爬升模板架体升降用的 H 型钢导轨，顶端内侧面上组焊 1 个带有斜面的钩座，外侧面上组焊有供上、下爬箱升降用的导向板和踏步支承块。相邻导向板之间的距离和相邻踏步支承块之间的距离相同，并与上、下爬箱之间的液压油缸的行程相互一致；导轨的长度，一般大于相邻 2 个楼层的高度或相邻 3 个附着装置间的距离。

（4）防坠装置

防坠装置是液压爬升模板中专门用于防止架体坠落的装置，是一种安全保护装置。由预应力钢绞线与相应的锚固座、锁紧座等部件组成。锚固座固定在导轨的顶部，锁紧座固定在主承力架的水平主梁的 U 形挂座上。

（5）附着装置

爬升模板的附着装置是一种由导轨靴座、固定套座、导轨支承座等部件组成的，具有附着、导向和防倾覆的多功能装置，通过 M48 螺栓、螺母或采用预埋组合套件等方法，将附着装置牢固地固定在工程结构上。

爬升模板的附着装置既是液压爬升模板全套设备和其上面的施工荷载、风荷载等的附着承力装置，又是导轨、架体升降时的附着导向装置和附着防倾覆装置。爬升模板的附着装置，主要有穿墙套管式和预埋组合套件式两种。

（6）支撑与模板

爬升模板所用的模板支撑除作业平台和防护系统外，主要由竖向支撑和模板支撑座架、模板移动台车、模板高度调节、模板垂直调节和锁紧机构等组成。

用矩形钢管或 U 形专用型钢等组焊成的单层模板骨架，即模板的主次龙骨与边框在同一平面上，其面板可采用钢板、竹木胶合板或其他材质的板材。这种模板由于边框外侧不再组焊背楞，又称为无背楞大模板，具有自重较轻、刚度较大，容易与模板支撑连接，使用比较方便等特点。

3. 液压爬升模板的质量要求

液压爬升模板的施工质量，标志着施工水平和工程达到的质量标准。

液压爬升模板的施工质量要求：

当采用液压爬升模板技术时，其施工质量要求除遵照建设部 2000 年 10 月颁布实施的《建筑施工附着式升降脚手架管理暂行规定》等有关法规外，还应当达到以下施工质量要求：

爬升模板爬升架的架设、使用与拆除，要按照设计要求的施工工艺、操作要点和注意事项，结合具体工程的实际情况，制定相应的爬升模板爬升架的施工方案。

爬升模板爬升架全套装备在进入施工现场前，施工单位的有关人员应到生产厂家，对所用装备的主要部件进行严格的质量抽查。所用装备各部件的质量均应合格，并出具产品合格证和产品使用说明书。

爬升模板的爬架支承跨度，一般不应大于 8m；当折线或曲线布置时，一般不应大于 5m；爬升模板爬架的悬挑长度，当为整体式的架体时，应小于跨度的一半，并且不大于 2m；当为单组式的架体时，不宜大于跨度的 1/4。同时，要使爬升模板爬架的载荷不能超过液压油缸的顶升能力；爬升模板的爬架在铺设脚手板时，相邻架体之间的间隙为 100mm 左右，以防止不同时相互碰撞，但在爬升到位后要及时将间隙盖好或封好。对于爬架架体的开口端，在爬升前应安装栏杆，并采取相应的警示设施。

附着装置的预埋套管或预埋组合件，其孔位置的上下与左右，偏差应不超过 ±10mm。

附着装置的安装一定要牢靠，当采用 M48 穿墙螺栓时，内墙内应当安装垫板和双螺母，垫板的尺寸不得小于 100mm×100mm×10mm，外墙面螺栓杆应露出螺母 3 个丝扣以上。

工程结构混凝土强度达到 10MPa 以上上时，方可进行爬升作业。

在爬升过程中，实行统一指令、统一指挥，使模板平稳爬升。但是，当有异常情况时，他人也可以立即发出暂停的指令。

模板爬升到位后，必须及时按使用状态要求安装固定，并做好各部位的安全防护，在没有完成有关安全作业之前，不得擅自离开岗位；爬升模板的拆除要严格按照施工组织设计进行，在拆除前要进行技术交底，在拆除中要按顺序安全拆除。

4. 液压爬升模板的施工安全

液压爬升模板的施工安全方面主要包括：装备方面的安全要求、安装与拆除安全要求、操作方面的安全要求、使用方面的安全要求、特别装拆的安全提示和管理方面的安全要求等。

（1）装备方面的安全要求

由于爬升模板施工不仅直接关系到工程施工质量，而且直接关系到施工人员的安全，因此必须按照爬升模板施工方案中的要求，预先配备齐全所用的爬升模板装备，所有部件必须符合设计要求，也要符合安全可靠、坚固耐用和便于操作的安全要求；爬升模板装备在进场前，要对其质量进行严格检查和确认，要符合国家有关的安全规定，不允许不符合安全使用要求的产品用于工程。

（2）安装与拆除安全要求

爬升模板的安装与拆除，是其施工过程中的主要工序，也是影响工程安全施工的重要环节，为确保爬升模板在安装与拆除中的安全，应注意以下事项：

在安装爬升模板装备之前，要对操作人员进行技术交底，按照规定的安装工艺与要求进行安装。在安装的过程中，要有专人对其进行全面检查；当安装完毕后，要组织有关人员检查与验收，全部合格后才能投入使用。

爬升模板的安装以爬升架为单元。在安装竖向架体之间的桁架式水平梁架时，连接螺栓部位的螺栓螺母不要拧得过紧，但悬挑架与竖向架体之间的连接螺栓螺母必须拧紧。

在搭设爬升模板装备每一层的作业平台时，脚手板一定要铺满、铺平、铺牢，护脚板要铺设到位，符合安全使用和安全防护等方面的要求。

为了爬升的需要，在相邻的作业平台之间要有宽度较小的空隙，在外围护构造防护中也要有缝隙，但在浇筑混凝土的操作中要用盖板、护板护住；爬升模板的操作人员必须在接到允许爬升的通知后，方可进入正式爬升。

在组织爬升时，必须做好爬升准备和安全检查工作，并要做好爬升过程中的记录；在正式爬升前，必须暂时拆除与不爬升模板之间的连接，并及时在作业平台两端的开口部位架设安装防护栏杆，挂上禁止通行的安全警示牌。

爬升模板操作人员在爬升的过程中，要全神贯注、精心操作，做到平稳升降。爬升到位后，要及时做好各个部位的固定或安装；爬升模板施工完毕，要按照爬升模板拆卸工艺与说明进行安全有序的拆除工作。拆卸下来的部件如同进场时一样，分类堆放整齐，并及时组织安全退场。

（3）操作方面的安全要求

爬升模板的爬升作业，必须由经过专业培训的专职人员进行统一指令，由经过专业培训操作熟练的工人按照安全操作规程进行操作，严禁违章作业，严禁非专业人员操作。

爬升模板层的混凝土强度必须在 10MPa 时，方可下达爬升的指令。爬升到位后，要及时做好相互之间的连接。作业平台是施工人员操作的场所，在模板爬升时作业平台上禁止堆放施工材料和施工机具。

爬升模板爬升到位后，在未进行固定安装和未进行安全检查之前，操作人员不能离开，必须将固定和安全检查进行完；爬升模板施工要在较好的天气下进行，当遇有六级以上大风时，不能进行爬升。

（4）使用方面的安全要求

在爬升模板的施工中，除了长期放置使用的模板之外，施工中所承担的其他施工荷载，应符合安全使用的要求，不得在超载的情况下施工；在爬升模板的施工中，不宜在作业平台上堆放过多的施工材料，在进行爬升前必须将材料全部清理。如果临时吊放物料时，应平稳轻轻放置，防止猛烈冲击，特别要避免在平台中间堆放较重的物料；支模、拆模和清理模板推移台车时，一定要相互配合、均衡移动，在推移时上部平台不宜站人作业，避免由于平台的晃动造成伤人；支模和拆模所用的工具，应放入专用箱内，不要乱扔乱放；在爬升施工中的垃圾，应及时进行清理，并装入袋中集中处理，严禁抛扬扔掉；在冬期施工时，要及时清扫作业平台上的积雪，施工人员行走时要特别小心，防止滑倒伤人。

（5）特别装拆的安全提示

在爬升模板的施工中，每一施工层在每一个爬升机位的附着装置都要安装和拆除一次，在较长的施工期内要多次进行这项工作，很容易麻痹大意，所以要特别予以重视。在爬升模板的施工中，相邻爬升的爬架组之间的连接、架体与墙体之间的安全防护等，在爬升前要暂时拆除并安装防护，在爬升完成后要将其恢复原状。这项工作虽然很容易，但很难认真做到，必须引起特别重视。

液压油缸的拆装。爬升模板施工中升降使用的液压设备和控制系统，一般只是配置一部分，按照施工流水进行周转使用。为了避免拆装过程中的漏油现象，通常将液压油缸、油管与油泵联为一体。但是，由于是在半空中进行拆装，所以要相互配合协作，做到拆卸、传递、转移和安装安全，特别是在比较恶劣的天气作业时要更加注意。

（6）管理方面的安全要求

为了确保爬升模板装备在工程上的安全使用与安全施工，并取得显著的技术安全效益，重要的是将爬升模板纳入工程统一施工组织和安全管理之中，全面系统地进行施工安全管理。例如，在编制爬升模板施工方案时，要制定爬升模板安全工作规程；在组建爬升模板专业施工队时，要制定爬升模板专项施工安全管理与安全检查制度；在签订租赁爬升模板施工合同时，要签订爬升模板施工安全协议等。总之，对爬升模板施工中的安全工作，应进行规范化的管理，做到工程施工安全第一。

第二节　台式模板的施工工艺

台式模板是一种大型工具或模板。因其外形好像桌子，又称为桌式模板；因它是借助起重机械从已浇筑完的混凝土楼（顶）板下吊运飞出，所以也称为飞模。台式模板主要用于楼（顶）板的混凝土施工。

台式模板主要由平台板、支撑系统和其他配件组成，适用于大开间、大柱网和大进深的现浇钢筋混凝土楼盖的施工，尤其适用于现浇混凝土板与柱结构（无柱帽）楼盖的施工。

台式模板在建筑工程中是用来浇筑整间或大面积混凝土楼板的大型工具式模板。其面积较大，还常常附带一个悬挑的外边梁模板及操作平台，对这类模板的设计要充分考虑施工的各个阶段抗倾覆稳定性和结构的强度和刚度。

一、台式模板的主要种类

台式模板按其支承方式不同，可分为有支腿台式模板和无支腿台式模板两类，我国一般常采用有支腿台式模板，无支腿台式模板应用得很少。在建筑工程施工中，常见的台式模板有：立柱式台式模板和桁架式台式模板。立柱式台式模板按其构造不同，又分为钢管组合式台式模板、构架式台式模板和门架式台式模板；桁架式台式模板按其构造不同，又分为竹铝组合桁架式台式模板、钢管组合桁架式台式模板等。

二、台式模板的辅助机具

台式模板在施工的过程中，除有平台板、支撑系统和其他配件外，为了便于脱模和在楼层上运转，通常还需要配备一套使用方便的辅助机具，主要包括升降机具、行走工具和吊运工具等。

1. 台式模板的升降机具

台式模板的升降机具是使台式模板在吊装就位后，能调整台式模板的台面达到设计要求标高，或者当现浇梁板混凝土达到脱模强度后，能使台式模板下降，以便于台式模板运出建筑物的一种辅助机具。

在建筑工程台式模板施工中，常用的升降机具有：杠杆式液压升降器、螺旋式起重器、手摇式升降器和台式模板升降车等。

（1）杠杆式液压升降器

杠杆式液压升降器为赛蒙斯台式模板的附件，其升降方式是在杠杆的顶端安装一个托板。在台式模板升起时，将托板置于台式模板的桁架上，用操纵杆起动液压装置，使托板架从下往上进行弧线运动，直至台式模板就位。下降时操作杆反向操作，就可以使台式模板下降。

（2）螺旋式起重器

螺旋式起重器可分为两种，一种是工具式螺旋起重器，其顶部设U形托板，托在桁架的下部。中部为螺杆和调节螺母及套管，套管上留有一排销孔，便于固定位置。只要旋转调节螺母就可使台式模板升降。下部放置在底座上，可根据施工的具体情况选用不同的底座。工程实践证明，一台台式模板需用4～6个起重器。另一种螺旋起重器安装在桁架的支腿上，随着台式模板运行，其升降方法与工具式螺旋起重器相同，但升降调节量比较小。对于升降量要求较大的台式模板，支腿之间应当另外设置剪刀撑。这种螺旋式升降机构，可根据具体情况进行设计和加工。螺纹的加工以双头梯形螺纹为好，操作中应特别注意各个起重器升降的同步。

（3）手摇式升降器

手摇式升降器是竹（铝）桁架式台式模板的配套工具，主要由手摇柄、传动箱、升降链、导轮、矩形空腹柱、行走轮、升降臂、限位器和底板等组成。在进行操作时，摇动手柄通过传动箱将升降链带动升降台，使台式模板升降。在升降器的下面设置行走轮以便于搬运，这也是一种工具式的升降机构。适用于桁架式台式模板的升降，一般每台台式模板需用4个手摇式升降器。

（4）台式模板升降车

台式模板升降车，又分为钢管组合式台式模板升降车和悬架式台式模板升降车。

钢管组合式台式模板升降车。亦称为立柱式台式模板升降车，这种升降车的特点是既能升降台式模板和调平台式模板台面，又能在楼层上作为台式模板运输车使用。实际上它是利用液压装置控制撑臂装置，来达到升高模板平台的目的。这种升降车主要由底座、撑臂、行走铁轮、液压千斤顶、升降平台架等组成。

悬架式台式模板升降车。这是一种既能升降又能行走的多功能升降车，主要由基座、立柱、伸缩构架、手摇千斤顶、方向把手、悬臂横梁、行走轮、导轮等组成。

2. 台式模板的行走工具

台式模板的行走工具，是其移动的简单用具，主要包括滚杠、滚轮和车轮。

台式模板的滚杠。滚杠是台式模板中最简单的一种行走工具，一般用于桁架式台式模板的运行。即当浇筑的梁板混凝土达到要求的强度时，先在台式模板的下方铺设脚手板，在脚手板上放置若干根钢管，然后用升降工具将台式模板降落在钢管上，再利用人工推动台式模板，将其推出建筑物以外。

滚杠搬运台式模板方法的特点主要是：所需工具非常简单，但操作比较费力，需要随时注意防止台式模板偏差，需要保持台式模板直行移动。特别应当引起注意的是，当台式模板滚到建筑物的边缘时，如果滚动中控制不当，钢管很容易滚动掉落在建筑物以外，很不利于安全施工。

台式模板的滚轮。滚轮是一种较普遍用于桁架式台式模板运行的简易工具。滚轮有很多种类，一般可分为单滚轮、双滚轮和滚轮组等，最常用的是单滚轮和双滚轮。在使用时，将台式模板降落在滚轮上，用人工将台式模板推至建筑物以外。滚轮内装有轴承，所以操作起来要比滚杠轻便。

台式模板的车轮。台式模板采用车轮作为运行的工具是一种较好的方式，常用的形式有单个车轮和带架车轮两种。单个车轮，即在轮子上装上杆件，当台式模板下落时，插入台式模板预定的位置中，用人工推行即可。这种车轮的配置数量，要根据台式模板荷载大小而确定。其主要特点是轮子转动非常灵活，可以作360°转向，所以既可以使台式模板直行，也可以侧向行走。一种带有架子的轮车，其稳定性和可操作性比单个车轮好。操作时将台式模板搁置在车轮架上，即可用人工将台式模板推出建筑物楼层。

除以上常用的两种车轮外，还可以根据工程不同情况配备不同的车轮，以便适合工程的实际需要。例如，按照台式模板的重量选用适当数量的车轮，组装成工具式台式模板的行走机构，这种方法多用于钢管脚手架组合式台式模板的运行。

3. 台式模板的吊运工具

台式模板采用的吊运工具，主要有C形吊具、电动环链等。

（1）台式模板采用的C形吊具

在台式模板施工的过程中，除可利用滚动的方式解决楼层的水平运行，用吊索将台式模板吊出楼层外，还可以采用特制的吊运工具，将台式模板直接起吊运走，这种吊运工具又称为C形吊具。

在操作过程中，下部构架的上表面始终应保持水平状态，以便确保台式模板能沿着水平方向拖出楼面。C形吊具在未承受荷载时，起重臂与钢丝绳成夹角，将起吊架伸入台式模板面板下，然后缓慢提升吊钩，使起重臂与钢丝绳逐渐成一直线，同时使台式模板坐落在平衡架上；当台式模板离开楼面时，钢丝绳承受拉力，使台式模板沿水平方向外移。

（2）台式模板采用的电动环链

电动环链是一种从建筑物中直接吊出并调节台式模板平衡的工具。当台式模板刚吊出建筑物时，由于台式模板呈倾斜状态，在吊装过程中存在着很大危险。如果在吊具上安装一台电动环链，可以用来及时调节台式模板的水平度，这样可确保台式模板安全吊升。

三、台式模板的施工准备

台式模板的施工准备是一项非常重要的工作，不仅关系到施工速度和施工质量，而且关系到施工安全和经济效益。施工准备工作很多，主要包括施工场地准备、施工材料准备和施工机具准备。

1. 施工场地准备

（1）在一般情况下，台式模板最好在施工现场进行组装，以减少台式模板的运输。组装台式模板的场地应平整坚实，可利用混凝土地面或在钢板平台上组装。

（2）台式模板坐落的楼（地）面，应平整、坚实、无障碍物，孔洞必须盖好，并按设计要求弹出台式模板的位置线，以便于台式模板的安装。

（3）根据工程施工需要，搭设施工操作平台，并检查操作平台的安装情况，要求做到位置准确、搭设牢固。

2. 施工材料准备

（1）台式模板所用的部件和零配件，应按照设计图纸和设计说明书所规定的数量和质量进行验收，不合格的绝不能用于工程。凡是有变形、断裂、漏焊、脱焊等质量问题，必须经过修整并检查合格后方可使用。

（2）凡是利用组合钢模板、门式脚手架、钢管脚手架组装的台式模板，所用的材料、部件等应符合《组合钢模板技术规范》（GB50214—2001）、《冷弯薄壁型钢结构技术规范》（GB50018—2002）及其他专业技术规定的要求。

（3）凡是采用铝合金型材、木（竹）塑胶合板组装的台式模板，所用的材料、部件等应符合有关专业技术规定的要求；当台式模板采用木（竹）塑多层胶合板时，要准备好面板封边材料及模板脱模剂等。

3. 施工机具准备

台式模板所用的施工机具种类很多，主要包括以下类型和品种：①台式模板升降所用的各种机具：如各种台式模板的升降器、螺旋起重机等；②吊装台式模板出模和提升所用的电动环链葫芦等机具；③台式模板移动时所需的各种地滚轮、行走车轮等；④台式模板施工中必需的量具，如钢卷尺、直尺等；⑤台式模板吊装所用的钢丝绳、安全卡环等；⑥施工中所用的手工用具，如扳手、斧子、榔头、螺丝刀等。

四、台式模板的施工工艺

1. 钢管组合式台式模板的施工工艺

钢管组合式台式模板的施工步骤，主要包括模板组装、吊装就位、脱模工作和模板转移。

（1）模板组装

钢管组合式台式模板的组装，主要有正装法和反装法两种，反装法的组装顺序与正装法相反，这里仅介绍正装法的组装步骤。

拼装支架片。即将立柱、主梁及水平支撑组装成支架片，为拼装骨架和面板打下基础，要求支架片的组装一定符合规定。

拼装骨架。将拼装好的两片支架片及水平支撑，用扣件与支架的立柱进行连接，再用斜向支撑和扣件将支架片连接成一个整体。然后校正已经成型的骨架尺寸，当完全符合设计和施工要求后，再用紧固螺栓在主梁上安装次梁。拼装骨架时，一般可以将水平支撑安设在立柱的内侧，斜向支撑安设在立柱的外侧，各连接点应尽量相互靠近。

拼装面板。按照台式模板面板设计排列图，将面板依次直接铺设在骨架的次梁上。面板与次梁间用钩头螺栓进行连接，并确保连接牢固；面板与面板之间用 U 形卡子进行连接，并确定缝隙严密。

（2）吊装就位

1）在正式吊装之前，首先在楼（地）面上弹出台式模板的安装边线，并在墨线的相交处分别测出其标高，标出标高的误差值。

2）台式模板应按照预先编好的顺序号进行就位，为了确保模板的位置相对正确，一般应由楼层中部形成"+"字形，逐渐向四面扩展就位。

3）台式模板就位后，立即将面板调节至设计标高，然后垫上相应的垫块，并用木楔楔紧。当整个楼层的模板标高调整一致后，再用 U 形卡子将相邻的台式模板连接起来。台式模板的安装应达到：位置准确、标高一致、连接牢固。

4）台式模板安装完毕后，对安装质量应进行检查，经检查验收合格后，方可进行下道工序。

（3）脱模工作

脱模工作的技术关键在于严格控制混凝土的强度，工程实践证明：当浇筑的楼层混凝土强度达到设计强度的 75% 及以上时，方可进行脱模；在脱模前，先将台式模板之间的连接件拆除，然后再将升降运输车推至水平支撑下部的合适位置，并将运输车的伸缩臂架拔出，用伸缩臂架上的钩头螺栓与台式模板水平支撑临时固定；退出模板下部的调节支垫木楔，拔出立柱伸缩腿插销，同时操作千斤顶下降升降运输车，使台式模板脱模并降到最低高度。如果台式模板的面板局部被混凝土粘住，可用撬棍轻轻地撬动，但不得用大锤进行敲击；为确保脱模顺利和施工安全，在进行脱模时，一般应由6～8人操作，并应由专人统一指挥，使各道工序协调、同步进行。

（4）模板转移

1）经检查确认模板全部脱离后，台式模板由升降运输车用人力将其推动，运至楼层的出口处。

2）在台式模板的出口处，可根据需要设置外操作平台。这种操作平台一般用钢材制作，尺寸可根据台式模板的大小设计，平台的根部与建筑物预留的螺栓锚固，端部要用钢丝绳斜拉于建筑物的上方可靠部位上，平台要随着施工的结构进度逐步向上移动。

3）当台式模板运到外操作平台上时，可以利用起重机械将台式模板吊至下一施工流水段就位，同时要撤出升降运输车，以便于下一施工流水段使用。

2. 门架台式模板的施工工艺

门架台式模板的施工工艺，与钢管组合式台式模板的施工工艺基本相同，也主要包括模板组装、吊装就位、脱模工作和模板转移。

（1）模板组装

1）在台式模板正式组装之前，对组装的场地应进行平整、处理；然后按台式模板设计图纸的要求，核对所用材料、构配件的规格尺寸和数量。

2）铺上垫板，放出门架的位置线，并在规定位置安放底托；将门架插入底托内，立即安装连接件和交叉拉杆，使门架具有较好的稳定性。

3）上述工序完成后，安装门架上部的顶托，调平整、找方正后可安装模板的大龙骨；然后安装下部角钢和上部连接。

4）在大龙骨上安装上设计规定的小龙骨，然后在小龙骨上铺放木板，刨平后在木板上再安装钢质面板。

5）安装水平拉杆和斜拉杆，在设计位置安装剪刀撑；加工吊装用的孔洞，安装吊环及防护栏杆。

（2）吊装就位

1）台式模板在楼（地）面吊装就位前，应先在楼（地）面上准备好四个已调好高度的底托，换下台式模板上的四个底托。待台式模板在楼（地）面上安放稳当后，再放下其他的底托。

2）在一般情况下，一个开间采用两个台式模板，这种布置方案可形成一个中缝和两个边缝。边缝处若考虑柱子的影响，可将面板制作成折叠式。较大的缝隙（100mm以内），应当在缝隙上盖以5mm厚、150mm宽的钢板，钢板错固在边龙骨的下面；

较小的缝隙（60mm 以内），可用麻绳将缝隙堵严，再用砂浆抹平，以防止漏浆而影响脱模。

3）台式模板应按照事先在楼层上弹出的位置线进行就位，就位后再进行找平、调直和顶实等工序。找平应用水准仪检查板面的标高，与调整标高应同步进行。门架支腿垂直偏差应小于 8mm。另外，边角缝隙、板面之间和孔洞四周一定要严密；在进行调平的同时，安装水暖立管的预留洞，即将加工好的圆形铁筒固定在板面的螺钉上，待混凝土浇筑后及时拔出。

（3）脱模与转移

门架台式模板的脱模与转移，是联系非常紧密的一项工作，其工序主要包括以下方面：

待浇筑的混凝土强度达到设计强度的 75% 以上时，才可进行脱模。首先拆除台式模板外侧的防护栏杆和安全网；每架台式模板除留下四个底托不动外，松开其他的所有底托，并拆除或升起锁牢在固定部位；在留下的四个底托处，安装上四个升降装置，并放好移动模板用的地滚轮；用升降装置勾住台式模板的下角钢，但此时不要用力过大；升降装置与角钢连接可靠后，开动升降装置，将其上升到顶住台式模板。松开四个底托，使台式模板脱离混凝土楼面的底面；开动升降机构，使台式模板降落在准备好的地滚轮上；用人工将台式模板向建筑物外推出，一直推到能挂外部的一对吊点处，并将吊钩挂好最外部的吊点；在将台式模板继续推出的过程中，安装电动环链，直到能挂好后边的吊点；然后启动电动环链，使台式模板达到平衡状态；待台式模板完全推出建筑物后，再次调整台式模板的平衡；塔式起重机向上提升，将台式模板吊往下一个施工部位。

3. 跨越式钢管桁架台式模板的施工工艺

跨越式钢管桁架台式模板的施工工艺，与以上两种台式模板的施工工艺基本相同，也主要包括模板组装、吊装就位、脱模工作和模板转移。

（1）模板组装

先将导轨钢管和桁架的上弦钢管焊接，然后按照台式模板的设计要求用钢管和扣件组装成桁架；安装桁架的撑脚，然后在桁架上安装面板和操作平台，同时要注意预留出吊环孔；模板其他方面的组装可以参照钢管组合式台式模板进行。

（2）吊装就位

模板组装完毕经检查合格后，按照楼（地）面弹出的模板安装位置，用塔式起重机吊装台式模板在规定的位置就位；放下四角上钢管的撑脚，装上升降用的行走杆，并用十字扣件扣紧；将台式模板调整到设计标高，再校正好台式模板的平面位置；放下其余的撑脚，扣紧十字扣件；在撑脚下揳入木楔，以调整台式模板的标高；

将四角处的升降行走杆拆掉，换上钢管撑脚，并在底部扣上扫地杆，用钢管与周围台式模板或其他模板支撑连接成一个整体。

（3）脱模工作

首先拆除台式模板周围的连接杆件，再拆除四角撑脚下的木楔和撑脚中部处的扣件，为台式模板脱模打下基础；装上升降行走杆，旋转螺母使其顶紧台式模板后，将其余撑脚下面的木楔拆除，然后再将撑脚收起；旋转四角升降行走杆螺母，使台式模板缓缓下降而脱模；当导轨的前端进入已安装好的窗台滑轮槽后，前面的升降行走杆卸载，脱模工作即将完成。

（4）模板转移

1）当前面的升降行走杆卸载后，将台式模板水平推出窗口 1m 的距离，打开前吊装孔洞，挂好前吊装钢丝绳。

2）再将台式模板水平推至后升降行走杆靠近窗边梁处，打开后吊装孔洞，挂好后吊装钢丝绳。

3）当台式模板不处于水平状态时，可用手动葫芦调整其起吊的重心，然后卸下后升降行走杆。

4）将台式模板继续水平移动，使它完全离开窗口，这样就可以将台式模板吊至下一个施工区域就位。

4. 铝桁架式台式模板的施工工艺

铝桁架式台式模板的施工工艺，基本上也是包括模板组装、吊装就位和脱模与转移等工序。

（1）模板组装

1）为确保铝桁架式台式模板的组装质量，必须做好组装前的施工准备工作。首先要平整组装场地，使组装场地平整、坚实；然后搭设拼装工作台，拼装工作台由3个 800mm 高的长凳子组成，间距为 2m 左右。

2）按照设计图纸的要求，将两根铝上、下弦用弦杆接头夹板和螺栓进行连接；然后再将上、下弦与方铝管腹杆用螺栓拼成单片桁架。

3）安装钢支腿组装件和吊装盒，将组装的单片桁架立起，并用木方作为临时支撑，为铝桁架骨架的组装做好准备工作。

4）将组装成的两榀或三榀桁架，用剪刀撑组装成比较稳定的台式模板骨架。随即安装梁的模板、操作平台的挑梁、立杆和防护栏杆。

5）将配套的木方镶入工字形梁（铝质梁）中，并用螺栓将其固定，将工字梁放在桁架的上弦上，并安装边梁上的龙骨。

6）在龙骨上铺设面板，并在吊装盒处设置活动盖板，以便吊装时方便；面板要用电钻打孔，用木螺丝（或铁钉）与工字梁上的木方固定；安装桁架边梁上的底部模板和里侧模板，铺设操作平台上的脚手板和防护栏杆；台式模板就位后再吊挂安全网。

（2）吊装就位

为使台式模板顺利、准确就位和安装，首先在楼（地）面上弹出台式模板位置线和支腿的十字线，在墙体或柱子上弹出 1m（或 0.5m）的水平基准线，作为模板就位和安装的依据；在台式模板的支腿处放好垫板，做好放置支腿的准备工作。然后开始台式模板的吊装就位，当距楼（地）面 1m 左右时，拔出伸缩支腿的销钉，放下支腿的套管，安装好可调支座，开始台式模板的就位；在台式模板的就位过程中，用可调支座调整板面的标高，使其符合设计要求，并安装一定数量的附加支撑；模板安装就位且调整合格后，即可安装四周接缝模板、边梁模板、柱头模板等，并且要在模板面板上涂刷规定的脱模剂；对照设计施工图纸，对安装的台式模板进行检查验收，不符合规范和设计要求之处要进行改正，不合格的模板不得进入下一个工序施工。

（3）脱模与转移

1）首先拆除边梁的侧面模板和柱头模板等，再拆除台式模板之间、台式模板与墙体（柱子）之间的模板和支撑，最后再拆除安全网。

2）每榀桁架的下部放置 3 个地滚轮，其位置应在桁架的前方、前支腿的下面和桁架中间，以便于桁架的水平推出。

3）在紧靠 4 个支腿的部位，用升降机构托住桁架下弦。松开可调支腿，使台式模板坐落在升降机构上。

4）将伸缩支腿的销钉拔出，支腿收进桁架内并用销钉销牢固，再将可调支座插入支座腿夹板的缝隙内。

5）操纵升降机构，使台式模板同步下降，板面逐渐脱离混凝土，台式模板则落在地滚轮上。同时，挂好安全绳索，防止台式模板出现滑动。

6）将台式模板水平缓缓推出，当台式模板的前两个吊点超过边梁后，立即有效地锁牢地滚轮，这时要使台式模板的重心不得超过中间的地滚轮，以确保台式模板在转移之前的安全。

7）将塔式起重机的吊钩通过钢丝绳和卡环，将台式模板前面的两个吊装金内的吊点连接牢固；然后再用装有平衡吊具电动环链的钢丝绳将台式模板后面的吊点连接牢固。做好继续将台式模板向前平移的准备工作。

8）经检查卡环与台式模板的前后吊点确实连接牢固后，松开锁牢的地滚轮，将台式模板继续缓缓向外推出，同时放松安全绳，并调整电动环链的长度，使台式模板始终保持水平状态，以安全吊起转移；当台式模板完全推出建筑物以外后，方可拆除安全绳，将平衡吊具控制器放在台式模板的可靠部位，用塔式起重机将台式模板提升到下一个施工部位。

五、台式模板的施工质量

1．台式模板施工质量要求

（1）采用台式模板施工时，除了应当遵循国家现行标准《混凝土结构工程施工质量验收规范》（GB50204—2002）等外，为确保台式模板施工安全，还需要对台式模板的部位进行设计计算，并进行负荷试验，以保证台式模板各部件具有足够的强度和刚度，满足安全施工的要求。

（2）台式模板的组装应严密，几何尺寸要准确，防止在浇筑混凝土中出现模板移动和漏浆，其允许偏差应符合下列要求：①面板的标高与设计标高偏差为±5mm；②面板方正（测量两条对角线长度差）≤3mm；③面板平整度≤5mm（用2m直尺检查）；④相邻面板高差≤2mm。

2．台式模板保证质量措施

（1）在进行台式模板组装时，要对照设计施工图纸检查零部件是否合格，安装位置是否正确，各部位的紧固件是否确实拧紧。

（2）竹（铝）桁架式台式模板组装时，应注意如下事项：

组成上下弦时，中间的连接板一般不得超出上下弦的翼缘，以保证上弦与工字铝合金梁的安装和下弦与地滚轮接触的平稳；要特别注意可调支腿安装时位置的准确，以保证支腿收至桁架弦杆之中时，可以用销钉销牢；工字铝合金梁上开口嵌入的木方，不得高出工字铝合金梁的表面，以防止台式模板面板安装不平；面板的拼接接头要放在工字铝合金梁上。工字铝合金梁的位置应避开吊装盒和可调支腿的上方，以避免吊装时碰撞铝合金梁，防止在降低模板时可调支腿收不到底；为防止台式模板的零部件生锈而影响施工质量，对其钢制零部件应镀锌或涂防锈漆及银粉；施工过程中要保证桁架不出现扭转。桁架的垂直偏差应≤6mm，侧向弯曲应≤5mm，两榀桁架之间要相互平行，并垂直于楼面。工字铝合金梁的间距应≤500mm，梁间要安装剪刀撑。

（3）各类台式模板的面板均要求拼接严密。竹木材料的面板边缘和孔洞边缘，要涂刷模板封边剂，以防止水分进入模板内而发生变形。

（4）立柱式台式模板在组装前，要逐件检查门式架、构架和钢管是否完整，所用的紧固件、扣件等是否工作正常，必要时应进行荷载试验，以确保施工安全。

（5）台式模板中所用的木材，应当不易变形、强度较高，符合设计要求，已劈裂、腐朽和有疤节等缺陷的木材不得用于工程。

（6）当面板使用多层板类材料时，要及时检查其有无破损，必要时要翻面使用。当使用组合钢模板作为面板时，要按有关标准进行检查。

（7）台式模板的模板之间、模板与柱子及墙体之间的缝隙一定要严密，施工中要注意防止塞缝物体混入混凝土中，造成脱模时卡住模板。

（8）台式模板所用的各类面板，在绑扎钢筋骨架之前，都要涂刷有效的脱模剂，以便于模板的拆除。

（9）为确保混凝土结构的施工质量，在浇筑混凝土前要对模板进行整体质量验收，质量符合要求后方能使用；为确保所建工程顺利进行，台式模板上的弹线，最好用两种颜色隔层使用，以免两层弹线混淆不清。

第三节 隧道模板的施工工艺

隧道模板是一种用于在现场同时浇筑墙体和楼板混凝土的工具式定型模板，因其外形像隧道，故称它为隧道模板。隧道模板分全隧道模板和半隧道模板两种，全隧道模板的基本单元是一个完整的隧道模板，半隧道模板则是由若干个单元角模组成的，然后用两个半隧道模板对拼而成为一个完整的隧道模板。

隧道模板是最近几年发展起来的一种新型模板。2008年，北京中经纵横经济研究院，对隧道模板进行大范围市场调查，写出了《中国隧道模板项目市场调查报告（专项）》，系统全面地调研了隧道模板项目产品的市场宏观环境情况、行业发展情况、市场供需情况、企业竞争力情况、产品品牌价值情况等。调查报告充分表明：隧道模板是具有良好发展前景的模板。

隧道模板主要用于铁路、公路、地铁及水电引水洞的边墙与顶部的衬砌，也可以用于管道、涵洞和板墙结构的施工。工程实践证明：隧道模板采用机械减速，运行平稳、自动可靠；利用液压收、支模，提高了生产效率，降低了生产成本；液压系统、驱动系统和支撑系统构造简单、操作方便、安全可靠。

一、隧道模板的主要种类和基本构造

建筑工程板墙结构施工所用的隧道模板，可分为全隧道模板和半隧道模板两类，其基本构造包括墙体和楼板模板、连接件、支拉件、升降设施和转移设施等。

1. 全隧道模板的装置

全隧道模板即采用整间模板整体装拆和整体转移的隧道模板。其墙体和楼板模板均由钢板（或钢框胶合板模板）面板和槽钢组合焊接而成，模板分成两半，分别与同侧墙体模板拼成相对的"L"形，在板中能够与水平方向伸缩的可调连接钩（铰接松动装置）进行连接，在楼板模板（跨中）与墙体模板（底部）间设置可调斜向支撑，在两侧墙体模板（底部）间设置可调水平支撑，用于安装拆除时的支顶和脱离，整个模板的升降则使用千斤顶。

当混凝土的强度达到规定的数值后，可将隧道模板拆除（脱离混凝土面）并降落至滚轮上，水平移出后吊运至新的位置进行安装。

2. 半隧道模板的装置

半隧道模板即采用半间模板装拆和转移的隧道模板。其模板由两侧的"L"形板墙体模板（其模板宽度小于1/3板的支设跨度）和板中模板组成。板中模板既可以用来调节开间尺寸，又可在其下面设置可调钢管支柱，在拆除模板时将其保留，使楼板的拆除模板跨度减少一半，达到提早拆除模板的目的。

3. 隧道模板基本构造

无论是全隧道模板，还是半隧道模板，它们都可以用单元角模板组合而成。全钢单元角模板的墙体模板，可采用 3 ~ 4mm 厚的钢板作为面板，以压制成的槽形的条板作竖向加劲肋。横向加劲肋一般设置三排：上排位于墙体模板的顶部，用 [60mm × 60mm × 4mm 槽钢，与竖向加劲肋焊接；中排用 2 根 [100mm × 60mm × 6mm 槽钢；下排用 [100mm × 60mm × 6mm 槽钢。除设置穿墙螺栓外，还要设置滚轮、螺旋千斤顶、斜向支撑等支承固定件。

顶板的构造与墙体模板基本相同，其内侧一端的 [60mm × 60mm × 4mm 槽钢与墙体模板，以定位块和螺栓连接固定。两侧角模板顶板之间以连接板进行连接，间隙一般为 2 ~ 4mm。当设计开间大于 4m 的角模板顶板时，应考虑有 1/1000 的起拱高度。

对于非标准开间，可以采取插板的办法解决，以减少角模板的规格种类。插板可固定在一侧角模板的顶板上，当其悬挑宽度大于 600mm 时，应加强连接构造和相应加固顶板。

定位块是确保连接后板面平直和半隧道模板吊装整体性要求的关键，它分为凸型定位块和凹形定位块两种，并将其焊于拼缝两侧模板的边框上。定位块设置于拼接边缘的开口槽钢内，其间距为 500 ~ 700mm。模板间的拼接对缝全靠定位块的对口连接，因此对定位块的加工精度和设置位置要求很高，以便确保连接螺栓顺利地穿入和拧紧。定位块和螺栓均应采用 45 号钢加工制作。

4. 单元角模板的规格

隧道模板的顶板尺寸决定角模板的规格,通过对其长度(进深方向)和宽度(开间方向)尺寸模数的科学选择,可以尽量减少角模板规格的数量。

5. 施工中的各种平台

在采用隧道模板施工中,支卸平台和工作平台是不可缺少的。在一般情况下,每个开间都配有支卸平台,供拆除和吊运半隧道模板时支撑角模板和水平通道用,同时也用于支撑悬挑结构的模板。

支卸平台用两个独立的倒三角桁架组成的平台框架与其上铺板构成,其两侧桁架的中心距应比开间尺寸小400mm(每边200mm)左右,这样便于吊装就位。平台外挑部分的宽度应比开间尺寸(中心距)大100mm左右,以避免相邻支卸平台的孔隙过大。平台顶面必须和楼板面齐平,并紧靠楼板的外端。不平时,应在支座下用木楔调平。

在桁架中立柱之下应加设垫板,并在其下层楼的相对位置加设临时支撑。在平台的外侧配有防护栏杆,在脱模后推出模板时,应先将防护栏杆向外放平。

外山墙工作平台用于支撑固定外山墙模板,并供施工人员操作用。在山墙的两端设有外挑约1.5m、长度约5m的工作平台,其以4个"U"形卡承托,至少有2根垂直支撑杆和4根水平支撑杆。楼梯间的工作平台以横墙的上排穿墙螺栓作为支撑,无论是现浇或预制,均应与楼层同步施工。

6. 导墙模板主要组成

导墙模板是位于楼板之上高150mm的墙台,对于隧道模板主要起导向定位作用。导墙模板分为"单肩"导墙模板和"双肩"导墙模板两种型式,"单肩"导墙模板用于山墙和楼梯(电)间墙,其他均用"双肩"导墙模板。

无论是"单肩"还是"双肩"导墙模板,均由内卡、侧立模板、外卡和限制卡组成。内卡沟每隔1m设置1个,内卡的两个尖腿应垂直插入两侧墙体模板内;侧立模板为1对∟150mm×50mm×5mm的角钢,其短边置于内卡上,长边紧靠内卡的竖边;外卡插于侧立模板上2根方钢之间的缝隙内,防止其产生位移;限制卡用于限制内卡向里倾倒,在导墙上有预留门洞的情况下,为防止限制卡的移动,可在侧立模板的相对位置钻眼,穿入8号铁丝,将限制卡夹住。在拆除模板时,首先拆除外卡和限制卡,然后再拆除侧立模板,最后将内卡从混凝土中拔出来。

7. 吊装用梁托和悬托

梁托和悬托是隧道模板吊装不可缺少的部件,对于重量较大的隧道模板均要通过计算确定。在一般情况下,吊装用的梁是由两根[120mm×80mm×6mm槽钢组成,并用两根长600mm的[80mm×60mm×6mm槽钢,放置于每个单元角模板的梁端,作为组合吊装梁的梁托。吊装中所用悬托,则必须事先在每个单元角模板上进行预留。

二、隧道模板的工艺程序和施工要点

1. 隧道模板的工艺程序

隧道模板实际上是一种带墙体模板的台式模板,所以在施工工艺程序上它与台式模板有很多共同之处。由于墙体模板使其装置的自重增加,受塔式起重机吊装能力的限制,多采用分节推出吊运,因此而增加了支卸平台装置;由于安装墙体模板的定位需要,因此比台式模板又增加了导向墙体施工的环节。

比较复杂的半隧道模板施工基本工艺程序,如图4-3所示。从图中可以看出,工艺程序有两个大循环和一个小循环:即"扎筋—装模—绕筑"大循环和"养生—安台—拆模—吊运"大循环,"拆模—推出—加撑"小循环,其中浇筑楼板和墙体混凝土、拆除模板和吊装隧道模板,是循环的起止点和施工流水的协调点。

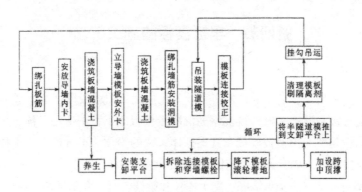

图4-3 半隧道模板施工基本工艺程序

2. 隧道模板的施工要点

为确保工程顺利进行和施工质量,在隧道模板施工的过程中,应当注意以下施工要点和事项:

(1)科学地划分施工流水段。这是确保科学施工和连续施工的关键,也是缩短施工工期、降低工程造价的重要措施。实际上就是仔细计算两个大循环各工序的施工时间,以此为基础划分本层和层间的流水段,使两个大循环的用时基本相等,尽量做到"模板不闲置",周转使用,并减少配置量。

(2)在墙体钢筋绑扎之后,每安装一节隧道模板,必须相应检查预埋管线、预留孔洞的数量和位置,并及时清除墙体模板内的杂物。在合模时应调整模板的平直度,使墙体模板紧贴导墙,紧固穿墙螺栓,固定堵头模板,并做好施工缝的处理,经检查合格并做隐蔽检查记号后,才能浇筑混凝土。

（3）为防止混凝土中的砂浆从纵向墙体的施工缝漏出，对纵向墙体的施工缝应认真进行处理，一般可采用钢板外加木板支撑的做法。

（4）在拆除模板时，应首先检查支卸平台是否平稳牢固，然后再放下支卸平台护栏。在拆除中间的连接板和穿墙螺栓后，旋转支撑丝杆，使模板下落、着地。当采用全隧道模板时，可按设计程序先拆除穿墙螺栓，然后操作松动模板的可调连接钩和可调斜撑，使顶部模板脱离，再进行可调水平撑的操作，使墙体模板脱离。

（5）可采用人力或机械（卷扬卷、手扳葫芦等）将隧道模板推出，当露出第一个吊点时，立即挂上钩，绷紧吊绳。待全部移到支卸平台上后，挂上其余的吊点，检查并确保安全后开始起吊。

（6）当拆除第一块半隧道模板后，应及时在跨度中间设置顶撑支紧，顶撑的间距一般不大于 1.5m，以防止楼板混凝土在跨度中间出现裂缝。

第四节　早拆模板的施工工艺

早拆模板的施工工艺主要适用于工业与民用建筑中楼板厚度不小于 100mm，且混凝土强度等级不低于 C20 的现浇钢筋混凝土楼板施工，不适用于预应力楼板的施工。早拆模板是"早拆楼板模板及其支撑体系"的简称。早拆模板施工技术是《建筑业十项新技术（2010）》新型模板脚手架的主要内容之一。

早拆模板施工工艺是指钢筋混凝土楼板和梁施工时，利用早拆支撑头、钢（铝）支撑或支撑架和主次模板梁等组成的支撑系统，在混凝土强度要求符合《混凝土结构工程施工质量验收规范》（GB50204—2002）中表 4.3.1 规定时，拆除大部分模板和部分支撑，使拆除部分的构件跨度在规范允许范围内的模板施工技术。早拆模板主要由模板、支撑系统及其配件组成，适用于大开间、大柱网和大进深的现浇钢筋混凝土楼盖的施工，尤其适用于现浇混凝土板式结构（无柱帽）楼盖的施工。

一、早拆模板的主要种类

早拆模板按其支撑方式不同，可分为有独立支撑早拆模板支撑体系和脚手架支撑早拆模板支撑体系两大类。这两类早拆模板支撑体系又有模板主次梁和无模板梁之分。模板又可分为大平板和模数化的定型模板。目前，我国常采用脚手架支撑的、有主次大梁的大平板早拆模板支撑体系，板面材料通常是木、竹胶合板大板模板。

在我国建筑工程施工中，20 世纪 90 年代末开始推广应用以碗扣脚手架、双锁碗扣脚手架和门架为支撑体系，配可调敲击落头式早拆柱头、主次钢梁和钢框竹（木）胶合板模板或竹（木）胶合板大模板的早拆模板支撑体系。也有采用双螺母螺杆旋退式早拆柱头，配长钢管或长条方木和竹（木）胶合板大模板的早拆模板技术。

随着国际建筑模板技术的发展，如今我国的早拆模板技术也有了更大的发展，但是推广应用工作还仅仅是开始。以下介绍几种比较先进的早拆模板技术。

1. 双锁碗扣式脚手架早拆模板支撑体系

双锁碗扣式脚手架早拆模板支撑体系，是在20世纪90年代末开始推广应用的楔紧式自锁多功能脚手架及其早拆模板支撑体系的基础上进一步完善的早拆模板支撑体系，它的特点是：

（1）充分考虑我国建筑框架结构、楼板多梁和柱的特点，既适用于厂房、库房等大开间，高高度、高厚度板梁或密肋梁结构设计，又适合于通常公寓楼的小开间梁板柱结构。

（2）支撑架采用Q345低碳合金钢材料的双锁碗扣式脚手架。立柱直径有 φ48 和 φ60 两种，横杆直径统一为 φ48，有水平、竖向和立面对角斜杆，具有定向性和正体不变性。整体稳定性能好，适用于高荷载、高支模工程应用。基本格构为1.2m×1.8m，可以铺放3块1200mm×600mm标准模板。

（3）模板通常采用65mm厚度的铝合金模板，标准块的大小为1200mm×600mm，重量为14.62kg，传送、安装十分方便，适合于国内操作工人的体型。模板铺放在模板主梁上。墙和梁边缘，以及柱体周边，通过悬臂模板梁和次梁延伸连接。也可以用竹木胶板大板铺放在次梁上。

（4）梁侧和梁底模板有专用梁夹具和早拆柱头，与楼板早拆构成完整的梁板柱合支早拆系统。模板除了平板铝模板外，还可以采用其他加重型模板、模壳或宽度1200mm的木竹塑等材料的模板。两种不同形式的敲击落头式早拆柱头：一种是梯形销式，另一种是花瓣式。早拆柱头是敲击落头式，可调高低。这种早拆柱头，拆模和支模工作效率高，模板容易脱落。

2. 重型独立钢（铝）支撑早拆铝合金框模板支撑体系

这套体系2005～2006年期间，在美国加州、得克萨斯州、俄勒冈州、佛罗里达州、内华达州、夏威夷州及其华盛顿、洛杉矶、旧金山等几个主要州及州府，以及加拿大温哥华、埃德蒙顿等城市得到非常广泛的应用。其主要特点是：

（1）带三脚架或框式横撑的独立铝支撑，单根支撑高度最高达4874mm，重量较轻为22.9kg，荷载力达33～62kN，安全系数3.1，支撑混凝土楼板厚度300～450mm。支撑基本跨度为2400mm×1800mm。

（2）模板为铝框胶合板模板，1个标准格构的支撑架可以铺放2块

1800mm×900mm 的模板（重量每块 24kg），中间夹铺一块 1800mm×600mm 规格的铝框模板（重量每块 18kg），一个安装工能够胜任。

（3）该体系有模板主梁和次梁，可以铺放铝框模板，也可以铺放大块胶合板模板。

（4）不同类型独立钢（铝）支撑早拆铝合金框模板支撑体系的组合。

（5）1 个 12m 长的平板车可以装运将近 600m² 的全部模板支撑材料，十分轻便。

这套系统使用效率很高，应用十分广泛，这种产品我国有的建筑金属制品企业已大量生产并出口。

3. 无模板梁台面模板早拆支撑体系

一种无模板主梁的早拆楼板模板支撑体系 2008 年在加拿大西部城市悄然出现，引起正在考察北美模架技术的国内企业家的注意。北京某脚手架公司毅然购进 10000 平米台面模板及其早拆先锋头，积极组织力量在国内进行推广应用，引起建筑施工和模板行业的青睐。这套体系的最大特点是没有模板主梁，其主要组成：

（1）台面模板：台面模板为铝框胶合板模板，模板由覆膜木胶合板和 6061-T6 铝合金框（含边梁）构成，其类型有通用平模板和专用模板（Z 形模板和外侧模板等）。胶合板的厚度 ≥ 12mm，并用铆钉固定在铝合金框构上。通用平模板的常用规格为：2000mm×1500mm、1500mm×1500mm、2000mm×1000mm、1500mm×1000mm。最大规格 2000mm×1500mm，重量为 46kg。

（2）带有快拆和卸载机构的可调钢支撑和专用支拆模板的工具，可以在楼面上完成支模、拆模和卸载等全部工作。在进行安装时，需要 2 ~ 4 个人将模板一侧挂到两个早拆柱头上，然后在地面上将模板另一侧用专用工具支起落在另两个早拆柱头上。

早拆装置设有安全锁，这样可以确保模板支撑状态可靠。在拆落模板时，只有用装拆工具才能打开安全锁并开启钥匙以便实现模板的拆除。

（3）模板的支撑分为独立支撑柱系统和支撑架系统。独立支撑柱采用材质为 Q345 的低碳合金钢管。外套管外径 φ76mm、壁厚 3.2mm 和内插管外径 φ3.5mm、壁厚 3.2mm，在外套管和内插管的顶部，分别设早拆装置和卸载机构，适用于支撑高度 ≤ 5m 的现浇混凝土楼盖结构施工；支撑架体系为在插销式脚手架上，加设早拆装置，适用于支撑高度 > 5m 的现浇混凝土楼盖结构施工。

（4）有各种辅助梁，如端部填充梁 EF4、侧面填充梁 SF4、伸缩梁 TSB5、旋转伸缩梁 TSB5S 和伸缩梁托 TBH 等辅助铺放冗余的楼板模板，适用于复杂的梁板柱结构的早拆模板施工工艺的需要。

（5）有悬臂梁、斜撑和靴套协助完成楼层边缘部位的模板和护栏的支护。悬臂梁的安装过程体现了安全性和可靠性。

第一步：将面板竖直悬挂，通过竖直面板与水平面板之间的附件孔安装安全链。

第二步：安装悬臂支座、悬臂支柱、悬臂底座、交叉撑和上方护轨面板。

第三步：系好安全带，使用悬臂支柱将面板旋转到水平位置。

第四步：安装悬臂底座，利用平板抓具固定，再装上交叉撑和护轨。

二、早拆模板的辅助

机具早拆模板在施工的过程中，除了有模板、支撑系统外，为了便于安装操作，便于材料在楼层上运转，往往需要配备一套使用方便的辅助工具和升降机具等。

1. 操作平台。

简单的操作平台是可以轻便搬动的高台和移动架。

2. 液压自提升送料机构

液压自提升送料机构是使早拆模板和支撑体系在拆除后，从一个楼层到达另一个楼层的垂直运载工具，以代替塔吊吊装。

三、早拆模板的方案设计

早拆模板施工的准备工作很多，主要包括早拆模板的方案设计、施工材料和施工机具的准备、人员组织和施工场地准备。其中最重要的环节是早拆模板的方案设计。方案设计是一项非常重要的工作，不仅关系到施工速度和施工质量，而且关系到施工安全和经济效益。早拆模板的设计与施工，必须保证第一次拆除模架后，支撑体系与结构荷载传递的转换可靠。模板早拆必须保证竖向保留支撑始终处于承受荷载状态。模板第一次拆除过程中，严禁扰动保留部分的支撑原状，严禁拆除设计保留的支撑，严禁竖向支撑随模板拆除后再进行二次支顶。因此，早拆模板应根据施工图纸及施工组织设计，结合现场施工条件进行设计。

1. 方案设计

早拆模板支撑体系有许多种类，依据结构特点和最大施工荷载，选择一种最适合的早拆模板支撑体系，进行配模设计和设计计算。

（1）配模设计应遵循的原则

①适用性：适用于工业与民用建筑中楼板厚度不小于100mm，且混凝土强度等级不低于C20的现浇钢筋混凝土楼板施工。不适用于预应力楼板的施工。

②原则性：执行《混凝土结构工程施工质量验收规范》（GB50204—2002）有关规定的基础上编制。

③经济性：

a.支撑或支撑架最少用量，支撑间隔在≤2m，支撑实际承受总荷载（顶板自重荷载、模板恒载、施工荷载）应＜25kN（早拆装置承受竖向荷载力的最低设计值应不小于25kN）情况下，尽可能采用大间隔，减少立杆用量。

b.早拆柱头的最少用量，尽可能采用简单结构的托撑。

c.单块标准模板面积的最大化、标准化，提高施工效率，减少顶板拼缝，提高施工质量。

d.非标模板的最少量。

④合理性：处理楼板边缘、梁体和柱体边缘冗余部位和流水段的划分要合理，便于施工，提高施工效率。

⑤科学性：在配模设计必须结合施工方案和施工图，对模板和支撑进行荷载计算。模板及其支撑设计计算必须保证足够的强度、刚度和稳定性，满足施工过程中承受浇筑混凝土的自重荷载和施工荷载，确保安全。

（2）配模设计工作：

①依据楼板厚度、最大施工荷载，对采用的模板早拆体系类型进行受力分析，设计竖向支撑间距控制值。依据开间尺寸进行早拆装置的布置。

②早拆模板设计应明确标注第一次拆除模架时保留的支撑。早拆模板设计应保证上下层支撑位置对应准确。

③根据楼层的净空高度，按照支撑杆件的规格，确定竖向支撑组合，根据竖向支撑结构受力分析确定横杆步距。确定需保留的横杆，保证支撑架体的空间稳定性。

④制订梁模板的早拆方案、梁底模板和梁侧模板的早拆支撑。在梁高超过700mm时，还需要考虑对拉螺栓的设计和布局。

⑤如何填充梁边、柱边和墙边的剩余空间。

⑥绘制早拆模板支撑体系施工方案图，明确模板的平面布置及材料用量统计。

⑦根据早拆模板施工方案图及流水段的划分，对材料用量进行分析计算，明确周转材料的动态用量，并确定最大控制用量，保证周转材料的及时供应及退场。

（3）有关问题的处理

在制订早拆模板方案时，还需要考虑如何便于安装操作、便于材料在楼层上运转，如何实现模板与支撑等材料的垂直运输；如何处理地基平整和斜坡，如何搭拆4m、5m以上高度的楼面模板等配套的技术问题。

①楼板模板自重荷载标准值（kN/m^2）。

②现浇混凝土自重：普通混凝土采用$24kN/m^3$，其他混凝土根据实际重力密度确定。

③钢筋自重：根据钢筋混凝土结构工程设计图纸计算确定，一般梁板结构每立

方米钢筋混凝土自重标准值，可按下列数值取用：楼板 1.1kN；梁 1.5kN。

④施工人员及施工设备荷载：

a. 计算模板及次龙骨时，对均布荷载取 2.5kN/m²，应以集中荷载 2.5kN 再行验算；比较两者所得的弯矩值，按其中较大者采用；b. 计算主龙骨时，均布活荷载取 1.5kN/m²；c. 计算竖向支撑时，均布活荷载取 1.0kN/m²；d. 对大型浇筑设备如混凝土输送泵管、布料机等按实际情况计算；e. 混凝土堆集料高度超过板厚按实际高度计算；f. 模板单块宽度小于 150mm 时，集中荷载可分布在相邻的两块板上。

⑤振捣混凝土时产生的荷载：对水平面模板可采用 2.0kN/m²。

四、早拆模板的施工

1. 施工前的准备工作

早拆模板施工前的准备工作主要包括：①必须熟悉设计方案，进行技术交底。严格按照设计要求进行支模，严禁随意支搭。②材料和机具的准备。③人员组织。④场地清理、整平夯实。

2. 早拆模板施工组织

早拆模板支撑技术一般用于超高层建筑的标准层或大开间、大柱网和大进深楼板的水平流水段。

3. 早拆模板和支撑的周转

早拆模板施工中模板和支撑的周转情况为：

（1）（第一流水段）标准层首层楼板浇筑后 3 ~ 4d，混凝土强度达到 50%，即可拆除全部模板、模板梁、横撑用于（第二流水段）标准层第二层楼板。此时混凝土墙及柱、梁附近的立柱也可拆掉，但需保持支柱跨度小于 2m，这样拆除支柱数约为（第一流水段）标准层首层楼板支柱总数的 1/3，直接传递到第二层。

（2）（第二流水段）标准层第二层楼板需补充 2/3 支柱。浇筑（第二流水段）标准层第二层楼板后 3 ~ 4d，又可拆下 1/3 支柱和拆除全部模板、模板梁、横撑用于（第三流水段）标准层第三层楼板。

（3）（第三流水段）标准层第三层楼板。这时（第一流水段）标准层首层楼板养护期已期满，它的 2/3 支柱可一起转移到（第三流水段）标准层第三层楼板使用。

由此进行下一个施工循环。

早拆模板施工技术最大的优点是拆下的模板可直接从预留洞中由人工一块一块地传递到下一个作业层，也可用轻便材料车运输到下一个流水段，而不用吊车吊上吊下的，省时省力省费用。

4. 支模拆模的技术要点

在顶板模板安装前检查各早拆部位、保留部位的构配件是否符合方案设计；模板安装前，支撑位置要准确，支撑搭设要方正，构配件联结牢固；上、下层支撑位置对应准确，支撑底部铺设垫板，保证荷载均匀传递。垫板应平整，无翘曲；模板铺设按施工方案执行，位置准确，确保模板能够实现早拆；应增设不少于1组与混凝土同条件养护的试块，用于检验第一次拆除模架时的混凝土强度。拆模时试块强度不得低于10MPa；留剩支撑的间隔不得大于2m；常温施工现浇钢筋混凝土楼板第一次拆模时间不宜早于混凝土初凝后3d；上层墙体模板拆除运走后，在施层无过量施工荷载时，方可进行下层第一次模架拆除。楼层过量施工荷载指第一次拆模前后，堆放在待拆除楼板上超过模板设计允许的荷载；模板及其支撑的拆除，严格执行模板早拆施工方案规定。

五、早拆模板的应用

1. 双锁碗扣式支撑架敲击落头式梯形销早拆支撑体系及其应用

北京西客站邮件中心、中土大厦、长春火车站黑水路、上海嘉汇广场、温州东方大厦、广州信德商务文化中心等几十项工程，都先后采用了楔紧碗扣式支撑架敲击落头式梯形销早拆支撑体系。

采用双锁碗扣式脚手架支撑架及其两种节点，支撑架的格构为：1850mm×1200mm、1550mm×1200mm、1250mm×1200mm、950mm×1200mm。钢制模板主梁的长度有1800mm、1500mm、1200mm、900mm四种规格，次梁呈"U"字形，悬臂梁的长度有800mm、600mm、300mm三种，次梁的长度为1200mm，适用于铺设定型的组合钢模板、钢框模板和1200mm宽度的胶合板模板。可调高度敲击落头式梯形销早拆柱头。

2. 双锁碗扣式支撑架螺杆双螺母旋退式早拆柱头早拆支撑体系及其应用

双螺母螺杆旋退式早拆柱头结构非常简单，主要是由顶板（或顶托）、梁托、双螺母和螺杆等组成。顶板或顶托承放与模板等厚的胶合板板条（当楼面模板采用胶合板模板时）或木梁（如楼面模板采用模壳模板时），梁托承放钢管或方木或钢木组合梁或钢梁，在钢管或方木或钢木组合梁或钢梁上铺放模板，利用螺杆上的螺母旋退，可以将模板提早退出，而顶板立柱仍然保持不动。

3. 独立支撑无模板梁台面模板早拆支撑体系的初次应用

由北京某脚手架公司引进加拿大Tabla公司的无模板梁台面模板早拆支撑体系，于2011年5月在山西省大同市第十六中新校建设中首次得到应用。

第五章　永久性模板施工工艺

永久性模板也称为一次性消耗模板，永久模板是指为现浇混凝土结构而专门设计并加工预制的某种特殊型材或构件，它们行使混凝土模板应具有的全部职能，却永远不拆除，此种模板不同于一般模板之处，在于它们与多功能新型材料复合起来，或与高性能混凝土结合起来，从而形成一个整体结构。

工程实践证明：永久性模板一般广泛应用于房屋建筑的现浇钢筋混凝土楼板工程，作为楼板的永久性模板。这种模板具有施工工序简化、操作比较简便、改善劳动条件、节省模板支撑、施工速度较快等优点。

目前，我国在现浇楼板工程中常用的永久性模板的材料，主要有压型薄钢板模板和钢筋混凝土薄板两种。但是，永久性模板的采用，要结合工程实际、结构特点、工艺特长和施工条件进行选用。

第一节　压型钢板模板施工工艺

压型薄钢板模板，是采用镀锌或经防腐处理的薄钢板，经成型机冷轧成为具有波形截面的槽型钢板。压型薄钢板模板一般用于现浇密肋楼板工程，这种模板在安装后，在肋底面铺设受拉钢筋，在肋顶面焊接横向钢筋，或在其上部受压区铺设网状钢筋，楼板混凝土浇筑后，压型薄钢板模板不再拆除，成为密肋楼板结构的组成部分。

当房间内无吊顶天棚设置要求时，压型薄钢板模板下的表面可直接喷、刷装饰层，这样可获得较好装饰效果的密肋天棚。压型薄钢板模板根据其构成不同，可做成开敞式压型钢板模板和封闭式压型钢板模板。

一、压型薄钢板模板的种类

压型薄钢板模板，按其结构功能不同，可分为组合式压型钢板模板和非组合式压型钢板模板两种。

1. 组合式压型钢板模板

组合式压型钢板模板，既能起到模板的作用，又能作为现浇楼板底面受拉钢筋，不但在施工阶段承受施工荷载和现浇混凝土、钢筋的自重，而且在楼板的使用阶段还承受使用荷载，从而构成楼板结构受力的组成部分。

组合式压型钢板模板，主要用在钢结构房屋的现浇混凝土有梁式密肋楼板工程上。

组合式压型钢板模板，为保证与楼板现浇层组合后能共同承受使用荷载，一般要做成楔形密肋压型钢板、带压痕压型钢板和焊有钢筋压型钢板，对于以上这三种构造，在压型钢板的端头都要设置锚固栓钉，栓钉的规格和数量要符合设计要求。

2. 非组合式压型钢板模板

非组合式压型钢板模板，在楼板施工过程中只作为模板使用，即在施工阶段只承受施工荷载和现浇混凝土、钢筋的自重，不承受楼板的使用阶段中的荷载，只构成楼板结构非受力的组成部分。

非组合式压型钢板模板，一般用于钢结构或钢筋混凝土结构房屋的有梁式或无梁式的现浇密肋楼板工程。

非组合式压型钢板模板，可以不设置抗剪切的连接构造。为防止混凝土在浇筑时从压型钢板的端部漏出，一般应对压型钢板简支端的凸肋端进行封端处理，封端钢板可以做成坡型或直型。

二、压型钢板模板的安装工艺

压型钢板模板一般主要安装于钢结构和混凝土结构上，由于安装的结构材料不同，所以应采用不同的安装工艺。

1. 钢结构压型钢板模板安装工艺

（1）钢结构压型钢板模板安装工艺流程

钢结构压型钢板模板安装工艺流程是：在钢梁上画出压型钢板安装位置线—压型钢板成捆吊装并搁置在钢梁上—将钢板拆捆、人工铺设—进行安装偏差调整和校正—钢板端部与钢梁采用电焊进行固定—钢板底面临时支撑加固—将钢板纵向搭接边点焊连接—栓钉焊接锚固（组合式压型钢板）—钢板表面清理—拆除临时支撑（楼板混凝土强度应达到设计强度的 70% 以上）。

（2）钢结构压型钢板模板安装工艺要点

压型钢板模板宜采用"前推法"铺设。在等截面钢梁上铺设时，应从一端向另一端铺设；在变截面钢梁上铺设时，应从梁的中间开始向两端方向铺设。在铺设压型钢板模板时，相邻跨钢板端头梯形槽口应贯通对齐，不得出现错位。压型钢板模板要随铺设、随校正调整、随焊接固定，以防止在安装过程中钢板发生松动和滑脱。

在端支承处，钢板与钢梁的搭接长度不得少于 50mm。板端头与钢梁采用点焊固定时，如果设计中无具体规定，定位焊缝的直径一般为 12mm，焊点的间距一般为 200～300mm。

在连续板的中间支座处，板端的搭接长度不少于 500mm，板的搭接端头先点焊成整体，然后再与钢梁进行栓钉锚固。如为非组合式的压型钢板时，先在板端的搭接范围内，将钢板钻出直径为 8mm、间距为 200～300mm 的圆孔，然后通过圆孔将搭接叠置的钢板与钢梁满焊固定。

压型钢板模板底部应设置临时支撑和龙骨，龙骨应垂直于模板的跨度方向设置，其数量按模板在施工阶段变形控制量及有关规定确定。压型钢板模板的支撑，应等待楼板混凝土达到施工要求的拆除模板强度后才能拆除。如果各层楼板连续施工时，还应考虑多层支撑连续设置的层数，以便共同承受上层传来的施工荷载。

楼板边沿的封沿钢板与钢梁的连接，可以采用点焊连接方式，点焊的直径一般为 10～12mm，焊点的间距 200～300mm。为增强封沿钢板的侧向刚度，可在其上口加焊直径为 6mm、间距为 200～300mm 的钢筋拉结（如图 5-1 所示）。

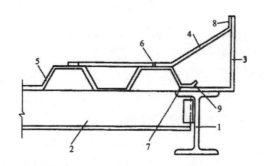

图 5-1　楼板周边封沿模板的安装

1—主钢梁；2—次钢梁；3—封沿模板；4—直径 6mm 拉结钢筋；
5—压型钢板；6、7、8、9—定位焊缝

（3）组合式压型钢板模板与钢梁栓钉焊连接注意事项

当组合式压型钢板模板与钢梁栓钉焊连接时，应当注意如下事项：

栓钉焊的栓钉，其规格、型号和焊接的位置应按设计要求确定。但穿透压型钢板焊接于钢梁上的栓钉直径不宜大于 19mm，焊后栓钉的高度应大于压型钢板的波高加上 30mm；栓钉在正式焊接前，应按放出的栓钉焊接位置线，将栓钉焊接处的压型钢板和钢梁表面用砂轮打磨处理，把表面的油污、锈蚀、油漆和镀锌面层打磨干净，以防止焊缝产生脆性；栓钉焊接应在构件置于水平位置状态下进行，其接入的电源应与其他电源分开，其工作区应远离磁场；栓钉在正式焊接之前，应先在试验钢板上按预定的焊接参数焊两个栓钉，待其冷却后进行弯曲、敲击试验检查。当弯曲角度达45°后，检查焊接部位是否出现损坏或裂缝。如果焊接的两个栓钉中，有一个焊接部位出现损坏或裂缝，需要调整焊接工艺参数后，重新进行焊接试验和焊后检查，直至检验合格后方可开始在结构构件上进行焊接；栓钉焊接完毕，应按下列要求进行质量检查：目测检查栓钉焊接部位的外观，四周的熔化金属已形成均匀小圈且无缺陷者为合格。焊接后，自钉头表面算起的栓钉高度 L 的公差为 ±2mm，栓钉偏离垂直方向的倾斜角 ≤ 5° 为合格。

目测检查合格后，对栓钉还应按规定进行冲力弯曲试验，弯曲角度为45°时，焊接面上不得出现任何缺陷。经冲力弯曲试验合格的栓钉，可在弯曲状态下使用。不合格的栓钉，应进行更换并再次进行弯曲试验。

2. 混凝土结构压型钢板模板安装工艺

（1）混凝土结构压型钢板模板安装工艺流程

混凝土结构压型钢板模板安装工艺流程是：在钢筋混凝土梁上或支承钢板的龙骨上放出钢板安装位置线—由吊车把成捆的压型钢板吊运和搁置在混凝土梁或支承龙骨上—人工拆捆、抬运、铺放钢板—调整和校正钢板的位置—将钢板模板与支承骨架钉牢—将钢板模板的顺边搭接用电焊定位连接—进行钢板模板的表面清理。

（2）混凝土结构压型钢板模板安装工艺要点

1）压型钢板模板可采用支柱式、门架式或桁架式支撑系统支承，支撑系统应按模板在施工阶段的变形量控制要求和《混凝土结构工程施工质量验收规范》（GB50204—2002）中的有关规定进行设置。

2）直接支承钢板的水平龙骨宜采用木龙骨，龙骨应垂直于钢板的跨度方向布置。压型钢板模板的端头搁置于混凝土梁上的长度不得小于30mm，钢板端头不得有悬臂现象。

3）压型钢板模板应随铺设、随校正、随钉牢，然后将搭接部位定位焊牢。压型钢板模板长向搭接处必须位于龙骨上，其搭接长度一般为 50 ~ 100mm，端头处应采用定位焊方式。

4）压型钢板模板的侧边用定位焊接的方法进行连接，在龙骨上应用钉子将其钉牢。

第二节　混凝土薄板模板施工工艺

钢筋混凝土薄板是一种新型的永久性模板。这种模板在行使混凝土模板应具有的全部职能后，永远不能将其拆除。其不同于一般模板之处在于，它们与多功能新型材料复合起来，或与高性能混凝土结合起来，从而形成一个整体结构。

一、钢筋混凝土薄板的主要类型

在建筑工程中常用的钢筋混凝土薄板模板发展很快，如预应力混凝土薄板模板、双钢筋混凝土薄板模板、冷轧扭钢筋混凝土薄板模板等。

预应力混凝土薄板模板，按其配筋情况不同，可分为单向单层配筋薄板、单向双层配筋薄板、双向单层配筋薄板、无侧向伸出钢筋的单向单层配筋薄板等。

单向单层配筋薄板，其纵向配置单层预应力筋，横向配置分布钢筋；单向双层配筋薄板，其纵向配置双层预应力筋，横向配置分布钢筋。

双钢筋混凝土薄板模板，其纵向配置双根冷拔低碳钢丝，横向也配置双根冷拔低碳钢丝，板的上部配置双钢筋构造的网片。冷轧扭钢筋混凝土薄板模板，其纵向配置冷轧扭钢筋，横向也配置冷轧扭钢筋。

双向单层配筋薄板，其纵向配置单层预应力筋，横向也配置单层预应力钢筋；无侧向伸出钢筋的单向单层配筋薄板，其纵向配置预应力筋，横向也配置预应力筋，分布钢筋不伸出。

二、混凝土薄板模板的质量要求

为确保混凝土薄板模板安装后符合设计要求，在选择原材料和制作过程中，要严格按照有关规定和规范进行。

1. 混凝土薄板模板对原材料的要求

（1）对预应力混凝土原材料的要求。预应力筋采用直径 5mm 的高强刻痕钢丝或中强冷拔低碳钢丝，一般配置在混凝土薄板截面 1/3 ~ 2/5 高度范围内。当薄板的厚度小于 60mm 时，预应力筋配置一层，间距为 50mm；当薄板的厚度大于 60mm 时，预应力筋可配置两层，层间间距为 20 ~ 30mm，上下层应当对正。混凝土的强度等级不宜太低，一般采用 C20 ~ C40。

（2）对双钢筋混凝土原材料的要求。双钢筋的纵向钢筋宜采用 08 热轧低碳

Q235 级钢筋，经冷拔成 05A 级冷拔低碳钢丝。双钢筋的横向钢筋宜采用含碳量小于纵向钢筋的同等材料或直径为 6.5mm 的 Q235 级钢筋，经冷拔成 φ4 或 φ3.5B 级冷拔低碳钢丝。混凝土的强度等级不低于 C30。

（3）对冷乳钢筋混凝土原材料的要求。主筋采用冷轧扭钢筋，标志直径为 6.5 ~ 8mm，配置在板厚 1/2 位置或稍偏低于板底部的位置。主筋间距：当叠合后楼板的厚度 150mm 时，不应大于 200mm；当叠合后楼板的厚度 h>150mm 时，不应大于 1.5/1，且每米板宽中不少于 3 根。混凝土的强度等级不低于 C30。

2. 混凝土薄板模板其他质量要求

（1）薄板出池、放张和吊装时，混凝土的强度必须符合设计要求，如果设计中无具体规定时，一般不得低于设计强度标准值的 80%。同时，薄板混凝土的试块在标准养护条件下，28d 的强度必须符合《混凝土结构工程施工质量验收规范》（GB50204—2002）中的规定。

（2）薄板外观质量要求：不得有蜂窝、孔洞、掉皮、露筋、裂缝、缺棱和掉角现象，板的底部要平整、光滑，板表面上的扫毛、刻痕和表面压坑处理等要清晰。

三、混凝土薄板模板的安装要点

1. 组合预应力混凝土薄板模板的安装工艺流程

混凝土薄板模板的安装顺序是：在墙或梁上弹出薄板安装水平线并分别划出安装位置线—薄板硬架支撑安装—检查和调整龙骨上口的水平标高—进行薄板吊装和就位—板底部平整度检查及偏差纠正处理—整理板端部伸出的钢筋—进行板缝模板安装—薄板上表面清理—绑扎叠合层钢筋—叠合层混凝土浇筑—混凝土达到要求强度后拆除支撑。

2. 组合预应力混凝土薄板模板的安装工艺要点

（1）硬架支撑的支承龙骨表面应保持平直，要与板底部的标高一致。龙骨及支柱的间距，要满足薄板在承受施工荷载和叠合层钢筋混凝土自重时，不产生裂缝和超过允许挠度的要求。在一般情况下，龙骨的间距以 1200 ~ 1500mm 为宜，沿龙骨方向支柱的间距以 800 ~ 1000mm 为宜，且支柱下应垫上通长的垫板。

（2）当支柱的高度超过 3m 时，支柱之间必须设置水平拉杆进行拉固。如果采用钢管为支柱时，连接支柱的水平拉杆必须使用钢管和卡扣与支柱卡牢，不得采用铅丝绑扎。当支柱的高度在 3m 以下时，应根据具体情况确定是否设置水平拉杆。在任何情况下，都必须保证支撑的整体稳定性。

如果采用双钢筋混凝土薄板模板，当房间开间为单拼或三拼组合时，必须设置水平拉杆；当房间开间为四拼或五拼组合时，必须加设纵横贯通的水平拉杆，以确保其整体的稳定性。

（3）吊装跨度在 4m 以内的条板时，可根据垂直运输机械的起重能力和板的重量，确定一次能吊运的块数。当一次吊运多块模板时，应在紧靠模板垛的垫木位置处，用钢丝绳兜住模板垛的底面，将多块板吊运到楼层，先临时停放在指定的硬架或楼板位置上，然后再逐块挂吊环安装就位。

吊装跨度大于 4m 的条板或整间式的薄板，应采用 6 ~ 8 点吊挂的单块吊装方法。吊具可采用焊接式钢框或者双铁扁担式吊装架和游动式钢丝绳平衡索具。

（4）在薄板模板起吊时，不要吊起后立即提升，在吊离地面 50cm 后停下，检查吊具的滑轮组、钢丝绳和吊钩的工作状态，观察薄板的平稳状态是否正常，确认一切正常无误后，再进行提升安装和就位。

（5）薄板安装就位后，如果位置需要进行调整，当采用撬棍拨动薄板时，撬棍的支点要垫以木块，以避免损坏板的边角。

（6）薄板位置调整好后，检查板底部与龙骨的接触情况，如发现板底部与龙骨上表面之间空隙较大时，可采用以下方法进行调整：

如龙骨表面上的标高有偏差时，可通过调整支柱丝扣或支柱下对头木楔纠正其偏差；如属于板的变形（反弯曲或翘曲）所致，当变形发生在板端或板中部时，可用粗钢筋与板缝成垂直方向贴在板的上表面，再用 8 号铅丝通过板缝将粗钢筋与板底部的支承龙骨别紧，使板底部与龙骨贴严；如变形只发生板的端部时，也可用撬棍将板压下，使板的底部贴到龙骨上表面，然后用粗短钢筋棍的一端压住板面，另一端与墙（或梁）上的钢筋焊牢固，撤除撬棍后，使板底部与龙骨接触严密。

（7）薄板底部如为不设置吊顶的普通装修天棚时，板缝模板宜做成具有凸沿或三角形截面，并与板缝的宽度相配套的条模，安装时可采用支承式或吊挂式方法固定。薄板表面处理。在浇筑叠合层混凝土前，板面预留的剪力钢筋要修整好，板表面的浮浆、浮渣、起皮、尘土等要清理干净，然后用清水将板润湿（冬季除外）。

（8）预应力混凝土薄板模板的支撑，应待叠合层混凝土强度达到设计强度的70% 以上才能拆除。双钢筋和冷轧扭钢筋混凝土薄板模板的支撑，应待叠合层混凝土强度达到设计强度的 100% 以上才能拆除。

3. 非组合预应力混凝土薄板的施工工艺

非组合预应力混凝土薄板模板的受力特点是：在施工阶段只承受现浇钢筋混凝土自重和施工荷载，当与现浇混凝土层结合后，在使用阶段不再承受荷载，仅作为现浇楼板结构的永久模板使用。这种模板适用于大跨度、顶棚为一般装修标准的现浇无梁楼板模板。

（1）非组合预应力混凝土薄板模板的构造

为了保证薄板与楼板现浇混凝土层的可靠锚固和结合成整体，薄板可同时采用以下的构造方法：

1）在制作薄板模板时，其板端部预应力钢筋的伸出长度不得少于4d（d为主筋的直径）。薄板模板在安装后，将伸出的钢筋向上弯起并伸入楼板现浇混凝土层内。

2）绑扎现浇混凝土楼板的钢筋时，在纵横两个方向各用一根直径为8mm的通长钢筋穿过薄板面上预留的吊环内，将薄板锚挂在楼板底部的钢筋上，然后与现浇混凝土层浇筑在一起。

3）在进行薄板制作时，薄板的上表面应当加工成具有拉毛或压痕的表面，以增加薄板与现浇混凝土层的结合能力。

（2）非组合预应力混凝土薄板模板的安装

1）模板安装的工艺流程

模板安装的工艺流程是：薄板支撑系统安装—薄板的支撑龙骨上表面水平度及标高校核—在龙骨上画出薄板安装位置线、标注出板的型号—模板吊运、搁置在安装地点—薄板人工抬运、铺放和就位—板缝进行勾缝处理—整理板端伸出的钢筋—薄板吊环的锚固钢筋铺设和绑扎—绑扎叠合层钢筋—板面清理、浇水润透（冬季除外）—混凝土浇筑、养护至设计强度—拆除支撑系统。

2）模板安装的技术要点

薄板的支撑系统，可以采用立柱式、桁架式或台架式的支撑系统。支撑系统的设计应按照国家标准《混凝土结构工程施工质量验收规范》（GB50204）中的有关规定执行；薄板在进行安装时，可由起重机成垛进行吊运，并搁置在支撑系统的龙骨上，或已安装好的薄板上，然后采用人工或机械从一端开始，按顺序分块向前进行铺设；薄板一次吊运的块数，除考虑吊装机械的起重能力外，还应当考虑薄板采用人工码垛、拆除、安装的方便。对成垛的薄板临时停放在支撑系统的龙骨上或已安装好的薄板上，要注意模板停放处的支撑系统是否超载，防止因承担荷载过大使支撑龙骨或薄板发生断裂，避免出现塌落事故；薄板堆放时其底部应设置垫木，所用的垫木（板）应当是通长的，板的支垫要靠近板的吊环位置，以防止薄板产生弯曲变形；薄板在铺设和调整好以后，应认真检查其板底与龙骨的搭接面及板侧的对接缝是否严密。如缝隙的宽度不符合要求，可用水泥砂浆进行勾缝，以防止在浇筑混凝土时产生漏浆现象。水泥砂浆中的砂宜采用过筛的中砂或细砂；板端部伸出的钢筋要按构造要求伸入现浇混凝土层内。穿过薄板吊环内的纵向和横向锚固筋，必须置于现浇混凝土楼板底部的钢筋之上；薄板应严格按照现行的施工规范进行操作，其安装质量允许偏差，与组合板的预应力薄板安装允许偏差相同。

第六章　模板施工的安全问题

模板的施工多数是属于繁重的体力劳动，有些工序和方法对于操作人员的安全有很大的威胁，因此，注意模板施工中的安全问题，不仅对于作业人员的安全有利，而且还可以提高施工速度和工程质量。

第一节　模板工人的安全技术操作规程

模板安装基本上是由人工进行的，模板工人严格按照安全技术操作规程进行施工，不仅能确保模板工程的安装质量，而且还关系到施工人的安全。根据模板安装施工经验，应遵循以下操作规程。

（1）凡遇到恶劣天气，如大雨、大雾及6级以上的大风，应停止露天高空作业；当风力达到5级时，不得进行大模板、台式模板等大件模具的露天吊装作业。

（2）在高空拆模时，作业区周边及进出口应设围栏并加设明显标志和警告牌，严禁非作业人员进入作业区。在垂直运输模板和其他材料时，应设专人统一指挥，设置统一信号。

（3）在模板安装过程中，脚手架的操作层应保持畅通，不得堆放超载的材料。交通过道应有适当高度。工作前应检查脚手架的牢固性和稳定性。

（4）脚手架的操作层应保持畅通，不得堆放超载的材料。交通过道应有适当高度。工作前应检查脚手架的牢固性和稳定性。

（5）作业人员必须正确使用防护用品，着装整齐、袖口扎紧，穿防滑鞋。作业时，配件及模板严禁上下抛掷，配件用箱或袋子集中吊运；配件及工具放在袋内，不得乱堆乱放。

（6）严禁操作者站在钢模、钢管或不稳固、不安全的物体上进行作业，作业面下方严禁站人或通行。

（7）模板和拉杆没有固定前，不准人在上面行走，或采用蹬拉方式操作，组装完的模板不准超过模板允许负荷，站人不准集中。

（8）拆除模板应经施工技术员同意，操作时应按顺序分段进行，严禁猛撬、硬砸或大面积撬落和拉倒。施工现场应做到工程完毕料物清理，不得留下松动和悬挂的模板，拆下的模板应及时运输至指定地点集中堆放，防止钉子扎脚。

（9）施工现场的电气设备、线路与钢模间必须保持安全距离，严禁混放或拖拉在钢模、钢筋上。

（10）支设4m以上的立杆模板，四周模板顶牢，操作时要搭设工作台；不足4m的可使用马凳进行操作；在高处进行作业时，应当搭设脚手架；在建筑物的边缘进行作业时，必须系好安全带。组装或拆除钢模上下穿插作业时，操作者不准在一条直线上，必须错开位置。

（11）装拆组合钢模时，上下应有人接应，钢模板及配件应随装随转运，严禁从高处向下抛掷。已松动部件必须拆卸完毕方可停歇，如中途停止拆卸，必须把松动的部件固定牢靠。

（12）在模板支撑系统未钉牢前不得上人，在未安装好的梁底板或平台上不得放重物或行走。

（13）登高作业时，连接件（包括钉子）等材料必须放在箱盒内或工具袋里，工具必须装在工具袋中，严禁散放在脚手板上。

第二节　模板施工安全的技术交底

模板在制作、安装、使用和拆除的过程中，基本上是由比较专业的模板工人具体操作，这些施工人员必然存在安全问题。因此，在正式施工之前，应由有关技术人员向模板工人进行安全方面的技术交底。

模板施工安全技术交底工作，主要包括木料（模板）的运输与码放、模板的制作与安装和模板的拆除工作等。

一、木料（模板）运输与码放的安全技术交底

（1）在木料（模板）进行运输前，首先应根据实际情况选用合适的运输工具，并检查使用的运输工具是否存在隐患，对于其运行状态进行认真检查，合格后方可使用。

（2）在木料（模板）进行运输时，如果上下沟槽或构筑物应走马道或安全梯，

严禁搭乘吊具、攀登脚手架上下。

（3）所用的安全梯不得缺档，也不得在底部将梯子垫高。安全梯的上端应当绑扎牢固，下端应当设有防滑措施，人字梯的底脚必须用绳索拉牢。严禁两名以上作业人员在同一梯子上作业。

（4）对于成品和半成品木材应当堆放整齐，不得任意乱放，不得存放在施工工程范围之内，木材码放高度一般不超过 1.2m。

（5）木材和木质模板的堆放场地，应当严禁烟火，并应按照消防部门的要求配备消防器材。

（6）木料（模板）运输与码放应按照以下要求进行：

作业前应当对运输道路进行平整，保持道路坚实、畅通。运输用的便桥应当搭设牢固，桥面宽度应比小车宽度至少多 1m，且总宽度不得小于 1.5m，便桥两侧必须设置防护栏和挡脚板；在木料（模板）的运输过程中，如果需要穿行地方上的道路，必须严格遵守交通法规，听从指挥；用架子车装运材料时，应当由两人以上配合操作，以保持架子车稳定；在车子拐弯时应示意，车上不得坐人；使用手推车运输木料时，在平地上前后车子的间距不得小于 2m，下坡时应稳步推行，前后车间距应根据坡度确定，一般情况下不得小于 10m；拼装、存放模板的场地必须平整坚实，不得出现积水和沉陷。在模板存放时，底部应垫上方木，堆放应当稳定牢靠，立放应当支撑牢固；在地上码放模板的高度，一般不得超过 1.5m；在架子上码放模板的高度，一般不得超过 3 层；不得将材料堆放在管道的检查井、消防井、电信井、燃气井和抽水缸井等设施上；也不得随意靠墙堆放材料；使用起重机进行吊装作业时，必须服从信号工的指挥，与驾驶员协调配合，在起重机的回转范围内，不得有与吊装作业无关人员；在运输木料、模板时，无论采用何种运输工具，均必须绑扎牢固，保持平衡，以防止材料因掉落而损坏。

二、模板的制作与安装的安全技术交底

（1）在进行模板的制作与安装前，首先检查使用的工具是否存在隐患，如手柄有无松动、断裂等，手持电动工具的漏电保护器应试机检查，合格后方可使用，在进行操作时应戴绝缘手套。

（2）模板安装作业高度在 2m 以上（含 2m），必须搭设脚手架，按照要求系好安全带。

（3）在高处进行作业时，所用材料必须码放平稳、整齐。手用的工具应放入工具袋内，不得乱扔乱放，扳手应当用绳子系在身上，使用的铁钉不得含在嘴中。

（4）当使用手锯时，锯条的紧度必须调整合适，下班时要将锯条放松，防止再

使用时突然断裂伤人。

（5）在安装搭设大模板时，必须设专人进行指挥，模板安装工与起重机驾驶员应协调配合，做到稳起、稳落、稳就位。在起重机的回转范围内，不得有与模板安装的无关人员。

（6）在模板的制作与安装作业中，应当随时清扫木屑、刨花等杂物，并送到指定地点堆放，防止污染施工现场。

（7）木材加工场和木质模板制作与安装的现场，严格禁止烟火，并应按消防部门的要求配备消防器材。

（8）在木模板制作和安装现场，一般不允许用明火，如果必须采用明火时，应事先申请用火证，并设置专人进行监护。

（9）在模板的作业场地，地面应当平整、坚实，不得有积水现象，同时还应排除现场的所有不安全因素；在模板安装作业前，应认真检查模板、支撑等构件是否符合设计要求，钢板有无严重诱蚀或变形，木模板及支撑的材质是否合格。不得使用腐朽、劈裂、扭裂、弯曲等有缺陷的木材制作模板或支撑。

（10）当采用旧木料制作模板时，首先必须彻底清除木料上的钉子、水泥黏结块等，然后再按设计要求进行制作。

（11）在进行模板制作与安装作业前，应检查所用工具、设备是否齐全和正常，确认工具和设备安全后方可进行作业；在模板制作使用锛（或斧）砍料时，必须做到稳、准，不得用力过猛，对面 2m 范围内不得有人。

（12）必须按模板设计和安全技术交底的要求安装模板，不得盲目操作和随意安装，一定要确保施工安全。

（13）在槽内安装模板前，必须认真检查槽帮和支撑，确认无塌方危险时才能进行。在向槽内运料时，应当使用绳索缓缓放人，操作人员应互相呼应。在进行模板安装作业时，应做到随安装、随固定；在使用支架支撑模板时，应平整压实地面，底部应垫 5cm 厚的木板。必须按安全技术要求将各结点拉杆、撑杆连接牢固。

（14）操作人员上、下架子必须走马道或安全梯，严禁利用模板支撑攀登上下，不得在墙顶、梁顶及其他高处狭窄而无防护的模板上行走。严禁从高处向下方抛掷物料，搬运和安装模板时应稳拿轻放。

（15）支架支撑的竖直偏差必须符合安全技术要求，支架支撑安装完成后，必须经验收合格方可进行安装模板作业。

（16）模板立柱的顶部支撑必须设置牢固的拉杆，不得与门窗等不牢靠和临时物件相连接。模板在安装过程中，一般不得间歇，柱头、搭头、立柱顶撑、拉杆等必须安装牢固成整体后，作业人员才可以离开。暂停作业时，必须进行检查，确认所支模板、撑杆及连接件稳固后方可离开现场。

（17）配合吊装机械安装模板作业时，必须服从信号工的统一指挥，与起重机驾驶员协调配合，起重机回转范围内不得有无关人员。支架、钢模板等构件就位后，必须立即采取撑、拉等措施，固定牢靠后方可摘钩。

（18）基础及地下工程模板安装之前，必须检查基坑土壁边坡的稳定状况，基坑上口边沿 1m 以内不得堆放模板及材料，向槽（坑）内运送模板构件时，严禁从高处抛掷，应使用溜槽、绳索或起重机械运进，下方操作人员必须远离危险区。

（19）在组装柱子模板时，四周必须设置牢固支撑，如柱子的模板高度在 6m 以上，应将几个柱子模板连成整体。独立梁的模板应搭设临时工作平台，不得站在柱子模板上操作，不得站在梁底板模板上行走和安装侧向模板；在浇筑混凝土过程中必须对模板进行监护，仔细观察模板的位移和变形的情况，发现异常时必须及时采取稳固措施。当模板变位较大，有可能发生倒塌时，必须立即通知现场作业人员离开危险区域，并及时报告上级。

三、模板拆除工作的安全技术交底

（1）在进行模板拆除作业前，首先应检查使用的工具是否存在隐患，如手柄有无松动、断裂等，手持电动工具的漏电保护器应试机检查，合格后方可使用，操作时应戴绝缘手套。

（2）拆模板作业高度在 2m 以上（含 2m）时，必须搭设脚手架，按照要求系好安全带。

（3）在高处进行拆除作业时，材料必须码放平稳、整齐。手用工具应放入工具袋内，不得乱扔乱放，扳手应用小绳系在身上，拆下的铁件不得任意抛下。

（4）拆除大模板必须设专人指挥，模板拆除人员与起重机驾驶员应协调配合，做到稳起、稳落、稳就位。在起重机回转范围内，不得有与拆除模板工作的无关人员。

（5）拆除木模板、起模板钉子和进行码垛作业时，施工人员不得穿胶底鞋，着装应当紧身利索。

（6）在拆除模板时，混凝土必须满足拆除时所需的强度，必须经工程技术人员同意后拆除，不得因拆除模板而影响混凝土结构工程的质量。

（7）必须按拆除方案和专项技术交底要求作业，统一指挥，分工明确。必须按程序作业，确保未拆除部分处于稳定、牢固状态。应当按照先支后拆、后支先拆的顺序，先拆非承重模板，后拆承重模板及支撑。

（8）在拆除用小型钢支撑的顶板模板时，严禁将支柱全部拆除后，将模板一次性拉拽拆除；拆除已经松动的模板，必须一次连续拆完方可停歇，严禁留下不安全隐患。

（9）严禁采用大面积拉、推的方法拆除模板。拆除模板时，必须按专项技术交底要求先拆除卸掉荷载的装置；必须按规定程序拆除撑杆、模板和支架。严禁在模板下方用撬棍撞、撬模板；在拆除模板作业时，必须设置警戒区，严禁下方有人进入，拆除模板作业人员必须站在平稳可靠的地方，保持自身平衡，不得猛撬，以防失稳坠落。

（10）在拆除电梯井及大型孔洞模板时，在下层必须设置安全网等可靠的防止坠落的安全措施。

（11）严禁使用吊车直接拆除没有松动的模板，吊运大型整体模板时必须绑扎牢固，并且使模板的吊点平衡，吊运大钢模板时必须用卡环进行连接，就位后必须连接牢固方可卸除吊钩。

（2）当使用吊装机械拆除模板时，必须服从信号工的统一指挥，必须待吊具挂牢后方可拆除支撑，模板、支架落地放稳后方可摘钩；应当随时清理拆下的物料，做到边拆、边清、边运、边按规格码放整齐。楼层高处拆除的模板严禁向下抛掷，必须用运输工具运至地面。在暂停拆除模板时，必须将活动杆件支稳后方可离开现场。

第三节　滑动模板施工的安全技术

滑动模板施工工艺是一种使混凝土在动态下连续成形的快速施工方法。在整个施工过程中，操作平台支承于低龄期混凝土上加以稳固，且直径和刚度较小的支承杆上，如果施工中稍有不慎，则会出现重大的事故。因而确保滑动模板施工安全，是滑动模板施工工艺中一个极其重要的问题。

滑动模板施工中的安全技术工作，除应遵照一般工程施工安全操作规程外，还应遵循《液压滑动模板施工安全技术规程》（JGJ65）和《滑动模板工程技术规范》（GB50113）中的规定，在正式施工前制定具体的安全措施。具体的安全措施主要应包括以下方面：

一、滑动模板施工安全技术方面的一般规定

1. 滑动模板工程在开工之前，施工单位必须根据工程结构和施工特点以及施工环境、气候条件等，编制滑动模板施工安全技术措施，作为滑动模板施工组织设计的组成部分，报上级安全和技术主管部门审批后实施。滑动模板工程施工负责人必

须对安全技术全面负责。

2. 在进行滑动模板施工中，必须配备具有安全技术知识、熟悉安全规程和《滑动模板工程技术规范》（GB50113）的专职安全检查员。安全检查员负责滑动模板施工现场的安全检查工作，对违章作业有权加以制止。发现重大不安全问题时，有权指令先行停工，并立即报告有关领导研究处理。

3. 对参加滑动模板工程施工的人员，必须进行技术培训和安全教育，使其了解本工程滑动模板施工特点，熟悉安全规程中的有关条文和本岗位的安全技术操作规程，并通过考核合格后，才能上岗工作。参加滑动模板工程的施工人员，应做到相对固定。

4. 在滑动模板施工过程中，应经常与当地的气象台（站）取得联系，遇到雷雨和六级（包括六级）以上大风时，必须停止施工。停工前应制定可靠的停止滑动措施，操作平台上的施工人员撤离前，应对设备、工具、零散材料和能移动的铺板等进行整理、固定并做好防护工作。全部人员撤离后，立即切断通向操作平台的供电系统。

5. 滑动模板操作平台上的施工人员应进行定期体检，经医生诊断其患有高血压、心脏病、贫血、癫痫病及其他不适应高空作业疾病的，不得在操作平台上工作。

二、施工现场与操作平台方面的安全技术

1. 在滑动模板施工的建（构）筑物周围，必须划分出施工危险警戒区。警戒线至建（构）筑物的距离，不应小于施工对象高度的1/10，且不小于10m。当不能满足这个要求时，应采取有效的安全防护措施。

危险警戒线应设置比较牢固的围栏和明显的警戒标志，出入口应设专人警卫，并制定相应的警卫制度。

2. 危险警戒区内的建（构）筑物出入口、地面通道及机械操作场所，应搭设高度不低于2.5m的安全防护棚。滑动模板在进行立体交叉作业时，上、下工作面之间应搭设隔离防护棚。各种牵拉的钢丝绳、滑动运输装置、管道、电缆及设备等，均应采取可靠的防护措施。

为确保滑动模板施工中的人身安全，各处设置的防护棚构造应满足下列要求：防护棚所用的材料应符合现行标准的规定，其结构组成和材料品种、规格应通过计算确定；防护棚的棚顶一般采用不少于二层纵横交错铺设的木板或竹夹板组成，木板的厚度不应小于3cm，重要场所应增加一层2~3mm的钢板；建（构）筑物的内部所用防护棚，应从中间向四周留坡；外部所用的防护棚，应当做成向内的坡度（外高内低），其坡度均不小于1:5；当垂直运输设备需要穿过防护棚时，在防护棚所留洞口的周围，应当设置围栏和挡板，其高度不应小于800mm；烟囱、灯塔等高大类构筑物，当利用平台、灰斗底板代替防护棚时，在其板面上应采取缓冲措施。

3. 滑动模板施工现场垂直运输机械的布置，应符合以下要求：

（1）垂直运输机械所用的卷扬机，应布置在危险警戒区以外，并尽量设在能与塔架上、下通视的地方。

（2）当一个施工现场采用多台塔式起重机作业时，每台起重机的位置应科学布置，防止起重机相互碰撞。

4. 滑动模板操作平台的设计应具有完整的设计计算书、技术说明及施工图，并经有关技术人员审核，报主管技术部门批准后才能进行安装。滑动模板操作平台的制作，必须按设计图纸加工，如制作中有变动，必须经主管设计人员同意，并应有相应的设计变更文件。

5. 操作平台和吊脚手架上的铺板，必须严密平整、强度满足、刚度适宜、固定可靠和防滑，并不得随意进行挪动。操作平台上的孔洞，应设盖板封严。操作平台和吊脚手架的边缘，应设置钢制防护栏杆，其高度不小于120cm，横档的间距不大于35cm，底部设高度大于18cm的挡板。

在防护栏杆的外侧应满挂铁丝网或安全网封闭，并应与防护栏杆绑扎牢固。内外吊脚手架操作面一侧的栏杆与操作面的距离，应不大于10cm。操作平台的内外吊脚手架，应兜底满挂安全网，并应符合下列具体要求：

不得使用质量不合格和腐烂变质的安全网，安全网与吊脚手架应用铅丝或尼龙绳等进行等强连接，连接点之间的距离不应大于50cm；对于旧建筑物改造工程或离周围建筑较近、或行人较多的地段，操作平台的外侧吊脚手架应特别加强安全防护，安全网必须安全、牢固、可靠；安全网片之间应满足等强连接，连接点的间距与网结的间距相同。

6. 当滑动模板操作平台上设有随升井架时，在人、料道口处应设置防护栏杆；在其他侧面应用铁丝网进行封闭。防护栏杆和封闭用的铁丝网高度不应低于1.2m。

连接变截面结构的外挑式操作平台时，应按照施工组织设计的要求及时进行变更，并拆除的多余部分。

三、运输设备与动力、照明用电的安全技术

1. 滑动模板施工中所使用的垂直运输设备，应根据滑动模板的施工特点、建筑物的形状、施工现场地形和周围环境等条件，在保证施工安全的前提下进行选择。

垂直运输设备应有完善可靠的安全保护装置，如起重量及提升高度的限制，制动、防滑、信号等装置，紧急安全开关等，严禁使用安全保护装置不完善的垂直运输设备。垂直运输设备安装完毕后，应按出厂说明书的要求进行无负荷、静负荷、

动负荷试验及安装。

2. 各类井架的缆风绳、固定卷扬机所用的锚索，装拆塔式起重机等所用的地锚，按定值设计法设计时的经验安全系数，应符合下列规定：在垂直分力作用下的安全系数不小于 3；在水平分力作用下的安全系数不小于 4；缆风绳和锚索必须用钢丝绳，其安全系数不小于 3.5。

3. 当采用竖井架或随升井架作为滑动模板的垂直运输设备时，必须验算在最大起重量、最大起重高度、井架自重、风载、导轨张紧力、制动力等最不利情况下结构的强度和稳定性。

竖井架的安装和拆除应符合下列规定：

竖井架的支承底座安装的水平偏差不大于 1/1000；竖井架架身的垂直度偏差不大于 1/1000，且不大于 10cm，且无扭转现象；缆风绳的张紧或放松应对称、同时进行。位于结构物内的井架与结构物的柔性连接，也应均匀对称拉撑，柔性结点应经设计验算，其间距不宜大于 10m；缆风绳越过高压电线时，必须搭设竹、木脚手架保护，并保持一定的安全距离；井架的安装和拆除必须有安全技术措施。与井架配套使用的卷扬机设置地点，距卷扬机前的第一个导向滑轮之间的距离，不得小于卷筒长度的 20 倍。

4. 在滑动模板的施工过程中，采用自制的井架或随升井架及非标准电梯或罐笼运送物料和人员时，应采用双绳双筒同步卷扬机。当采用单绳卷扬机时，罐笼两侧必须设有安全卡钳。

选用的安全卡钳应当结构合理，工作可靠，其设计和验算应符合下列要求：在使用的安全卡钳中，楔块工作面上的允许压强应不小于 150MPa；在罐笼运行时，安全卡钳的楔块与导轨（稳绳）工作面的间隙，不应小于 2mm；安全卡钳钢制零件按定值设计法设计时，其经验安全系数不得小于 3.5，楔块的材质不低于 45 号钢，工作面的硬度不低于 45HRC。自行设计的安全卡钳安装后，应按最不利情况进行负荷试验，并经过安全和技术主管部门鉴定合格后，方可投入使用。

5. 电梯或罐笼的柔性导轨（稳绳），应采用金属芯的钢丝绳，其直径一般为19.5mm。柔性导轨的张紧力，一般按每 100m 长取 10 ~ 12kN。每副导轨中两根导轨的张紧力之间以不超过 15% ~ 20% 为宜。采用双罐笼时，张紧力相同的导轨应按中心对称设置。柔性导轨应设有测力装置，并有专人使用和检查。

6. 滑动模板施工的动力及照明用电应设有备用电源，当没有备用电源时，应考虑停电时的安全和施工人员的上下措施。

在滑动模板施工现场的场地和操作平台上，应分别设置配电装置。附着在操作平台上的垂直运输设备，应有上下两套紧急断电装置。总开关和集中控制开关必须有明显的标志。

从地面向滑模操作平台供电的电缆，应以上端固定在操作平台上的拉索为依托，电缆和拉索的长度应大于操作平台最大滑升高度10m，电缆在拉索上相互固定点的间距，不应大于2.0m，其下端应比较理顺，并要设置防护措施。

7. 滑动模板施工现场的夜间照明，应确保工作面上的照明符合施工要求，其照明设施应符合下列具体规定：

施工现场的照明灯头距地面的高度，不应低于2.5m，在易燃、易爆的施工现场，应使用防爆灯具；操作平台上有高于30V的固定照明灯具时，必须在其线路上设置触电保安器，灯泡应配有防雨灯伞或保护罩；滑动模板操作平台上的便携式照明灯具，应采用低压电源，其电压不应高于36V。滑动模板操作平台上采用380V电压供电的设备，应装有触电保安器。经常移动的用电设备和机具的电源线应使用橡胶软线。

四、施工中通信与信号方面的安全技术

1. 在滑动模板施工组织设计中，应根据施工的具体要求，对滑动模板的操作平台、工地办公室、垂直和水平运输控制室、供电、供水、供料等部位的通信联络，做出相应的技术设计，其主要内容包括：对通信联络方式、通信联络装置的技术要求和联络信号等做出明确规定；制定比较可靠的相应通信联络制度。

2. 当采用罐笼或升降台等作为垂直运输机械时，其停留处、地面落罐（台）处及卷扬机室等，必须设置通信联络装置及声、光指示信号。各处信号应统一规定，并挂牌标明。

3. 在滑动模板的施工过程中，通信联络设备及信号，应由专人管理和使用。垂直运输机械起动的信号，应由重物、罐笼或升降台停留处发出。司机接受到动作信号后，在起动前应发出动作回铃，以告知各处做好准备。联络不清，信号不明，司机不得擅自起动垂直运输机械。

4. 当滑动模板操作平台最高部位的高度超过50m时，应根据航空部门的要求设置航空指示信号。在机场附近进行滑动模板施工时，航空信号和设置的高度，应征得当地航空部门的同意。

五、滑动模板的防雷、防火与防毒安全技术

1. 滑动模板在施工过程中的防雷装置和措施，除应符合《建筑物防雷设计规范》（GB50057—1994）（2000年修改版）中的要求外，还应符合下列具体规定：

滑动模板操作平台的最高点，如在邻近防雷装置接闪器的保护范围内，可不安

装临时接闪器，否则，必须安装临时接闪器；临时接闪器的设置高度，应使整个滑动模板操作平台在其保护范围内；施工现场的井架、脚手架、升降机械、钢索、塔式起重机的钢轨、管道等大型金属物体，应与防雷装置的引下线相连；防雷装置必须具有良好的电气通路，并与接地体相连；接闪器的引下线和接地体，应设置在人不去或很少去的地方，接地电阻应与所施工的建（构）筑物防雷设计类别相同。

2. 滑动模板操作平台上的防雷装置应设专用的引下线，也可利用工程正式引下线。当采用结构钢筋和支承杆作为引下线时，应当确定引下线的走向。作为引下线使用的结构钢筋和支承杆接头，必须焊接成电气通路，结构钢筋和支承杆的底部应与接地体连接。当施工中遇到有雷雨时，所有露天高空作业人员应撤到地面，人体不得接触防雷装置。

3. 滑动模板操作平台上应设置足够和适用的灭火器及其他消防设施；操作平台上不应存放易燃物品；使用过的油布、棉纱等物品应及时回收，不要随意丢弃。

在滑动模板操作平台上使用明火或进行电（气）焊时，必须采取可靠的防火措施，并经专职安全人员确认安全后，再进行正式作业。

4. 混凝土养护所用的水管及爬梯等，应随着模板的滑升而安装，以便消防及人员疏散时使用。在冬季施工时，滑动模板操作平台上不采用明火取暖。

5. 施工现场有害气体浓度的卫生标准，应当符合国家现行标准《工业企业设计卫生标准》（GBZ1）中的规定。滑动模板操作平台处于有害气体影响范围之内时，应根据具体情况，采用下列防护措施之一：

设置相应有害气体的报警装置或检测管，并有相应的防毒用具。如果有害气体的浓度超过卫生标准时，施工人员应戴防毒口（面）罩；当施工现场有害气体的浓度超过卫生标准时，也可以由甲、乙双方协商，采取停止操作、相互错开班次或改道进行排放等有效措施。

6. 在配制和喷涂有毒性的养护剂时，操作人员必须穿戴防护用品，并应在通风良好的条件下进行。当通风条件不能满足要求时，施工人员必须戴防毒口（面）罩。

六、滑动模板施工操作过程中的安全技术

1. 在滑动模板正式滑升之前，应进行全面的安全技术方面的检查，并应符合下列要求：

（1）滑动模板的操作平台系统、模板系统及连接部位等，均必须符合设计要求。

（2）液压系统是滑动模板提升的动力，其油路设计、所用设施和油压等，应经试验合格。

（3）垂直运输机械设备系统及其安全保护装置，在正式使用前必须进行试车，合格后才能投入使用。

（4）动力及照明用电线路，关系到施工是否顺利、人员是否安全，在正式使用前应进行检查，其设计应合理、使用应安全、保护装置应可靠。

（5）通信联络与信号装置是施工中不可缺少的设施，为确保通信联络与信号畅通、准确，在正式使用前必须进行调试，合格后才能投入使用。

（6）安全防护设施关系到施工人员的安危，必须符合有关规定中的施工安全技术要求。

（7）滑动模板系统中的防火、防雷、防冻和防毒等各方面，必须符合施工组织设计中的要求；为使全体施工人员重视安全技术工作，在正式上岗前必须进行技术培训、考核和安全教育；施工企业在滑动模板正式施工前，必须建立健全有关安全技术方面的管理制度。

2．操作平台材料堆放的位置及数量，应当符合施工组织设计中的要求，将不用的材料、设备、工具、物件等，应及时清理并运至地面。

3．在模板施工的过程中必须设立专人进行统一指挥，液压控制台应由持证人员操作。在滑模的初步滑升阶段，必须对滑模装置和混凝土的凝结状态进行检查，发现问题，及时纠正。滑动模板应严格按施工组织设计中的要求控制滑升速度，严格禁止随意超速滑升。

4．每个作业班组应设专人负责检查混凝土的出模强度，在常温下混凝土的出模强度应不低于 0.2MPa。当出模的混凝土发生下坠、流淌或局部坍落现象时，应立即采取停止滑升措施。

5．在模板的滑升过程中，操作平台应当保持基本水平，各千斤顶的相对高差不得大于 40mm。相邻两个提升架上千斤顶的相对高差，不得大于 20mm。

6．严格控制结构的偏移和扭转。结构纠正偏移和纠正扭转的操作，应在施工指挥人员的统一指挥下，按施工组织设计中预定的方法缓慢地进行。

7．在滑动模板的施工过程中，应按下列要求对支承杆的接头进行检查：

（1）在同一个结构的截面内，支承杆接头的数量不应大于总数的 25%，并且位置应均匀分布，不得集中在某一处。

（2）当采用工具式支承杆时，支承杆的丝扣接头必须拧紧，并要进行认真检查。

（3）当采用榫接或作为结构钢筋使用的非工具式支承杆接头时，在其通过千斤顶后，应进行等强焊接。

8．在滑动模板的滑升过程中，应随时检查支承杆的工作状态，当出现弯曲、倾斜等失稳情况时，应及时查明原因，并采取有效的加固措施。

七、滑动模板装置拆除过程中的安全技术

1. 为确保滑动模板装置拆除的顺利和安全，必须编制详细的施工方案，明确拆除的内容、方法、程序、使用的机械设备、安全措施及指挥人员的职责等，并经主管部门审批。对拆除工作难度较大的工程，还应经上级主管部门审批后方可实施。

2. 在滑动模板装置拆除前，必须组织拆除专业队进行技术培训和交底，并指定专人负责统一指挥。凡是参加拆除工作的作业人员，技术培训必须考试合格，不得中途随意更换作业人员。

3. 拆除模板中使用的垂直运输设备和机具，必须经检查合格后方可使用。在滑动模板装置拆除前，应检查各支承点埋设件的牢固情况，检查作业人员上下走道是否安全可靠。当拆除工作利用正在施工结构作为支承点时，对于结构混凝土强度的要求，应经过结构验算确定，且不低于15MPa。

4. 拆除作业必须在白天进行，宜采用分段整体拆除、地面解体的方法。拆除的部件及操作平台上的一切物品，均不得从高空抛下。

5. 当遇到雷雨、雾、雪、霜或风力达到五级或五级以上的天气时，不得进行滑动模板装置的拆除作业；对于高大垂直的烟囱、水塔等构筑物，为确保进行拆除作业时的安全，应在顶端设置安全行走平台。

第七章 模板结构的设计

现浇混凝土结构工程施工所用的模板结构，主要由面板、支撑结构和连接件三部分组成。面板是直接接触新浇筑混凝土的承力板材，支撑结构是支承面板、混凝土和施工荷载的临时结构，连接件是将面板与支撑结构连接成整体的配件。

为了确保模板结构的质量和施工安全，在进行模板结构设计时，必须满足以下基本要求：具有足够的承载能力；具有足够的刚度和稳定性；确保混凝土的表面质量；保证结构的形状和尺寸；构造简单且装拆方便；模板接缝处不出现漏浆。

为达到以上基本要求，在混凝土结构工程浇筑前，必须根据工程实际进行模板设计。模板设计的内容，主要包括选型、选材、配卡、荷载计算、结构设计和绘制模板施工图等。

第一节 模板设计的原则与步骤

模板系统是一种特殊的工程结构，面板、支撑结构和连接件的设计，应根据工程结构形式、荷载大小、地基类别、施工设备、材料种类、材料供应和技术水平等，按照一定的原则与步骤进行。

一、模板设计的原则

工程实践充分证明，模板设计是一个比较复杂的系统工程，关系到材料、技术、安全和经济等方面。在一般情况下，模板设计应当遵循"实用、安全和经济"的原则。

模板的实用性。模板的实用性就是保证模板的质量，即使模板达到以下实用要求：（1）模板表面光滑平整，接缝比较严密，不出现漏浆现象；（2）能保证混凝土结构和构件各部分形状尺寸和相互位置的正确，且在混凝土浇筑中不变形；（3）模板的构造简单，安装拆除方便，便于钢筋的绑扎和安装，也便于混凝土的浇筑、振捣和养护。

模板的安全性。模板的安全性是模板设计中非常重要的原则，不仅关系到工程结构的本身安全，而且还关系到施工人员的安全。模板的安全性，就是要求模板系统必须具有足够的强度和刚度，保证在整个施工过程中，在设计的各类型荷载的作用下，模板系统牢固稳定，不产生破坏和倒塌，变形在规范允许范围之内，同时要绝对确保操作人员的安全。

模板的经济性。混凝土结构中的模板工程，是混凝土构件成型的模具。现浇混凝土结构用模板工程的造价，约占钢筋混凝土工程总造价的 30% 左右。因此，模板设计是否科学合理，对于节约材料、降低工程造价具有重大意义。

通常，在混凝土结构工程施工前，结合工程结构的实际情况和施工企业的具体条件，确定模板系统的组成方案。在确保工期、质量的前提下，针对工程结构的具体情况，因地制宜，就地取材，尽量减少模板的一次性投资，减少模板安装拆除用工，增加模板的周转率，做到节省模板费用。

二、模板设计的步骤

根据模板设计的实践经验，模板设计一般可按以下步骤进行：

（1）根据现浇混凝土结构和构件的实际情况，确定模板设计的荷载组合，并进行分析论证，为进行模板设计打下基础。

（2）根据以上分析和荷载组合情况，进行面板配置方面的设计，并进行绘制面板配置图和支承系统布置图工作。

（3）根据初步确定的荷载组合和面板配置设计，通过力学计算验算模板设计是否符合要求；如果不符合要求，应适当改变面板的配置和构造组合。

（4）在验算符合要求的基础上，编制模板及配件的规格数量汇总表，模板周转计划，制定模板安装、拆除程序与方法，编制施工说明书等。

三、模板设计的要求

为实现模板设计实用性、安全性和经济性的原则，在进行模板设计中，应达到以下基本要求。

（1）模板及其支架应根据工程结构形式、荷载大小、地基种类、施工设备、材料供应等条件进行设计，模板及其支撑系统必须具有足够的强度、刚度和稳定性，其支撑系统的支承部分必须有足够的支撑面积。模板和支撑系统能可靠地承受浇筑混凝土的侧向压力以及施工荷载。

（2）模板工程应依据设计图纸编制可行的施工方案，以此进行模板工程的设计，并用根据施工条件确定的荷载对模板及支撑系统进行验算，必要时应进行有关试验。

在正式浇筑混凝土之前，应对所设计的模板工程进行验收，不合格的模板不能用于工程施工。

（3）在进行模板安装和混凝土浇筑时，应对模板和支撑系统进行观察和维护。当发生异常情况时，应按施工技术方案及时进行处理；对模板工程所用的一切材料必须认真选取和检查，不得选用不符合质量标准要求的材料。模板工程施工应具备制作简单、操作方便、牢固耐用、周转率高、费用较低、运输方便和维修容易等特点。

第二节　模板设计的荷载及组成

作用于模板系统的荷载主要有水平荷载和垂直荷载，在这些荷载中又有恒荷载和活荷载之分。在进行一般模板系统设计计算时，应根据规范的规定进行选用和组合。对于特殊模板系统，应根据施工过程中的实际情况选用设计荷载值并进行荷载组合。

一、模板荷载的标准值

在建筑工程混凝土浇筑中，模板所受到的荷载有：（1）模板系统的自重；（2）新浇筑混凝土自重；（3）钢筋自重；（4）施工人员及设备的自重；（5）振捣混凝土时产生的荷载；（6）新浇筑混凝土对模板的侧面压力；（7）倾倒混凝土时产生的荷载。以上所列的各种荷载，（1）、（2）、（3）项为恒荷载标准值，（4）、（5）、（6）、（7）项为活荷载标准值。

1. 模板系统的自重标准值

模板系统的自重标准值，主要包括模板、支撑体系的自重，有的模板还包括安全防护体系，如护栏、安全网等的自重荷载。自重标准值应根据模板设计图纸确定，一般的肋形楼板及无梁楼板的模板及其支架自重标准值见表7-1。

表7-1　模板及其支架自重标准值

模板构件名称	木模版	定型组合钢模板
平板的模板及小楞的自重	0.30	0.50
楼板模板的自重	0.30	0.75
楼板模板及支架的自重	0.75	1.10

2. 新浇筑混凝土自重标准值

新浇筑混凝土自重标准值，对于普通水泥混凝土可采用 24.0 ~ 24.5kN/m³，其他混凝土根据其实际测量的重力密度而确定。

3. 钢筋自重标准值

钢筋自重标准值可根据施工图纸进行确定，对一般梁板结构每立方米钢筋混凝土的钢筋自重标准值为：楼板为 1.1kN，梁为 1.5kN。

4. 施工人员及设备的自重标准值

施工人员及设备的自重标准值，在计算模板及直接支撑模板的小楞时，均布荷载一般应取 2.5kN/m²，另外应以集中荷载 2.5kN 进行验算，比较两者的弯矩值，按其中较大者采用；在计算直接支撑小楞结构构件时，均布荷载取 1.5kN/m²；计算支撑体系立柱及其他支撑体系构件时，均布荷载取 1.0kN/m²。

大型浇筑设备（如上料台、混凝土输送泵等），应按实际情况进行计算；混凝土堆集物料的高度超过 100mm 以上者，按实际堆集物料的高度进行计算；当模板单块宽度小于 150mm 时，集中荷载可分布在相邻的两块板上。

5. 振捣混凝土时产生的荷载标准值

振捣混凝土时产生的荷载标准值，应分不同情况考虑。对于水平面模板产生荷载，可取 2.0kN/m²；对于垂直面模板，在新浇混凝土侧压力有效压头高度之内，可取 4.0kN/m²；有效高度以外不予考虑。

6. 新浇筑混凝土对模板侧面压力标准值

影响新浇筑混凝土对模板侧面压力标准值的因素很多，如施工气温、混凝土密度、凝结时间、浇筑速度、混凝土坍落度、骨料种类、掺外加剂种类等。当采用内部振捣器时，新浇筑混凝土作用于模板的最大侧压力，可按下列两式计算，并取两式计算结果的较小值，即

$$F = 0.2 \, \gamma_c t_0 \beta_1 \beta_2 v^{1/2}$$
$$F = \gamma_c H$$

式中 F——新浇筑混凝土对模板的最大侧压力（kN/m²）；

　　　γ_c——混凝土的重力密度（kN/m³）；

　　　t_0——新浇筑混凝土的初凝时间（h），可以按照实测数据确定，当缺乏试验资料时，可采用 t=200/（T+15）进行计算，T 为混凝土的温度（℃）；

　　　β_1——混凝土外加剂影响修正系数，当不掺外加剂时取 1.0，掺加具有缓凝作用的外加剂时取 1.2；

　　　β_2——混凝土坍落度影响修正系数，当坍落度小于 30mm 时，取 0.85；当

坍落度为 50 ~ 90mm 时，取 1.0；当坍落度为 110 ~ 150mm 时，取 1.15；

v——混凝土的浇筑速度（m/h）；

H——混凝土侧压力计算位置处至新浇筑混凝土顶面的总高度（m）。

新浇筑混凝土侧压力的计算分布如图 7-1 所示，其中 h 为有效压头高度。$h=F/\gamma_c$。

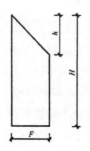

图 7-1　混凝土侧压力

二、荷载分项系数与调整系数

在计算模板及其支撑时的荷载设计值，应当用荷载标准值乘以相应的分项系数与调整系数求得。

1. 荷载分项系数

恒荷载分项系数。当其效应对结构不利时取 1.2；当其效应对结构有利时取 1.0；但对抗倾覆有利时取 0.9。

活荷载分项系数。一般情况下取 1.4；模板的操作平台结构，当活荷载标准值不小于 4.0kN/m 时，取 1.3。

2. 荷载调整系数

（1）对于一般钢模板结构，其设计荷载值可乘以 0.85 的调整系数；但对冷弯薄壁型钢模板结构，其设计荷载值的调整系数为 1.0。

（2）对于木模板结构，当木材含水率小于 25% 时，其设计荷载值可以乘以 0.90 的调整系数，但是考虑到一般混凝土工程施工时都要湿润模板和浇水养护，含水率很难进行控制，因此一般均不乘以调整系数，以保证结构安全。

（3）为防止模板结构在风荷载作用下产生倾倒，应从构造上采取有效措施。当验算模板结构的自重和风荷载作用下的抗倾覆稳定性时，风荷载按《建筑结构荷载规范》（GB50009—2006 年版）中的规定采用，其中基本风压值应乘以调整系数 0.80。

三、模板结构的刚度要求

在建筑工程施工的实践中，因模板刚度不足而变形造成的混凝土质量事故很多，因此模板结构除必须有足够的承载能力外，还应保证具有足够的刚度。在验算模板及支架结构时，其最大变形值应符合下列要求：

（1）对结构表面不做装修的外露模板，其最大变形值为模板构件计算跨度的 1/400。

（2）对结构表面进行装修的隐蔽模板，其最大变形值为模板构件计算跨度的 1/250。

（3）支架体系的压缩变形或弹性挠度，应小于相应结构跨度的 1/1000。

当梁板跨度等于或大于 4m 时，模板应根据设计要求进行起拱；当设计中无具体要求时，起拱的高度宜为全长跨度的 1/1000 ~ 3/1000。钢模板可取偏小值，即 1/1000 ~ 2/1000；木模板可取偏大值，即 1.5/1000 ~ 3/1000。

第三节 模板系统的结构计算

木模板系统与组合钢模板系统，是建筑工程上最常用的模板系统，下面仅介绍这两种模板系统的结构计算基本原则。

一、模板面板的计算

模板的面板通常采用木板、木胶合板、组合钢模板等，这类模板的面板多数是受弯曲的构件，主要验算其抗弯强度及刚度是否满足要求。一般木模板面板、木（竹）胶合板面板的验算，根据其龙骨（楞）间的间距和模板面的大小，按单向简支板或连续板进行计算。

二、支撑龙骨的计算

用组合钢模板组装现浇楼板和墙体模板时，一般用钢龙骨来支撑钢模板。钢龙骨一般分为两层，直接支撑钢模板的称为次龙骨；用来支撑次龙骨的称为主龙骨。通过次龙骨和主龙骨将组合钢模板连成一个整体。

在组装楼板时，主龙骨支撑在立柱上，立柱作为主龙骨的支点。当组合墙体模板时,通过拉杆将墙体两片侧模板拉结,每个拉杆成为主龙骨的支点(如图7-2所示)。

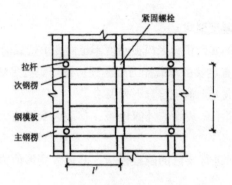

图 7-2　墙体组合钢模板组装示意图

1. 次龙骨的计算原则

（1）次龙骨直接承受钢模板传递来的荷载,为简化计算通常按均布荷载计算。

（2）模板下为多跨式的次龙骨的,次龙骨计算跨度一般取主龙骨间距;当主龙骨的间距不等时,应按不等跨连续梁计算。

（3）当龙骨带有悬臂时,应同时验算悬臂端的抗弯强度和挠度。

2. 主龙骨的计算原则

（1）主龙骨承受次龙骨传递的集中荷载,当楼板模板计算主龙骨时,施工荷载一般应当取 1.5kN/m^2。

（2）主龙骨的计算跨度取为楼板模板立柱的间距或墙模板主龙骨拉杆的间距,根据实际情况可按连续梁、简支梁或悬臂梁分别进行抗弯强度与挠度的验算。

3. 对拉螺栓的计算

对拉螺栓用于墙体模板内侧、外侧模板之间的拉结,用以承受混凝土的侧压力和其他荷载,以确保内侧、外侧模板的间距能满足设计要求,同时也是模板及其支撑构件的支点。因此,对拉螺栓的布置,对于模板结构的整体性、刚度和强度均有较大的影响。

模板对拉螺栓的计算公式为

$$N \le A_n f$$

式中 N——对拉螺栓所承受拉力的设计值,由负荷面积范围内混凝土的侧压力所引起（kN/m^2）;

　　A_n——对拉螺栓的净截面面积（mm^2）;

　　f——对拉螺栓的抗拉强度设计值（穿墙螺栓为 170N/mm^2,用扁钢带为

$215N/mm^2$）。

4．柱子钢箍的计算

柱子钢箍是柱模板的横向支撑构件，不仅直接关系到柱模板的整体性，而且关系到柱子的尺寸准确性。作为柱模板的横向支撑，同时将整个柱模板箍为一个整体，通常为拉弯构件，应当按照拉弯构件进行计算。

第八章 模板工程的质量控制

混凝土结构工程施工的实践证明，其位置、形状、尺寸和施工质量如何，在很大程度上与模板的制作、安装和拆除质量密切相关。如果模板制作良好、安装正确、形状准确、固定牢靠，浇筑和拆除后的混凝土结构质量自然会符合设计要求，施工人员在施工中也能确保安全。如果模板的制作、安装和拆除不符合设计要求，浇筑的混凝土结构必然也不合格。因此，加强对模板工程的质量控制，是模板工程施工中一项非常重要的内容。

第一节 模板验收的一般规定

为确保模板工程符合混凝土结构的设计要求，模板在制作和安装完毕后，必须按照有关规定进行检查验收。模板检查验收的项目内容、质量验收要求、验收基本方法和质量控制要点，如表 8-1 所示。

表 8-1 模板检查验收的一般规定

项目内容	质量验收要求	验收方法	质量控制要点
模板及其支架的基本要求	模板及其支架应根据工程结构形式、荷载大小、地基土类别、施工设备和材料供应等条件进行设计。模板及其支架应具有足够的承载能力、刚度和稳定性，能可靠地承受浇筑混凝土的重量、侧压力以及施工荷载	检查模板施工方案	这项质量控制提出了对模板及其支架的基本要求，这是保证模板及其支架的安全，并对混凝土结构成型质量起重要作用的项目。多年的工程实践经验证明，这些要求对保证混凝土结构的施工质量是十分重要的。这是一项强制性条文，应当严格执行

续表

项目内容	质量验收要求	验收方法	质量控制要点
混凝土浇筑对模板的要求	在正式浇筑混凝土之前，应对模板工程进行验收。模板安装和浇筑混凝土时，应对模板及其支架进行观察和维护。当发生异常情况时，应按施工技术方案及时进行处理	检查模板验收记录并在浇筑混凝土时派专人看护	在浇筑混凝土的施工中，模板及其支架在混凝土重力、侧压力及施工荷载等作用下，胀模（变形）、跑模（位移）和坍塌等质量问题时有发生。为避免出现事故，保证工程质量和施工安全，提出了对模板及其支架进行观察、维护和发生异常情况时及时进行处理的要求
模板及其支架拆除的指导文件	模板及其支架拆除的顺序及安全措施应按施工技术方案执行	检查模板施工方案	模板及其支架拆除的顺序及相应的施工安全措施，对于避免出现重大工程事故非常重要，在制订施工技术方案时应考虑周全。模板及其支架拆除时，混凝土结构可能尚未形成设计要求的受力体系，必要时应加设临时支撑。后浇混凝土模板的拆除及支顶易被忽视而造成结构缺陷，应当引起特别注意。这也是一项强制性条文，应当严格执行

第二节　模板安装的质量要求及检验

　　模板的安装是混凝土结构工程施工关键的环节。如果模板安装的质量不符合设计要求，也就无法浇筑出来形式正确、尺寸准确的混凝土结构；如果模板安装不牢固，甚至还会出现人身安全事故，造成不可弥补的巨大损失。因此，严格控制模板的安装质量，是混凝土结构工程施工中极其重要的内容。

　　模板工程安装的质量要求及检验项目、方法等包括内容广泛，其安装质量控制要点如表8-2所示。

表 8-2　模板安装质量控制要点

项目内容	质量验收要求	验收方法	控制要点
模板支撑立柱位置和垫板	安装上层模板及其支架时，下层楼板应具有承受上层荷载的承载能力，或者加绞支架；上下层支架的立柱应对准，并铺设垫板，要进行设计计算确定	检查数量：全数检查；检验方法：观察	现场浇筑多层房屋和构筑物的模板及其支架安装时，上、下层支架的立柱应对准，以利于混凝土重力及施工荷载的传递，这是保证施工安全和施工质量的有效措施；在现行规范中，凡规定全数检查的项目，通常均采用观察检查的方法，但对观察难以判定的部位，应辅以量测检查
避免隔离剂的污染	在涂刷模板隔离剂时，要按顺序和位置小心涂刷，不得污染钢筋和混凝土接茬处	检查数量：全数检查；检验方法：观察	隔离剂污染钢筋和混凝土的接茬处，可能对混凝土结构受力性能造成明显的不利影响，在施工中应当避免
模板安装的一般要求	模板的接缝处不应漏浆；在浇筑混凝土前，木模板应浇水湿润，但模板内不应有积水现象。模板与混凝土的接触面应清理干净并涂刷隔离剂，但不得采用影响结构性能或妨碍装饰工程施工的隔离剂。在浇筑混凝之前，模板内的杂物应清理干净。对于清水混凝土工程和装饰混凝土工程，应选用达到设计效果的模板	检查数量：全数检查；检验方法：观察	无论是采用何种材料制作的模板，其接缝处都应当保证不出现漏浆。木模板浇水湿润有利于接缝闭合而不产生漏浆，但因浇水湿润后产生膨胀，所以木模板安装时的接缝也不宜过于严密。模板内部与混凝土的接触面应清理干净，以避免出现夹渣等缺陷。本条还对清水混凝土工程及装饰混凝土工程所使用的模板提出要求，以适应混凝土结构施工技术发展的需要
用作模板的地坪、胎模板的质量	用作模板的地坪、胎模板等应平整光洁，不得产生影响构件质量的下沉、裂缝、起砂或起鼓等现象	检查数量：全数检查；检验方法：观察	本条对用作模板的地坪、胎模板等提出平整光洁的要求，这项要求是为了保证预制构件的成形质量
预制构件模模板的允许偏差	预制构件模模板的允许偏差应符合相应的规定	检查数量：首次使用及大修后的模板全数检查；使用中的模板定期检查，并根据使用情况不定期抽查	由于模板对保证构件质量非常重要，且不合格模板容易返修成合格品，允许模板进行修理，合格后方可投入使用。施工单位应根据构件质量检验得到的模板质量反馈信息，对连续周转使用的模板定期检查并不定期抽查

续表

项目内容	质量验收要求	验收方法	控制要点
预埋件、预留孔洞的允许偏差	固定在模板上的预埋件、预留孔洞均不得遗漏，且应安装牢固，其允许偏差应符合相应的规定	检查数量：在同一检验批内，对梁、柱和独立基础，应抽查构件数量的10%，且不少于3件；对板和墙，应按有代表性的自然间抽查10%，且不少于3间；对大空间结构，墙可按相邻轴线间高度5m左右划分检查面，抽查10%，且不少于3面；检查方法：钢直尺检查	对于预埋件的外露长度，只允许有正的偏差，不允许有负偏差；对于预留孔洞内部尺寸，只允许大些，不允许偏小。在允许偏差表中，不允许的偏差都以"0"表示。 在现行的新规范中，尺寸偏差的检验除可采用条文中给出的方法外，也可以采用其他方法和相应的检测工具
现浇结构模板的允许偏差	现浇结构模板的允许偏差应符合相应的规定	检查数量：在同一检验批次内，对梁、柱和独立基础，应抽查构件数量的10%，且不少于3件；对板和墙，应按有代表性的自然间抽查10%，且不少于3间；对大空间结构，墙可按相邻轴线间高度5m左右划分检查面，抽查10%，且不少于3面；检查方法：钢直尺检查	对于一般项目，在不超过20%的不合格检查点中不得有影响结构安全和使用功能的过大尺寸偏差。对于有特殊要求的结构中的某些项目，当有专门标准规定或设计要求时，尚应符合相应的要求
模板起拱的高度	对于跨度不小于4m的现浇钢筋混凝土梁、板，为确保浇筑后中间不出现下沉，其模板应按设计要求进行起拱；当设计中无具体要求时，起拱的高度一般宜为跨度的1/2000 ~ 1/1000	检查数量：在同一检验批内，对梁应抽查构件数量的10%，且不少于3件；对板应按有代表性的自然间抽查10%，且不少于3间；对大空间结构，板可按纵横轴线划分检查面，抽查10%，且不少于3面；检查方法：水准仪或拉线、钢直尺检查	对于跨度较大的现浇混凝土梁和板，考虑到它们自重的影响，适度起拱有利于保证构件的形状和尺寸。执行时应注意本条的直拱高度未包括设计起拱值，而只考虑模板本身在荷载作用下的下垂，因此对钢模板可取偏小值，对木模板可取偏大值

第三节　模板拆除的质量要求及检验

模板拆除也是混凝土结构工程施工中的重要环节。如果拆除时间过早或过迟，不仅将会造成对混凝土或模板的损坏，而且拆除十分困难和费时；如果拆除方法不当，很可能对操作人员的安全造成威胁。因此，对于模板的拆除也应引起足够的重视，按照规定的时间、方法和顺序进行，才能达到拆除容易、结构完好、模板完整、安全可靠的要求。模板拆除的质量要求及检验，如表 8-3 所示。

表 8-3　模板拆除的质量要求及检验

项目	项目内容	质量要求	质量检验
主控项目	底模及其支架拆除时的混凝土强度	底模及其支架拆除时的混凝土强度应当符合设计要求；当设计无具体要求时，混凝土强度应当符合表 8-4 中的规定	检查数量：全数检查；检查方法：检查同条件养护试件强度、试验报告
	后张法预应力构件侧面模板和底模的拆除时间	对于后张法预应力混凝土结构构件，侧面模板宜在预应力张拉前拆除；底模支架的拆除应按施工技术方案执行，当无具体要求时，不应在结构构件建立预应力前拆除	检查数量：全数检查；检验方法：观察
	后浇混凝土带拆除和支顶	后浇混凝土带模板的拆除和支顶应按施工技术方案执行	检查数量：全数检查；检验方法：观察
一般项目	避免拆除模板损伤	侧面模板拆除时的混凝土强度应能保证其表面及棱角不受损伤	检查数量：全数检查；检验方法：观察
	模板拆除、堆放和清运	模板拆除时，不应对楼层形成冲击荷载。拆除的模板和支架宜分散堆放并及时清运	检查数量：全数检查；检验方法：观察

表 8-4　底模拆除时的混凝土强度要求

构件类型	构件跨度	达到设计的混凝土立方体抗压强度标准值的百分率（%）
板	≤ 2	≥ 50
	> 2，≤ 8	≥ 75
	> 8	≥ 100

续表

构件类型	构件跨度	达到设计的混凝土立方体抗压强度标准值的百分率（%）
梁、拱、壳	≤ 8	≥ 75
	> 8	≥ 100
悬臂构件	–	≥ 100

第四节　模板工程应注意的质量问题

模板工程在施工过程中，如何确保模板的施工质量和做好模板的成品保护，是一个非常重要的技术经济问题。如果不注意施工中的质量问题，模板制作、安装和使用无法达到设计要求，甚至还会使混凝土结构出现严重缺陷；如果不注意加强对成品的保护，模板在安装和使用中将造成很大困难，甚至使工程增加投资，存在危险。

一、模板施工过程的质量问题

1. 混凝土圈梁模板出现外胀：混凝土圈梁模板在安装时，由于模板支撑未卡紧，支撑安装不牢固，模板上口的拉杆损坏或没钉牢固，很容易出现侧面模板向外鼓胀的缺陷，造成墙面不平整。因此，在安装混凝土圈梁模板时，必须设专人负责此项工作，并且在浇筑混凝土中随时检查和修理。

2. 混凝土浇筑中出现流坠：由于模板板条之间的缝隙过大，没有用纤维板、木板条等将其贴牢；外墙圈梁没有先安装模板后浇筑混凝土，而是先用砖代替模板再浇筑混凝土，从而导致水泥浆顺着砖缝流坠。对于模板缝隙和施工顺序，必须严格按施工规范进行。

3. 模板出现下沉现象：采用悬吊模板时，固定模板所用的铅丝没有拧紧；采用钢木支撑时，支撑下面的垫木块没有楔紧钉牢。对于出现的这种质量缺陷，必须重新进行固定。

4. 柱子模板很容易出现截面尺寸不准，混凝土保护层过大，柱子本身出现扭曲。为此，在进行柱子模板安装前，必须按施工图准确弹出位置线，校正钢筋的位置，底部做成小方盘模板，以便保证柱子尺寸和位置准确。根据柱子截面尺寸和高度，设计好柱子箍筋尺寸及间距，柱子的四角要做好支撑及拉杆。

对于柱子出现的一些质量缺陷，应按照以下情况采取相应措施进行处理：

（1）针对柱子模板出现的胀模板和断面尺寸不准，应根据柱子的高度和断面尺寸，设计核算柱子箍筋的截面尺寸和间距，以及对大断面柱子使用的穿柱子螺栓和竖向钢楞，以保证柱子模板的强度、刚度足以抵抗混凝土的侧压力。在施工过程中，必须严格按照设计要求进行作业。

（2）针对柱子本身出现扭曲，应在安装模板前先校正柱子钢筋，使钢筋没有扭曲。在安装斜撑（或拉锚）、找垂直时，相邻两片柱子模板从上端每侧面吊两个点，使线坠到地面，线坠所示两个点到柱子位置线的距离均相等，则证明柱子模板不扭曲。

（3）柱子的轴线出现位移，即一排柱子不在同一直线上时，应在安装模板前要在地面上弹出柱子轴线及轴线边的通线，然后分别弹出每个柱子的另一方向轴线，再确定柱子的另两条边线。在安装模板时，先立两端的柱子模板，校正垂直与位置无误后，柱子模板顶部拉通线，再安装中间各柱子的模板。

当柱子的间距不大时，可通排安装高水平拉杆及剪刀撑；当柱子的间距较大时，每个柱子应分别四面支撑，保证每个柱子垂直和位置正确。

5. 梁和板模板容易产生梁身不平直，梁的底面不平整，梁的侧面向外鼓出，梁的上口尺寸偏大，板的中部出现下挠。防止以上质量缺陷的方法是：梁和板的模板应通过设计计算确定龙骨、支撑的尺寸及间距，使模板支撑系统有足够的强度和刚度，防止浇筑混凝土时发生模板变形。

模板支柱的底部应支在坚实平整的地面上，垫上通长的脚手板，防止支柱发生下沉，梁和板的模板还应按设计要求起拱，防止产生过大的挠度。梁模板的上口应设拉杆锁紧，防止上口产生变形。

6. 墙体模板容易产生墙体混凝土厚薄不一致，截面尺寸不准确的情况；模板拼缝不严，缝隙过大造成跑浆。针对以上质量问题，模板应根据墙体高度和厚度，通过设计计算确定纵、横龙骨的尺寸及间距，墙体模板的支撑方法和角部模板的形式。模板的上口应设置拉筋，防止上口尺寸偏大。

二、模板成品保护的注意事项

1. 普通模板的成品保护

（1）保持模板本身的整洁及配套设备零件的齐全，模板及零配件应设专人保管和维修，并要按规格、种类分别进行存放或装箱。

（2）在进行模板吊装就位时，要平稳操作、准确到位，不得碰撞墙体及其他已施工完毕的部位，不得挂住钢筋和安全网等。

（3）在安装和拆除模板时，一律不得随意抛扔，以免损坏板面或造成模板变形。

（4）工作面已安装完毕的墙和柱子模板，不准在预组装的模板就位前作为临时依靠，防止模板变形或垂直偏差。工作面已完成的平面模板，不得作为临时堆料和作业平台，以确保支架的稳定，防止平面模板标高和平整度产生偏差。

（5）在进行振捣混凝土时，不得用振捣棒触动模板板面；在绑扎焊接钢筋时，应注意对模板的保护，不得砸坏或烧伤模板。

（6）正在施工的楼层上不得长时间存放模板，当模板需要在施工楼层上存放时，必须有可靠的防倾倒措施，禁止沿外墙周边存放在外挂架上。

（7）拆下来的模板应及时清除表面上的灰浆。当清除困难时，可用模板除垢剂清除，不允许砸敲。清除好的模板必须及时涂刷脱模剂，开孔的部位应涂刷封边剂。当模板上的防锈漆脱落时，清理后应涂刷防锈漆。

（8）模板的连接件、配件应经常进行清理检查，对损坏、断裂的部件要及时挑出，螺纹部位要整修后涂油。拆下来的模板，如果发现翘曲、变形和开焊等现象，应及时进行修理，损坏的面板应及时进行修补。

（9）模板应存放在室内或敞棚内干燥通风处，露天堆放时要加以覆盖，不要雨淋和暴晒。模板的底层应设置垫木，使空气流通，防止模板受潮。

（10）在冬季低温下施工时，模板背面的保温措施应保持完好，不要碰撞和损伤；冬季混凝土浇筑应防止出现受冻，混凝土拆除模板的强度必须符合施工规范中的要求，否则影响混凝土的质量；在模板工程施工过程中，应建立模板管理、使用和维修制度，也可建立必要的奖罚制度。

2. 大模板的成品保护

在进行大模板拆除时，混凝土结构强度应当达到设计要求；当设计无具体要求时，应能保证混凝土表面及棱角不受损坏；在任何情况下，严禁操作人员站在模板上口采用晃动、撬动或用大锤砸模板的方法拆除模板，以保护拆除模板的完整性；在拆除有支撑架的大模板时，应先拆除模板与混凝土结构之间的对拉螺栓及其他连接件、松动地脚螺栓，使模板向后倾斜与混凝土脱离开；拆除无固定支撑架的大模板时，应对模板采取临时固定措施；在吊装拆除大模板前，应先检查模板与混凝土结构之间所有对拉螺栓、连接件是否全部拆除，必须在确认模板和混凝土结构之间无任何连接后方可起吊，在移动模板时不得碰撞墙体；在拆除大模板时，其拆除顺序应遵循"先支后拆、后支先拆"的原则，不得颠倒拆除的顺序；当混凝土已达到拆除强度，但由于有关因素不能及时拆除时，为防止模板与混凝土黏结，可在未拆除模板之前先将对拉螺栓松开；混凝土结构在拆除模板后，应及时采取必要的养护措施。冬季低温下混凝土施工，除混凝土采用防冻措施外，大模板也应采取相应的保温措施；大模板及其配件拆除完毕后，应及时清理干净，对于变形及损坏的部位及时进行维修，对于斜撑的丝杆、对拉螺栓螺纹应抹油进行保护。

3. 滑动模板的成品保护

（1）在液压滑动模板滑升后，对于脱出模板下口的混凝土表面应进行质量检查，并及时维修存在的缺陷。

（2）在正常滑升的情况下，混凝土表面有 25 ～ 30mm 宽度的水平方向水印。如果没有这种正常表现，应特别注意施工质量是否符合要求。

（3）如果模板滑升后在混凝土表面有拉裂、坍塌等质量缺陷时，应立即查找原因，采取措施，及时处理，进行修整。

（4）如果在模板的滑升过程中，出模的混凝土表面有流淌等质量缺陷时，应及时采取调整模板锥度、混凝土坍落度等措施；在混凝土出模后，必须及时进行养护。养护的方法宜选用喷雾养护或喷涂养护膜养护。冬季低温下养护宜选用塑料薄膜保湿和阻燃棉毡保温。

4. 爬升模板的成品保护

爬升模板必须做到层层清理、层层涂刷隔离剂。每隔 5 ～ 8 层进行一次大清理，即将模板后退 500mm 左右彻底清理一次，并对模板及相关部件进行检查、校正、紧固和修理；对于爬升模板应高度重视支承杆的垂直度和加固工作，确保支承杆的稳定和清洁，保证千斤顶的正常工作；在爬升模板提升的过程中应注意清除爬升障碍，在确认对拉螺栓全部拆除、模板及爬升模板装置上无障碍时方可提升；在模板拆除前必须了解混凝土的强度情况，在确保混凝土表面及棱角不受影响的前提下，才能按照规定的顺序进行拆模；为防止模板拆除影响混凝土强度正常增长，在脱模后应及时进行养护，低温下施工应有专项保护混凝土的技术措施。

第九章 模板工程的质量问题与防治

模板在设计、制作和安装等方面质量可靠，是确保模板工程强度、刚度和稳定性的先决条件，模板的质量好坏直接影响到钢筋混凝土结构与构件的形状、尺寸、位置和质量。

目前，在建筑工程施工中采用的模板类型很多，如组合钢模板、钢木混合模板、竹夹板模板、铝合金模板和塑料模板等。但是，施工单位在模板的选材、制作和安装过程中，往往存在着一些不规范的行为，严重影响模板和混凝土结构的工程质量，应当引起高度重视。

第一节 模板工程的一般质量问题

一、模板内未清理干净

1. 质量问题

在模板安装完毕后，在模板内残留着木块、浮浆残渣、刨花碎石等建筑垃圾；在拆除模板后，发现混凝土中有缝隙和垃圾夹杂物，不仅影响混凝土与基层的黏结，而且影响钢筋混凝土结构的整体性和耐久性。

2. 原因分析

（1）由于在施工过程中不认真细致，在钢筋绑扎完毕后，没有用压缩空气或压力水将模板内的垃圾清除。

（2）在模板最后封堵之前，未认真将模板内的杂物清除干净，或者因工作疏忽忘记进行清理。

（3）墙柱根部、梁柱接头最低的地方未设置清扫孔，或清扫孔所留位置不当，无法按要求进行清扫，导致模板内仍有杂物。

3. 防治措施

（1）在钢筋绑扎完毕后，立即用压缩空气或压力水进行清扫，要把模板清理在施工中列为一个不可缺少的工序，成为提高和确保钢筋混凝土工程质量的重要技术措施。

（2）在模板最后封堵之前，要派专人检查模板内的清理情况，确实按要求将模板内的垃圾清除干净。

（3）墙柱根部、梁柱接头处要在合适的位置预留清扫孔，预留孔的尺寸不得小于100mm×100mm，模板内的垃圾清除完毕后，应及时将清扫孔口封严；在未浇筑混凝土之前，要加强对已清扫垃圾模板的保护，使之不再落入杂物；在浇筑混凝土时，还要对模板内再进行认真检查，看有无杂物。

二、模板轴线出现位移

1. 质量问题

当混凝土浇筑完毕拆除模板时，发现柱子和墙体的实际位置与建筑物设计轴线位置有一定偏移，与设计图纸中的位置不符，这样很可能导致造成较大的质量缺陷。

2. 原因分析

（1）审查图纸、照图施工不认真或技术交底不清，在模板组合时未能按设计规定的轴线到位，结果造成偏移建筑物设计轴线。

（2）操作人员在测量放线时不认真，或者选用的仪器精确度不符合要求，使轴线的测量放线出现较大误差。

（3）墙体、柱子模板根部和顶部未采取限位措施或限位不牢固，发生偏位后又未及时进行纠正，结果造成积累误差较大。

（4）在安装和固定模板时，未按要求拉水平线和竖直通线，也没有采取竖向垂直度的控制措施，结果造成在施工中形成偏移；设计和选用的模板刚度较差，加上模板两侧未设置水平拉杆或水平拉杆间距过大，在混凝土侧压力的作用下，使模板产生变形而出现位移。

（5）在进行混凝土浇筑时，未按施工要求均匀对称下料，或者一次浇筑高度过大，造成侧压力过大而挤压模板发生位移；固定模板的对拉螺栓、顶撑、木楔使用不当，或因固定不牢产生松动而造成轴线偏移。

3. 防治措施

（1）在进行钢筋混凝土结构设计时，严格按1/30～1/10的比例将各分部、分项工程绘制详图，并注明各部位编号、轴线位置、几何尺寸、剖面形状、预留孔洞、预埋件和模板设计等，经复核无误后认真对生产班组及操作工人进行技术交底，作为模板制作、安装的依据。

（2）模板在安装前，要用仪器测放出模板的轴线、边线，并经过有关技术人员复核验收，确认无误后才能支模，在支模时要严格按线安装。

（3）墙体和柱子模板根部和顶部必须设置可靠的限位措施，如现浇楼板混凝土上预埋的短钢筋作为固定支撑用，这样可以保证底部的位置准确；在安装模板时要拉水平、竖向通线，并设竖向垂直度控制线，以保证模板水平、竖向位置准确。

（4）根据所浇筑钢筋混凝土结构特点，对模板进行专项设计，以保证模板及其支撑系统具有足够的强度、刚度及稳定性；在混凝土浇筑前，应当对模板的组成、制作质量、轴线、支架、顶撑、螺栓等再进行一次认真检查、复核，以便发现问题及时进行处理。

（5）在混凝土浇筑时，应当按照施工规范进行施工，要均匀对称下料，一次浇筑高度应严格控制在施工规范允许的范围内。

三、模板标高出现偏差

1. 质量问题

模板安装完毕在检查测量时，发现混凝土结构层标高及预埋件、预留孔洞的标高与设计施工图上的标高不符，其误差均超过允许范围。

2. 原因分析

（1）混凝土结构层在施工前没有按规定设置标高控制点或控制点偏少，控制网不能加以闭合；或者竖向模板根部未找平。

（2）安装好的模板顶部无标高标记，使混凝土浇筑标高无标准；或在浇筑混凝土时未按标记进行施工，导致混凝土顶部标高不符合设计要求。

（3）高层建筑标高控制线由于测量次数过多，造成累计误差过大，使转测过多的部位的标高偏差超过允许范围。

（4）预埋件、预留孔洞未固定牢固，在浇筑混凝土时又未认真对待，结果造成施工误差过大，预埋件和预留孔洞产生较大位移；由于在安装楼梯模板时不认真审查图纸，未考虑装修层的厚度，结果造成楼梯标高过高，装修时无法处理。

3. 防治措施

（1）在施工过程中，对于多层和高层建筑，每层均要设置足够的标高控制点，竖向模板的根部必须认真加以找平。

（2）浇筑混凝土每块模板的顶部均应设标高标记，作为浇筑混凝土时的高程标准，在施工中必须严格按标记施工。

（3）建筑楼层标高由首层 ±0.000 标高控制，严禁逐层向上引测，以防止产生累计误差，当建筑高度超过 30m 时，应另设标高控制线，每层标高引测点不应少于2 个，以便进行复核。

（4）预埋件及预留孔洞，在安装前应仔细与施工图对照，确认无误后准确固定在设计位置处，并要确实固定牢固，必要时用电焊或套框等方法将其固定，在浇筑混凝土时，应沿其周围分层进行均匀浇筑，严禁碰击和振动预埋件与模板；楼梯踏步模板安装时，要认真审查设计图纸中的楼梯标高，特别应当考虑到楼梯装修层的厚度。

四、浇筑结构发生变形

1. 质量问题

在拆除模板后，发现混凝土柱、梁、墙出现鼓凸、缩颈或翘曲等质量缺陷，不仅严重影响混凝土结构的外表美观，而且也严重影响使用功能，有时甚至需要拆除重新浇筑。

2. 原因分析

（1）对混凝土模板的设计不合理，尤其是支撑及围檩间距过大，模板刚度较差，在新浇混凝土侧压力的作用下，模板发生变形造成混凝土结构变形。

（2）组合小钢模、连接件未按设计规定设置，造成模板整体性差，在混凝土的作用下出现局部模板变形，导致混凝土结构变形。

（3）在浇筑混凝土墙体时，墙面模板没有设置对拉螺栓或对拉螺栓间距过大，或者螺栓规格太小、拉力不足，造成模板产生向外鼓出变形。

（4）竖向承重支撑在地基土上未夯实，或支撑下未垫平板，或无排水措施，造成支承部分地基下沉，从而造成竖向支撑变形，导致整个模板和结构变形。

（5）门窗洞口内模间的对撑不牢固或刚度不足，易在混凝土振捣时模板被挤移位，从而使混凝土结构变形。

（6）在浇筑梁、柱混凝土时，由于模板的卡具间距过大，或未夹紧模板，或对拉螺栓配备数量不足，致使局部模板无法承受混凝土振捣时产生的侧向压力，导致局部出现鼓模，从而也使梁柱混凝土面凸出。

（7）在浇筑墙、柱高度较大的混凝土结构时，由于混凝土的浇筑速度过快，一次浇筑的高度过大，或者振捣过度，也容易使侧面模板发生变形；如果采用木模板或胶合板模板施工，经验收合格后未能及时浇筑混凝土，因长期日晒雨淋而发生变形，混凝土结构必然产生变形。

3. 防治措施

（1）在进行模板及支撑系统设计时，应充分考虑模板本身自重、施工荷载、混凝土自重、钢筋自重、浇筑及卸料所产生的侧向压力，进行最合理、安全的荷载组合，以保证模板及支撑系统有足够的承载能力、刚度和稳定性。

（2）梁和楼板的底部支撑间距应能够保证在混凝土、钢筋重量和施工荷载的作用下不产生变形。支撑底部若为泥土地基，应认真夯实，设置排水沟，并铺设通长的方木或型钢，以保证竖向支撑不产生沉陷变形。

（3）当采用组合小钢模进行拼装时，连接件应按规定数量设置，围檩及对拉螺栓的间距、规格也应严格按设计要求设置。

（4）梁和柱子模板若采用卡具时，其间距要按照规定设置，并要切实卡紧模板，其宽度要比断面尺寸略小些。

（5）梁和墙体模板的上部必须设置临时撑头，以保证混凝土浇筑振捣时，梁和墙体上口的宽度。

（6）在浇筑混凝土时，要均匀对称下料，严格控制一次浇筑高度，特别是门窗洞口模板的两侧，除设置刚度满足、固定牢靠的对称支撑外，既要保证混凝土振捣密实，又要防止过分振捣引起模板变形。

（7）对于跨度大于4m的现浇钢筋混凝土梁和楼板，其模板应按照设计有关规定起拱；当设计无具体要求时，起拱的高度宜为其跨度的1/1000～3/1000；当采用木模板或胶合板模板施工时，经验收合格后应及时浇筑混凝土，防止在外界不良因素的影响下发生变形。

五、接缝不严出现漏浆

1. 质量问题

由于模板制作质量不合格，模板间接缝不严有较大间隙，在混凝土浇筑振捣时产生漏浆，轻者使混凝土表面出现蜂窝麻面，严重的出现孔洞、露筋。

2. 原因分析

（1）对模板设计图所绘制的大样图不认真或有误，在模板制作中不仔细，质量不合格，造成拼装时接缝过大而产生漏浆。

（2）制作模板的木材选用不当，或其含水率过大，或木模板安装周期过长，木模产生干缩造成裂缝而产生漏浆。

（3）木模板的制作非常粗糙，拼缝处很不严密；或在木模板周转使用时，未将模板拆开重新制作，板间缝隙较大而产生漏浆。

（4）在浇筑混凝土时，由于木模板未提前浇水湿润，未使模板的缝胀开，从而造成模板漏浆。

（5）钢模板产生变形，未进行修整又用于工程，在变形产生缝隙处出现漏浆；或者钢模板接缝措施不当；在梁和柱子的交接部位，接头尺寸不准确，甚至出现错位，就容易产生漏浆。

3. 防治措施

（1）在绘制模板设计图的大样图时要认真，严格按照 1/30 ~ 1/10 的比例将各分部、分项工程细部翻成施工详图，并详细进行编注，经复核无误后认真向操作工人交底，强化工人的质量意识，认真制作模板和拼装。

（2）严格选择制作模板的木材，尽量选用变形小、易加工的木材，其含水率应严格控制，制作时要拼缝严密。

（3）木模板的安装周期不宜过长，以防止产生干缩裂缝；在浇筑混凝土时，木模板要提前浇水湿润，使缝隙胀开。

（4）当采用钢模板时，对于已产生变形的模板必须进行修整，特别是边框发生变形的钢模板，最容易发生漏浆。

（5）钢模板间的缝隙要采取正确方法控制，不能用油毡、塑料布、水泥袋纸等材料嵌缝堵漏；梁和柱子交接部位的支撑要牢靠，拼缝处要严密，必要时缝间要加双面胶纸；发生错位要及时进行纠正。

六、模板支撑系统失稳

1. 质量问题

由于模板的支撑系统设计不合理，或固定不牢靠而失稳，会造成整个模板系统倒塌或结构变形等质量事故。

2. 原因分析

（1）模板上所受的荷载大小不同，支架的高低不同、用料不同、间距不同，则承受的应力不同。当荷载大于支架的极限应力时，支架就会发生变形、失稳而倒塌。

（2）混凝土的模板均应认真进行设计，如果没有按照《混凝土结构工程施工及验收规范》中的规定去施工，模板支架没有在施工前进行结构计算，只凭以往的经验盲目施工，这是造成支架系统失稳的主要原因。

（3）在正式安装模板前未进行详细的技术交底，施工操作人员没有经过培训，不熟悉支架的结构、材料性能和施工方法，盲目蛮干容易造成事故。

3. 处理方法

（1）检查已经立好模板工程的支架是否确实稳固，对关键的部位和杆件要进行必要的验算，如果支架的应力不满足，必须及时加固后方可浇筑混凝土。

（2）对于重要结构施工的模板工程，必须根据荷载组合情况进行模板支架系统的设计和结构计算，不能只凭以往的经验盲目安装模板和支架；编制切实可行的施工技术方案，向具体操作人员进行技术交底；在施工过程中应经常进行检查，以便发现问题及时解决。

4．预防措施

（1）模板支架系统应根据不同的结构类型及模板类型，选配合适的模板系统；支架系统应进行必要的设计、验算和复核，确保支架系统可靠、稳固、不变形。

（2）木支架系统所用的未支柱规格不宜太小，一般用 100mm×100mm 方材或小头直径为 20～80mm 的圆木。支架所用的牵杠、隔栅等，宜采用不小于 50mm×100mm 的木材钉牢楔紧，木支柱底下用对拨楔块来调整标高及固定；钢质支架体系，一般可与模板体系相配合，其钢楞和支架的布置形式应满足模板设计要求，并能保证安全承受施工荷载。钢管支架体系一般应扣成整体排架式，其立柱纵横间距控制在 1m 左右，同时应当加设斜支撑和剪刀撑。

七、带形基础模板的缺陷

1．质量问题

在带形基础的施工过程中，易出现如下质量缺陷：沿着基础的通直方向模板的上口不顺直，宽度不准确；模板的下口陷入混凝土内；侧面混凝土麻面、露石子；拆除模板时上段混凝土出现孔洞等；底部安装的模板不牢。

2．原因分析

（1）在进行模板安装时，挂线垂直度有一定偏差，模板的上口不在同一直线上，从而导致模板上口不顺直。

（2）钢模板上口未用圆钢穿入洞口扣住，仅用铁丝进行对拉，造成模板有松有紧，或木模板的上口未用方木加以固定，在浇筑混凝土时，在侧压力的作用下使模板下端向外推移，以致模板上口受到向内推移的力而内倾，从而造成模板上口宽度大小不一。

（3）在模板安装时未支撑牢固，在自重的作用下使模板产生下垂。在浇筑混凝土时，部分混凝土由模板的下口翻上来，并且未在初凝时铲平，造成侧面模板的下部陷入混凝土内。

（4）模板的平整度偏差过大，表面的残渣未清除干净；或者模板的缝隙过大，侧面模板支撑不牢，均可导致侧面混凝土出现质量缺陷；将木模板的临时支撑直接撑在土坑边，导致接触处的土体松动或掉落，从而造成底部模板安装不牢。

3．防治措施

（1）在进行模板设计时，应使模板有足够的强度和刚度；在进行模板安装时，其垂直度要找准确，模板的上口应在一条直线上。

（2）钢模板上口应用直径 18mm 的圆钢套入模板顶端小孔内，其中心间距为

50 ～ 80cm。木模板的上口应用方木或板带固定，以便控制基础上口的宽度，并在模板上拉通长直线，保证上口平直。

（3）上段模板应支撑在预先横插圆钢或预制混凝土块上；木模板也可采用临时木支撑，以使侧面模板支撑牢靠，并保持高度一致。

（4）如果发现混凝土由上段模板翻上来，应在混凝土初凝前轻轻铲平至模板的下口，使模板下口不至于被卡牢。

（5）在模板组装和安装前，应将模板面的残渣清除干净；模板的接缝应拼接严密，不出现漏浆现象；侧面模板应支撑牢靠。

（6）当支撑直接撑在土坑边时，下面应垫上木板，以扩大其接触面。木模板的长向接头处应加设拼条，以便使板面平整、连接牢固。

八、杯形基础模板的缺陷

1. 质量问题

在杯形基础施工过程中，容易出现以下质量问题：杯形基础的中心线不准；杯口模板出现位移；混凝土浇筑时杯形芯模板浮起；拆除模板时杯形芯模板拔不出来等。

2. 原因分析

（1）在杯形基础中心线弹线时，未按照设计要求找方正，纵横两条中心线不相互垂直；或者测量定线误差超过允许范围，从而使模板位置不准确。

（2）杯形基础上段模板支撑方法不当，在浇筑混凝土时，杯形基础中的芯模板由于不透气，产生一定的浮力，从而使杯形基础的芯模板产生上浮。

（3）杯形基础模板四周的混凝土下料不均匀，振捣时不均衡，由于模板受力不均，从而造成模板偏移。

（4）在搭设脚手板时不注意，将操作脚手板搁置在杯口模板上，由于施工荷载的作用，造成因模板下沉而变形；在混凝土浇筑完毕后，杯形基础中的芯模板由于拆除过迟、黏结太牢而拆除困难。

3. 防治措施

（1）杯形基础安装模板应首先找准中心线位置标高，先在轴线桩上找好中心线，用线锤在垫层上标出两点，弹出中心线，再由中心线按设计图纸上标注的尺寸弹出基础四面边线，要进行反复找方并进行复核，用水平仪测定标高，然后依照放线安装模板。

（2）木模板在支上段模板时若采用木板带，可以使杯形基础位置准确，托木的主要作用是将木板带与下段的混凝土面隔开一定间距，便于将混凝土面拍平。

（3）杯形芯模板要将表面刨光直拼，芯模板外表面要涂刷隔离剂，在底部应当钻上几个小孔，以便浇筑混凝土后排气，减少对杯形芯模板的浮力。

（4）在浇筑杯形基础混凝土时，在杯形芯模板的四周要均衡下料，最好采用对称振捣，千万不可在一侧振捣过多，以防止因受力不均而产生变形。

（5）施工用的操作脚手板要独立设置，不要将其搁置在杯形基础模板上，以避免因施工振动而导致模板产生变形；拆除杯形芯模板的时间，要根据施工时环境气温及混凝土凝固情况来掌握，一般在初凝后即可拆除。在拆除杯形芯模板时，对于较小的杯形芯模板，可用锤子轻轻敲打，用撬棍拨动拔出即可。对于较大的杯形芯模板，可以用手拉葫芦将杯形芯模板稍加松动后，再将其徐徐拔出。

九、混凝土圈梁模板缺陷

1. 质量问题

在浇筑圈梁混凝土时，圈梁模板一般有以下缺陷：模板在混凝土侧压力的作用下，出现局部模板膨胀缺陷，造成墙内侧或外侧水泥砂浆挂墙；或者造成梁内外侧不平，砌筑上段墙时产生局部挑空。

2. 原因分析

（1）圈梁模板上的卡具未夹紧模板，在混凝土振捣时产生的侧压力造成局部模板向外推移，造成圈梁尺寸不准确，给内外墙以后的装饰留下困难。

（2）在进行模板组装时，未与墙面支撑平直。

3. 防治措施

（1）采用在墙上预留孔挑扁担木方法施工时，扁担木的长度应不小于墙体厚度加二倍梁高，圈梁的侧面模板下口应夹紧墙面，斜支撑与上口横档钉牢，并拉通长直线进行校核，保持梁上口呈直线。

（2）当采用钢管卡具组装模板时，如果发现钢管卡具滑扣，应立即换掉，切不可在卡具滑扣状态下进行施工；圈梁的木模板上口既要有直径 8mm 或 10mm 的钢筋拉条，也要有临时撑头，以保持梁上口的宽度一致。

第二节　模板工程的其他质量问题

一、混凝土梁模板的缺陷

1. 质量问题

在浇筑梁混凝土的施工过程中，最常见的质量问题有以下几个方面：梁身不平直，梁底不平且下挠；梁侧模在侧压力作用下出现炸模；拆除模板后发现梁身侧面鼓出有水平裂缝、掉角、上口尺寸加大、表面粗糙；局部模板嵌入柱梁间，拆除比较困难。

2. 原因分析

（1）模板的安装固定预先没有很好的计划，造成模板支设未校直撑牢，支撑系统整体稳定性不足，在施工荷载作用下发生变形。

（2）模板没有支撑在坚硬的地面上。在混凝土浇筑的过程中，由于荷载的增加、泥土地面受潮、水的侵入等，地面发生下沉变形，支撑随着地面变形而变形。

（3）对于跨度较大的混凝土梁，未按照设计要求或规范规定进行起拱；或者施工中未根据水平线控制模板的标高。

（4）钢模板的上口未用钢筋穿入洞口扣住，仅用铁丝简单对拉，松紧程度不同；或木模板上口未加钉木带，在浇筑混凝土时，其侧压力使模板下端向外推移，以致模板上口受到向内推移的力而向内倾斜，使上口宽度大小不一。

（5）模板未撑牢，在自重作用下使模板产生下垂。在浇筑混凝土时，部分混凝土从模板的下口翻上来，未在初凝时铲平，造成侧模下部陷入混凝土内。

（6）侧面模板承载能力及刚度不够，容易使梁侧模出现炸模（即模板崩塌）；拆模过迟或模板未涂刷隔离剂，容易使梁身侧面出现表面粗糙、掉角等缺陷。

（7）木模板由于采用易变形的木材(如黄花松等)制作，混凝土浇筑后变形较大，易使梁的表面产生裂缝、表面粗糙等缺陷；木模板在制作时未用规定宽度的木条组成，或木条间的缝隙过小，在混凝土浇筑后，木模板吸水膨胀产生变形。

3. 防治措施

（1）梁底部的支撑间距应适宜，即能保证在混凝土自重和施工荷载作用下不产生变形。支撑底部如为泥土地面时，应先认真进行夯实，铺设上一定宽度的通长垫木，以确保支撑不产生沉陷。对于跨度较大的梁，梁的底面模板应按设计要求或规范规定进行起拱。

（2）梁的侧面模板应根据梁的高度进行配制，若梁高超过 600mm，应加设钢管围檩，上口应用钢筋插入模板上端小孔内。若梁高超过 700mm，应在梁中加设对穿螺栓，与钢管围檩配合使用，加强梁侧面模板的刚度及强度。

（3）在安装梁木模板时，应遵守"边模包底模"的原则。梁的模板与柱的模板连接处，应考虑模板在吸湿后长向膨胀的影响，下料尺寸应当略微缩短一些，使木模板在混凝土浇筑后不至于嵌入柱内。

（4）梁侧面木模板的下口必须设有夹条木，钉紧在支柱上，以保证混凝土浇筑过程中，侧面模板的下口不因侧压力而出现炸模。

（5）梁的侧面模的上口模板横档，应用斜撑双面支撑在支柱顶部，如果有楼板，则将上口的横档放在模板的龙骨之下。

（6）梁的模板采用木模板时，尽量不采用易变形的木材（如黄花松等）制作，在混凝土浇筑前应充分用水浇透，使模板制作时的预留缝隙胀严。

（7）在模板组装前应将模板上的残渣剔除干净，模板的拼缝应符合规范规定，侧面模板要切实支撑牢靠。

（8）当梁的底面距地面高度过高时（一般在 5m 以上），最好不再用木料进行支模，宜采用脚手钢管扣件支模或桁架支模。

（9）在模板组装之前，应在模板里侧（靠混凝土一侧）涂刷隔离剂两遍，隔离剂一般不要选用废机油等，涂刷应当均匀、全面。

二、柱子模板的缺陷

1. 质量问题

柱子模板是一种竖向横截面尺寸较小的结构，在浇筑混凝土中容易发生以下质量缺陷：

（1）出现炸模，造成截面尺寸不准确，或局部鼓出、漏浆，使混凝土不密实或表面有蜂窝麻面。

（2）柱身发生偏斜，导致一排柱子不在同一条轴线上，这是一种严重的质量事故。

（3）柱身出现扭曲，梁柱接头处偏差较大，柱子成为一种偏心受压构件，对其安全性和稳定性不利。

2. 原因分析

（1）柱模板设置的夹箍间距过大或固定不牢，或者木模板的钉子被混凝土侧压力拔出，从而出现炸模（开裂）现象或柱身偏斜。

（2）测量施工放样不认真，出现较大的误差，正式施工又未仔细校核，梁柱接头处未按大样图安装组合，结果会出现柱身偏斜和柱身扭曲等质量问题。

（3）成排柱子在支模时，不进行统一拉线、不跟线、不找方，钢筋发生偏斜不纠正就安装模板。

（4）柱子模板未进行很好的保护，在安装模板前就已发生歪扭，未进行修整又用于新的工程，不仅形状不符合设计要求，而且板缝也很不严密。

（5）在柱模板安装固定时，两侧模板固定的松紧程度不同，或者在进行模板设计时，对柱子的固定箍筋和穿墙螺栓设计不重视；原来的模板上有旧的混凝土残渣，在支模时未认真进行清理，或拆除模板的时间过早。

3. 防治措施

（1）在成排柱子支模前，首先应按照设计图纸进行测量放线，主要应放出排柱的纵向轴线、排柱的两纵向边线、各根柱子的横向轴线、各根柱子的横向边线，并将柱子模板进行预组合、找方正。放线应当确保准确，不得出现超出规范的误差。

（2）在柱子支模前，要对各根柱子的钢筋进行仔细校正，检查钢筋和钢箍的品种、直径、数量、形状、位置、间距、保护层、垂直度、标高、牢固程度等是否符合施工规范的要求，对于不符合者应进行纠正。

（3）柱子底部应做成小方盘式的模板，或以钢筋、角钢焊成柱断面的外包框，以保证底部位置准确和牢固。

（4）在成排柱子模板进行安装时，应先立两端的柱子模板，待校核垂直度与复核位置无误后，在柱子模板的顶部拉通长直线，再立中间各根柱子模板。当柱子的间距不大时，柱子之间应用剪刀支撑和水平支撑搭接牢靠。当柱子的间距较大时，各根柱子单独采用四面斜撑，以保证柱子位置准确。

（5）当采用钢模板时，应当由下向上依次安装，模板之间用楔形插销插紧，在转角位置用连接角模板将两模板连接，以保证角度的准确。

（6）调节柱子模板每边的拉杆或顶杆上的花篮螺栓，校正柱子模板的垂直度，拉杆或顶杆的支承点（钢筋环）要牢固可靠地与地面成不大于45°的夹角，并预埋在楼板混凝土内。

（7）根据柱子的断面大小及高度，柱子模板外面每隔500～800mm应加设牢固的柱箍，必要时再增加对拉螺栓，防止出现炸模。

（8）在模板组装前应将模板上的残渣剔除干净，模板的拼缝应符合规范规定，侧面模板要切实支撑牢靠。

（9）柱子模板如用木料制作，拼缝处应刨光拼严，门子板应根据柱子宽度采用适当厚度，确保混凝土浇筑过程中不漏浆、不炸模、不产生局部外鼓；对于高度较大的柱子，应在模板的中部一侧留置混凝土临时浇捣口，以便浇筑和振捣混凝土，当混凝土浇筑到临时浇捣口时，应将其封闭牢固。

（10）如果采用的周转性模板，模板上的混凝土残渣应清理干净，在进行柱子模板拆除时，混凝土的强度应能保证其表面及棱角不受损伤。根据工程经验，在常温下应在湿养护14d后才可拆除模板；为保证混凝土柱的表面质量和强度要求，不出现蜂窝麻面，要搞好混凝土的配合比设计，要满足混凝土拌合物的流动性，在浇筑后一定要加强振捣，在立模前应对模板涂刷隔离剂。

三、楼板模板的缺陷

1. 质量问题

楼板模板与柱子模板有很大不同，楼板模板是呈水平状、面积较大、厚度较小的一种结构。在浇筑混凝土后，楼板容易出现以下质量缺陷：板的中部出现过大下挠；楼板底部混凝土面不平整；采用木模板时边部模板伸入梁的内部，模板不易进行拆除。

2. 原因分析

（1）模板的龙骨用料较小或者龙骨间距偏大，模板的强度和刚度均不能满足施工的要求；底部模板未按照设计要求或规范规定进行起拱，结果造成楼板挠度较大，而出现楼板的中部下挠。

（2）楼板模板下支撑底部不牢固，尤其是在混凝土浇筑过程中，由于施工荷载不断增加，支撑发生较大的下沉，造成楼板的模板出现过大下挠。

（3）楼板底模板不平整，模板支撑的顶部标高不一致，或混凝土接触面的平整度超过允许偏差；将楼板的模板铺钉在梁的侧面模板上，甚至略伸入梁的模板内，在浇筑混凝土后，模板的面板由于吸水产生膨胀，梁模板也略有外胀，造成边缘一块模板嵌牢在混凝土内。

3. 防治措施

（1）楼板模板下的龙骨和支撑的尺寸、间距，应通过模板设计计算确定，以确保有足够的强度和刚度，板的支承面要用水平仪测定，要保证其平整度。

（2）支撑模板的材料应有足够的强度，前后左右应相互搭接牢靠，以增加支撑的稳定性；支撑如果置于软土地基上，必须预先将地面夯实，在支撑下铺设通长的垫木，必要时在方木下再加设横板，以增加支撑与地面的接触面，保证在混凝土重量及施工荷载的作用下不发生过大的下沉，确保所浇筑混凝土板的平整度。

（3）对于土质地基要采取措施消除土壤受潮后可能发生的下沉，必要时要有适当的排水措施。

（4）木料板模板与梁模板的连接处，楼板模板应铺到与梁的侧面模板外口齐平，避免楼板模板嵌入梁的混凝土内，以便于模板的拆除。

（5）跨度较大的楼板模板应按设计要求或规范规定起拱，钢木模板混用时，缝隙必须嵌实，并保持水平一致；木制的楼板模板与梁模板的连接处，楼板模板应拼铺到与梁侧面模板外口齐平，避免楼板模板嵌入梁的混凝土内，以便于模板的拆除。

四、墙体模板的缺陷

1. 质量问题

墙体模板也与柱子模板不同，墙体模板是呈垂直、竖向面积和高度较大，而横向断面较小的一种结构，在浇筑混凝土施工中，墙体模板容易出现以下几种质量缺陷：

（1）模板出现炸模、倾斜变形等问题，浇筑而成的混凝土墙体不垂直。

（2）墙体的厚度厚薄不一，墙体的表面不平整，出现明显的高低不平，严重影响墙体的外观。

（3）墙体的根部出现跑浆和露筋，模板底部被混凝土或砂浆裹住，在拆除模板时非常困难；墙体的角部模板被混凝土挤住，在拆除模板时非常困难，很容易将模板损坏。

2. 原因分析

（1）钢模板事先未根据墙面实际尺寸进行排板设计，未绘制模板排列图；相邻模板未设置围檩或围檩间距过大，对拉螺栓选用的规格过小或未拧紧；墙根未设置导墙，模板根部不平整，形成较大缝隙。

（2）模板制作不平整，厚度不一致，相邻两块墙模板拼接不严、不平，对支撑固定不牢，没有采用对拉螺栓承受混凝土拌合物对模板的侧压力，均可以致使混凝土浇筑时出现炸模；或因选用的对拉螺杆直径太小或间距过大，不能承受混凝土拌合物侧压力而被拉断，也导致出现炸模。

（3）当混凝土浇筑分层过厚，混凝土振捣器无法将混凝土振捣密实时，模板受到的侧压力过大，支撑则容易发生变形；角模板与墙体模板拼接不严，水泥浆从缝隙中漏出，包裹模板的下口；或者拆除模板时间太迟，模板与混凝土黏结在一起，均会造成拆模困难；在安装墙模板前，未按规定涂刷混凝土隔离剂，或涂刷后被雨水冲掉又未补刷，均会造成模板拆除困难，墙面出现蜂窝麻面。

3. 防治措施

（1）不管采用何种材料的模板，在模板安装前均应进行模板结构设计和排板设计，绘出模板结构图和排列图，严格按图进行施工，这是克服墙模板常见质量缺陷的根本措施，一定要认真对待。

（2）墙面模板应拼装平整，应当符合质量检验评定标准的要求。

（3）当在一个施工面上有几道混凝土墙时，模板的安装可以整体考虑，除顶部设置通长连接方木定位外，相互之间应当用剪刀撑进行固定撑牢。

（4）墙身中间应根据模板的设计计算配置适宜的对拉螺栓，模板两侧以横连杆增强刚度来承担混凝土的侧压力，确保墙模板不出现炸模。对拉螺栓一般可采用直径 12 ～ 18mm 的钢筋制成。在两片模板之间，应根据墙的厚度用钢管或硬塑料作为撑头，以保证墙体的厚度一致。当墙体有防水要求时，应采用焊有止水片的螺栓。

（5）每层的混凝土浇筑厚度，应严格按施工组织设计中的说明浇筑，控制在施工规范允许范围内；墙体模板与混凝土的接触面，应按照规定涂刷隔离剂，以防止模板与混凝土黏结，造成模板拆除困难。

（6）墙体的根部按照墙体厚度先浇灌 150～200mm 高度导墙，以便作根部模板的支撑，模板上口应用扁钢进行封口，在进行拼装时，钢模板上端的边肋处要加工两个缺口，将两块模板上的缺口对齐，板条放入缺口内，用"U"形卡子将其卡紧；龙骨不宜采用钢花梁，墙体与梁的交接处及墙体顶的上口应设置拉结杆件，外墙所设置的顶部支撑要牢固可靠，支撑的间距、位置应当由模板设计计算来确定，不要只凭经验设置。

五、楼梯模板的缺陷

1. 质量问题

楼梯模板是一种具有一定高差、断面尺寸较小、呈台阶状的结构，在楼梯模板浇筑混凝土的施工过程中，其侧面很容易出现露浆、麻面、底部不平、混凝土不密实等质量缺陷。

2. 原因分析

（1）当楼梯的模板采用钢模板时，常遇到不能满足钢模板的配备模数，而需要用木模板相拼，楼梯侧面模板也需用木模板制作，这样就容易形成接缝不严密，从而造成混凝土跑浆。

（2）当楼梯底板平整度偏差过大，支撑固定不牢靠时，容易造成底部不平整。

3. 防治措施

（1）侧帮在梯段处可用钢模板，以 2mm 厚的薄钢板模板和 8 号槽钢点焊连接成型，每步 1 两块侧帮必须对称使用，侧面与楼梯立面用"U"形卡子进行连接。

（2）楼梯的表面模板应当平整，拼缝应当严密，质量应符合施工规范的要求，如果支撑杆的细长比过大，应加设剪刀撑固定牢靠。

（3）采用胶合板组合模板时，楼梯支撑底板的木龙骨间距宜为 300～500mm，支撑和横托的间距宜为 800～1000mm，托木两端用斜支撑固定，下面用单楔块顶紧，在斜撑之间应当用杆件互相拉牢，龙骨外面钉上外帮侧板，其高度应与踏步口齐平，踏步侧板下口钉上一根小支撑，以保证踏步侧板的稳固。

六、桁架模板的缺陷

1. 质量问题

桁架模板是一种结构复杂的模板，其组成构件较多，构件之间的连接比较烦琐，这种模板常见的质量缺陷有：

（1）构件不平整、扭曲或有蜂窝、麻面、露筋，沿预应力抽芯管道处的混凝土表面出现裂缝。

（2）预应力筋的孔道内产生堵塞，或预应力混凝土构件抽管拔不出来，或预应力筋张拉灌浆后，在翻身竖起时，屋架呈现侧向弯曲。

2. 原因分析

（1）桁架的底部模板未用水平仪抄平，造成地面不平整；或者未很好地进行夯实，当有水浸入时，会发生地面下沉而高低不平。

（2）模板制作质量不好，支撑不牢固，出现底部两侧漏浆，侧面模板向外胀出。上部对拉螺栓拉得太紧，且又未加撑木，当混凝土浇筑完成，拆除侧面模板上口临时搭头木时，侧面模板向里收进，造成构件上口宽度不足。

（3）当桁架中的混凝土浇筑完毕转动钢管时，由于钢管不顺直，易造成混凝土表面裂缝。如果抽芯过早，容易造成混凝土塌陷裂缝。

（4）如果预应力抽芯钢管采用两节拼接方法，在转动钢管时应特别注意，如果不小心两者拉开一定距离，中间会被混凝土堵塞；在混凝土浇筑完毕后，应及时对钢管进行转动，如果转动过迟混凝土产生凝结，不仅钢管不易转动，而且拔出也比较困难。

3. 防治措施

（1）模板的制作要符合设计及施工规范的质量标准，达到设计要求的形状、尺寸、平整度、刚度、强度和稳定性，周围要夹紧夹牢，不得产生变形和位移，不得产生漏浆。

（2）架设叠层浇筑振捣的桁架模板时，下口要夹紧在已振捣好的构件上，上口螺栓收紧要适度，这样在拆除构件上口搭头木时，模板上口不至于挤小。

（3）桁架预应力处的钢管如果采用无缝钢管时，应确保钢管平直光滑，以便于钢管的转动和抽出。

（4）当构件混凝土浇筑完毕后，应每隔 10 ～ 15min 将钢管转动一圈，以免混凝土与钢管黏结在一起。当手指压混凝土表面无出水现象时，即可以将钢管缓缓抽出。

（5）在混凝土浇筑过程中，钢管应在设计位置不移动，千万注意不能将钢管向外抽动；采用分节脱模法预制构件时，除按照以上防治措施外，应保证各支点有足够的承载力，拼接处的模板平齐，不得出现明显的拼接痕迹。

七、雨篷模板的缺陷

1. 质量问题

雨篷是建筑工程中一种面积较小的悬臂结构，在其施工过程中易出现雨篷根部漏浆露石子，混凝土结构产生变形。

2．原因分析

（1）雨篷根部底板模安装不当，与墙体连接的部位未能结合紧密，有较大的缝隙，在混凝土浇筑时出现漏浆。

（2）雨篷根部胶合板模板下未设置托木，混凝土浇筑时根部模板发生变形。

（3）悬挑雨篷的根部混凝土比前端厚，在模板安装施工时，模板支撑系统未被足够重视，未采取相应的技术措施。

3．防治措施

（1）认真搞好雨篷模板设计，对于安装图要认真领会，确实弄懂，在安装时要重视悬挑雨篷的模板及其支撑，确保有足够的承载能力、刚度和稳定性。

（2）雨篷的底模板根部应覆盖在梁的侧面模板上口，其下面用 50mm×100mm 的木方顶牢，在混凝土浇筑时，振捣点不应直接在根部位置。

（3）在悬挑雨篷模板安装施工时，应根据悬挑跨度大小将底模向上反翘 2～5mm 左右，以抵消混凝土浇筑时产生的下挠变形；在进行悬挑雨篷混凝土浇筑时，应根据现场的施工环境条件制作养护试件，待试件强度达到设计强度的 100% 时，方可拆除雨篷模板。

八、桩基模板的缺陷

1．质量问题

桩基模板是一种细长结构，在混凝土浇筑施工中容易出现以下质量缺陷：

（1）桩身本身弯曲或不垂直；几何尺寸不符合设计要求；桩尖出现向一侧偏斜，桩头的顶面不平整。

（2）在两节桩的接桩处，上节桩预留钢筋与下节桩预留钢筋孔洞位置有偏差，或下节桩预留钢筋孔洞孔的深度不足，不能使两节桩对接在一起，中间有较大的缝隙；叠层浇筑的混凝土桩，由于上下层之间未涂刷隔离剂，造成上下桩身黏结在一起。

2．原因分析

（1）在浇筑桩身混凝土之前，未对施工场地进行夯实平整，使接触地面的桩身不平直；或者对桩的弹线有偏差。

（2）桩模板的支撑强度与刚度不足，或者支撑和模板安装不牢靠，在混凝土浇筑振捣中产生变形，从而也会造成以上质量缺陷。

（3）桩尖模板在振捣时产生移位，则出现桩尖偏斜缺陷；桩头模板与桩身不垂直，则出现桩头顶面不平整，在沉桩施工时容易打碎桩头。

（4）上下桩的连接处，下节桩预留孔洞位置未进行很好的校核，结果造成位置不准确，深度不符合设计要求；上节桩预留钢筋处未设置定位套板，结果在混凝土振捣时造成钢筋位置发生移动，使预留钢筋不能插入下节桩的预留孔洞内；在预制桩采取叠层浇筑时，桩模板未刷隔离剂，或隔离剂已被雨水冲掉又未补刷，很容易造成模板难以拆除，或上下层桩粘连在一起。

3. 防治措施

（1）制作预制桩的场地应平整夯实，场地周围和内部排水均应畅通。预制桩的地面一般是在夯实的土基上，铺一层 70mm 以上厚度的炉渣压平，再用 M5 水泥砂浆在其上面抹平压光。

（2）采用间隔支模施工方法，在地面上准确弹出桩身宽度线，即间隔宽度与纸筋灰浆厚度之和作为隔离剂的厚度。模板和龙骨应有足够的刚度，以防止模板产生变形和位移；桩头端面应当用角尺进行校正，以防止桩头面与桩身不垂直。

（3）桩尖端应用专用钢帽套上，以保证桩尖的形状正确、位置准确、质量较高，不产生桩尖偏斜质量缺陷。

（4）上下节桩的端部均应做相匹配的专用模板，以保证上节桩预留钢筋和下节桩预留孔洞位置准确，并与桩侧面模板连接好。为做到桩接长准确，在浇筑桩身混凝土时，可在钢管内预先放置 4 根直径 50mm 的圆钢，在混凝土初凝前应经常转动，初凝后拔出成孔；采用间隔安装模板的方法施工时，可采用纸筋石灰作为隔离层，其厚度约为 2mm。

九、筒子模板的缺陷

1. 质量问题

使用筒子模板施工的混凝土，筒体的水平标高及竖向控制常出现偏差，超过施工规范中的允许范围。

2. 原因分析

（1）筒子模板本身制作不够精细，自身存在着较大缺陷。

（2）筒子模板爬升架承重横梁调整未达到水平，从而使筒子模板的标高不符合设计要求；筒子模板爬升系统在组装时，未进行中心线（轴线）竖向控制，由于筒体钢筋绑扎时垂直偏差较大，造成筒子模组装无法到位。

3. 防治措施

（1）筒子模板的制作组装，应严格按模板配置图的要求认真进行操作，并选择在平整干净的场地上进行，组装时临时用支撑固定，待筒子模各部件校正好后，再拆除临时支撑将其吊至所需要安装的位置就位。

（2）筒子模板的高度宜比楼层高出 200mm，上端与楼面持平；爬升架及筒子模的预留孔洞必须位置准确，洞底标高必须一致，以确保承重横梁水平及便于筒子模的校正。

（3）在进行筒体钢筋绑扎时应确保垂直，钢筋不得突出墙外，在每一层距楼面100mm处，应焊上直径为18mm、间距为500mm的模板定位钢筋，定位钢筋根据楼层的放线进行焊接，长度应比墙体厚度略小3~5mm；在组装的筒子模板上画出四面中心线，在筒子模板安装就位时，筒子模板的四面中心线应对准安装结构部位的四面中心线，筒子模就位校正好后穿对拉螺栓固定。筒子模成型后要求每角两边板面误差正负保持一致，或两面允许误差为10mm，对角线长度差值不得超过10mm。

十、脱模剂使用不当

1. 质量问题

模板表面使用废机油作为脱模剂，对混凝土表面造成严重污染；或混凝土残浆不清除即涂刷脱模剂，造成混凝土表面出现蜂窝麻面等质量缺陷。

2. 原因分析

（1）在模板拆除后，未对模板表面的混凝土残浆清除，随即涂刷脱模剂。

（2）脱模剂涂刷不匀或出现漏涂，或涂刷过厚。

（3）使用废机油作为脱模剂，既污染了结构或构件，又影响混凝土表面装饰质量。

3. 防治措施

（1）在拆除模板以后，必须清除模板上遗留的混凝土残浆后，再涂刷脱模剂。

（2）凡是暴露于表面的结构或构件，严禁用废机油作为脱模剂，脱模剂材料选用的原则是：既便于混凝土脱模，又便于混凝土表面装饰。在一般情况下，宜选用皂液、滑石粉、石灰水及其混合液，或者各种专门化学制品脱模剂等。

（3）脱模剂材料宜配制成为稠状，均匀地涂刷于模板表面，不得产生流淌，为防止出现漏刷，一般刷两度为宜，但也不宜涂刷过厚；脱模剂一般应在安装模板时涂刷，脱模剂涂刷后，应在短期内及时浇筑混凝土，以防止脱模剂遭受破坏。

第十章 滑动模板的施工工艺

滑动模板是一种工具式混凝土成型模板，其施工工艺是一种机械化程度较高的连续成型工艺，不仅适用于筒仓、水塔、烟囱、桥墩、竖井等连续型高耸结构工程，而且也适用于框架、板墙和剪力墙等高层和超高层建筑工程。

滑动模板的施工原理是：在建筑物或构筑物的底部，沿其墙、柱、梁等构件的周边组装成高度 1.2m 的滑动模板，随着向模板内不断地分层浇筑混凝土，用液压提升设备使模板不断地向上滑升，直到需要浇筑的高度为止。

用滑动模板施工，可以节约大量的模板和支撑材料，加快施工进度和保证结构的整体性，是一种应用广泛、操作方便的模板。但是，模板一次性投资比较大，耗用的钢材比较多，对建筑立面造型和构件断面变化有一定限制。

第一节 滑动模板的主要组成

在国家现行标准《滑动模板工程技术规范》（GB50113—2005）中规定，滑动模板装置主要由滑动模板系统、操作平台系统、液压提升系统、精度控制系统和水电配套系统等组成。

一、滑动模板系统

滑动模板系统主要包括模板、围圈和提升架等，三者紧密配合而组成滑动模板系统。

1. 模板

模板是滑动模板系统重要的组成部分，主要作用是承受混凝土的侧压力、冲击力和滑升时的摩阻力，并使混凝土按设计要求的截面形状和尺寸成型。模板按其所处位置及作用不同，可分为内模板、外模板、堵头模板及变截面结构的收分模板等；模板按采用的材料不同，可分为钢模板、木模板和钢木模板等，也可以用其他材料制成。

滑动模板的宽度一般为200～500mm，高度一般为0.9～1.2m，烟囱等筒壁结构模板高度可采用1.4～1.6m。外墙的外模板和部分内模板宜适量加长，以增加模板空滑时的稳定性。安装好的模板应上口小、下口大，单面倾斜度宜为模板高度的0.2%～0.5%；模板高1/2处的净间距应与结构的截面宽度相同。模板倾斜度可通过改变围圈间距，或在提升架与围圈之间加螺丝调节等方法实现。

如图10-1所示为一般墙体的钢模板，也可采用组合模板进行改装。当施工对象的墙体尺寸变化不大时，宜采用围圈与模板组合成一体的"围圈组合大模板"，如图10-2所示。

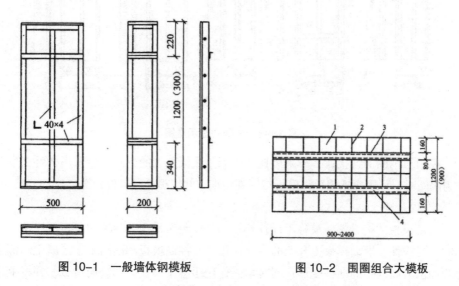

图 10-1　一般墙体钢模板　　　　　　图 10-2　围圈组合大模板

墙体结构与框架结构的阴阳处，宜采用同样材料制成的角膜。角膜的上下口倾斜度应与墙体模板相同。

烟囱钢模板，主要用于圆锥形变截面工程。烟囱等圆锥形变截面工程，模板在滑升的过程中，要按照设计要求的斜度及壁厚，不断地调整内外模板的直径，使收分模板和活动模板的重叠部分逐渐增加，当收分模板与活动模板完全重叠，且其边缘与另一块模板搭接时，即可拆去重叠的活动模板。

收分模板必须沿圆周对称成双进行布置，每对的收分方向应相反。收分模板的搭接边处必须严密，不得有较大的间隙，以免砂浆从接缝处漏出。

2. 围圈

围圈又称为围檩、腰梁。其主要作用是使模板保持组装的平面状态，并将模板与提升架连成一个整体。围圈在施工过程中，承受由模板传递来的混凝土侧压力、冲击力，滑升时的摩阻力、操作平台的竖向荷载和施工中的荷载等，并将这些荷载再传递到提升架、千斤顶和支承杆上。

在通常情况下，在侧面模板的背后应设置上、下各一道闭合式围圈，其中心间距为 450 ~ 750mm，模板所用的围圈（腰梁）应具有一定的强度和刚度，其截面面积应根据荷载大小由计算而确定。围圈的构造如图 10-3 所示。

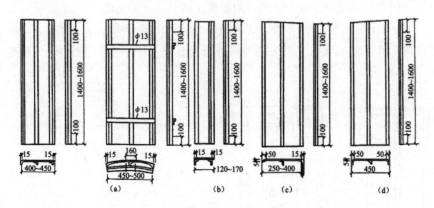

图 10-3　围圈构造示意图

模板与围圈的连接，一般采用挂在围圈（腰梁）上的方式，当采用横卧工字钢作为围圈时，可用双爪钩子将模板与围圈钩牢，并用螺栓调节位置。

3. 提升架

滑动模板的提升架，又称千斤顶架，它是安装千斤顶并与围圈、模板连接成整体的主要构件。滑动模板提升架的主要作用是：控制模板和围圈由于混凝土的侧压力和冲击力而产生的向外变形；同时承受作用于整个模板上的竖向荷载，并将上述荷载传递给液压千斤顶和支承杆。

当滑动模板提升机具工作时，通过提升架带动围圈、模板和操作平台等一起向上滑动。

提升架一般可设计成适用于多种结构施工的通用型，对于结构的特殊部位也可设计成专用型。提升架必须具有足够的刚度，应按实际的水平荷载和垂直荷载进行计算。对多次重复使用的提升架应当设计成装配式。

提升架的横梁与立柱必须采取刚性连接，两者的轴线应在同一平面内，在使用荷载作用下，立柱的侧向变形应不大于 2mm。提升架横梁至模板顶部的净高度，对于配筋结构不宜小于 500mm，对于无钢筋结构不宜小于 250mm。

在建筑工程的滑动模板中常用的提升架立面构造形式，一般可分为单横梁"Ⅱ"形、双横梁"开"形或单位柱的"Γ"形等几种。

二、操作平台系统

1. 操作平台

滑动模板的操作平台即工作平台，是进行绑扎钢筋、浇筑混凝土、提升模板、安装预埋件等工作的场所，也是钢筋、混凝土、预埋件等材料和千斤顶、振捣器等小型备用机具暂时存放的场地。为便于模板的提升和控制，液压控制机械设备，一般布置在操作平台的中央部位。有时还利用操作平台架设垂直运输机械设备，也可以利用操作平台作为现浇混凝土顶盖的模板。

按照结构平面形状的不同，操作平台的平面可组装成矩形、圆形等各种不同的形状。

按照施工工艺要求不同，操作平台可分别采用固定式或活动式。对于采用逐层空滑、楼板并进的施工工艺，操作平台的板面宜采用活动式，以便揭开平台的板面后，进行现浇或预制混凝土楼板的施工。

滑动拷板的操作平台可分为主操作平台和上辅助平台（料台）两种，一般只设置主操作平台。上辅助平台的承重桁架（或大梁）的支柱，大多支承于提升架的顶部。当需要设置上辅助平台时，应特别注意其结构稳定性。

主操作平台一般可分为内操作平台和外操作平台两部分。内操作平台通常由承重桁架（或梁）与平台板组成，承重桁架（或梁）的两端可支承于提升架的立柱上，也可通过托架支承于上下围圈上。外操作平台通常由支承于提升架的外立柱三角挑架和平台板组成，外挑架的宽度一般不宜大于1000mm，其外侧面应当设置防护栏杆。

2. 吊脚手架

滑动模板中的吊脚手架，又称为下辅助平台或吊架，主要用于检查出模混凝土的质量、模板的检修和拆卸、混凝土表面修饰和对混凝土养护等工作。

根据吊脚手架的安装部位不同，一般可分为内里吊脚手架和外部吊脚手架两种。内里吊脚手架可挂在提升架和操作平台的桁架上，外部吊脚手架可挂在提升架和外挑的三角架上。

吊脚手架的铺板宽度不宜太窄，一般宜为500～800mm，钢筋吊杆的直径不应小于16mm，为确保安全和方便调节，吊杆螺栓必须采用双螺母。吊脚手架的外侧必须设置安全防护栏杆，并应满挂安全网。

三、液压提升系统

液压提升系统是滑动模板最主要的组成部分，主要由支承杆、液压千斤顶、液压控制台和液压油路等组成，这是使滑动模板向上滑升的动力装置。

1. 支承杆

支承杆又称爬杆、千斤顶杆或钢筋轴等，既是液压千斤顶向上爬升的轨道，又是滑动模板的承重支柱，它承担着作用于千斤顶的全部荷载。为了使支承杆不产生压曲变形，应采用一定强度的圆钢或钢管制作。

在建筑工程中目前使用的额定起重量为 30kN 的滚珠式卡具液压千斤顶，其支承杆一般采用直径为 25mm 的钢筋制作。如使用楔块式卡具液压千斤顶时，也可以采用直径 25 ~ 28mm 的螺纹钢筋作为支承杆。

支承杆单根长度一般为 4 ~ 6m，当需要进行接长时，其接长连接的方法，常用的有丝扣连接、榫头连接和焊接连接。当支承杆用焊接连接时，一般在液压千斤顶上升到接近支承杆的顶部进行，在焊接处若有偏斜或焊疤,应用手提式砂轮处理平整,使其能顺利通过千斤顶的孔道；也可以在液压千斤顶底部超过支承杆后进行，但当这台液压千斤顶脱空时，其全部荷载要左右两台液压千斤顶承担，因此，在进行千斤顶的数量和围圈的强度设计时，必须考虑到这一因素。

为防止出现支承杆失稳，在正常施工的条件下，直径 25mm 圆钢支承杆的允许脱空长度，一般不要超过表 10-1 中的数值。当施工中超过表 10-1 中所示的脱空长度时，应对支承杆采取确实有效的加固措施，一般可用方木、钢管和假柱子等方法加固。

表 10-1　直径 25mm 支承杆的允许脱空长度

支承杆的荷载（kN）	允许脱空长度（cm）
10	152
12	134
15	115
20	94

2. 液压千斤顶

滑动模板所用的液压千斤顶，是一种穿心式液压千斤顶。千斤顶固定于提升架上，其中心穿入支承杆，在周期式的液压动力作用下，千斤顶可沿着支承杆作爬升动作，并带动提升架、操作平台和模板一起上升。

（1）液压千斤顶的技术参数

可用于滑动模板的液压千斤顶很多，国产的滑模液压千斤顶型号主要有：滚珠卡具式 GYD–35 型、GYD–60 型；楔块卡具式 QYD–35 型、QYD–60 型和 QYD–100 型；滚珠楔块混合式 QGYD–60 型；松卡式 SKHQ–75 型、SQD–90–35 型和 GSD–35 型。

在滑动模板施工中，最常用的液压千斤顶是 GYD-35 型和 QYD-35 型，它们的基本构造相同。主要区别为：GYD 型液压千斤顶卡具为滚珠式，QYD 型液压千斤顶卡具为楔块式。

液压千斤顶的工作原理为：工作时，先将支承杆由上向下插入千斤顶的中心孔，然后开动液压泵，使油液由油嘴进入千斤顶液压缸，由于油压的作用使上卡头与支承杆锁紧，只能上升不能下降，在高压油液的作用下，油室不断扩大，排油弹簧被压缩，整个缸筒连同下部的卡头及底座被举起，当上升到上卡头和下卡头顶紧时，即完成提升一个行程。

在进行回油时，油压逐渐被解除，依靠排油弹簧的压力，将油室中的油液从油嘴排出千斤顶。此时下部的卡头与支承杆锁紧，上卡头及活塞被排油弹簧向上推动而复位。一次循环可使千斤顶爬升一个行程，加压即提升，排油即复位，如此往复动作，千斤顶即沿着支承杆可以不断地向上爬升。

（2）液压千斤顶的检验

液压千斤顶是滑动模板中的承力构件，关系到滑动模板能否顺利和安全施工，因此在出厂前和正式使用前应分别按下列要求进行检验：

1）出厂前对液压千斤顶的检验要求

①液压千斤顶的空载启动压力不得高于 0.35MPa；②在额定的起重量内，千斤顶在支承杆上应当达到锁紧牢固、放松灵活的要求，爬升过程应当连续平稳；③在额定的起重量内，当载荷方向与千斤顶轴线成 0.5° 夹角时，千斤顶应能正常工作，各零部件不得产生塑性变形，各密封部位不得有渗漏现象；④千斤顶应能经受 5000 次由零压至公称工作压力的交变压力的试验，各密封部位不得有渗漏现象；⑤在额定的起重量内，千斤顶反复进行全行程的爬升，其可靠性试验累计次数应符合表 10-2 中的规定；⑥可靠性试验结束后，检查每次爬升的行程，在额定起重量内，其行程值不得小于 16mm。

表 10-2　千斤顶可靠性试验要求

千斤顶产品质量等级	累计爬升的次数
合格品	14000
一等品	16000
优等品	20000

2）使用前对液压千斤顶的检验要求

①耐油压要求：千斤顶耐油压要在 12MPa 以上，每次持续油压 5min，重复三次，

各密封处无渗漏现象；②工作要求：千斤顶中的卡头，要达到锁固牢靠，放松灵活；③回降量的要求：在1.2倍额定荷载作用下，卡头锁固时的回降量，滚珠式千斤顶不大于5mm，楔块式千斤顶不大于3mm；④同一批组装的液压千斤顶，在相同荷载作用下，其行程应接近一致，用行程调整帽进行调整后，行程差不得大于2mm。

液压千斤顶的外观质量检查、出厂检验和形式检验等，应符合我国行业标准《滑模液压提升机》（JG/T93）中的有关规定。

3. 液压控制台

（1）液压控制台的组成与参数

液压控制台是液压传动系统的控制中心，是整个液压滑模的心脏。液压控制台主要由电动机、齿轮液压泵、换向阀、溢流阀、液压分配器和油箱等组成。其工作过程为：电动机带动齿轮液压泵运转，将油箱中的油液通过溢流阀控制压力后，经过换向阀输送到液压分配器，然后经油管将油液输进千斤顶中，使千斤顶沿着支承杆爬升。当活塞走满行程之后，换向阀变换油液的流向，千斤顶中的油液从输油管、液压分配器，经换向阀返回油箱。每一个工作循环，可使千斤顶带动模板系统爬升一个行程。

液压控制台按操作方式不同，可分为手动和自动控制等形式；按液压泵流量（L/min）不同，可分为15、36、56、72、100、120等型号。在建筑工程中常用的液压控制台有：HY-36型、HY-56型和HY-72型等。

液压系统安装完毕后，应进行试运转。首先要进行充油排气，然后将油压加至12N/mm²，每次持续压力5min，重复进行3次，各密封处无渗漏，进行全面检查，待各部分工作正常后，最后插入支承杆。

（2）液压控制台的技术要求

为确保液压控制台安全和正常使用，液压控制台在使用过程中应符合下列技术要求：

1）液压控制台的带电部位对机壳的绝缘电阻不得低于0.5MΩ。

2）液压控制台的带电部位（不包括50V以下的带电部位）应能承受50Hz、电压2000V，历时1min耐电试验，无击穿和闪络现象。

3）液压控制台的液压管路和电路应排列整齐统一，仪表在台面上的安装布置应美观大方，固定牢靠。

4）液压系统在额定工作压力为10MPa的情况下，并保持5min，所有的管路、接头及元件不得出现漏油。

5）液压控制台应在下列条件下能正常工作：①环境温度在-10～40℃；②电源电压为380±38V；③液压油污染度不低于20/18；④液压油的最高温度不得超过

70℃，油温升温不得超过 30℃。

4. 液压油路

液压滑动模板的液压油路是连接控制台到千斤顶的液压通路，油路系统主要由油管、管接头、液压分配器和截止阀等元器件组成。油路一般采取分级方式，即从液压控制台的主油管到分油器，再从分油管到分支油路，最后用胶管接到各千斤顶上，如图 10-4 所示。

油管一般采用高压无缝钢管和高压橡胶管两种，无缝钢管的内径一般采用 8 ~ 10mm，试验压力为 32MPa；与千斤顶连接的最好用高压橡胶管，油管内压力应大于液压泵压力的 5 倍。在一般情况下，主油管的内径应为 14 ~ 19mm，分油管的内径应为 10 ~ 14mm，支油管的内径应为 6 ~ 10mm。

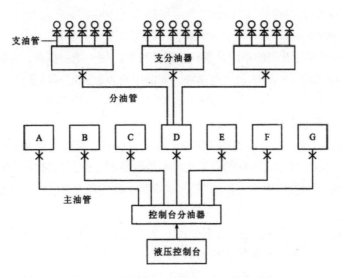

图 10-4　液压滑模的油路布置示意图

高压橡胶管的接头连接采用接头外套将软管与接头芯子连成一体，然后用接头芯子与其他油管或元件连接。一般采用扣压式胶管接头或可拆式胶管接头。

截止阀也称为针形阀，主要用于调节管路及千斤顶的液体流量，控制千斤顶的升降。截止阀一般设置于分油器上或千斤顶与管路的连接处。

油路系统所用的液压油应具有适当的黏度，当压力和环境温度改变时，黏度的变化不应太大。一般可根据气温条件选用不同黏度的液压油，冬季低温时可用 22 号液压油，常温下可用 32 号液压油，夏季高温天气可用 46 号液压油。

四、精度控制系统

液压滑动模板施工精度控制系统包括千斤顶同步、建筑物轴线和垂直度等的控制与观测设施等。滑动模板的精度控制系统是确保施工质量的重要技术手段。因此，施工精度控制系统所用的仪器、设备的选配，应符合下列规定：

（1）千斤顶同步控制装置，可采用限位卡挡、激光水平扫描仪、水杯自动控制装置、计算机控制同步整体提升装置等。在滑动过程中，要求各千斤顶的相对标高之差不得大于 40mm，相邻两个提升架上千斤顶的升差不得大于 20mm。

（2）垂直度观测设备可采用激光铅直仪、自动安平激光铅直仪、经纬仪和线锤等，其精度具体的要求是：滑模施工工程结构垂直度的允许偏差为每层层高在小于等于 5m 时，不得超过 5mm；每层层高大于 5m 时，不得超过层高的 0.1%；每层层高在小于 10m 时，不得超过 10mm；每层层高大于 10m 时，不得超过层高的 0.1%，并不得大于 50mm。

（3）测量靶标及观测站的设置必须稳定可靠，便于测量操作，并应根据结构特征和关键控制部位（如外墙角、电梯井、筒壁中心等）确定其位置。

五、水电配套系统

水电配套系统也是液压滑动模板中不可缺少的组成部分，在某些情况下直接影响施工速度和施工质量，因此，对于水电系统设备的选配，应符合下列规定：

（1）动力及照明用电、通信与信号的设置，均应符合现行的《液压滑动模板施工安全技术规程》（JGJ65）中的规定。

（2）电源线的规格选用应根据平台上全部电器设备总功率计算确定，其长度应大于地面起滑处开始到滑模终止所需的高度再增加 10m。

（3）新的施工用电规范规定：三级配电两级保护即系统总配电和三级箱设漏电保护器。三级箱（直接接工具设备的箱子）要求一机一闸一漏。

（4）操作平台上的照明应满足夜间施工的亮度要求，吊脚手架上及其便携式的照明工具，其电压不应高于 36V。

（5）现代化的滑动模板施工应采用先进的通信联络，应确保信号准确、全场统一、非常清楚，并且不得扰民。

（6）现代化的滑动模板施工应采用电视监控，电视监控应达到能够监视全面、局部和关键部位的要求；向操作平台上供水的水泵和管路，其扬程和供水量必须能满足滑动模板施工高度、施工用水和局部消防用水的需要。

第二节 滑动模板的组装与拆除

滑动模板的明显特点之一，是将模板一次组装好，一直到施工完毕进行拆除，中途一般不再发生变化。因此，要求滑动模板基本构件的组装与拆除工作，一定要认真、细致、准确，严格地按照设计要求及有关操作技术规定进行。否则将给滑动模板的施工带来很多困难，甚至影响工程质量和施工安全。

一、滑动模板的组装

1. 滑动模板组装的准备工作

在进行滑动模板组装之前，做好一切组装的准备工作，是确保组装顺利和准确的基础。根据工程实践经验，滑动模板组装的准备工作主要包括：（1）做好各组装部件编号、操作基准水平、弹出组装控制线等工作；（2）做好墙体、柱子标准垫层及有关的预埋铁件等工作；（3）做好滑动模板安装的其他准备工作。

2. 滑动模板组装的基本顺序

滑动模板的组装应根据施工组织设计的要求进行，在一般情况下应按下列顺序进行组装：

（1）安装提升架。所有提升架的标高应满足操作平台水平度的要求，对带有辐射梁或辐射桁架的操作平台，应同时安装辐射梁或辐射桁架及其环梁。

（2）安装内外围圈，并调整其位置，使其满足模板对倾斜度和对称的要求，以便模板顺利提升。

（3）绑扎竖向钢筋和提升架横梁以下的钢筋，安装埋设预埋件及预留孔洞的模板，对体内工具式支承杆套管的下端进行包扎。

（4）如果结构混凝土浇筑采用"滑框倒模法"施工时，应安装框架式滑模轨道，并调整倾斜度。

（5）安装滑动模板。在安装模板时，应先安装角部的模板，再安装其他的模板，并检查安装质量是否符合设计要求。

（6）安装工作操作平台。在模板全部安装完毕并经检查合格后，即可安装工作操作平台的支架、支撑和平台铺板。安装应做到：位置准确、安全可靠、符合要求。

（7）安装外操作平台。对于设计中有外操作平台的，在操作平台安装后，即可安装外操作平台的支架、铺板和安全栏杆等。

（8）安装其他各系统。即安装液压提升系统，垂直运输系统及水电、通信、信号、精度控制和观测装置，并分别进行编号、检查和试验。

（9）安装支承杆。在液压系统试验合格后，可在千斤顶孔内插入支承杆，并检查它们之间的配合情况。

（10）安装内外吊脚手及安全网。当在地面或横向结构面上组装滑动模板装置时，应等模板滑升至适当高度后，再安装内外吊脚手架并挂上安全网。

3. 滑动模板组装的基本要求

为确保滑模施工的混凝土结构的质量符合设计规定，滑动模板的组装应当符合下列基本要求：

（1）安装好的滑动模板应上口小、下口大，单面倾斜度宜为模板高度的 0.1% ～ 0.3%，对于带坡度的筒壁结构（如烟囱、水塔、筒仓等），其模板的倾斜度应根据结构的坡度情况适当进行调整。

（2）模板上口以下 2/3 模板高度处的净间距应与混凝土结构的设计截面等宽。

（3）圆形连续变截面混凝土结构的收分模板，必须沿圆周对称进行布置，每对的收分方向应相反，收分模板的搭接处不得出现漏浆。

（4）在液压系统组装完毕后，应在插入支承杆前进行试验和检查，并符合下列规定：

对于千斤顶应逐个进行排气，并做到确实排气彻底；整个液压系统在规定的试验油压下持续 5min，不得出现渗油和漏油现象；整体试验的指标（如空载、持压、往复次数、排气、油压等）应调整适宜，记录准确。

（5）液压系统试验合格后方可插入支承杆，支承杆轴线与千斤顶轴线保持一致，其偏斜度的允许偏差为 2/1000。

4. 滑动模板组装的允许偏差

滑动模板组装完毕后，应对其组装情况进行认真检查，以便发现问题立即纠正，并做好组装施工记录。

二、滑动模板的拆除

滑动模板的拆除也是一项非常重要的工作，关系到施工安全、文明施工和工程造价等方面。一般可分为整体分段拆除和高空解体拆除两种方法。无论采取哪种拆除模板的方法，均必须先做到以下几点：

（1）滑动模板装置的拆除，应尽可能避免在高空作业；

（2）在正式拆除之前，应切割全部电源，撤掉一切施工机具；

（3）拆除液压设施，但千斤顶及支承杆应保留；

（4）揭去操作平台铺板，拆除平台梁或桁架；

（5）采取高空解体拆除时，还必须先将外吊架和外桁架拆除。

1. 整体分段拆除法

整体分段拆除法，可以充分利用施工现场的起重机械，做到拆除速度快、操作较安全。但在整体分段拆除前，应做好分段方案设计，主要应考虑以下几个方面：

（1）对施工现场的起重机械，做到既要充分利用起重机械的起吊能力，又要避免出现超载而产生危险。

（2）每一房间墙壁（或梁）的整段两侧模板作为一个单元同时吊运拆除；外墙（或外围轴线梁）模板连同外侧挑梁、挂架也可同时吊运；筒壁结构模板应按均匀分段设计。

（3）外围模板与内墙（或梁）模板之间围圈连接点不能过早松开，应待起重设备挂好吊钩并绷紧钢丝绳后，再及时将连接点松开。如果确实需要先松开时，必须对外围模板进行拉结，防止模板出现向外倾覆。

（4）如果模板的下脚有比较可靠的支承点，内墙（或梁）提升架上的千斤顶可提前拆除，否则需待起重设备挂好设备吊钩并绷紧钢丝绳时，将支承杆割断，再将其起吊、运下。

（5）在模板进行吊运前，应预先系好溜绳，模板落地前要用溜绳引导，使其平稳落地，防止模板系统部件损坏。外围模板有挂架子时，更需要如此；在模板落地解体前，应根据工程具体情况做好拆解方案，明确拆解的顺序，订好临时支撑措施，防止发生模板系统部件出现倾倒事故的情况。

2. 高空解体拆除法

高空解体拆除模板虽然不需要大型吊装设备，但占用工期长，耗用劳动力多，危险性比较大，所以无特别原因和情况尽量不采用这种方法。如果必须采用高空解体拆除法时，必须编制好详细、可行和可靠的施工方案，并在操作层的下方设置卧式安全网防护，高空作业人员系好安全带。

一般情况下，在模板系统解体之前，拆除提升系统及操作平台系统的方法与整体分段拆除法相同，模板系统解体拆除的施工顺序为：拆除外部吊脚手架、安全栏杆—拆除外吊架吊杆及外挑式框架—拆除内固定平台—拆除外墙（柱）模板—拆除外墙（柱）围圈—拆除外墙（柱）提升架—将外墙（柱）千斤顶从支承杆上端抽出—拆除内墙模板—拆除一个轴线段的围圈—拆除相应一个轴线段的提升架—千斤顶从支承杆上端抽出。

在进行提升架拆除时，应当先拆除立柱，后拆除横梁。

高空解体拆除模板必须掌握的原则是：在模板进行拆除的过程中，必须保证模板系统的总体稳定和局部稳定，防止模板系统出现整体或局部倾倒坍落。因此，在制订拆除方案、进行技术交底和具体拆除实施中，务必有专职人员统一组织、统一指挥。

第三节 滑动模板的滑升工艺

滑动模板的滑升是其最主要的施工过程，其他各工序的作业均应安排在限定时间内完成，不能以停止滑升或减缓滑升速度来迁就其他作业。在确定滑升程序或平均滑升速度时，除了应考虑混凝土的出模强度外，还应考虑施工气温条件、结构特点、混凝土强度等级和模板条件等因素。

一、滑动模板的滑升阶段

根据工程实践经验，滑动模板的滑升一般可分为初步滑升阶段、正常滑升阶段和末滑滑升阶段（见表10-3）。

表 10-3　滑动模板的滑升阶段

阶段	内容
初步滑升阶	初步滑升阶段是指工程开始时进行的初次提升阶段，主要是对滑动模板装置和混凝土凝结状态进行检查，也是确定滑升速度的重要环节。初步滑升阶段的基本做法是：混凝土分层浇筑到模板高度的2/3（即 500 ~ 700mm），每层浇筑高度 200 ~ 300mm，分层间隔时间要小于混凝土的初凝时间。当第一层混凝土的强度达到出模强度（0.2MPa 左右）时，可进行试探性提升，即将模板提升 1 ~ 2 个千斤顶行程（30 ~ 60mm），观察并检查各个系统的工作情况。试探性提升一切正常后，每浇筑 200 ~ 300mm 高度的混凝土，再提升 3 ~ 5 个千斤顶工作行程，直至浇筑到距模板上口 50 ~ 100mm 时，对滑模装置和混凝土凝结再进行检查，待确定一切正常后，可转入正常滑升阶段
正常滑升阶段	正常滑升阶段是指经过初步滑升阶段后，绑扎钢筋、浇筑混凝土和提升模板这三个主要工序处于有节奏的循环操作中，混凝土的浇筑高度保持与滑模的提升高度相等，并始终在模板上口约300mm 内操作。在正常滑升阶段，模板滑升速度直接影响混凝土施工质量和工程进度，原则上滑升速度与混凝土凝固相适应，并应根据滑动模板结构的支承情况来确定。当支承杆不发生失稳时，滑升速度可按混凝土出模强度来确定；当支承杆受压可能会发生失稳时，滑升速度一般控制在 150 ~ 300mm/h 范围内

续表

阶段	内容
末滑滑升阶段	当模板滑升至距建筑物顶部设计标高 1m 左右时，滑动模板即进入末滑滑升阶段。末滑滑升阶段又称为完成滑升阶段，这是配合混凝土的最后浇筑阶段，此时模板滑升速度比正常滑升速度稍慢些，并进行准确的高程和尺寸的调整工作，以便使最后一层混凝土能够均匀地全面浇筑，保证顶部标高及位置的正确。当混凝土浇筑至设计标高后，浇筑工作虽然已经完成，但为防止混凝土与模板发生黏结，模板的滑升必须根据施工气候，按照一定的规律照常进行

二、滑动模板的施工工艺

滑动模板的施工工艺，主要包括钢筋绑扎、固定预埋件、安装支承杆、混凝土浇筑和正常液压滑升等施工过程。

1. 钢筋绑扎

在滑动模板的施工过程中，钢筋绑扎应符合下列规定：

（1）每层混凝土浇筑完毕后，在混凝土表面上至少应有一道绑扎好的横向钢筋，以便于上部钢筋绑扎位置、间距正确。

（2）在进行竖向钢筋绑扎时，应在提升架上部设置钢筋定位架，以保证钢筋的位置准确。直径较大的竖向钢筋的接头，一般宜采用气压焊、电渣压力焊、套筒式冷挤压接头、锥螺纹套筒接头等新型钢筋接头。

（3）双层配筋的竖向钢筋，其中肋筋应当成对并立排列，钢筋网片之间应有 A 字形拉结筋或用焊接钢筋骨架进行定位。

（4）在绑扎钢筋时应有保证钢筋保护层的措施，一般可在模板上口设置带钩的圆钢筋对保护层进行控制，其直径按保护层的厚度确定。

（5）凡是带弯钩的钢筋，绑扎时弯钩不得朝向模板，以防止钢筋弯钩卡住模板，或在滑升中将木模板挂伤。

（6）当将支承杆作为结构中的受力钢筋时，其接头处的焊接质量，必须满足有关钢筋焊接施工规范的要求；梁的横向钢筋，可采取边滑升边绑扎的方法。为便于横向钢筋的绑扎，可将箍筋做成上部开口的形式，等将水平钢筋穿入就位后，再将箍筋上口绑扎封闭。也可采用开口式活动横梁提升架，或将提升架集中布置在梁端部，将梁钢筋预制成自承重骨架，直接吊入模板内就位。自承重骨架的起拱值：当梁跨度小于或等于 6m 时，应为跨度的 2‰ ~ 3‰；当梁跨度大于 6m 时，应由计算确定。

2. 固定预埋件

预埋件的固定，一般可采用短钢筋与结构主筋焊接或绑扎等方法连接牢固，但不得突出模板的表面。模板滑升过预埋件后，应立即清除表面的混凝土，使预埋件外露，其位置偏差不得大于 20mm；对于安放位置和垂直度要求较高的预埋件，不应以操作平台上的某点作为控制点，以免因操作平台出现扭转而使预埋件位置偏移。而是应采用线锤吊线或经纬仪定垂线等方法确定预埋件的位置。

3. 安装支承杆

对采用平头对接、榫接或螺纹接头的非工具式支承杆，当千斤顶通过接头部位后，应及时对接头进行焊接加固。

用于筒壁结构施工的非工具式支承杆，当通过千斤顶后，应立即与横向钢筋点焊连接，焊点的间距一般不宜大于 500mm。

当发生支承杆失稳、被千斤顶带起或出现弯曲等情况时，应立即进行加固处理。对于兼作受力钢筋使用的支承杆，加固时应满足支承杆受力的要求，同时还应当满足受力钢筋的要求。当支承杆穿过较高洞口或模板空滑时，应对支承杆进行加固；工具式支承杆，可在滑动模板施工结束后一次拔出，也可在中途停歇时分批拔出。当采用分批拔出时，应按实际荷载确定每批拔出的数量，并且不得超过支承杆总数的 1/4。对于墙板结构，内外墙交接处的支承杆，不宜中途抽拔。

4. 混凝土浇筑

（1）对混凝土配制要求

用于滑动模板施工的混凝土，与普通施工浇筑的混凝土有所不同，必须事先做好混凝土配合比的试配工作，其性能除应满足设计所规定的强度、抗渗性、耐久性等方面的要求外，还应满足下列规定：

混凝土早期强度的增长速度，必须根据施工时的气温和工程实际情况，满足滑动模板滑升速度和出模强度的要求；采用适宜水泥品种，尤其是薄壁结构所用的混凝土，宜选用早期强度较高的硅酸盐水泥和普通硅酸盐水泥；如果在混凝土中掺入外加剂或掺合料时，其品种和掺量必须通过试验确定；当因某种原因改变混凝土的配合比时，也应通过现场滑升试验确定；当采用高强度混凝土时，还应满足流动性、泵送性和可滑性等方面的要求，并应当使入模板后的混凝土凝结速度与模板滑升速度相适应。混凝土配合比设计初步确定后，应先进行模拟试验，再根据情况进行调整；混凝土的初凝时间一般宜控制在 2h 左右，其终凝时间可根据工程对象而定，一般宜控制在 4 ~ 6h。

（2）对混凝土浇筑的要求

用于滑动模板施工的混凝土，在浇筑过程中应符合下列规定：

必须分层均匀环绕模板浇筑，每一浇筑层的混凝土表面应在一个水平面上，并应有计划匀称地交换浇筑方向，以使混凝土保持均匀一致；混凝土分层浇筑的厚度不宜大于 200mm，各层浇筑的间隔时间，不应大于混凝土的初凝时间，即相当于混凝土达 0.35kN/cm 贯入阻力值。当间隔时间超过时，对接槎处应按施工缝的要求进行处理；在高温施工季节，宜先浇筑内墙的混凝土，后再浇筑阳光直射的外墙；先浇筑直线段的墙体，后浇筑墙角和墙垛；先浇筑尺寸较大的墙体，后浇筑薄墙；预留孔洞、门窗口、烟道口、变形缝及通风管道等两侧的混凝土，应当对称均匀进行浇筑。

（3）对混凝土振捣的要求

用于滑动模板施工的混凝土，在振捣的过程中应符合下列规定：

在振捣混凝土时，振捣器不得直接触及支承杆、钢筋和模板，应离开它们一定的距离；振捣器应当插入已振捣密实的混凝土中，以便于上下层混凝土成为一个整体，但插入的深度不得超过 50mm；在滑动模板滑升的过程中，不得进行振捣混凝土作业。

5．正常液压滑升

正常滑升阶段是滑动模板关键的施工过程，不仅对混凝土结构的质量起着决定性的作用，而且对施工速度、施工安全和工程造价也有重要影响。因此，在正常滑升阶段应按以下要求进行施工：

（1）在常温施工条件下，正常的滑升过程中，模板两次提升的时间间隔不应超过 0.5h，以防止出现模板与混凝土黏结。

（2）在提升的过程中，应使所有的千斤顶充分进油、排油。如果出现油压增至正常滑升工作压力的 1.2 倍，还不能使全部千斤顶升起时，应立即停止提升操作，认真检查产生原因，及时进行处理。

（3）在正常的滑升过程中，操作平台应保持基本水平，每滑升 200 ~ 400mm，应对各千斤顶进行一次调平，特殊结构或特殊部位应按施工组织设计的相应要求实施。各千斤顶的相对标高差不得大于 40mm，相邻两个提升架上的千斤顶高差不得大于 20mm。

（4）对于连续变截面结构，每滑升 200mm 的高度，至少要进行一次模板的收分。模板一次的收分量不宜大于 7mm。如果结构的坡度大于 3.3%，应减小每次的提升高度，在设计支承杆的数量时，应适当降低其承载能力。

（5）在正常滑升过程中，应按要求检查和记录结构的垂直度、水平度、扭转及结构截面尺寸等偏差数值，检查及纠偏应符合下列规范：

对连续变截面和整体刚度较小的混凝土结构，如烟囱、电视塔、水塔、单体筒仓、独立柱和小型框架等，每滑升 200 ~ 300mm 高度应检查、记录一次；对连续变截面和整体刚度较大的混凝土结构，每滑升 1000mm 高度至少应检查、记录一次；在纠正混凝土结构垂直度偏差时，应当采用有效措施并缓慢进行，以避免纠正不力和出现硬弯；当采用倾斜操作平台的方法纠正垂直偏差时，操作平台的倾斜度应当控制在 1% 之内，千万不可超过这个倾斜度；对于圆形筒壁结构，任意 3m 高度上的相对扭转值不应大于 30mm，且任意一点全高最大扭转值不应大于 200mm；在正常滑升过程中，应随时检查操作平台结构、支承杆的工作状态及混凝土的凝结状态，如果发现有异常现象，应及时分析原因并采取有效的处理措施；框架结构柱子模板的停歇位置，必须设置在规定地点，一般宜设在梁底以下 100 ~ 300mm 处；在正常滑升过程中，应及时清理黏结在模板上的砂浆和转角模板、收分模板与活动模板之间的夹灰，不得将已硬结的干灰落入模板内，更不得混入新浇筑的混凝土中；在正常滑升的过程中，不得出现油污现象，凡被油污的钢筋和混凝土应当及时处理干净。

第四节　滑动模板施工注意事项

　　滑动模板施工的混凝土结构质量如何，其影响因素非常多，除了与普通模板施工的混凝土结构相同的因素外，根据滑动模板施工的特点，模板的滑升速度、水平度的控制、垂直度的控制和混凝土的脱模与养护等，对混凝土的质量均有较大影响。因此，在滑动模板的施工中还应重视这些方面的质量控制。

一、滑动模板的滑升速度

　　模板滑升的速度快慢，直接关系到工程进度和出模质量。根据工程实践经验，在常温情况下，模板滑升速度可按下列规定确定：

　　（1）当千斤顶的支承杆件没有失稳的可能时，按混凝土的出模强度控制，可按下式进行计算：

$$V = \frac{H - h_0 - a}{t}$$

　　式中 V——模板的滑升速度（m/h）；

　　　　H——模板的高度（m）；

　　　　h_0——每个浇筑层的厚度（m）；

　　　　a——混凝土浇筑后其表面到模板上口的距离，一般取 0.05 ~ 0.10m；

　　　　t——混凝土从浇筑到位至达到出模强度所需的时间（h）。

　　（2）当支承杆件受压时，按支承杆件的稳定条件控制模板的滑升速度，可按下面式子进行计算：

1）对于直径为 25mm 的 I 级钢筋支承杆：

$$V \leq \frac{1.05}{T_1 \cdot \sqrt{KP}} + \frac{0.6}{T_1}$$

式中 V——模板的滑升速度（m/h）；

　　P——单根支承杆承受的荷载（kN）；

　　T——在作业班的平均气温条件下，混凝土强度达到 0.7 ~ 1.0MPa 所需的
　　　　时间（h），由试验确定；

　　K——安全系数，一般取 K=2.0。

2）对于 $\phi 48 \times 3.5$ 的钢管支承杆：

$$V \leq \frac{26.5}{T_2 \cdot \sqrt{KP}} + \frac{0.6}{T_2}$$

式中 T_2——在作业班的平均气温条件下，混凝土强度达到 0.7 ~ 1.0MPa 所需的
时间（h），由试验确定。

（3）模板滑升速度的确定，也应同时考虑工程结构在滑升过程中的整体稳定问
题，应根据工程结构的具体情况，经计算确定。

二、模板水平度的控制

滑动模板的水平度是影响模板能否顺利滑升的主要因素，如果浇筑的混凝土水
平度偏差较大，势必影响模板的垂直度，也肯定影响结构的施工质量。因此，在滑
动模板滑升中，应认真进行水平度的观测，严格进行水平度的控制。

1. 模板水平度的观测

模板水平度的观测，可采用水准仪、自动安平激光测量仪等设备。在模板开始
滑升前，用水准仪对整个操作平台各部位千斤顶的高程进行观测和校正，并在每根
支承杆上以明显的标志（如红漆三角等）画出水平线。

当模板开始滑升后，即以此水平线作为基点，不断按每次提升高度或以每次
50cm 的高程，将水平线上移和继续进行水平度的观测。以后每隔一定的高度（一般
为一个楼层），均应对滑动模板装置的水平度进行观测、检查和调整。

2. 模板水平度的控制

在模板滑升的过程中，整个模板系统能否水平上升，是保证滑动模板施工质量
的关键，也是直接影响建筑物垂直度的一个重要因素。由于千斤顶存在着不同步的
因素，每个行程虽然差距不大，但累计起来很可能使模板系统产生较大高差，如果
不及时和严格加以控制，不仅建筑物的垂直度不能保证，也会使模板结构产生变形，

严重影响工程质量。

目前，在滑动模板滑升的过程中，对于模板水平度的控制，实际上就是对千斤顶上升高差的控制，常用的方法主要有：限位调平器控制法、限位阀控制法、截止阀控制法和激光自动调平控制法等。

（1）限位调平器控制法

在滑动模板滑升中使用的是筒形限位调平器，它是在 GYD 型或 QYD 型液压千斤顶上改制增设的一种机械调平装置。其构造主要由筒形套和限位挡体两部分组成，筒形套的内筒伸入千斤顶内直接与活塞上端接触，外筒与千斤顶缸盖的行程调节帽螺纹连接。

在限位调平器开始工作时，先将限位挡体按照调平要求的标高固定在支承杆上，当限位调平器随千斤顶上升至该标高处时，筒形套被限位挡体正好顶住，并下压千斤顶的活塞，使活塞不能排油复位，该千斤顶即停止爬升，因而起到自动限位的作用。

在模板滑升的过程中，每当千斤顶全部升至限位挡体处一次，模板系统即可自动进行限位调平一次。这种方法简便易行，投资较少，是保证滑动模板提升系统同步工作的有效措施之一。

（2）限位阀控制法

限位阀控制法是在液压千斤顶的进油嘴处增加一个控制供油的顶压截止阀。限位阀体上有两个油嘴，一个连接油路，另一个通过高压胶管与千斤顶的进油嘴连接。

在模板正式滑升前，将限位阀安装在千斤顶上，随千斤顶向上爬升，当限位阀的阀芯被装在支承杆上的挡体顶住时，油路立即中断，千斤顶停止爬升。当所有千斤顶的限位阀都被限位挡体顶住后，模板即可实现自动调平。

限位阀的限位挡体与限位调平器的限位挡体的构造基本相同，安装方法也基本一样。所不同的是：限位阀是通过控制供油而限位调平，而限位调平器是通过控制排油来达到自动调平的目的。

应当注意的是，在正式使用前，必须对限位阀逐个进行耐压试验，不得在12MPa 的油压下出现泄漏或阀芯密封不严等现象。否则，将会使千斤顶失去控制而将限位挡体顶坏。另外，向上移动限位挡体时，应认真逐个检查，不得有遗漏或固定不牢的现象。

（3）截止阀控制法

截止阀控制法是将截止阀安在千斤顶的油嘴与进油路之间。在模板滑升的过程中，通过手动旋紧或打开截止阀来控制向千斤顶供油的油路，其工作原理与限位阀相似。

利用截止阀控制法进行限位调平时，千斤顶的数量不宜过多，否则，不仅用人过多，不易进行控制，而且稍有遗漏就会使千斤顶产生较大高差。因此，如果单纯用截止阀控制法调平模板，一般不宜选用，可以用于更换千斤顶时关闭油路使用。

（4）激光自动调平控制法

激光自动调平控制法，是利用激光平面仪和信号元件，使电磁阀产生动作，用以控制每个千斤顶的油路，使千斤顶达到调平的目的。

图 10-5 是一种比较简单的激光自动控制方法。激光平面仪安装在施工操作平台的适当位置，水准激光束的高度为 2m 左右。每个千斤顶都配备一个光电信号接收装置。光电信号接收装置收到的脉冲信号，通过放大以后，使控制千斤顶进油口处的电磁阀开启或关闭。

激光自动调平控制系统，一般可使千斤顶的高差保持在 10mm 范围内，但应注意防止日光的影响而使其控制失灵。

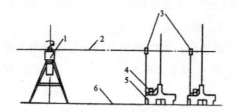

图 10-5 激光平面仪控制千斤顶爬升示意图

三、模板垂直度的控制

滑动模板垂直度的控制，是一项极其重要的质量控制，不仅直接影响建筑物的施工质量，而且直接关系到建筑物的使用安全和寿命。因此，在滑动模板滑升中，更应认真进行垂直度的观测，严格进行垂直度的控制。

1. 模板垂直度的观测

在滑动模板滑升过程中，其垂直度的观测方法很多，常用的有：激光铅直仪观测法、光学经纬仪观测法和导电线锤观测法。

（1）激光铅直仪观测法

激光铅直仪是由经纬仪、氦氖气体激光管和激光电源组成。这种观测方法具有操作方便、节约时间、精度较高等优点。激光铅直仪正对着激光接收靶，它是在硫酸纸上绘出 40cm 直径的环形靶，夹在两块透明玻璃之间，装于滑升平台对正地面的定点，激光束射在其上面，呈现出明亮的红色光斑，以便于进行观测。

激光铅直仪在安装前，应预先校正好光束的垂直度，并将望远镜调好焦距，使光斑的直径达到最小。其架设的方法与普通经纬仪基本相同，测量前应检查水准管中气泡是否居中，垂直球或激光管的阴极是否对准。在接通激光电源后，光束射到平台的激光接收靶上，然后将仪器平转360°，取光斑画的圆的中心即为正确中心。

激光铅直仪在使用过程中，应设置具有良好抗冲击强度的防护罩，以防止高空坠落重物砸毁。防护罩内应设置防潮剂或采用灯泡烘干，以防止仪器受潮而失灵。

（2）光学经纬仪观测法

光学经纬仪主要由望远镜、照准部、安平装置、望远镜弯管目镜组和目标划分板装置五大部分组成。利用光学经纬仪进行垂直度观测，光学经纬仪与激光铅直仪一样，主要有激光导向法和激光导线法。

1）激光导向法

激光导向法可在建筑物外侧的转角处，分别设置固定的测点。在模板正式滑升前，在操作平台对应地面测点的部位，设置激光接收靶。激光接收靶装置主要由毛玻璃、坐标纸及靶筒等组成。接收靶的原点位置与激光经纬仪的垂直光斑重合。施工中，每个结构层至少要观测一次。

激光导向法的具体做法是：在测点水平钢板上安放激光经纬仪，直接与钢板上的十字线所表示的测点对中，仪器调平校正并转动一周，消除仪器本身的误差。然后，以仪器射出的铅直激光束打在接收靶上的光斑中心为基准位置，记录在观测平面图上。与接收靶原点位置相对比，即可得知该点的位移。

2）激光导线法

激光导线法主要用于观测电梯井的垂直偏差情况，同时与外筒大角激光导向观测结果相互验证，并可参考操作平台刚度对内筒垂直度的影响。

激光导线法的具体做法是：在底层事先测设垂直相交的基准导线，用激光经纬仪通过楼板的预留洞。在施工的过程中，随模板滑升将基准导线逐层引测到正在施工的楼层。据此量测电梯井壁的实际位置，与基准位置进行对比，即可得出电梯井的偏扭结果。如果再与外筒观测数据对比，则可检验操作平台的变形情况。

（3）导电线锤观测法

导电线锤是一个质量较大的钢铁圆锥体，其重20kg左右。线锤的尖端有一根导电的铜棒触针。在进行观测时，将线锤用一根直径2.5mm的细钢丝悬挂于吊挂机构上。导电线锤的工作电压为12V或24V。通过线锤尖端的触针与设置在地面上的方位触点相碰，可以从液压控制台上的信号灯光，得知垂直偏差的方向及大于10mm的垂直偏差。

导电线锤的上部为自动放长吊挂装置，主要由吊线卷筒、摩擦盘、吊架等组成。吊线卷筒分为两段，分别缠绕两根钢丝绳，一根为吊线，一根为拉线，可分别绕卷筒转动。为了使线锤不致因重量太大而自由下落，在卷筒一侧设置摩擦盘，并在轴向安设一个弹簧，以增加摩擦阻力。当吊挂装置随着模板提升时，固定在地面上的拉线即可使卷筒转动将吊线同步自动放长。

2. 模板垂直度的控制

对于滑动模板垂直度控制的方法很多，目前在建筑工程中常用的有：平台倾斜控制法、导向纠偏控制法、顶轮纠偏控制法、施加外力控制法、双千斤顶控制法、变位纠偏器纠正法和剪刀撑纠扭法等。

（1）平台倾斜控制法

平台倾斜控制法又称为调整高差控制法，其基本原理是：当建筑物出现向某一侧位移的垂直偏差时，操作平台的同一侧，一般会出现负的水平偏差。据此，可以在建筑物向某一侧倾斜时，将该侧的千斤顶升高，使该侧的操作平台高于其他部位，产生正的水平偏差。然后，将整个操作平台滑升一段高度，其垂直偏差即可得到纠正。

对于千斤顶需要的高差，可预先在支承杆上做出标志，并可通过抄平拉斜线，最好采用限位调平器对千斤顶的高差进行控制。

（2）导向纠偏控制法

当发现操作平台的外墙中部模板较弱的部位产生圆弧状的外胀变形时，可通过限位调平器将整个操作平台调成锅底状的方法进行纠正。调整后，操作平台产生一个向内倾斜的趋势，使原来因构件变形而伸长的模板投影水平距离稍有缩短；同时，由于千斤顶的内外高差，使得外筒的提升架也产生向内倾斜的趋势，从而改变了原有的模板倾斜度，这样，利用模板的导向作用和操作平台自重产生的水平分力促使外胀的模板向内移位。另外，对局部偏移较大的部位，也可采用这种方法来改变模板的倾斜度，使偏移得到纠正和控制。

（3）顶轮纠偏控制法

采用顶轮纠偏是利用已滑出模板下口，并具有一定强度的混凝土作为支点，通过改变顶轮纠偏装置的几何尺寸而产生一个外力，在滑升的过程中逐步顶移模板或操作平台，以达到纠偏的目的。纠偏撑杆可铰接于操作平台桁架上，也可铰接于提升架上。

顶轮纠偏装置主要由撑杆顶轮和拉紧装置等组成。撑杆的一端与操作平台或提升架铰接，另一端安装1个滚轮，并顶在混凝土墙面上。拉紧装置一端挂在操作平台或提升架上，另一端与顶轮撑杆相连接。当提拉顶轮撑杆时，撑杆的水平投影距离加长，使顶轮紧紧顶住混凝土墙面，在混凝土墙面的反力作用下，模板装置（包括操作平台等）向相反方向移位，从而达到纠偏的目的。

（4）施加外力控制法

当建筑物出现扭转偏差时，可沿着扭转的反方向施加一定的外力，使操作平台在滑升过程中，逐渐向正方向扭转，直至达到设计要求为止。

施加外力控制法的具体做法是：采用手扳葫芦或手拉倒链作为施加外力的工具，一端固定在已有一定强度的下一层结构上，另一端与提升架立柱相连。当搬动手扳葫芦或手拉倒链时，相对于混凝土结构的重心，可以得到一个较大的反向力矩，从而使扭转得到纠正。

当采用施加外力控制法纠正扭转时，施加外力的动作不可过猛，一次纠正扭转的幅度不可过大；同时，还要考虑连接手扳葫芦的两端时，应当尽可能使其水平，以便减小竖向分力。

（5）双千斤顶控制法

双千斤顶控制法又称为双千斤顶纠正扭转法，是当建筑物为圆形结构时，可沿着圆周等间距布置4～8对双千斤顶，将两个千斤顶置于槽钢挑梁上，挑梁与提升架的横梁相接，使提升架的荷载由双千斤顶承担。通过调节两个千斤顶的不同提升高度，从而纠正滑动模板出现的扭转。当操作平台和模板产生顺时针扭转时，先将扭转方向一侧的千斤顶提高，然后将全部千斤顶滑升一次，如此重复将模板提升数次，即可达到纠正扭转的目的。

（6）变位纠偏器纠正法

变位纠偏器纠正法是在滑动模板施工中通过变动千斤顶的位置，推动支承杆件产生水平位移，从而达到纠正滑动模板偏差的一种纠扭、纠偏方法。变位纠偏器纠正法实际上是千斤顶与提升架的一种可移动安装方式。当纠正偏差和扭转时，只需要将变位螺丝稍微松开，即可按要求的方向推动千斤顶使支承杆件位移，再将变位螺丝拧紧，通过改变支承杆件的方向，达到纠正偏斜和纠正扭转的目的。

（7）剪刀撑纠扭法

对于圆形筒壁结构滑动模板施工中出现的扭转缺陷，可采用在提升架之间加设剪刀拉撑的方法进行纠正。剪刀拉撑可以采用直径12mm的钢筋制作，每根剪刀拉撑上安装1个紧线器（花篮螺栓）。通过紧线器（花篮螺栓）即可以控制提升架的垂直度，以达到纠正扭转缺陷的目的。剪刀拉撑的撑杆也可改为刚性杆件制作，在交叉处设中间铰点，杆件的下端设置滑道和滑块，在提升架的外侧，通过剪刀撑、支座、滑道、滑块、上轴、下轴等部件，组成立体封闭型的刚性防扭装置，以达到防止扭转的目的。

四、混凝土的脱模与养护

混凝土的脱模与养护，也是滑动模板施工中非常重要的环节。如果脱模时间不当，很可能出现混凝土坍落或脱模困难；如果混凝土养护不良，则会使混凝土达不到要求的强度，甚至使滑动模板施工出现危险。

1. 混凝土的脱模

为了减小滑动模板滑升中的摩阻力，在每次浇筑混凝土之前，必须做好模板的清理和涂刷脱模剂等工作。清理模板时可采用特制的扁铲、钢丝刷等工具分工序进行，即先用扁铲清理掉黏在模板上的混凝土，再用钢丝刷将模板表面彻底清理干净为止。模板清理干净后，在与混凝土的接触面上均匀涂刷脱模剂。

除了涂刷脱模剂外，目前，在滑动模板脱模方面，比较先进的方法是电脱模技术，在一些质量要求较高的滑模施工中成功应用，并取得了良好的技术效果和经济效益。

（1）电脱模技术的原理

电脱模技术是利用电脱模器和置于新浇筑混凝土中的电极与导电模板形成的电场，使混凝土中所含胶体粒子与水在电场的作用下，产生电渗和电解效应，导致在混凝土与金属模板的界面处，形成一层很薄的汽和水混合的润滑隔离层，从而可减少混凝土与模板之间的黏结力和摩阻力，达到非常容易脱模的效果。

（2）电脱模装置的组成

电脱模装置比较简单，主要由电脱模器、电极、导线、电源、导电模板和新浇筑混凝土等组成。电极与钢筋的最小间距应不小于2cm，且应避免与钢筋和模板相碰。电极在混凝土之外的部分，应当设置塑料管进行绝缘防护。

（3）电脱模装置的配置

每平方米模板的电流密度一般为 200 ～ 400mA，在选配电脱模器时，可按每平方米模板 600mA 计算。常用的 DT–Ⅱ型电脱模器的额定最大电流为 40A，当电压为 15V 档位时，可负担模板面积为 66m²。当一个工程同时需要用多台电脱模器时，应采取分区布置的方式，不可交叉同时使用，且尽可能同时进行开关。

电脱模器可在混凝土振捣后通电 1h 左右，通电后在模板与混凝土的界面上会出现微小的气泡或细缝，如果气泡过大时，应将电压立即调小，也可边滑动模板边连续通电。

电脱模器在使用过程中，应当特别注意防雨和防潮，在有雨水的环境中应停止使用。

2. 混凝土的养护

为确保滑动模板施工的混凝土质量，脱模后的混凝土必须及时进行修整和养护。混凝土开始洒水养护的时间，与施工环境温度和湿度有关。在夏季高温气候施工时，脱模后不应超过 12h，洒水的次数也应适当增加。当气温低于 +5℃时，养护时可不洒水，但应用岩棉被等保温材料加以覆盖，并根据具体条件采取适当的冬季施工方法进行养护。

对丁在夏季高温下施工的高大烟囱等筒壁混凝土工程，可采用水浴法进行养护。这样既可使筒壁混凝土降温，又可消除日照不匀而引起的偏差。当气温在30℃以上时，可相隔0.5h断续对筒壁进行喷淋水浴养护。水浴养护的水流应注意排放或回收，以免浸入建筑物地基造成基础沉陷。当采用喷水养护时，水压不宜过大。

近年来，在滑动模板施工的混凝土养护中，采用养护液对脱模混凝土进行薄膜封闭养护，取得了很好的技术和经济效果。目前，在建筑工程中常用的养护液有：石蜡水乳养护液、氯乙烯－偏氯乙烯养护液和硅酸盐类（水玻璃）养护液等。

养护液可采用喷涂、滚涂等方法进行施工。当采用喷涂时，一般应喷涂两层，第一层喷涂时间可在混凝土脱模后1~1.5h，即等混凝土表面开始收水时进行；第二层应在第一层干燥后进行。上下两层应分别按水平、垂直方向交叉喷涂。在正常情况下，养护液的消耗量为200~300g/m。

当采用滚涂时，可用滚筒软毛刷、铁桶等工具，利用滑动模板系统中的吊脚手架对脱模后的混凝土由下而上进行，一般在混凝土脱模1~1.5h即可滚涂。首先绕筒壁水平地滚涂第一遍，待第一遍充分成膜后，再垂直地滚涂第二遍，每层养护液的搭接宽度不少于5cm。

养护液在喷刷时的温度应大于4℃。工程实践充分证明，用养护液养护的混凝土，与洒水养护的混凝土相比，不仅可使混凝土的强度提高10%左右，而且操作非常方便，节省大量人力和水，是一项很有发展前途的施工技术措施。

第五节　特殊滑模施工的处理

除以上所述的普通滑动模板施工工艺外，随着施工技术和工艺的不断发展，涌现出一些新型而特殊的滑动模板施工工艺，如电动升板机滑模施工、滑框倒模施工工艺、逐层空滑楼板并进施工、先滑墙体楼板跟进施工、先滑墙体楼板降模施工等。

一、电动升板机滑模施工

电动升板机滑模即采用电动升板机作为提升装置的滑动模板，这是一种比普通液压滑动模板更先进的滑动模板。目前，在高层建筑工程已开始应用。

1. 电动升板机的主要类型

在电动升板机滑动模板中，常用的电动升板机主要有：自动液压千斤顶提升装置、电动螺旋千斤顶提升装置和电动穿心式提升机提升装置三种。

（1）自动液压千斤顶提升装置

自动液压千斤顶提升装置，主要由千斤顶油塞、液压缸、上横梁、提升螺杆、齿轮螺母、液压电动机、回位弹簧、升高限位器和自转角机等组成。这种提升装置的起重量达 50t，提升速度为 0.56 ~ 0.60m/h。

在启动液压泵后，高压油从操作换向阀出来，其中一路输送给驱动上下齿轮螺母的液压电动机；另一路输入提升液压缸，活塞推动上横梁上升。由于齿轮螺母紧压在上横梁上，使处在油压下的上液压电动机不能驱动上齿轮螺母转动。在楼板随上横梁一起上升的同时，下齿轮螺母开始与下横梁松开，处在油压下的下液压电动机立即驱动下齿轮螺母转动，松开一点就转动一点，使下齿轮螺母紧贴下横梁。

当活塞完成一个冲程后，操作换向阀回油，在回位弹簧作用下，活塞产生下降，上横梁也随之下降，全部荷载作用在下横梁上。当上齿轮螺母与上横梁松开时，上液压电动机立即驱动上齿轮螺母转动，使其与上横梁贴紧，待活塞回到原位后，即可开始下一个循环过程。

（2）电动螺旋千斤顶提升装置

电动螺旋千斤顶提升装置，主要由螺杆、活动上横梁、固定下横梁、蜗轮和蜗杆等组成，以一台 3kW 的电动机驱动，与钢带、吊杆、松紧器、操纵箱等组成提升装置。这种提升装置的起重量为 25t，提升速度为 1.92m/h。

电动螺旋千斤顶提升装置的电动机，通过蜗轮蜗杆减速后带动螺杆旋转。螺杆支承在轴箱上，轴箱固定在上横梁上，当螺杆旋转时，迫使螺母带动上横梁上升，通过松紧器、吊杆、钢带和销子悬吊在上横梁上的楼板随之上升。当螺母上升到螺杆的上端，完成一个提升行程时，可用销子将钢带固定在下横梁上，然后反转螺杆，使螺母带着上横梁下降到螺杆的下端，再用销子将钢带固定在上横梁上，松开连接下横梁和钢带的销子，即可开始下一个行程。

（3）电动穿心式提升机提升装置

电动穿心式提升机提升装置，是以一台 3kW 的电动机带动两台穿心式提升机，采用控制箱集中操纵，螺杆沿着固定于提升架上的螺母旋转上升和下降，并可调整升（降）差的提升装置。一台穿心式提升机的安全负荷为 150kN，提升速度为 1.89m/h。

当提升楼板时，提升机悬挂在位于上部的承重销上，当楼板升过其下面的销子孔洞后，穿入承重销，使螺杆反向旋转，螺杆在提升机的阻止下不能下降，只能迫使提升机组上升，待其上升到螺杆顶部时，又可悬挂在其上面的一个承重销上，如此反复进行，使楼板和提升机组反复交替上升。

2. 滑模装置的关键措施

电动升板机滑动模板的机位，一般应布置在框架柱或纵、横墙体的交汇处，以便可以设置较大管径的支承杆。当采用"体外滑模"时，则可根据荷载均衡要求与稳定支承条件进行设置。

在框架柱或纵、横墙体交汇处的中心安装带有外套管的粗支承杆，作为升板机组上下自由升降的导杆，升降机的吊杆连接滑动模板的平台，带动柱、梁、墙体模板随升板机一起提升。提升时升板机正转，达到规定的提升高度后，装上下承重销，使滑模平台荷载通过花篮螺栓传到承重销上，然后再传给支承杆。升板机卸除荷载，抽出上承重销，升板机再倒转，使其沿着支承杆上升到新的规定高度后，再装上上承重销，取下花篮螺栓和下承重销备用，又可开始另一个提升行程。

滑动模板装置设置是否科学、合适，对于模板的使用性、安全性和经济性均有很大影响。粗支承杆及其上部水平撑、传载挑梁、卸载爬机和模板抗侧移装置，是电动升板机滑模与液压千斤顶滑模的主要区别之处，也是这种滑动模板的几项关键措施。

（1）当柱子的截面尺寸在 300mm × 500mm 以下时，支承杆可以选用 $\phi 114 \times 7$ 的无缝钢管。一般第一节的长度取 3.0m，其余各节均取 1.4m。各节接头的外径与支承杆相同，以便使套管能顺利通过。接头的长为 150mm，中间设有 70mm × 40mm 用于安放承重销的孔，与支承杆采用螺栓连接。支承杆的总长度应比混凝土柱高出 1.8m，以使套管能顺利脱出混凝土面。提升架由槽钢方盘、挂腿和支承杆套管组成，在槽钢方盘上固定套管的两根横梁的内侧，应焊上两个卸载爬机用的吊耳，在其两侧的 4 根横梁上各焊有一个用于和升板机吊杆连接的钥匙孔，挂腿则和作业平台的主次桁架连接。

套管是一根长 1.8m 的 $\phi 133 \times 5$ 的无缝钢管，随提升架一起沿支承杆滑升，在支承杆与混凝土之间形成约 9.5mm 的间隙，以利于将支承杆向外抽拔出来，使支承杆重复使用。为使其滑升时减少阻力和避免拉裂混凝土，套管下部的 1.2m 长度内按 1：600 的坡度切削，使套管底部的外径为 129mm。

（2）传载挑梁由两段 12 号工字钢、$\phi 127 \times 4$ 的竖钢管和加劲钢板焊接而成，以 60m × 30mm 的钢销插入接头孔中，从而锁住挑梁钢管，用于吊挂升板机，并将荷载传给支承杆。卸荷爬机装置为吊耳和花篮螺栓，其具体操作方法是：当提升架上升到离升板机底部约 400mm 时，用两只卸甲将两根直径 25mm 的花篮螺栓和吊耳连接，另一端挂在承重销上，升板机反转，提升机因被花篮螺栓拉住而不能动，反而推着升板机和传载挑梁沿支承杆上升，当达到另一个销孔时，用承重销锁住，拔出下承重销，放下花篮螺栓，即可开始新的提升行程。

（3）采用螺栓连接的支承杆柔性较大，为确保支承杆垂直，可在支承杆上加上长 150mm 直径为 133mm 的钢管，安装在升板机螺杆的顶端，并在各柱间用角钢水平拉杆连接起来，形成支承杆上部的水平支撑，随着螺杆一起上升，这样可以使支承杆基本上保持垂直状态。

（4）由于提升架设置在柱子上，使柱子之间的梁、墙模板抗侧向力的能力较差，可在墙体上每隔1.5m加设一个"开"字架，而在梁上加设4个在吊装梁的钢筋时可打开的临时夹具。当模板滑升到临时夹具的下部时，立即将夹具全部打开，确保滑动模板顺利通过。

二、滑框倒模式模板的施工工艺

1. 滑框倒模式模板的组成和基本原理

（1）滑框倒模式模板施工的提升设备和模板装置与一般滑动模板基本相同，也是由液压控制台、油路、千斤顶、支承杆、操作平台、围圈、提升架和模板等组成。

（2）模板不与围圈直接挂钩，模板与围圈之间增设竖向滑道，滑道固定在围圈的内侧，可随着围圈进行滑升。滑道的作用相当于模板的支撑系统，既能抵抗混凝土的侧向压力，又可约束模板产生位移，并且便于模板的安装和固定。

滑道的间距按模板的材质和厚度决定，一般为300 ~ 400mm；其长度一般为1 ~ 1.5m，可采用内径25 ~ 40mm的钢管制作。

（3）模板在施工时与混凝土之间不产生滑动，而与滑道之间相对滑动，即只滑动框架、不滑动模板。当滑道随着围圈向上滑升时，模板附着于新浇筑混凝土表面留在原来位置，待滑道滑升一层模板高度后，即可拆除最下一层的模板，将模板清理干净后，再倒至上层使用。

模板的高度与混凝土浇筑层厚度相同，一般为500mm左右，可配置3 ~ 4层。模板的宽度，在插放方便的前提下，尽可能宽一些，以减少竖向的接缝。

模板应选用安装简便、质量较轻的复合面层胶合板，或者双层加涂玻璃钢树脂面层的中密度纤维板，这样利于向滑道内插放，也便于拆除和倒模。

2. 滑框倒模式模板的基本特点

滑框倒模式滑动模板施工工艺，是在普通滑动模板施工工艺的基础上发展起来的一种施工方法。这种施工方法具有以下优点和缺点：

（1）由于这种施工工艺的滑升阻力远远小于普通滑升模板工艺的滑升阻力，可相应减少提升设备和滑模装置的自重，可节省1/6的千斤顶和15%的用钢量，从而可节省提升设备的投入，降低工程造价。

（2）滑框倒模式滑动模板在进行滑框时，模板保持原位置不动，从而消除了普通滑模常见的黏结模板和混凝土拉裂现象。

（3）滑升时对混凝土强度的要求比较低，一般情况下只要混凝土的强度大于

0.05MPa，就不会引起混凝土的坍塌。

（4）便于及时清理模板和涂刷隔离剂，可避免对钢筋和混凝土的污染，可有效地消除滑模混凝土的质量通病（如蜂窝麻面、缺棱掉角等）。

（5）施工比较方便可靠，当发生意外情况时，可以在任意部位停止滑升，不需要考虑普通滑模工艺所采取的停止滑升措施，同时有利于梁、板插入施工，并且能够易于保证工程施工质量；采用这种施工工艺进行高层建筑施工时，其楼板等横向结构的施工以及水平度、垂直度的控制，与普通滑动模板基本相同。

但是，由于这种施工工艺操作比较烦琐，所以在施工中劳动量较大，施工速度不如普通滑动模板快，使用受到一定的限制。

三、逐层空滑楼板并进施工

1. 逐层空滑楼板并进施工的注意事项

逐层空滑楼板并进施工法，又称为"逐层封闭施工法"或"滑—浇—施工法"。就是采用滑模施工高层建筑时，当每层墙体滑升至上一层楼板底标高位置，即停止墙体混凝土的浇筑，待混凝土达到脱模强度后，将模板连续向上提升，直至墙体混凝土全部脱模，模板再向上空滑至下口与墙体上皮脱空一段高度为止（脱空高度应根据楼板厚度而定）。然后，将操作平台上的活动铺板吊离开，进行现浇楼板的支模、绑扎钢筋和浇筑混凝土，或者进行预制楼板的吊装等工序，如此逐层进行。

模板在空滑的过程中，提升速度应尽量缓慢、均匀地进行。开始空滑时，由于混凝土的强度比较低，提升的高度不宜过大，使模板与墙体保持一定的间隙，使它们不产生黏结即可。待墙体混凝土达到脱模强度后，方可将模板陆续提升到要求的空滑高度。另外，支承杆的接头，应躲开模板的空滑自由高度。

逐层空滑楼板并进施工工艺的特点，是将模板连续施工改变为分层间断周期性施工。因此，每层墙体混凝土的施工，都可分为初试滑升、正常滑升和完成滑升三个阶段。

当墙体混凝土浇筑完毕后，必须在混凝土未达到初凝时及时进行模板的清理工作。即模板脱空后，应趁模板面上所黏结的混凝土未硬化时，立即用小铁铲、钢丝刷子等工具将模板面清除干净，并涂刷上一道隔离剂。在涂刷隔离剂时，应注意不要污染钢筋，以免影响钢筋的握裹力。

2. 逐层空滑楼板并进施工的具体工艺

逐层空滑楼板并进施工，根据楼板的形成不同，可分为逐层空滑现浇楼板施工法和逐层空滑预制楼板施工法两种。

（1）逐层空滑现浇楼板施工法

逐层空滑现浇楼板施工法，就是施工一层墙体后，进行一层楼板的混凝土浇筑，将墙体施工与现浇楼板逐层连续进行。这种施工方法的具体做法是：当墙板的模板向上空滑一定的高度，待模板下口脱空高度等于或稍大于现浇楼板的厚度后，将活动平台板吊起，进行现浇楼板的模板安装、钢筋绑扎和浇筑混凝土的施工。在采用逐层空滑现浇楼板施工法施工时，应当掌握以下施工要点：

1）模板与墙体脱空范围。这是关系到施工是否顺利和成功的关键，模板与墙体脱空范围，主要取决于楼板和阳台的结构情况。当楼板为单向板、横向墙体承重时，只需将横向墙体的模板脱空，非承重纵向墙体应比横向墙体多浇筑一段高度，一般情况为50cm左右，使纵向墙体的模板不脱空，以保持模板的稳定。

当楼板为双向板时，则全部内外墙体的模板均需要脱空，为确保模板的稳定，可将外墙的外模板适当加长。或者将外墙体的外侧1/2墙体多浇筑一段高度，一般情况为50cm左右，使外墙的施工缝部位成为企口状，以防止模板全部脱空后，产生平移或扭转变形，影响混凝土墙体的质量。

2）现浇楼板模板的施工。逐层空滑楼板并进滑模工艺的现浇楼板施工，是在将活动平台板移开后进行的，与普通逐层施工楼板的工艺基本相同，可以采用传统的支柱法，即楼板采用钢组合模板或木胶合板，模板的下部设置桁架梁，通过钢管或木柱支承于下一层已施工的楼板上，也可以采用早拆模板体系，将模板及桁架梁等部件，分组支承于早拆柱头上。这种施工工艺可使模板的周转速度提高2～3倍，从而可大大减少模板的投入量，相应能降低工程造价。

（2）逐层空滑预制楼板施工法

逐层空滑预制楼板施工法，也是楼板与墙体施工中常见的一种工艺。这种施工方法的具体做法是：当墙体滑升到楼板底部设计标高后，待混凝土达到脱模强度，将墙体模板连续提升，直至墙体混凝土全部脱模，再继续将模板向上空滑一定高度，这段高度应大于预制楼板厚度的一倍左右，然后在模板下口与墙体混凝土之间的空档处插入预制楼板。

逐层空滑预制楼板施工工艺的主要优点是：当施工完毕一层墙体后，即可插入安装一层预制楼板。这样为建筑物立体交叉施工创造了有利条件，加快了整体的施工速度，同时保证了施工期间的墙体结构稳定。但是，每层承重墙体的模板都需要空滑一定高度，在模板空滑之前，必须严格验算每根支承杆的稳定性，相应地增加了工作量。

在进行墙体模板空滑时，为保证模板平台结构的整体稳定，应继续向非承重墙体模板内浇筑一定高度（500mm左右）的混凝土，使非承重墙体的模板不产生脱空。

预制楼板安装如在安装预制楼板时，墙体混凝土的强度一般不应低于2.5MPa。为了加快施工速度，每层墙体最上面一段（300mm左右）的混凝土，可采用掺加早强剂的混凝土或将混凝土强度适当提高；也可采用支柱固定法，即将楼板架设在临时支柱上，使板端不压墙体。

在安装预制楼板之前，必须对墙体的标高进行认真检查，并在每个房间内画出水平标准线，然后在墙体的顶部，铺上配合比为1:1、厚度为5～10mm的水泥砂浆进行找平。采用支柱固定法时，可以不抹水泥砂浆找平层。

在安装预制楼板时，先利用起重设备将操作平台的活动平台揭开，然后顺着房间的进深方向吊入楼板。楼板缓缓下放到模板下口之间的空档时，将预制楼板作90°的转向，然后进行就位。

为确保已浇筑墙体不受损坏，在安装预制楼板时，不得以墙体作为支点撬动楼板，也不得以模板或支承杆作为支点撬动楼板，同时严禁在操作时碰撞支承杆或蹬踩墙体。当发现墙体混凝土有损坏时，必须及时采取加固措施。

预制楼板安装后，模板下口至楼板表面之间的水平缝，一般可采用黑铁皮制成的角铁挡板加以堵塞，用木楔进行固定，当墙体模板滑升后，角铁挡板与模板自行脱离。

四、先滑墙体楼板跟进施工

先滑墙体楼板跟进施工法，是墙体连续滑升至数层高度后，即可自下而上地插入预制楼板或现浇楼板的施工。

1. 现浇楼板的施工工艺

当采用先滑墙体模板现浇楼板跟进施工工艺时，楼板的施工顺序为自下而上的进行。对于现浇楼板的施工，在操作平台上也可以不必设置活动平台板，而由设置在外墙窗口处的受料台，将所需材料吊入房间，再用手推车运至施工地点。

先滑墙体模板现浇楼板跟进施工工艺，质量优劣的关键在于现浇楼板与墙体的连接方式。根据工程实践经验，主要有钢筋混凝土键连接和钢筋销与凹槽连接两种。

（1）钢筋混凝土键连接。当墙体模板滑升至每层楼板标高时，沿墙体间隔一定的间距要预留孔洞，孔洞的尺寸按设计要求确定。在一般情况下，预留孔洞的宽度为200～400mm，孔洞的高度为楼板的厚度，或楼板厚度上下各加50mm，以便于进行操作。相邻孔洞的最小净距离应大于500mm。相邻两间楼板的主筋，可从预留孔洞中穿过，并与楼板的钢筋连成一体，然后同楼板一起浇筑混凝土，孔洞处即构成钢筋混凝土键。

（2）钢筋销与凹槽连接。当墙体模板滑升至每层楼板标高时，沿墙体间隔一定的间距，预埋插筋和设置通长的水平嵌入固定凹槽。待预埋插筋和设置通长的水平嵌入固定凹槽脱模后，将预埋插筋扳直，并修整好凹槽，并与楼板钢筋连成一体，然后再浇筑楼板混凝土。

预埋插筋的直径不宜过大，一般为 8～10mm，否则不易将其扳直。预埋插筋的间距，主要取决于楼板的配筋情况，可按设计要求通过计算确定。钢筋销与凹槽的连接方法，楼板的配筋可均匀分布，其整体性较好。但预埋插筋和凹槽比较麻烦，在扳直插筋时，容易损坏墙体混凝土。因此，一般只用于一侧有楼板的墙体工程。此外，也可在墙体施工时，采用预埋钢板与楼板钢筋焊接的连接方法。

现浇楼板的模板，除可采用支柱定型组合钢模板等常用安装方法外，还可利用在梁、柱子和墙体预留孔洞，或者设置临时牛腿、插销及挂钩，作为桁架支模的支承点，当外墙为开敞式时，也可采用台式模板施工工艺。

2．预制楼板的施工工艺

预制楼板的施工工艺，是当墙体施工至数层后，即可自下而上地隔层插入楼板，进行楼板的安装工作。这种施工工艺的具体做法是：每间操作平台上需要设置活动平台板，在安装楼板时，先将操作平台的活动平台板揭开，由活动平台的洞口吊入预制楼板进行安装。

由于楼板是间隔数层进行安装，其长度一般应小于房间的跨度。因此，在预制楼板安装时，需要设置临时支承。临时支承可采用预留孔洞、设置临时牛腿和支立柱等方法。如预制楼板与墙体作永久牛腿连接时，可不必设置临时支承，直接将预制楼板安装在永久牛腿上。

预制楼板间隔数层安装方法，是目前提倡采用的一种施工工艺。这种安装法的优点是：墙体模板不必空滑，可以边施工墙体边安装预制楼板；但当楼板和墙体不采用永久牛腿支承时，需要设置临时支承，施工工艺比较麻烦，施工进度比较缓慢。

五、先滑墙体楼板降模施工

先滑墙体楼板降模施工，实际上是先滑升墙体、再降模现浇楼板施工方法，也称为悬吊降模施工法，这是针对现浇楼板结构而采用的一种施工工艺。这种施工方法的具体做法是：当墙体连续滑升到顶部或滑升至 8～10 层的高度后，将事先在底层按每个房间组装好的模板，用卷扬机或其他提升机具，把模板提升到要求的高度，再用吊杆悬吊在墙体预留孔洞中，即可进行该层楼板的混凝土浇筑。

当该层楼板混凝土的强度达到规定的拆模强度（＞15MPa）时，可将悬吊的模板降至下一层楼板的位置，进行下一层楼板的施工。此时，悬吊模板的吊杆也根据需要随之接长。这样，当施工完一层楼板后，模板随着下降一层，直至完成全部楼板的施工，将模板降至底层为止。

这种施工工艺要求机械化程度比较高，耗用的钢材和模板量比较少，垂直运输量也有所降低，楼层地面可以一次完成。但在降低模板施工前，墙体连续滑升的高度范围内，建筑物平面无楼板的连接，使墙体结构的刚度比较差，施工周期也比较长，施工中存在的安全问题比较多，不便于室内装修和立体交叉作业。

第十一章　滑模施工机械及系统配套

第一节　滑模摊铺机施工工艺原理与机械构造

滑模摊铺机是将松方控制板、螺旋布料器、振捣棒组、夯实杆、挤压底板、自动传力杆插入装置（DBI）、中央拉杆插入器、振动搓平梁、自动抹平器、边缘拉杆插入器等水泥混凝土路面施工所需要的功能组合在一个可机动行走的履带式机械上，完成一次振捣密实、挤压滑动成形水泥混凝土路面的作业。将这种单纯几何断面的混凝土路面板通过滑动模板技术进行施工，一方面，取消了大量费工、费力和费时的混凝土路面模板架设工作；另一方面，通过取消模板和增加机动性，极大地提高了水泥混凝土路面的施工速度及其路面施工质量，以及水泥混凝土路面的生产效率和施工单位的劳动生产率。

自从滑模摊铺机从 20 世纪 60 年代中期开始应用以来，其巨大的技术经济优势就使其迅速占领了水泥混凝土路面的施工市场。在所有西方发达国家、东亚（日本、韩国）和东南亚的中等发达国家，滑模摊铺技术已经替代了人工加小型机具施工、轨道摊铺机施工等其他水泥混凝土路面施工方式，成为这些国家的水泥混凝土路面主导施工技术。

一、滑模摊铺机施工工艺原理

1. 滑模摊铺机铺筑混凝土路面要解决的基本工艺矛盾

滑模摊铺机的施工工艺原理是围绕着所摊铺水泥混凝土路面要求的密实度、平整度和外观形状展开的，滑模摊铺机上所有的机构设置都是为了使混凝土路面达到高密实度、保证弯拉强度、完成路面所有钢筋配置、光滑规矩的外形尺寸和严格的平整度技术要求。高密实度意味着路面不生产麻面、振捣密实，同时挤压成形的混凝土路面不产生拉裂现象。规矩的外形就是要求路面板边部不塌边不掉角，边角的形状保持为矩形。前者保证了面板中央的密实度和平整度，后者则保证了面板边部的平整度。

实质上，振捣密实与不掉角塌边在对新拌混凝土的施工工艺参数的要求上是矛盾的。振捣密实和新拌混凝土液化、排气和集料稳固过程依赖的是新拌混凝土振动黏度系数，而混凝土脱离振捣后，不塌边则取决于静态坍落度的大小。对配合比确定的混凝土拌和料而言，作者的研究表明：其振动黏度系数与静态坍落度之间，尽管前者是振动状态，后者为静态，但两者之间成反比关系，新拌混凝土振动黏度系数与坍落度的关系（见图 11-1，图中数据的离散性主要由于坍落度的实验误差较大所致）。振捣密实要求新拌混凝土具有尽量小的振动黏度系数，即较大的坍落度；但保持面板边沿不塌边掉角，则要求尽可能小的坍落度值，即较大的振动黏度系数。承认图 11-1 的所示的新拌混凝土实验得到的两个工艺参数的反比关系成立，那么在滑模摊铺水泥混凝土路面施工工艺当中，振捣密实要求较小的振动黏度系数与不塌边要求较小坍落度之间就构成了一对核心工艺矛盾。

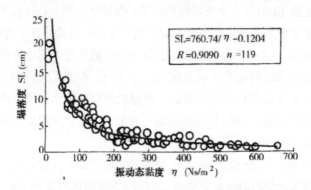

图 11-1　砾石混凝土塌落度与 η（Ns/m²）振动态黏度的关系曲线

既然我们以新拌混凝土流变学原理揭示出这对客观矛盾，它代表新拌滑模混凝土材料的工作特性。滑模摊铺机的作业机构必须满足这个工作性能的要求，必须围绕解决这对基本核心矛盾开展对滑模摊铺机作业机构的正确设计，才能实现摊铺出高内在质量、优良动态平整度的水泥混凝土路面的目的。

在围绕解决滑模摊铺机施工水泥混凝土路面的这对矛盾上，目前国际上主要的滑模摊铺机生产厂商有两种设计思想和做法：

一种以德国 Wirtgen 公司为代表，通过强化振捣，将每个振捣棒的激振力增加一倍，同时配置了振动搓平梁加强振捣和提浆，采用较干硬（2～4cm 坍落度）的新拌混凝土来施工，利用很长的边侧模板，不设置夯实杆和超铺角，也不设挤压底板前仰角，使用挤压底板前部的圆弧保证多进料，维持足够的挤压成形力，它采用了强大激振力和挤压成形力来保证混凝土路面板密实，利用新拌混凝土本身的低坍落度和超长边模板来避免边沿的塌边掉角现象。注意在料很干时，它摊铺出的路面容易出现麻面现象，同时所摊铺出的混凝土路面亦很容易拉裂。但它用挤压底板后的振动搓平梁来进行提浆修复。这种方式能方便地修复由于插入中央拉杆和每条缩缝插入传力杆带来的缺陷。

另一种以美国 CMI 公司为代表，它以保障混凝土路面板的密实度为基本出发点，采用略稀的混凝土混合料（坍落度 3 ~ 5cm），用夯实杆来初步捣实大集料，挤压密实靠底板上设置 3° 左右的前仰角，而这样大的坍落度势必造成所摊铺的路面边沿一定程度的塌边掉角，需要利用滑模摊铺机边部设置的超铺角和边缘内倾角来进行补偿，就是让边部进料多于中部，待路面边沿自动坍落后，其外形是规矩的矩形和直角边。这种方式可以摊铺出如同镜面一样平滑的路面。

国内、国外的施工实践证明，以上两种解决基本工艺矛盾的设计思想都是切实可行的，都能摊铺出高质量的水泥混凝土路面来。但是，它们在实际工程中还是有差别的。从路面施工的观点来看，第一种设计思想对混凝土路面板的质量保证率要高于后一种。很显然，两者所要求的混合料稠度（坍落度或振动黏度系数）是不同的，相差 1 ~ 2cm 坍落度值。在同样的混凝土原材料和同样使用外加剂条件下，前者的单位用水量和水灰比应小于后者，一般情况下，大约相差 10kg 单位用水量，水灰比相差 0.05W/C 左右，如果达到同样的密实度，前者的弯拉强度高于后者 5% 左右；抗压强度高于后者 5% ~ 10%。混凝土路面板的强度保证率高，对提高和保障整个水泥混凝土路面工程的质量是有利的。

另外，我国在不少偏远地方修筑水泥混凝土路面，外加剂的供应较困难。在不使用外加剂时，采用 Wirtgen 设备施工，混凝土混合料的坍落度值接近人工施工时的数值；而采用 CMI 设备施工时，混凝土混合料的坍落度值则要大一些。在有外加剂的情况下，采用上述两种设备施工都能保证混凝土路面板弯拉强度；在没有外加剂的情况下，后者若不加大水泥用量，则较难保证路面所要求的弯拉强度。当然加大水泥用量，保持混合料稠度不变可以减去少量用水量，水灰比可适当降低，弯拉强度有所提高。但还应看到，增大水泥用量除了带来施工成本增加外，混凝土路面的塑性收缩裂缝概率也显著增加，变形性能变差，所摊铺路面开裂断板的可能性增加。

我国滑模摊铺机施工的新拌混凝土由于大多采用国产搅拌楼生产，绝不可能始终保持不变，而是必然有所波动。从新拌混凝土工作性波动后的摊铺效果来看，前一种方式所需要的拌和料较干，稠度波动带来的影响小于后者。后者是不可能在摊铺过程中对不适应的超铺角随时进行调整的，因此，只有在料的工作性恰好与设定的超铺角适宜时，外形才正好是矩形，而料干必然翘角，料稀必定溜肩。两种滑模摊铺机均可铺好路面的前提是拌和料一定能够始终均匀稳定，如果稳定不住，料的稠度均波动 2 ~ 3cm 的情况下，摊铺混凝土路面的尺寸效果，显然前者优于后者。这是通过两种滑模摊铺机同时在一条路上摊铺同样的新拌混凝土时比较得出的。因此，在中国使用国产搅拌楼中拌和料稳定性不高的情况下，要摊铺出优质的混凝土路面，显然是德国 Wirtgen 的滑模摊铺机略具备优势，更适合中国的机械装备和施工条件。

当然，后一种设计思想也不是没有好处的：首先，从滑模摊铺出的混凝土路面的拉裂现象来看，使用略稀的新拌混凝土一般不会产生拉裂，而越干硬的混合料越容易从中间或边缘拉裂；其次，从滑模摊铺机的磨损和使用寿命来看，稠度较大的稀混合料，显然对滑模摊铺机的磨损小。在易磨损部位，如螺旋布料器、振捣棒、挤压底板、侧模板处采用同样的钢材，其使用寿命高于前者。

2. 新拌滑模混凝土的金属黏附与摩擦机理

关于滑模摊铺水泥混凝土路面的拉裂问题的理论研究，请参见《水泥混凝土路面施工与施工机械》中新拌滑模混凝土的工程力学性质的滑模混凝土金属黏附与摩擦机理，它应用莫尔—库仑线性摩擦定律如下：

$$\tau = c + \sigma tg\psi$$

式中：τ——接触面上的切向剪应力，kPa；

c——新拌混凝土黏聚力或称内聚强度，kPa；

σ——接触面上的垂直应力，kPa；

ψ——内摩擦角，度。

该书就混凝土原材料和配合比因素对新拌混凝土剪切流变学性能的影响做了详细的研究，所得影响规律不仅有助于补充滑模摊铺混凝土路面的工作机理（使其更完备），而且对于施工当中防止路面拉裂具有重要的实用价值。这里引用对防止拉裂最重要的几点研究结论：

（1）当滑模新拌混凝土的坍落度在 0 ~ 7cm 范围内变化时，内聚强度在 2.0 ~ 34.6kPa 内变化；内摩擦角变化范围为 37° ~ 60°；最大剪切位移变化范围为 7 ~ 18cm。新拌混凝土本身最大剪切位移的范围有 2.57 倍，可调整的余地很大。

（2）非振实时的金属表面单位切向黏附力在 0.134 ~ 1.00kPa；外摩擦角在 10° ~ 20°；摩擦系数在 0.176 ~ 0.364 之间。金属板置于振实混凝土表面，产生相对滑移时的初始剪切黏附力为 2.287 ~ 2.730kPa；外摩擦角为 27° ~ 30°。这表明混凝土振实后，金属板挤压滑移拉裂的可能性将大大降低。同样条件下，未振捣密实的新拌混凝土更容易被拉裂。

（3）对拉裂最关键的最大剪切位移随下列因素的变化而增大：水灰比增加，砂灰比降低，含气量增大，温度降低。也就是说，水灰比增大，混合料变稀，提高砂率，增加含气量，气温低，有利于防拉裂。

（4）使用外加剂可使内聚强度略有降低和内摩擦角适度增大；使用粉煤灰可使内聚强度显著提高和内摩擦角有所增大。也就是说，掺外加剂特别是掺粉煤灰，有利于滑模混凝土路面防拉裂。

需要指出的是：国外在研制滑模摊铺机时，已经认识到了这个问题，而且在滑模摊铺机的挤压底板上通过采用高光洁度的不锈钢底板就是试图在某种程度上解决这一问题。然而当滑模混凝土工作性不合适，特别是滑模摊铺机挤压底板设置的前仰角过大或施工中起步操作过快时，拉裂现象仍会偶尔出现。由于路面拉裂意味施工断板，所以本章首先从滑模摊铺机工作机构的设计、初始参数设置和机械操作上应严加防范拉裂现象，然后在其他章节中详细讨论从滑模混凝土材料和施工控制防止拉裂问题。

二、滑模摊铺机的基本构造

1. 振捣排气充分密实的机构设置

（1）振捣棒及其振捣参数

滑模摊铺机上使用的振捣棒为超高频振捣棒，其振幅为 0.3mm 左右，振捣频率最大为 11000 ~ 12000 次 /min，并且单个连续可调，一般施工时应在 6000 ~ 10000 次 /min 范围内调整。注意某些滑模摊铺机的振捣棒频率不是单独可调整的，而是整体调整的，如德国 Wirtgen 摊铺机整体可调，不是单根可调。这在摊铺双车道路面时，如果左右卸了两车干稀不同的料，振捣参数的设定就有困难。从振捣密实的角度讲只能按较干的料来设定振捣参数，但料偏稀一侧的路面就可能过振或砂浆分层，所以要求滑模摊铺机振捣棒频率至少应分一半可单独调整。

按照混凝土的振动工艺原理，低频振动对大集料有较大的振实作用，而小粒径的颗粒振实则依赖于高频振动。滑模摊铺机上的超高频振捣棒传递给混凝土中的振捣频率随着其阻尼在混凝土中衰减，其振捣频率在混凝土振动过程中是分布在一个相当宽的频谱范围，因此，它既可以振动激发最细小的水泥颗粒活性，也可以将所有粗、细集料振动沉降稳固到位。

现有的滑模摊铺机配备的振捣棒有两种振动驱动方式：一是液压驱动的振捣棒；二是电驱动的振捣棒。有资料表明，电驱动的振捣棒的振动烈度大于液压驱动振捣棒，可振实更干硬的混凝土，而且可以及时发现振捣棒故障。但美国的滑模摊铺机最初均采用电振捣棒，而后又改为液压振捣棒。美国所有资料都表明，液压振捣棒在全液压驱动的滑模摊铺机制造、操作、能量转换消耗、自动控制系统中振捣、初始振动参数设定等方面比电驱动振捣棒优越得多，因此应坚持采用液压振捣棒。从施工角度讲，无论采用电驱动或液压振捣棒，只要振动烈度足够，振实效果是一样的。

实际上，振捣力的大小与采用何种振动的驱动方式是无关的，按牛顿第二定律，它取决于振动加速度和偏心块的质量：

$$F = m \cdot a$$

在偏心块的质量 m 不变的简谐振动条件下，振捣力或振动烈度决定于振动加速度：

$$a = 4\pi^2 Af^2 \cos(2\pi ft)$$

式中，A 是振幅，f 是振动频率，t 是振动时间。

当振幅一致时，振捣力大小关键取决于振动频率，因为只有频率与振捣力成平方正比关系，振捣力与偏心块质量 m 和加速度 a 成线性正比关系。电驱动振捣棒与液压振捣棒中何者振捣力大，应通过给定上述三个参数的计算求得。

德国 Wirtgen 公式的资料表明，它的电驱动振捣棒的振捣力比美国 CMI 公司的液压驱动振捣棒大一倍，这是通过增大偏心块的质量 w 得到的，但增大偏心块的质量受到振捣棒直径的严格限制，因为这将增大振捣棒的内径或外径，而增大振捣棒的外径，对于混凝土路面板施工来讲，又不大可取，这样会增加振捣棒拉过的砂浆位置出现裂缝的概率。如果只增大内径，对振捣棒耐磨合金的技术要求将会很高，但施工实践证明，德国 Wirtgen 公司的振捣棒的耐磨性和使用寿命与美国的同类产品差不多，这表明他们采取了更尖端的抗磨合金技术。

滑模摊铺机上配备的振捣棒为了减少阻力，适应较薄厚度路面的施工，其外形一般是弯曲的。在正常施工时，其轴线应平行于路面，底部应与挤压底板的前沿对齐。即滑模摊铺机的振捣棒不插入路面，只在面板的表层部位振动。但也不排除特殊情况，当施工机场跑道 35 ~ 50cm 的混凝土厚板时，为了保证振捣密实，也插入厚板中部振捣。实践证明，当振捣棒位置设置不正确时，特别是振捣棒刚刚插入路面表层振动，由于振捣棒是随滑模摊铺机处在不断行进中，振捣棒抽出部位的混凝土混合料中的粗集料不可能填补该空洞，只能由砂浆来充填，砂浆的收缩远大于混凝土的收缩，相差 15 ~ 20 倍。这些部位极有可能形成纵向有规律的塑性收缩裂缝和干缩裂缝，因为出现砂浆干缩裂缝与否与气候条件关系很大，特别是空气湿度和风速。施工中发现有规律的纵向开裂时应立即调整振捣棒位置。根据我国各地的施工经验，在我国北方气候干燥、风速大的春、秋季施工时，为避免路面开裂，应采用贴近表面振捣方式；在南方气候潮湿、风速很小，即蒸发率小的地区，可采用中部振捣方式，但遇到风口施工时，亦应将施工位置调到高位。

滑模摊铺机上振捣棒的位置调整是将所有振捣棒都安装在一根 90° 转轴上，通过轴的旋转来实现的。在摊铺机起步、料位不足时，可旋转使振捣棒插入混凝土；当遇到连续摊铺过胀缝支架位置时，也需要旋高振捣棒位置，使振捣棒越过胀缝板；正常摊铺时，调整到底部水平位置。

振捣棒的平面布置间距一般为 40cm 左右一根连续一排布置，边部的振捣棒距侧模板 10 ～ 15cm。从强化振捣、保证混凝土路面密实度和质量来讲，振捣棒间距不可过大，以防止振捣力不足。应该指出的是，有些进口的滑模摊铺机配备的振捣棒间距超过 1m，购买方有加密要求时需多付资金，这是错误的。因为世界上，没有采用这么宽间距振捣棒施工混凝土路面的滑模摊铺机，理论上讲，各个振捣棒都有一个混合料的振动锥台半径范围，这个振动范围最终可达 40 ～ 50cm，似乎 1m 振捣棒间距也够用，仅缺少振捣区的重叠而已。但是事实并非如此，因为混合料对振捣棒的振动存在较大的阻尼，振动波在混合料中的传播需要相当长的时间才能达到最大范围，而对于连续快速一次摊铺路面的滑模摊铺施工而言，在特定混合料稠度条件下，按照匹配观点（详见第五章），摊铺机的推进速度是一定的，关键是从混合料接触振动到脱离振动的时间范围内，是否能将所有的混凝土都振捣密实。实际上，在混合料受振远未达到最终的最大振动锥台半径时，摊铺机早已行进脱离了该振捣区而进入了前面的振捣范围。

从理论上讲，并不是振捣棒的布置使振动区重叠了多少的问题，而是在摊铺行进过程中，在给定的振捣参数和时间内，计算出的振动半径多大、间距多宽才能满足振捣密实度要求。考虑到随混合料稠度的波动，在较快摊铺速度下也能够振捣密实，施工中还应在计算基础上，给出适当余量。由于滑模摊铺的施工特点是一次完成，只能振捣一遍，而不可能像其他施工那样反复做，实践证明，40 ～ 45cm（边缘不大于 15cm）的振捣棒间距是必要的。即使在这样的条件下，也能发现滑模摊铺混凝土路面的岩芯不及其他施工方式密实的情况，这还与振动仓的尺寸、排气充分与否及摊铺推进速度等操作有关。

（2）振动仓

依据振动黏度理论，在振动仓内的混凝土厚度应合适，一般应保持在高于 10cm 为宜，有振动仓螺旋的摊铺机，则保持在螺旋中心轴位置，不宜过高和过低。料位过低，盖不住振捣棒，长时间空载振动会烧棒；料位过高，则混凝土路面底部的气泡受上部混凝土和砂浆压制，气泡排放行程过大，来不及排放的气泡就被挤压底板压在混凝土路面板内，将使混凝土路面不密实。振动仓内合适的料位高度靠改变松方控制板的高度，控制进料量来调节。德国从大量的施工实践总结出，振动仓内混凝土路面板受到的上部压力与挤压底板施加的挤压力两者在客观上自动维持基本平衡。料位过高和过低，势必带来挤压力大幅度的变化，这将使路面大波长的动态平整度变差。

振动仓的前后间距，经过振动黏度理论计算应不小于1m。有些摊铺机振动仓的尺寸仅能装下振捣棒，没有混凝土振捣密实排气所要求的水平距离，在料位过高或摊铺机行进速度较快时，混凝土内的气泡排放不完全，大量气泡压在混凝土路面板中，将严重影响混凝土路面板的密实度。临近表面的气泡会在通过挤压底板后，压应力释放时隆起鼓包，严重影响路面的摊铺平整度。

还有一些早期引进的滑模摊铺机，没有振动仓，料位失控。严格讲这种滑模摊铺机在没有布料机的情况下是不能单机施工的，其振捣棒的正常施工位置就在挤压底板的下面。振动时受底板压制，没有气泡的排放空间（无法排气），这种摊铺机的工艺设计不满足振动排气密实的施工作业要求，其混凝土路面板从岩芯可见，永远也不可能密实。这样的滑模摊铺机工艺设计是错误的，必须予以纠正，否则无法满足混凝土路面施工的基本技术要求。我国最初引进的GOMACO-2000摊铺机是这种设置，美国在1995年后已经淘汰了这种工艺设计的机型。希望国内的滑模摊铺机制造厂商不再重犯他们这种错误，承包商在购买滑模摊铺机时，显然不能选购这种设置的机械。

为什么滑模摊铺机不仅需要有振动仓，而且要求较长的前后间距？这是因为滑模摊铺无模板支撑，要使路面不塌边，客观上要求新拌混凝土具有较高的振动黏度系数及静态稳定性，即相对较低的坍落度。而较高振动黏度系数和较小坍落度的新拌混凝土从振动液化到气泡基本排放完毕，所需要的气泡排除行程和振捣密实时间就较长，即混凝土混合料越干硬，需要的振动仓前后间距就越大，同时需要适宜、稳定的料位高度。

振动仓间距偏小的滑模摊铺机，为了保证路面混凝土充分排气密实，必然要放慢摊铺速度，应不大于1.5m/min，这样势必大大影响滑模摊铺机的摊铺速度和施工效率。这表明在这种拌和料稠度工况下，这种滑模摊铺机的振动仓尺寸应加倍，才能达到设计上规定的最快摊铺速度的高施工效率，同时保证摊铺出的混凝土路面板是足够密实的。

（3）提浆夯实杆

为了满足混凝土路面表层制作抗滑构造以及挤压出光滑表面的要求，同时也为了夯实混凝土，按照美国滑模摊铺机的设计思想，需要在振动仓内基本振捣密实的混凝土进入挤压底板之前，在挤压底板前方配备一个提浆夯实杆，其夯实频率在0~120次/min范围内可调，底部位置应低于挤压底板0.5~1.0cm。这是因为振动液化后的混凝土是柔软的连续物体，提浆夯实杆前后的粗集料会被其推挤先隆起再升上来。所以，要保证足够的砂浆提浆厚度做抗滑构造和光滑的表面，提浆夯实杆至少应低于挤压底板0.5cm，但是当提浆夯实杆的深度大于1cm时，将增大摊铺机在行进过程中的阻力，因此，保持适宜的提浆夯实杆的位置就很重要，不宜过深也不宜过浅。过深阻力很大，过浅不起作用，不仅没有足够的砂浆表层软做抗滑构造，而且会因粗集料过高，出挤压底板时，会刮破混凝土表面。

提浆夯实杆装置仅适用于较稀的混合料，即在施工坍落度在 3 ~ 5cm 时有较好效果。如果采用 0 ~ 2cm 的坍落度施工时，这种装置因夯实混凝土的阻力很大，经常会别断而失去应起的作用。作者在施工中曾遇到夯实杆被多次别断的情况，前方堆了很多料，此时焊接来不及，于是，干脆将夯实杆卸掉，尽量振捣充分来摊铺，效果也可以。这就表明，夯实杆在摊铺中的作用不是很大，最主要的是要振捣密实，并提浆充分，在新拌混凝土完全振动液化密实的条件下，夯实杆捣下去，粗集料必定会在前后两侧拱上来，其捣实粗集料的作用是有限的。但是，在较干硬的新拌混凝土条件下，保持光滑的表面和足够的砂浆层厚度也是路面使用性能中必不可少的。德国 Wirtgen 公司在挤压底板后部采用振动搓平梁来实现上述施工要求。

（4）振动搓平梁

在德国 Wirtgen 的滑模摊铺机上，当混凝土混合料较干（坍落度较小）的情况下，一方面为了修复表面缺陷、保证光滑的表面和足够的砂浆层厚度做抗滑构造，采用了水平向左右摆动的振动搓平梁来达到提浆和修复表面的目的；另一方面在配置自动传力杆插入装置和后置式中央拉杆插入装置时，由于路面局部已被传力杆、拉杆插入时破坏了，必须配置横向搓平梁，搓起一根砂浆卷，以便拉杆、传力杆插坏的混凝土路面上半部分完全振搓修复好，并将出现缺陷的表面修复到满足平整度要求，同时提出足够厚度的砂浆表层满足软作抗滑构造的要求。横向搓平梁的高低位置应低于挤压底板后缘 1 ~ 2mm，搓平梁的左右摆动幅度 2 ~ 3cm，摆动频率 40 ~ 90次 /min。配置横向搓平梁对改善路面的纵横向平整度是有利的，同时由于混凝土路面被挤压后，通过振动搓平梁，路面高程又一次得到有效压缩，这将有利于防止塑性收缩开裂。但要注意配置该装置，必须同时配备很长的侧向模板做依托，否则会将路面侧壁压垮，当滑模摊铺机配备了加长侧模，将有效地防止路面边缘塌边掉角。

2. 不塌边掉角的机构设置

（1）收料喇叭口

收料喇叭口位于滑模摊铺机的最前方，由于滑模摊铺施工是直接将混凝土倒在基层上的，当自卸车将拌和料倾倒在摊铺位置以外时，通过收料喇叭口挡板，可将拌和料挤进摊铺位置，同时能使边角料位充足。有的滑模摊铺机没有此装置，或有挡板但没有扩大的喇叭口，这就要使用人工或机械将倒在外边的料收回来，此时会给施工带来难度。

（2）布料器

首先，使用布料器进行摊铺机前方横向布料，布料器有如下三种形式（见表11-1）：

表11-1　布料器的形式

种类	内容
连续单根单向螺旋布料器	这种布料装置多采用在摊铺单个车道的小型滑模摊铺机前布料，可将卸偏的混凝土混合料分布均匀，或从一侧分布到另一侧。但操作要很及时，随时正反旋转螺旋，才能达到预期效果
中间断开的单个双向布料器	这种布料装置是半宽布料，由于中间螺旋支座的阻隔，一侧的料较难分布到另一侧。在双车道摊铺时，可在摊铺宽度内同时卸同样吨位的两车料，利用它可将各自半宽范围内的混合料分布均匀
横向刮料板	这种布料装置多采用在连续施工2～3车道（8～12m）摊铺宽度的超大型滑模摊铺机前，布料效果较好，可在边角多布料。在同时摊铺两个车道的滑模摊铺机上，此装置和布料螺旋是可以挑选的。从横向布料效果来看，两种布料方式各有优缺点：横向刮料板的布料效率高，磨损小于螺旋布料器，但容易造成粗集料离析；螺旋布料器可在机前二次搅拌，使混合料更均匀，不易造成离析，布料效率也较高，但磨损较快

（3）松方高度控制板

布料后的混凝土混合料随着摊铺机的行进，通过松方高度控制板进入振动仓。该控制板由操作人员按振动仓内混凝土的料位高度来控制，一般应以新拌混凝土盖过振捣棒10cm左右为宜，在有些摊铺机上有振动仓料位显示标志。作者提出的最佳做法是按振动仓料位通过传感装置来自动控制松方控制板开启高度。此法按目前机械的自动控制技术水平，完全可以做到。人工仅在摊铺机起步和结束时，进行干预，这样才有可能尽量保持振动仓内的料位在摊铺过程中基本恒定，通过松方挡板的高度自动控制达到料位恒定，混合料在振动仓内和挤压底板下部压力维持不变，保证有较高的大波长动态平整度，同时避免误操作对摊铺平整度带来的不良影响。由于要求边角料位充足，有的摊铺机松方控制板在两边缘加工成倾斜角，始终保证边角料位高于中部。

（4）超铺角

在设计采用较稀的混凝土混合料施工滑模混凝土路面时，混凝土在振实、挤压、脱模后，由于有一定的坍落度，当混凝土路面板失去模板支撑时，它一方面会使路面胀宽；另一方面会使两侧高程有所降低，坍落度越大，高程降低得就越多，形成了溜肩现象，严重时会形成塌边倒壁。补偿的办法一是尽可能保持混合料坍落度稳定在很小的范围内；二是在滑模摊铺的两侧设置超铺角，超铺角设置从松方控制板开始，增大两边角混凝土的进料高度，令挤压成形底板两侧底模调整板按稳定的混合料坍落度大小翘起合适的高度。同时将两侧模向内倾斜一定的角度，构成混凝土路面板两边侧适宜的超铺量，待混凝土脱模后，自动坍落成规矩的90°边角，保证路面两侧的横向平整度，以利于连接下一幅摊铺的路面。

当滑模摊铺25cm厚的混凝土路面时，坍落度4cm，应该设置多大的超铺角上翘量值？必须明确，测坍落度时的新拌混凝土高度30cm的圆台体，坍落度是属于自重作用下的自由坍落值。首先，坍落度筒高度30cm坍落度4cm与路面25cm之间换算值为3.3cm，4面自由坍落与一维方向临空坍落（有3个方向牵制坍落）为其1/4，则应至少有0.83cm的坍落量，此时的超铺角上翘量应设为8mm为适宜。当滑模摊铺机施工3～5cm坍落度的混凝土时，经上述估算得出的超铺角上翘量应为6～10mm，平均每1cm坍落度，应设置2mm的超铺角上翘量。如果要保证边角横向平整度不大于3mm，在设定超铺角时，混凝土的坍落度最大变异量应不得大于1.5cm。

这种超铺角的设计有一个基本前提，那就是必须尽可能保持混合料坍落度稳定在一定范围内（坍落度4cm），且波动不大于±0.75cm（甚至更小）。在施工当中，超铺角一般是不能根据混合料稠度的波动随时调整的，必须在事先（也就是在开工前）调整好。这是计量精度不高的搅拌楼供应的混合料经常产生塌边，连接施工的纵缝偏低、积水的重要原因。实践证明：在整个滑模摊铺系统的机械控制水平和精度很高时，设置超铺角才能施工出高质量的路面。经改进的滑模摊铺机如GOMACO-2800可在施工过程中调整超铺角，它有两种超铺角调整方式：一是液压调整；二是螺杆手工调整。对于超铺角可调的摊铺机，在施工过程中，要边摊铺边测量边缘超铺位置，随时进行调整。

德国Wirtgen公司的滑模摊铺机使用较干硬的混合料，不设超铺角，通过配置超长边模板达到稳定边角的目的，并认为可进行0～2cm的坍落度施工。但此时边角的规矩形状却是存在问题的，同时这样低的坍落度有可能造成在路面摊铺时就拉裂，它不拉裂的最佳坍落度为2～3cm。如只用2cm坍落度施工25cm厚的路面，从计算可知，边角坍落值将达到4mm。若不设超铺角，要做到横向工作缝不大于3mm平整度，无疑是有困难的。不设超铺角的滑模摊铺机，在坍落度0～2cm时，只能做到边沿坍落度小于5mm，而不能达到不大于3mm的要求。不设超铺角的最大允许坍落度必须小于1.5cm，即当混合料施工时的坍落度大于1.5cm，必须设置超铺角或使用其他方式进行必要的边角补偿。

（5）超长边模板

德国Wirtgen公司生产的滑模摊铺机上设置了超长边模板，一直延伸到超级抹平板端部。它有如下好处：

①使振动搓平梁有所依托，不至于压垮软混凝土路面，便于修补表面缺陷和插入拉杆、传力杆造成的局部破损，提浆满足软作抗滑构造深度的要求。

②使超级抹平器有依托，并能抹到路面边沿，用抹平板进行边缘坍落的砂浆补偿。它对于稳定路面边沿不塌边、减少边缘的人工修整有积极效果。

但是，使用超长边模板也会给施工小半径弯道路面带来一定的困难，超长边模板必须是分节可随路面弯道偏转的，才能适应小半径弯道的正常施工。没有加长侧模的滑模摊铺机比较适合重山区小半径弯道及回头曲线的施工，最小可施工的弯道半径 R ≥ 50m，而带加长侧模的滑模摊铺机可施工的最小弯道半径 R ≥ 75m。否则使内侧摊铺边缘推拱起来，外侧模板后部脱空，严重者将别坏内侧模板。

3. 保证摊铺平整度的机构设置

（1）挤压成形底板

挤压成形底板的作用是将振实和捣实提浆后的混凝土挤压得更加密实，同时挤压拖抹出混凝土路面的标准断面、光滑的外观和良好的纵横向平整度。其前后宽度不小于 1.5m，左右长度为路面摊铺宽度，路拱、横坡度及超铺角均由挤压成形底板调整后自动生成。

挤压底板对路面的挤压作用通过其前部上倾角度或前端圆弧来造成较多的进料，由机架传递的垂直压力，将混合料挤压密实，外形和光滑度靠摊铺机光滑的底板在行进中拖出。显然，挤压底板的前倾角或圆弧度越大，上托力越大，要求挤压成形的吨位也越大，大型滑模摊铺机大多数的吨位在 30t 以上，在新拌混凝土稠度合适时不会托起整个机架；但某些吨位较小的摊铺机，当前倾角设置较大，混合料偏干时，容易托起整个机械，使摊铺机履带附着力大大降低，严重时使履带脱空（不着地），机械不能行进，发生这种情况将严重影响路面的摊铺平整度。所以较大吨位的滑模摊铺机对完成挤压成形工艺有利。

先进的滑模摊铺机在挤压底板后部设置有 1m 以上的不锈钢底板，使滑出的路面更加光滑，并有释放底板下混凝土表面气泡的作用。一般情况下，挤压底板的前倾角度视混凝土稠度和摊铺机总吨位定为 2° ~ 5°，常设定使用 3° 左右为宜。实际上当发现挤压不充分产生麻面或挤压力过大摊铺机履带附着力过小打滑时，尽管前仰角在施工中不可调整，但 4 个水平传感器中的前两个高度可进行必要的微调，微调的结果可使实际前仰角产生变化。应注意这种调整一定只是微调，调整范围不大于 2 ~ 3mm，否则，整个机架和履带上的活塞支腿在摊铺受力过程中不是水平或垂直的而是倾斜的，弯扭作用力很大，对滑模摊铺机工作寿命有害，一般尽量不要调整。

（2）超级自动抹平板

大型滑模摊铺机一般都应在挤压底板之后配备可调整压力的自动抹平板装置，该抹平板标准长度为 3.66m、宽度为 20cm，其左右抹面位置、压力和抹面速度均可调整。它有利于消除表面上的小气泡及石子拖动带来的小缺陷，并能起到部分提浆作用。该装置对于保障路面具有优良的纵向平整度有较大作用，特别是在施工设备条件较差的情况下，混凝土混合料的稠度有较大波动时，采用超级自动抹平板，对于施工表面的缺陷修复有良好作用。

如果滑模摊铺系统的设备配置齐全，而且控制精度较高，从滑模摊铺机挤压底板出来的混凝土路面表面就很好，也可不使用该装置。这是因为在使用短侧向模板的滑模摊铺机上使用自动抹平板时，由于抹平板部位两侧无法抹到边沿，在接近边沿时，抹平板会从路面上垮下来，这样抹平板总在两侧一定宽度内（≥30cm）表面无法抹平，而且在抹平板回头的部位标高偏低，边部必须用人工修整抹面。这种情况下，抹平板的使用效果不如不用的好，如果采用超长边模板就不会产生这种情况。

施工时要随时注意根据路面纵坡变化调整自动抹平板作用在混凝土路面上的压力，其压力宜小不宜大，压力过大会使平整度变差。滑模摊铺机的前后长度较大，当施工有纵坡的路面时应注意：上坡时，抹平板压力会使摊铺机前仰后压，使抹平板压力自动增大，应减轻压力；下坡时，同样道理，应加大压力。另外，在施工路面弯道时，抹面位置势必要有所偏转，超级自动抹平板的左右抹面位置要随时调整，以适应弯道部位的抹面作业。应注意有些滑模摊铺机供应商提供的滑模摊铺机上的自动抹平板是不能调节压力的，这样的抹平板不能适应施工时抹面压力的变化要求，几乎没有用处。其次是超级抹平板左右行驶的速度也可调整，速度过快或过慢时，抹出路面的平整度均不好。表面较干硬时，抹面速度要慢，反之抹面速度可快一些，这需要试验确定合适的速度。抹平板操作中应注意：一是要注意边缘不得垮下来，二是抹平板的端部不得抹出"W"字形的影响平整度的砂浆棱。

（3）路拱自动生成装置

为了适应摊铺水泥混凝土路面的双向路拱，滑模摊铺机一般都配置路拱自动生成装置。在顺直路段上，以两边线为控制点，路拱的自动形成并不复杂，只要设定规定高度的路拱即可。但是在渐变段和弯道路面上，先由双向坡，在渐变段渐变为有超高的单向坡，过弯道后又从单向坡在渐变段上返回双向路拱。无论是横坡围绕着内边线渐变还是围绕路中线变化，自动路拱控制装置都必须在操作计算机上输入渐变段弯道超高的起终点坐标位置的确切参数。这种输入及弯道施工的操作，要与厂家的工程师一起研究明白。不带计算机操作的滑模摊铺机，弯道施工的操作难度很大，除了必须明确渐变段和弯道上所有几何参数外，还必须清楚应调整路拱旋钮的大小（手动情况下，摊铺机上配备的路拱渐变旋钮是分级逐渐调整的）。在底板下有混凝土顶托的条件下，将需要调整的路拱高度调高或降低到要求值，一般降低要比调高难度更大，要求调整的距离更长。

滑模摊铺机的边模板宽度在施工行进中是固定不变的，即目前国内引进的滑模摊铺机是不可能施工出路面弯道加宽部分的。如果这种加宽必不可少，如要在施工时加宽硬路肩，该部位也可用人工补做。目前国际上最先进的滑模摊铺机可以施工弯道加宽段，但它是将整个滑模摊铺机工作部分分成前后两部分来完成的。作者以为，目前两部分中间的密闭有问题，不能防止别进硬化混凝土或石子，一旦卡死将无法缩回；另外宽度加大后，两截的振捣棒间距亦加大，过宽振捣间距无法保证该部位充分密实。我国目前尚未引进这种可变宽度的滑模摊铺机，应注意这种滑模摊铺机的引进和使用要相当慎重，其实完整底板的整体式滑模摊铺机在原理上更可靠，更具有显著的优势。

（4）侧向边模板

由于在我国一般高等级公路施工条件下，没有基层标高的整断面精整洗刨设备，现行规范不允许板厚不足，但不严格限制面板的超厚现象，所以滑模摊铺出的混凝土路面板超厚现象普遍存在。在摊铺面板超厚情况下，固定死侧模板漏料严重，而一旦漏料，边沿即使在混凝土混合料适宜滑模摊铺情况下，因振捣的混合料从侧模板底部漏掉，也不能避免出现高程不足或塌边现象，以致造成与另一幅路面纵向工作缝连接摊铺的困难。因此，固定死模板不适应在我国现有的施工条件下使用。

我国的施工经验证明：滑模摊铺机的侧向边模板必须是活动升降模板，其活动上下行程为0～45cm。一是在摊铺过程中，侧模板底部位置可根据基层标高随时升降，以防止从侧模板底下漏料；二是可连续摊铺厚度很薄的桥面钢筋混凝土板，有利于实现整个路面和桥面板的连续滑模摊铺。考虑到与下一次摊铺路面的横向工作缝的连接，挤压底板后部的侧模板应设计成可伸缩或张开活动式的，开启后将与路面平行。使滑模摊铺机可倒退到已硬化和胀宽的前次摊铺的路面上，实现不间断的横向工作缝附近混凝土路面的连续摊铺，待路面摊铺出结合部，再缩回侧模板原来的位置。

采取这些措施的总的指导思想是：最大限度地减少人工摊铺的工作量，路面的总体平整度会大大提高。

三、滑模摊铺机必备辅助机构

1. 拉杆插入装置

①中间拉杆插入装置

在大型滑模摊铺机上有中间及侧向拉杆插入装置，以适应摊铺多车道路面纵缝及与后摊铺路面的纵缝连接。中间的拉杆插入装置分前插和后插两种：前插要保证拉杆的准确插入位置，后插应保障拉杆上部混凝土路面的密实度。

前部在螺旋布料器前部或振动仓内自动插入，CMI-350 滑模摊铺机在松方控制板及螺旋布料器之前插入中央拉杆。摊铺机在振动仓内插入拉杆时要求有足够的前后振动仓间距，否则，由于拉杆有 80cm 长，在打拉杆部位安装不了振捣棒，使得中间两个振捣棒距离过大，这个部位必会经常出现不密实的麻面现象，这是不允许的。在这种情况下，摊铺出高质量的路面比较困难。机后在挤压成形底板后自动打入，一种方式是由振动搓平梁抹面修复被插坏的表面；另一种方式是没有振动搓平梁的摊铺机，在插入后，使用 4 个水平振动板来修复破损面，美国 GO-MACO-2800 滑模摊铺机最新增配的修复装置。采用前后拉杆插入装置打进的拉杆的位置精度，后插法要高于前插法，因为前插法不可避免振动带来的扰动和偏移，但经剖开检验，前插法一般也能满足工程对拉杆位置精度的技术要求。

②侧向拉杆插入装置

侧向拉杆插入装置分人工手推入和气泵、油泵自动插入两种。插入位置应在挤压底板中间或略偏后，侧向插入的拉杆形状有 L 形和直杆两种。L 形是按国外的施工规范制定的，长度较短，使用时可采取等强互换的方法缩短拉杆间距使用。

要强调的是：滑模摊铺水泥混凝土路面的侧向拉杆插入必须用插入装置进行。若人工在路面摊铺后再打拉杆，由于混凝土路面板整个是软的，又无模板支撑，边沿必坍落无疑，而内部混合料经振捣已形成粗集料骨架，拉杆端部高程会隆起。路面混凝土硬化到一定程度后，再行插入的拉杆，因砂浆硬化已经不能与很好地混凝土黏结，并具有要求的连接拔出强度，与不插无异。我们经过各种方法试验均表明：人工插入拉杆时，边缘平整度无法过关，且与下幅路面无法实现平整连接。所以，在滑模摊铺混凝土路面时，不允许人工打拉杆，必须配备有依托的可靠的拉杆侧向插入装置。

在两侧均需要插入拉杆，而摊铺机仅配备一侧时，可参照已有的装置，加工另一侧装置用人工快速推入拉杆，实践证明该种方法的使用效果良好。

2. 自动传力杆插入装置（DBI）

自动传力杆插入装置（DBI）主要是为了适应在特重交通条件下，所有缩缝都带传力杆的混凝土路面施工要求，而在 80 年代专门开发设计的专用部件。它是一个与路面同宽、大型的自动摆放、振动插入传力杆的自动机械手，要在滑模摊铺机的挤压成形底板或后插式拉杆装置与振动搓平梁之间安装一节专门装置。

由于我国很少采用所有缩缝均插传力杆的混凝土路面，所以一般不采购该装置。但是，我国在高速公路和国道主干线公路上的交通量很大，重载车辆也很多，滑模摊铺的水泥混凝土路面在很短时间内就出现了错台。例如，1994 年作者在广东施工的 107 国道广花路段，下基层是 25cm 的石灰土，上基层是 30cm 水泥稳定碎石，水泥用量 6%，是抗冲刷较好的基层结构，日交通量 6 万辆，通车仅半年就检查出平均错台 2mm。该路段经广东省交通厅质监站检验：路面工程合格和基层质量优良。

因此，作者曾在有关文献中提出：水泥混凝土路面在日交通量不小于 1 万辆车的重或特重交通高等级公路和国道主干线公路上，应将其水泥混凝土路面设计成所有缩缝都插传力杆的水泥混凝土路面结构型式，以增强路面的整体性和抵抗错台的能力、减小温度湿度翘曲变形，延长路面的使用寿命以及行车舒适性，降低面板对基层抗冲刷性的苛刻要求，这对用滑模机械施工的水泥混凝土路面很容易做到。如果不采用这个方法，在上述基层结构基础上即使加强、加厚基层也难于保证基层不变形、不错台。要说明的是：不少国外的高速公路专家对我国的水泥混凝土高速公路路面结构持有相同观点。所有缩缝均插传力杆的混凝土路面，从路面工程投资来看，大约增大 15 元 /m²，但所带来的工程质量和使用效果却要比普通型水泥混凝土路面优越得多。

全部缩缝均插传力杆的水泥混凝土路面的施工，在国际上有三种做法：

①在滑模摊铺机上配备 DBI 自动机械手备件插入传力杆。

②预先在基层上全部预制架好传力杆支架。在滑模摊铺机摊铺到近前，再安装到位。实践表明：这种方式虽有传力杆设置精度较高的优点，但由于有钢筋焊接台形传力杆支架致使 4 ~ 5 条缩缝（缩缝断开没有问题）才能拉开一条，宽度加倍，要求第一个冬季应对宽缩缝重新填缝。

③人工采用专门机具，在摊铺过后的路面上插入。

第一种方法，在料稠度偏稀时，坍落度大于 5cm 有可能变位；第二种传力杆安装精度较高，一般需要配备可侧向卸料的布（上）料机械，否则影响摊铺速度，而且架立钢筋消耗较多。第三种传力杆的插入精度能够保证，但需要人工修复插入破损面，影响该部位的平整度。在滑模摊铺机上使用 DBI 时，从设置精度来看，摊铺混凝土的坍落度较小时的插入精度高于坍落度较大时，也就是说德国 Wirtgen 的小坍落度施工工艺比美国较大坍落度施工工艺设计更优越一些。据了解，美国的一些州不允许使用 DBI 方式插入传力杆，他们宁愿在基层上预制。这与美国使用的滑模摊铺机要求较大坍落度，传力杆位置精度不足有直接关系。而在德国和欧洲，使用小坍落度摊铺，则传力杆精度有保证，DBI 的使用没有问题，因此被提倡采用。

3. 钢筋（网）导向装置

为了适应特重交通条件下，钢筋混凝土路面的施工，有些欧洲国家的滑模摊铺机同时配备了钢筋网导入设备，同时要求配备侧向上料的布料机：一种是在摊铺机的前部设钢筋网定位支架，随着摊铺机的行进摊铺将钢筋网定位在面板中间；另一种通过每根纵向钢筋的喇叭形导向孔，准确设置纵向钢筋，不设横向钢筋。

在美国，滑模摊铺钢筋混凝土路面的施工采用另外两种方式：一种是先用一台布料机松铺钢筋网底部混凝土，再用钢筋网摆放机设置钢筋网，然后再用一台侧向布料机，松铺上部混凝土，用滑模摊铺机一次振捣成形。另一种是事先在基层上将钢筋网用支架设置并固定好，由一台侧向布料机和滑模摊铺机施工钢筋混凝土路面。

比较以上发达国家施工钢筋混凝土路面的四种方式，在滑模摊铺机上设置钢筋网定位支架的方法是最快速和最经济的施工方法，有必要在我国未来的钢筋混凝土路面滑模施工中探索并采用。

4. 自动网络操作和控制系统

我国购置国外滑模摊铺机时，只购置了方向、调平及操纵自动控制系统，往往不选购其开放的电子计算机网络控制器和数据采集、存储、设置系统，使其微量控制、自动补偿、防止差错的智能化程度受到一定限制。所谓滑模摊铺机是"RobotMachine"，其智能化高新技术主要反映在自动网络操作和控制系统上。譬如，在滑模摊铺当中，若不慎使传感器的感应杆脱掉了拉线，则有此系统时，摊铺机仍按设定状态正常工作；而没有此系统时，若不及时发现，滑模摊铺机施工会出现大面积不合格的路面，处理起来很困难。同时，没有计算机网络系统，摊铺机就不能与厂商和其他用户交换施工经验和备件等信息，无法积累施工经验和实现自学习功能。当然，配备此系统，对操作人员的技术素质要求很高，必须由大专以上的机电工程技术人员来操作滑模摊铺机。在有条件的施工单位，建议配置计算机系统，以提高我国水泥混凝土路面工程质量和工程技术人员的整体技术素质和水平。

第二节　滑模摊铺机械选型与机具配置

一、滑模摊铺机械选型

我国高等级公路水泥混凝土路面机械施工的滑模摊铺机，从摊铺宽度及施工规模上可分为两类：一类是可一次摊铺 2 ～ 3 个车道 7.5 ～ 12.5m 大型滑模摊铺机；另一类是多功能小型滑模摊铺机，一次摊铺混凝土路面宽度 4 ～ 6m，并可同时摊铺路肩及紧急停车带，变换模具后，可摊铺路缘石、边沟、桥栏杆、防撞护栏及中央分割带等。

1. 大型滑模摊铺机

根据我国高等级公路的设计宽度、施工装备和混凝土混合料的供应能力，推荐采用可一次摊铺两个车道的大型滑模摊铺机，这样能较好地解决搅拌供料能力、施工速度和纵缝衔接平整度等问题。大型滑模摊铺机目前国内仅镇江筑路机械厂一家引进美国技术生产，最大摊铺宽度9m。在国家经贸委的支持下，交通部郴州筑路机械厂于"九五"期间正在研制12.5m宽度的大型滑模摊铺机。目前，国内各施工单位使用的大型滑模摊铺机基本依赖进口。按上节所述的工艺原理，大型滑模摊铺机的施工作业，除了应满足上述单机工艺原理和要求外，还应具备如下特点：

①吨位要大，总吨位应在30t以上，以利于增大挤压力和挤压成形效果。

②有两个和四个履带可供选择时，一般选择四履带及较长的两履带的机械，提高机械的施工平稳性、摊铺平整度及增大履带附着力。

③必须配备侧向和中间拉杆插入配件，以满足纵缝拉杆的施工要求。

④应配置自动抹平板装置，以提高路面平整度及外观质量。

从我国近年来进口的摊铺宽度9m左右的大型滑模摊铺机的使用情况来看，使用较好的是德国Wirtgen公司的SP850型；美国CMI公司的SF350型和SF450型；美国GO-MACO公司的GHP2800型等产品。目前选购一台摊铺宽度9m左右的进口高档上述型号的滑模摊铺机，需要60万美元左右。

但也有较便宜的机型，如CURBERMASTER公司的3200SF型低机架两个长履带滑模摊铺机仅30万美元左右（其最大摊铺宽度9m），该机在江苏镇江华通阿伦机械厂有国产化设备。它是在轨道摊铺机基础上改进设计而成，以经济性和满足水泥混凝土路面滑模摊铺的最基本功能为其设计目标。质量较小（仅26t），用一根橡胶环带来消除表面气泡，无法配备自动抹平板，边侧拉杆插入装置设计不合理。在振动仓内插中间拉杆，使振捣棒中央间距过大。该机属于经济型抵挡机械，在高速公路上施工高平整度混凝土路面有一定难度，其动态平整度 δ 可以做到1.5左右，但要做到 $\delta \leqslant 1.2$ 则有困难，这种滑模摊铺机比较适宜摊铺二级以下公路路面工程。

2. 小型（多功能）滑模摊铺机

上述国外大型滑模摊铺机各制造公司都有各自的小型多功能滑模摊铺机，如德国Wirtgen公司的SP500型；美国CMI公司的SF250型小型多功能滑模摊铺机。国内交通部郴州筑路机械厂引进美国POWER-CURRBERS公司的设计与制造技术，已经生产出了小型多功能滑模摊铺机，并在湖南高速公路上使用，证明效能尚好。

小型多功能滑模摊铺机的优势不仅能摊铺路面，还可摊铺路肩、路缘石、护栏、中央分割带等交通工程设施；在刚性和柔性路面上均可用其建造交通工程设施，在配置上应按我国交通工程设施的断面形式配备合适的滑动模具。

美国已从 1995 年开始停止使用钢护栏。他们通过撞车试验研究证明：钢护栏的安全性不及混凝土护栏，混凝土护栏允许车轮驶上护栏；此外混凝土护栏在造价上比钢护栏节省。基于这种认识，美国在大量桥梁和山区险段高速公路上，在已有钢护栏的内侧，用小型滑模摊铺机又加铺了混凝土护栏来提高安全性，该经验值得我国重视。我国不应重复美国已走过的弯路，在我国高速公路建设的起步阶段，就应加强混凝土护栏的研究和小型多功能滑模摊铺机的工程实践，既能节省工程投资，又能提高高速公路的安全性。例如，广西钦防高速公路，将中央分隔带底部用混凝土板封闭，使用多功能小型滑模摊铺机建造中央分隔带混凝土护栏，用一道混凝土护栏代替了两条中央分隔带钢护栏，仅在弯道部分混凝土护栏上加装防眩板，不仅满足了高速公路分割车道的功能，而且极大地节省了工程投资（一道混凝土护栏比一道钢护栏节省 1/3，而一道混凝土护栏代替两道钢护栏，将节省大量工程投资）。但要注意混凝土护栏在我国三北地区，冬季风雪较多的路面，由于阻挡风力，积雪会更厚，使用要慎重。这种情况下，钢护栏下部是空的，不阻隔风雪，因此较为有利。在不下雪仅有降雨的地区，值得推广安全性和经济性俱佳的混凝土护栏。

小型滑模摊铺机的施工方式相当灵活，既可以用 2 个或 4 个履带对称配置中间摊铺施工，又可以用 3～4 个履带将模具悬挂在外侧施工。这样可使滑模摊铺机在桥面上摊铺桥栏杆；在立交桥桥墩边摊铺路面和护栏；在隧道内摊铺路面及缘石，实现了零间隙紧贴障碍物摊铺。这个功能是大型滑模摊铺机必须预留履带行走位置所无法做到的。

在滑模摊铺机的选型中应特别注意滑模摊铺机的工作部件一定要齐全，应配备螺旋或刮板布料器、方高度控制板、振动排气仓、夯实杆或振动搓平梁、自动抹平板、侧向打拉杆及同时摊铺双车道的中部打拉杆装置。需要施工全缩缝带传力杆的水泥混凝土路面时，应配备 DBI 装置。在采购时应选择一定数量的易损配件，特别是振捣棒，一般施工 20km 左右高速公路水泥混凝土路面，整个振捣棒组均会磨坏，需要全部更换。

二、布（上）料机和拉毛养生机的选配

我国在水泥混凝土路面滑模摊铺施工中，绝大多数在摊铺现场仅配置了一台滑模摊铺机，我们称之为轻型机械装备配置，它仅适用于普通素混凝土路面的施工。而在要求施工全部缩缝均插入传力杆的重载高速公路水泥混凝土路面施工时，如果滑模摊铺机未配置 DBI 装置，采用传力杆钢筋支架法连续滑模摊铺时，这不仅会严重影响滑模摊铺速度，而且在机前临时固定传力杆支架，不能有效地保障固定的牢固程度，影响传力杆的设置精度。同时，传力杆支架耗费钢筋较多，增大工程投资，

100km 的高速公路将增加支架钢筋投资上千万元。此外，轻型滑模机械装备配置对施工连续钢筋混凝土路面和钢筋混凝土桥面铺装均很困难，必须增加额外的上料设备，方可进行滑模摊铺施工。

因此，在我国高速公路水泥混凝土路面的滑模施工中，当路面设计上有缩缝传力杆、钢筋混凝土路面和要求连续滑模摊铺桥面时，均应创造条件配备布料机或均化上料机。构成重型滑模机械装备配置来加快施工速度，提高滑模摊铺混凝土路面的质量，增加滑模机械对多种路面桥面施工的适应性。重型滑模机械配置就是在前台配备 3 台施工设备：布料机或均化上料机、滑模摊铺机、拉毛养生机，构成 3 机链式工作状态，依次摊铺推进施工。下面分别阐述布料机的选配、均化上料机的研制和拉毛养生机的选配。

1. 布料机的选配

布料机是施工钢筋混凝土路面和进行特大、大、中桥面铺装在滑模摊铺机前的必备机械设备，它有三项主要功能和机构：

①侧向由运输车辆卸料、接料并输送到待摊铺位置，它由侧向支撑轮、接料斗和横向输送皮带组成。

②横向分布混凝土拌和料，由横向刮料板或螺旋布料机实现。

③松方控制，由松方控制刮板提供。

其实，后两项功能滑模摊铺机本身已经具备，松铺的实际效果是大大减小了滑模摊铺的推进摊铺阻力。作者推荐大型滑模摊铺机本身自带侧向支撑轮、接料斗和横向输送皮带侧向上料机构方式，因为它不仅能满足布料的功能要求，而且将简化机械配备，使施工效率更高。

施工布料中，有几项要求：

①布料宽度不得宽于滑模摊铺机摊铺宽度。

②布料平面位置正对摊铺中线，它通过布料机的方向传感器与滑模摊铺机行走相同的施工拉线而实现。

③布料的松铺高度要适宜，不应在滑模摊铺机前欠料或过多积料。松铺系数随坍落度大小而变化，当坍落度 1 ～ 5cm 时，松铺系数宜控制在 1.08 ～ 1.15 之间；当坍落度 3cm 时，松铺系数大约 1.1。松铺高度的严格控制是通过布料机的水平传感器与滑模摊铺机行走相同的施工拉线实现的。

④布料机与滑模摊铺机的施工距离应控制在 5 ～ 10m 之间，热天日照强、风大，取小值；阴天湿度大、无风，可取大值，这主要是防止铺开的混凝土不被晒干或吹干。

⑤布料机或滑模摊铺机配备的侧向支撑轮和接料斗不应妨碍侧边缘拉线的设置，目前绝大部分的布料机在放下接料斗时，均会碰撞拉线。特别是拉线桩阻碍其

通过，不能使摊铺和布料同时进行，需要调整拉线平面位置和拉线（桩）的高度，才能实现布料和摊铺同时进行。

2. 均化上料机的研制

由于滑模摊铺使用的是 2 ~ 5cm 的低塑性的混凝土拌和料，布料机施工时，要求使用罐车运送混凝土，接料斗的体积不满足大型翻斗车卸料需求；同时，国内出产的罐车在运送低塑性混凝土时，卸料速度太慢，影响滑模摊铺速度。国内绝大多数滑模施工均采用翻斗车运输混凝土，它有一个很大的缺点，就是不能长距离颠簸运输，路况不好，超过 5 ~ 10km 以上，拌和料将分层离析，严重影响滑模摊铺混凝土路面的匀质性和平整度。我们规定最大运输半径不大于 20km 是在路况较好的条件下确定的。实际施工经常不能满足使用翻斗车长距离运输滑模混凝土的要求，即使基层状态较好，车辆通过桥涵和通道时颠簸也很剧烈。也就是说，我们不仅要解决大型翻斗车运输在钢筋网上卸料的问题，而且应同时解决混合料在运输过程中的均化问题。

单独运输混合料均化问题，国外是通过半圆形底部带输送螺旋的特种车辆来解决的，但它却不能解决在钢筋网上混凝土的上料问题，而且要将所有运输车辆全部改造专门运送滑模混凝土，工作量过大，亦不现实。

欲同时解决均化和上料的两个问题，作者提出的建议是研制均化上料机，它应同时满足均化混合料、翻斗车大容量卸料和侧向输送进摊铺位置 4（单车道摊铺）~ 6m（双车道摊铺）的要求。此项研制工作正在进行中，它将满足分车道的高速公路、一级公路的快速滑模施工实用要求。

3. 拉毛养生机的选配

国内在使用滑模摊铺机施工水泥混凝土路面时，绝大多数不配备拉毛养生机，国内在上百台滑模施工设备中仅有大约 5 套是配备了拉毛养生机的。一般情况下，日施工不超过 1000m 路面时，采用几个人工拉毛和喷养生剂也能与滑模摊铺机的施工速度相匹配，但拉毛和喷洒养生剂的质量不及机械施工的好。由于混凝土路面表面耐磨性和宏观抗滑构造的苛刻要求，1999 年以来，国内大多数高速公路水泥混凝土路面均使用硬刻槽技术来施工，硬刻槽时就不需要拉毛养生机。

如果继续使用软拉抗滑构造的方式施工高速公路水泥混凝土路面，在施工规模较大、施工速度要求较快的情况下，配备拉毛养生机具有软拉抗滑构造和喷洒养生剂的匀质性好和速度快的优点。拉毛养生机国内也有仿造国外的产品，但可靠性较低，此时就不得不同时配备机械和人工拉毛养生机具。

拉毛养生机除了要求与滑模摊铺机具有相同位置和宽度、必须跟随滑模摊铺机拉线外，还必须有控制宽度 2m 以上拉毛耙的四个探头，以便在纵、横坡度变化时，或在渐变段扭面上拉毛时，保证抗滑构造均匀深度。拉毛养生机在停机时，横向制作抗滑宏观构造，纵向前进时，自动打开养生剂喷头开关，边前进边喷洒养生剂。有了拉毛机，当保水率合格的养生剂喷洒完毕时，路面摊铺施工就结束了，接下来的是切缝填缝等工序，这样就实现了全面机械化的滑模快速施工。

三、适应滑模摊铺机施工的混凝土搅拌和运输装备

1. 混合料的搅拌设备

适应大型滑模机械化施工的混凝土搅拌设备的基本使用要求是：混凝土原材料称量配料精度高，混凝土搅拌质量优良，计算机自动控制系统完备；搅拌设备的单机容量大，搅拌方式合理；占地面积小，安装搬迁灵活机动性好。

（1）保障混凝土搅拌质量的控制系统

适应滑模摊铺水泥混凝土路面的搅拌设备一般是大型混凝土搅拌楼，对搅拌楼的使用技术要求为：混凝土搅拌质量优良，配料控制精度高而稳定，经其配制出的滑模混凝土应当是精细计量控制的混凝土，而不是一般简单粗放施工的混凝土。

①配料精度和稳定性要求

混凝土搅拌楼的称料和反馈控制精度，在任何情况下应符合《水泥混凝土路面施工规范》的要求，以及间歇搅拌楼和连续楼所拌和的混凝土计量精度的要求。

为了尽可能保持搅拌楼的配料精度，要求搅拌楼具备自动称料、自动检测砂石含水量并反馈调整加水量功能。实践证明，造成混凝土混合料稠度不稳定的关键是加水量，加水量必须实现两级以上控制，才能达到滑模摊铺混凝土路面坍落度稳定在 ±0.75cm 的要求。从现有的搅拌楼加水量控制可知：一级控制，只控制加入水量；两级控制，即加水量和砂石含水量的反馈控制；三级控制，在两级控制基础上，加上搅拌机轴转矩反馈控制或称坍落度的反馈控制。在我国施工水泥混凝土路面砂石料是露天堆放的，砂石料含水量受降雨影响波动很大，如不实现砂石料含水量的反馈控制，拌和物坍落度达不到 ±0.75cm 的要求，也就不能满足滑模施工对混合料配料精度和稳定性要求。对此，《规程》中规定砂石料堆底部必须使用胶凝材料进行压实处置，为了减少降雨的不利影响，至少使用 10d 的砂石料要搭建遮雨（阳）蓬防雨（防晒）。

②搅拌楼自动控制要求

搅拌楼对砂石含水量的检测一般仅检测砂子含水量，测砂含水量应尽量采用非接触式检测仪器。若采用接触式检测仪器，由于集中湿砂对接触探头的包裹，测出的砂含水量是失真的，会成倍高出砂石料真实含水量。这样经反馈得到的加水量必然过小，使混合料难于符合控制精度的要求。

大型混凝土搅拌楼应配备计算机自动称料控制系统，尽量不采用手动方式，手控时料冲量控制不住，各种配料有超过 ±20% 的可能。《规程》中规定，当搅拌楼的计算机自动控制系统发生故障时，不允许手动操作搅拌混凝土，必须修好后再拌和。同时，要求打印当日（每周、旬、月和整个路面）施工所对应桩号混凝土拌和所有配合比数据、用料总量和拌和误差统计值。便于预见所摊铺路面在哪些部位（或路段）可能由于混凝土匀质性不足或混凝土质量偏差过大，从而导致出现早期破损。所有搅拌打印数据和统计结果应该归档备查，在实行整个施工计算机控制管理条件下，应将这些数据及时传输到指挥部计算机控制总机。

满足滑模混凝土砂石料的控制：一是砂石最少要求三个配料仓，石子分两级以上控制级配；二是施工时严格要求不得混料；三是砂石料中的石粉、泥土和土块应控制到不大于 2%。

③搅拌楼卸料的自动控制要求

目前，在滑模混凝土路面的搅拌楼卸料控制上，问题较多的是，经常出现未经加水拌和的干生料卸进了运输车厢，这种料夹在前后拌和好的料中间，显然不能摊铺路面，处理起来又很困难。作者建议应在搅拌楼卸料时，设置差错自动锁闭控制装置根除这种现象，即使没有此装置也不得将夹生料运到现场摊铺混凝土路面。

④搅拌楼应具备外加剂的自动计量控制

滑模摊铺水泥混凝土路面的混凝土要求掺加外加剂，外加剂精度要求很高，如使用引气剂，仅水泥用量的十万分之几，缓凝减水剂仅水泥用量的千分之几。由此，大型混凝土搅拌楼应具备高精度的外加剂自动计量控制系统，以满足新拌混凝土对外加剂高精度控制的要求。在使用高效减水剂的情况下，外加剂用量明显增大，可达到 1% ～ 2%，有的搅拌楼上配备的外加剂计量容器的容量不够，应适当加大。高浓度和高黏度的外加剂溶液应稀释后再用，不得因外加剂上料过慢而影响搅拌速度。

（2）搅拌楼的容量及搅拌方式要求

①搅拌楼的单机容量大

滑模摊铺水泥混凝土路面施工速度快，单位时间需要的混凝土供应量很大，单幅摊铺最少需要 100m³/h 以上的混凝土供应量；双幅一次摊铺时，则需要 200m³/h 以上的混凝土供应量。从施工混凝土质量控制角度，搅拌楼单机容量要求很大，一般要求搅拌楼的单机容量在 100m³/h 以上，最小的单机搅拌容量不小于 75m³/h。如果采用 20 ～ 30m³/h 的小搅拌楼，则需要配备 6 ～ 8 台，成了搅拌楼群，混凝土坍落度等控制的难度很大，有时甚至完全失控。即使勉强能施工，也做不出高质量的滑模混凝土路面。

②水泥罐仓的配备要求

适应快速滑模摊铺水泥混凝土路面的大型混凝土搅拌楼一般应配备 2 个以上，最好是 3 个大型水泥罐仓，能够储存 300t 以上的水泥。一是解决施工时水泥供应不及时的问题；二是预留一个罐，适应掺用粉煤灰等混合材料的要求。

③搅拌楼的拌和方式合理

目前，国内外采用的大型间歇式混凝土搅拌楼，其搅拌方式有：自落式搅拌罐；单立轴、行星多立轴强制式水平搅拌仓；单卧轴、双卧轴强制搅拌方式等。从搅拌的混凝土质量和搅拌生产效率上讲，作者推荐使用双卧轴和行星立轴强制式的混凝土搅拌楼。大型连续式搅拌楼有单卧轴、双卧轴、单级、两级搅拌方式，作者推荐双卧轴两级加长强制搅拌方式。

从概率理论上讲，连续式的混凝土搅拌楼的可靠性远高于间歇式。间歇式搅拌楼上有 30 台以上的电机和同样数量的开关，在搅拌一盘混凝土中，均需起闭一次，假定每个电机及其开关的可靠概率为 0.998，则整个搅拌楼在搅拌一盘中不出故障的概率为 $0.998^{120}=0.786$，每天搅拌上千盘混凝土的可靠性则更低。另外，电机的启闭比正常运转时的电流大，故障率高得多，而连续式搅拌楼开启后不停顿，整机可靠性大大提高，故障率低得多。

但是，工程实践表明，连续式混凝土搅拌楼的动态自动计量精度比较低，虽采用加长或两级搅拌锅也经常不能满足滑模摊铺混凝土路面的质量要求，这个问题的突破虽有较大难度，但应当是可以解决的。其次，我国连续式混凝土搅拌楼使用控制中的最大困难在于粗集料不规矩，超径和针片状含量较多，在控制料门开度的连续供料过程中很容易堵塞料门。这个问题涉及料场的颚式破碎方式，往往不是施工单位能够解决的，除非施工单位能够配备碎石机械，自办料场，采用反击式或锤式破碎机。总而言之，在连续式搅拌楼的混凝土搅拌质量不过关的情况下，我们目前只能推荐采用间歇式混凝土搅拌楼。连续式搅拌楼在施工过程中反映出的另一个缺点是在搅拌楼停开机或发生故障时，搅拌出了大量不合格的混凝土必须丢弃，弃料较多也是连续式搅拌楼的一大问题。

对于间歇式大型混凝土搅拌楼，我国搅拌楼技术条件规定不采用自落式搅拌罐方式，特别是担心当混凝土黏聚性较大时，因黏罐而搅拌不均匀。其实，这个问题值得研究，西方国家的大部分路面混凝土都采用了这种搅拌方式生产，显然其质量能够满足路面滑模施工要求。其单罐容量可以很大，达到 6 ~ 10m³，其搅拌一罐的时间虽长，但一次出量大，可装满一车，需要研究高黏聚性混凝土在超大容量情况下的黏罐性能。而且，国内也有中美合资生产（原上海建筑机械厂）的大型搅拌楼在滑模混凝土路面上使用，效果尚可。我国推荐采用强制式双卧轴搅拌方式，其实多立轴行星搅拌方式不亚于双卧轴。因此，推荐采用这两种混凝土强制搅拌方式。

（3）搅拌楼体积及布置要求

我国人口密度大、村镇多、农田多，往往选择一个面积为50亩以上的混凝土搅拌站难度较大，有时不得不开山造地，或填湖造地来满足大面积占地需要。这就要求混凝土搅拌楼单机体积小，占地面积少，出料量大，供应强度大，并且平面布置紧凑合理，既要供料方便，又要车辆进出流畅，不堵塞。这方面连续式搅拌楼在同样搅拌能力时，占地更小些，平面布置也更紧凑。我国使用的大部分搅拌楼的环保密封设施较差，在布置搅拌楼时，要考虑最多几风向，尽可能在上风头。搅拌楼布置时，还要考虑：尽可能在施工路段的中间位置；卸料部位应使用混凝土路面；应设置清洗污水排放管沟、沉淀池或回收设备。

（4）搅拌楼易搬迁机动性好

滑模混凝土路面的施工是随着路面快速延伸并推进的，一般经济合理的混凝土运输半径不大于20km。如果施工上百公里的水泥混凝土路面，势必造成多次搅拌楼搬迁，而建设一个大型固定混凝土搅拌站往往需要上百万元投资，花费2～3个月的时间。固定式搅拌楼在投资和工期上都很不利于大规模公路工程的施工需要。这种客观现实要求公路混凝土路面滑模摊铺的搅拌楼最好是各大部件分节移动式的，能够快速搬迁的拖车形式，这样能使建站、搬迁费用小，节省时间，提高搬迁工效，满足工期的紧迫要求。

2. 混凝土运输车辆

（1）适宜运输滑模混凝土的车型

自卸车后挡板关闭紧密，不变形，运输时不漏浆撒料，自卸车卸料时的抬升角度要大于45°。车箱板应平整光滑，便于卸料，现有罐车必须经过改进，方可适宜运输半塑性混凝土。侧翻多斗车、半圆车斗螺旋或皮带卸料车，均为超大型专用滑模混凝土特种运输车辆。

为了适应滑模摊铺水泥混凝土路面快速施工的要求，其混凝土运输车辆一般要求主要采用大型翻斗车，一车8m³（20t）以上的大型车辆来运送混凝土。实践证明：国产5t翻斗车翻起角度小，车辆卸车时间长，黏车严重，妨碍施工进度。

目前，我国使用的最大混凝土运输车辆是进口的分体3罐式侧翻超大型车辆，每车运送24m³（60t）混凝土，可大大提高运送效率，加快滑模摊铺推进速度。在配备侧向布料机情况下，往往需要配备控制卸料速度的专门运输车辆。

在施工缝接头、钢筋混凝土路面、胀缝部位时，采用混凝土罐车，抵进卸料效果较好，但是混凝土罐车在混合料黏聚性较大，坍落度较小（≤5cm）时，装车和卸料都较困难，装车时进罐缓慢，卸车时卸料速度过慢，影响滑模摊铺施工推进速度。

几个省份的施工证明：滑模混凝土的运输应以翻斗车为主，但同时应配备适量的罐车进行辅助运输。

2. 运输混凝土车辆的技术要求

无论采用何种混凝土运输车辆，都要求车况好，不在运输途中出现故障。因为新拌混凝土在运输途中，依据当时的气温条件，有一个在车厢内最长运输时间的限制，最长是 2.5h，超过这个时间限制还不能卸车，就有可能硬化在车厢或罐车内，需要紧急进行处理，若无法处理，要更换车厢和车罐，这会造成不应有的损失。

所有混凝土运输车辆的车厢都应平整光滑，在卸料时，靠重力可顺畅滑下，黏车少。要求车厢严格密封，不得在运输途中漏料，若漏料一是损失混凝土量；二是污染基层或已摊铺好的路面。在经过城镇道路运送混凝土时，不得污染街道和公路。

第三节　滑模摊铺机械系统配套

一、滑模摊铺需要的机械种类和配套方式

滑模摊铺水泥混凝土路面的主要设备有滑模摊铺机、混凝土搅拌楼、混凝土运输车辆、布料机、拉毛养生机、锯缝机、灌缝机、发电机、水车等，甚至一整套人工摊铺水泥混凝土路面的施工机具。在施工时，滑模摊铺机械设备必须根据施工工艺的要求配套成为一个完备、高效的系统，才能发挥出大型机械摊铺质量高、速度快、生产效率高的优势来。

在我国有两种滑模摊铺机械系统的配置方式。一种是投资较少的轻型机械配置方式，主要工作由机械来完成，辅助工作由人工和小型机具来完成，摊铺现场配置大型滑模摊铺机和出料足够的大型混凝土搅拌楼，并租用社会车辆运送混凝土，由推土机或挖掘机布料，不配置布料机和拉毛养生机，拉毛、锯缝和养生由人工完成。我国（除广东省外）的滑模摊铺水泥混凝土路面施工均采用这种形式。实践证明，这样的机械配置也能施工出质量很好的水泥混凝土路面来。相对链式机械配置方式而言，其施工速度较慢，平均日施工 8.5m 的混凝土路面速度在 500m 左右；当系统正常，施工顺利时，最快能达到 800m。

另外一种是重型链式机械配置方式，在大型滑模摊铺机前后配置布料机和拉毛养生机，并配置大型支架式多锯片锯缝机。后台配置足够的大型混凝土搅拌楼，大型水泥储仓、拆包和水泥入罐设备，同时配备 20t 大型和 60t 超大型混凝土运输车辆，一车运送 8 ~ 24m³ 混凝土，实现施工的全部机械化和快速化，包括桥面的滑模摊铺，

全部采用机械来完成。这样重型机械的配置系统，机械设备投资较大，但它不仅可以完成全部路面摊铺和桥面铺装，而且可以进行钢筋混凝土路面的施工。其施工速度很快，按广东省的经验，日平均滑模摊铺 8.5m 宽的混凝土路面 600m，即 5000m^2 以上，最快日施工进度超过 1000m，施工路面 8500m^2。

在决定滑模摊铺水泥混凝土路面施工装备采用上述哪种配置时，主要取决于路面里程（即施工规模）、施工工期要求的紧迫程度以及设备的投资量等。我们通过滑模摊铺与人工小型机具施工的水泥混凝土路面经济分析已经证明：滑模摊铺水泥混凝土路面的最小经济合理的规模是 10km 以上高等级公路，否则是不经济的。一般轻型机械配备方案，一个月可保证完成 5km 高等级公路路面施工（8.5m 宽路面摊铺两次），半年可完成 30km。重型链式机械配置一个月基本能完成 10km 高等级公路水泥混凝土路面的施工任务，半年能完成 60km 左右。100km 以内规模，工期不超过一年，一套重型机械装备就能满足，轻型机械配备，则需要两套。

二、滑模摊铺系统内部的机械配套

滑模摊铺水泥混凝土路面机械选型配套的原则应贯彻技术先进、安全可靠、经济合理、立足国内的指导思想。选择大型或小型滑模摊铺机由施工规模和工期、摊铺机的一次摊铺宽度确定。路面摊铺宽度和摊铺次数一般由路面设计宽度和行车道宽度综合确定，摊铺厚度由路面设计决定。

1. 搅拌楼生产容量配套

一套滑模摊铺系统的摊铺机由生产规模和工期等要求确定后，内部配套的搅拌站的生产能力由下式计算确定：

$$M=60\,C\,B\,h\,v$$

式中：M——搅拌站生产能力，m^3/h；

B——一次摊铺宽度，m；

h——路面厚度，m；

v——拟采用的摊铺速度，m/min（最低 1m/min；最大不超过 3m/min）；

C——混凝土供应系数，1.2 ~ 1.5（采用国产机械取大值；进口机械取小值）。

根据此式计算出的混凝土供应量，应结合单个搅拌楼的容量和台数，预留备用容量。一般经验是：滑模摊铺系统的搅拌楼不宜过多，但也不宜只用一台，一般取 2 ~ 3 台 100m^3/h 搅拌楼为宜。摊铺 4.5m 单车道路面应配置 2 台，施工时最多供应 200m^3/h；最少供应 100m^3/h 混凝土。摊铺 8.5m 的路面时，应配置 3 台，理论配置 300m^3/h，最不利条件下也应有 200m^3/h 供应。我国在重型机械配置中，已经配备到每小时 500m³ 混凝土理论拌和量。

2. 运输车辆数量计算

运送新拌混凝土的车辆应选配搅拌运输车或载重能力较大的自卸车，根据搅拌楼的生产能力、施工车辆的速度、运量及运距，按下式估算汽车的数目 N：

$$N=2n（1+Sr_cm/u_qg_q）$$

式中：N——汽车数目，辆；

　　　n——相同生产能力搅拌楼台数（不同生产能力搅拌楼计算，然后合计）；

　　　S——单程运输距离，km；

　　　r_c——新拌混凝土容重，t/m³；

　　　m——一台搅拌楼一小时生产能力，m³/h；

　　　v_q——车辆的平均运输速度，km/h；

　　　g_q——汽车载重能力，t/辆。

如果汽车载重能力不同，先按小吨位计算，再折合成大吨位的汽车数目。

上式为编制者按照简单链式运输数学模型的时间方程，经简化得出，推导如下：

$$t=t_1+t_2+t_3+t_4$$

即第一辆车装运、卸车返回到搅拌楼下，最后一辆车正好装完料出发。t_1 为装车时间 t_2 为重车运输时间，t_3 为卸车时间，t_4 为返回时间，令 $t_1=t_2$，$t_2=t_4$，推导前提是：搅拌楼一台，所有汽车载质量相同。

链式运输的数学模型是一个相当简化的计算公式，如果车辆载质量不同，先按小吨位计算，再折合为大吨位车辆数量。当搅拌站同时有几台容量不同的搅拌楼，则应用相同容量的搅拌楼单独计算，再求总和。

运输车辆的计算也可按概率论中的排队论模型推导计算运输公式。一般有现成的计算公式可以参考使用，但因其计算过于复杂，普通工程技术人员难于理解和掌握，本书未列出。有兴趣的读者可参阅其他书籍，有关运输车辆的计算，沥青路面机械摊铺和水泥混凝土路面滑模摊铺是完全相同的。

三、滑模摊铺系统外部的机械配套

1. 搅拌站外部设备配套

（1）电力供应设备。供应搅拌站或施工生活区用电的发电机（或变电站）、配电站以及电力输送线路，其容量必须同时满足所有的搅拌楼、照明及生活用电的需求。

（2）供水设备。搅拌站的搅拌、搅拌楼和车辆清洗均需要使用大量水，附近没有可靠供给的水源时，需要打井，并应建造 200m³ 以上的供水池。任何情况下，均需要满足供给容量的水泵和管线，同时需要处理好清洗污水的排放。

（3）原材料运输车辆及过磅。搅拌站砂石料的储备和供应，需要组织社会运输车辆，散装水泥和粉煤灰的施工当中及时运输，需要良好的组织。为了保证施工效益，所有原材料进场均必须通过质量检验和过磅称量，需要建立一个磅站；同时需要若干装载机或推土机进行砂石料的上料和堆运。

（4）实验和路面质量检测设备。滑模摊铺水泥混凝土路面的施工，需要完备的实验和路面质量检测设备。建立水泥和混凝土标准实验室和标准养护间，配备的设备应能够满足《规程》所要求的原材料和混凝土检验项目和批量。路面质量检验设备有 3m 直尺平整度、抗滑构造深度、钻芯取样机等设备。

（5）钢筋结构加工设备。水泥混凝土路面滑模摊铺时，需要加工胀缝或缩缝传力杆支架、桥面涵洞补强钢筋网或路面钢筋网。采用所有缩缝加传力杆路面时，有大量的传力杆钢筋或传力杆支架需要及时加工，因此需要配备钢筋折弯和切断设备、钢筋矫正或冷拉设备、电焊机等设备。

（6）无线通信设备。快速滑模摊铺时前后场的无线通信设备必不可少，便于快速的施工组织和生产调度。

（7）搅拌楼计算机与施工局部连网设备。搅拌楼计算机与施工局部网络设备是实现施工管理现代化和快速化不可缺少的设备。

2. 滑模摊铺现场外部设备配套

（1）人工施工接头和修整边缘及表面的成套机具：振捣棒、平板振动器、端头模板、发电机、电焊机，以及适当数量的手工具等。

（2）胀缝和缩缝钢筋支架现场安装所需要的电钻、手工具等，桥涵钢筋网的焊接设备及钢筋绑扎工具等。

（3）没有布料机时，连续铺装中小桥涵的辅助布料设备等。

（4）测设拉线的测量工具和拉线安装设备与工具等。

（5）基层和滑模摊铺机供水和洒水车、基层清扫工具等。

（6）运输钢筋支架结构的车辆、滑模摊铺机加油车等。

（7）人工拉毛工具和板凳（有拉毛养生机也要配备）。

（8）硬刻槽机和缩缝、纵缝切缝机若干。

（9）养生剂的现场储存和运输器皿和车辆，养生剂人工喷洒泵和喷枪；施工现场的保护和覆盖养生麻袋或塑料薄膜等。

第十二章 滑模混凝土原材料及技术要求

第一节 胶凝材料

胶凝材料能产生水化反应从而使混凝土结构获得整体强度，是混凝土中最重要的化学物质。在目前的滑模施工技术中，主要使用的胶凝材料有：水泥、粉煤灰、外加剂和水。

一、水泥

路面混凝土用水泥，其质量直接影响混凝土路面抗折强度、疲劳强度、体积稳定性和耐久性等关键物理力学性质，必须引起高度重视。

1. 水泥的品种、强度与标号

高速公路、一级公路水泥混凝土路面所用的水泥应采用抗折强度高、收缩小、耐磨性强、抗冻性好的①道路硅酸盐水泥、②硅酸盐水泥、③普通硅酸盐水泥；中等以下交通量的路面，也可采用矿渣硅酸盐水泥。

高速公路、一级公路混凝土路面用各种水泥推荐采用回转窑生产的质量稳定、性能可靠的水泥，除非特殊情况，不得使用立窑生产的水泥。对特重和重交通水泥混凝土路面上特别规定仅能采用旋窑水泥，主要理由是立窑水泥的游离氧化钙和三氧化硫较高、水泥性能稳定性较差。因为立窑水泥中每窑内的水泥质量不同，同一窑中的窑底部和上部、中间和边缘烧成温度和煅烧条件均不同。立窑熟料中，矿物成分、抗折强度和质量变异性均较大，实际工程中检验出的问题很多。例如，其游离氧化钙超过 2% 和氧化镁超过 7% 很常见，连安定性也经常会出问题。研究表明：即使安定性合格的水泥，水泥中的游离氧化钙含量在砂浆中，耐动载交通条件下的疲劳循环周次有 1 ~ 2.5 倍的影响，对路面混凝土的耐疲劳循环周次有 1.5 ~ 4 倍的影响，构成影响混凝土路面使用寿命能否达到 30 年的关键因素。对此，应充分认识和理解静载结构与动载混凝土路面及钢筋混凝土桥梁对水泥要求的实质性差别。

我国年产 5.6 亿吨水泥中，只有 1.8 亿吨水泥是回转窑生产的，仅占 1/3 左右。

如果全部限制只能使用旋窑水泥，许多地方有可能没有旋窑水泥。在这种特殊条件下，我们也不能排斥矿物成分、安定性好、抗折强度和质量变异性都能控制住的高质量立窑水泥在二级以下公路上的使用。

2. 水泥的矿物组成

水泥的矿物组成主要有硅酸三钙、硅酸二钙、铝酸三钙和铁铝酸四钙，其中满足水泥混凝土路面较高抗折强度最重要的是硅酸三钙和铁铝酸四钙，应该保证混凝土路面用水泥的硅酸三钙不小于50%，铝酸三钙不大于5%，铁铝酸四钙不低于15%（道路硅酸盐水泥则不得小于16%）。

高速公路、一级公路规定使用的三种水泥中，从动载结构的耐疲劳和小变形出发，应严格限制游离氧化钙不大于1.0%、氧化镁不大于5.0%。

水泥中有5%左右的调凝二水石膏，从水泥对各种外加剂的化学适应性要求出发，高速公路、一级公路不应使用化学不适应的佛石膏、萤石膏、硬（半水）石膏、工业石膏废渣，同时在粉磨时应严格控制水泥磨细最高温度，防止二水石膏脱水。石膏是水泥中三氧化硫的主要来源，在道路水泥、硅酸盐水泥和普通水泥中，国标均限制三氧化硫不大于3.5%，学术界目前对此问题有较大争议。首先，限制三氧化硫不大于3.5%的好处是防止其早期水化生成高硫型水化硫铝酸钙不完全，影响硬化后再生成水泥"杆菌"造成混凝土结构开裂。其次，高硫型水化硫铝酸钙在干燥情况下会分解为低硫型水化硫铝酸钙，由柱状晶体变为立方晶体，造成干缩过大，体积不稳定。最后，较小的三氧化硫含量有利于防止硫酸盐等化学侵蚀。但是，对此也有不同意见，当在水泥或混凝土中使用矿物混合材料时，三氧化硫是各种混合材料的活性激发剂，混合材料对三氧化硫有吸收反应贡献强度之作用，特别是对水泥的抗折强度有贡献，有专家研制的增折剂就是加大三氧化硫的含量，生成更多的高硫型水化硫铝酸钙柱状结晶，从而提高混凝土的抗折强度。基于上述认识，作者提出如下的限制条件：

当使用无混合材料的道路水泥和硅酸盐水泥时，混凝土中亦不掺混合材料，维持限制三氧化硫不大于3.5%；当使用有混合材料的普通水泥或在混凝土中掺加（磨细）粉煤灰、矿渣、硅灰、沸石粉或复合矿粉等时，限制三氧化硫不大于5.0%。

普通水泥中掺有15%的混合材料，按国标规定可以是粒化高炉矿渣、煤矸石、粉煤灰、火山灰、石灰石、砂页岩，甚至还有黏土。实践证明，凡掺有火山灰、煤矸石和黏土的水泥，体积收缩率相当大，干缩成倍增加，极易造成路面开裂和断板，由此掺有火山灰、（高碱）窑灰、煤矸石和黏土这三种混合材料的水泥不应在高速公路、一级公路混凝土路面上使用。最新的研究发现，水泥中的生石灰石粉严重降低混凝土的抗冻性能，严寒和寒冷地区有抗盐冻性要求的混凝土路面，其水泥不得掺加生石灰石粉。即在有抗盐冻性要求时，应使用不掺任何混合材料的Ⅰ型硅酸盐水泥或道路水泥，不得使用掺5%石灰石粉的Ⅱ型硅酸盐水泥和普通水泥。

3. 水泥的体积安定性与耐疲劳极限

经过交通部公路科学研究所"八五"攻关的研究，表明承受动载的结构水泥与静载结构水泥相比，其高耐疲劳极限对水泥中游离氧化钙含量的要求是很严格的。我国现行水泥规范仅从满足静载结构要求，对游离氧化钙的限制是不大于3%，道路水泥中游离氧化钙含量不大于1.0%，氧化镁含量不超过5%～6%。但是，我国有1万多家水泥厂，其中大约2000多家小厂出产的水泥，游离氧化钙的含量大大超出此规范要求，由于市场经济带来的商务上的原因，这些严重不合格的水泥在水泥混凝土路面上大量应用，造成了很严重的后果。

作者有一些典型案例，某省在国道老沥青路面上加铺水泥混凝土路面的改建工程，使用了游离氧化钙含量高达9.7%的普通硅酸盐425号矿渣水泥，游离氧化钙的含量高出规范要求9倍多，结果该20km水泥混凝土路面加铺层，仅通车使用了半年，就全线崩溃，第二年使用3倍的投资用沥青混凝土进行了重建，这个教训是惨痛的。不仅如此，我国个别水泥混凝土民航机场跑道工程，仅使用不到1年左右就开裂脱皮得不成样子，甚至无法通航使用，不能排除这是因为使用了游离氧化钙很高的劣质水泥。

我们的研究是在安定性合格的条件下进行的，即水泥中的游离氧化钙含量小于3%。实验研究表明：当游离氧化钙的含量从0.9%增大到2.7%时，其水泥砂浆的耐疲劳极限可相差1～2.5倍，混凝土可达1.5～4倍。游离氧化钙含量越低的水泥，其配制的混凝土耐疲劳极限越高。这项研究说明，承受疲劳动载的高性能道路混凝土［包括公路混凝土路面、机场跑道、公（铁）路桥梁］所使用的水泥，应该比目前水泥规范按静载结构要求的安定性合格水泥的游离氧化钙含量还要低。水泥中的游离氧化钙含量构成了水泥混凝土路面能否使用到30年设计使用寿命的最关键因素，在最不利条件下，尽管水泥的安定性合格，30年设计寿命的路面只能使用5～6年，在高性能道路水泥的研究中应该高度重视这个问题。

目前我们能够做到的是：在相同水泥品种和相同标号情况下，在水泥的生产厂家和性能有选择余地的条件下，应选用游离氧化钙较低的水泥，作为动载疲劳结构用水泥，以保证高性能道路混凝土冲击疲劳应力循环周次，延长其使用寿命。

目前，我国现行水泥规范中对游离氧化钙没有限制，对此笔者曾经向国家建材局制定水泥规范部门提出是否在水泥规范中严格限制游离氧化钙含量不大于1.0%，同时在任何气温条件下，限制散装水泥的出厂温度不得高于551℃。很遗憾，这两项建议均未被1999年版国家规范所采纳，理由是：水泥是应用于各行业，不能因为公路、铁路等个别行业而整个提高技术标准，这会使水泥厂的水泥生产难度大大增加。因此，对游离氧化钙并未规定限制，只有有关的一条要求——"安定性用蒸煮法检验必须合格"，问题的关键是仅此只能保障不出现安定性不良的快速早期破坏，而不足以保障动载混凝土结构所要求的设计耐疲劳循环周次和使用寿命。所以，以目前情况看，这条只能是公路行业内路面和桥梁的规定。

鉴于水泥中的游离氧化钙含量和安定性对路面开裂、断板及疲劳性能的影响很大，在公路混凝土路面施工规范中应规定：水泥在任何公路混凝土路面施工中都应强制检验其安定性，在高速公路水泥混凝土路面工程中宜采用雷氏夹检验安定性和变形性能，否则不得使用。

4. 水泥的碱度与碱集料反应

水泥的碱度按 $Na_2O+0.658K_2O$ 计算值表示，国际上公认的控制碱集料反应的最大碱度不大于 0.6%。在高碱度和有气态水的条件下，碱集料会与集料中的活性硅发生体积膨胀的碱集料反应，这是碱－硅酸集料有害化学反应，目前已知碱集料还会产生碱－碳酸盐集料的反应。碱－硅酸反应目前研究得比较清楚，检验方法也是有效的，我们在首都机场老跑道上发现了典型的碱－硅酸盐活性石英砂集料反应；而碱－碳酸盐集料反应目前缺乏有效的检测方法，国内、国外正在研究中。

对混凝土中的碱集料反应，笔者认为应该认识到其两面性，在限制其反应膨胀的同时，利用其强化界面结构使之得以增强的一面。问题的关键是如何确定不发生体积破坏、又增强界面这个合适的值。其实在我国水泥工业中，已经在利用碳酸盐的碱集料反应，在不少水泥厂掺入不大于 5% 的生石灰石粉作为活性混合材料，这是利用碱－碳酸盐集料反应的典型例证。在石灰石集料的混凝土中，不可否认它仍会反应，但绝大多数情况下，不会产生反应破坏。超过一定的界限就会发生自身体积不稳定，应严防其在较短时间内，发生酥化崩解破坏。

在水泥混凝土路面上，应该讲碱集料反应的三个条件：高碱度、活性集料和水基本都具备，已经发现路面典型的硅酸集料反应造成破坏的情况，碱硅酸反应危害可能大于碱碳酸盐反应。为了减少其危害，在道路工程的水泥混凝土中，限制高速公路用水泥中的碱度势在必行，这是水泥混凝土路面达到 30 年设计使用年限的客观要求。实践证明，我国水利行业从 50 年代末对大坝混凝土如此规定，在几十年使用过程中并未发现碱集料反应破坏。民航机场跑道及空军机场从严格控制碱集料反应出发，规定水泥中的碱度：$Na_2O+0.658K_2O \leq 0.6\%$，但该规定严格实行起来却很困难，不太现实。众所周知，我国北方几乎所有的水泥厂的碱度均大于 0.6%，大致在 0.6% ~ 1.1%，绝大多数属于高碱水泥。如果统一规定碱度不大于 0.6%，势必造成很多水泥不能上路使用，同时带来运距和运费大大增加，工程成本大大提高。水泥的碱度尽管是碱集料反应的物质条件之一，但同时需要另一个条件，就是有碱活性集料。在无碱活性集料时，控制碱度的意义并不大，副作用却不小。

因此，作者参照水工规范，在《规程》中规定：当发现或怀疑有碱活性集料时，限制 $Na_2O+0.658K_2O \le 0.6\%$。有碱活性集料时，外加剂带进混凝土的碱度不得大于 $1.0kg/m^3$。混凝土中的总碱度（包括外加剂带来的碱度）不得大于 $3.0kg/m^3$ 水泥中碱度的一个重要来源是窑灰，高速公路、一级公路禁止水泥中掺窑灰做为混合材料。硅酸盐水泥和普通水泥 1999 年新版规范对碱含量指标规定上留有余地："若使用活性骨料，用户要求提供低碱水泥时，水泥中的碱含量 $Na_2O+0.658K_2O$ 不得大于 0.6% 或由供需双方商定。"

5. 水泥的干缩率

道路用水泥要求较小的变形性能，干缩是其中数量最大的一项，道路水泥的 28d 干缩率不大于 0.1%，影响水泥的干缩因素有：水泥中的铝酸三钙含量，煤矸石、黏土、火山灰和窑灰等干缩很大的混合材料；水泥用量、水泥的细度、标准稠度用水量和水泥的烧失量（ $\le 3\%$ ）。干缩率大的水泥易产生塑性收缩开裂和断板。但应注意现行水泥标准对硅酸盐水泥和普通水泥没有干缩率限制，这对高速公路使用不利。春、秋季节大风天气施工时，为了防止塑性收缩开裂，需要检验水泥的干缩率不大于 0.1%。

6. 水泥凝结时间

按现行水泥规范规定：道路水泥的初凝时间不早于 1h，终凝时间不迟于 10h；桂酸盐水泥初凝时间不早于 45min，终凝时间不迟于 390min（6.5h）；普通水泥初凝时间不早于 45min，终凝时间不迟于 10h。在高速公路水泥混凝土路面机械化施工中，上述终凝时间均没有问题，问题出在初凝时间允许值过短，特别是夏季热天施工、远距离运输混凝土时，由于水泥的初凝时间过短，不得不强制使用缓凝剂或缓凝减水剂来保障混凝土路面的正常摊铺。高速公路滑模机械施工操作要求水泥和混凝土在任何气温下的初凝时间不应短于 3h，负温条件下的终凝时间不迟于 10h，否则将无法完成混凝土搅拌、运输、卸料、摊铺、抹面等一系列施工操作。

7. 水泥细度

$80\mu m$ 筛余不大于 10%，桂酸盐水泥的比表面积大于 $3000m^2/kg$。水泥的细度与强度、收缩、水化热量、凝结时间、标准稠度、需水量、泌水量关系密切。细度细，强度高，收缩大，水化热大，凝结时间短，标准稠度大，需水量大，泌水少。所以，水泥的细度要同时满足这些不同的高速公路使用性能要求，并非越细越好，仍然是适中为好。

8. 水泥的抗磨性

现行水泥规范只有道路水泥有耐磨性规定,按《水泥胶砂耐磨性试验方法》(JC/T421-91)测得的磨损量不大于 3.60kg/m²。从目前的试验数据可知,这个指标的要求是较高的,但我们认为是合理可行的。注意:水泥的抗磨性与混凝土材料或路面的抗磨性是两回事,水泥的耐磨性合格,只提供了混凝土抗磨性的水泥物质基础,并不代表所配制的混凝土抗磨性一定能满足路面和桥面使用要求。抗磨性是高速公路水泥混凝土路面耐久性中的一项最重要和最普遍的性质,混凝土路面的抗磨性定量标准目前还没有,应该通过试验来确定其抗磨性的定量数据。

9. 水泥的出厂温度和搅拌温度

现行水泥规范对水泥的出厂温度没有限制,在我国南方各省夏季热天,水泥运到工地的温度在 70 ~ 90℃之间,混凝土搅拌时的温度在 60 ~ 80℃之间,已经在滑模机械化施工中带来了严重的温度开裂问题(其中还有使用高发热量的 R 型水泥问题)。水泥的出厂温度没有限制显然是不行的,作者建议新修订的水泥规范应规定:水泥的出厂温度应不得大于 55℃,运到工地搅拌时的水泥温度不大于 50℃。在冬季低温施工时,水泥的温度不宜低于 10℃。混凝土出搅拌机的温度宜在 10 ~ 35℃之间。新拌混凝土高温时的初凝时间不得小于 3h,否则必须对原材料采取降温和混凝土缓凝措施;混凝土冬季低温时的终凝时间不得大于 10h,大于 10h 亦应采取必要的促凝措施。

水泥进场时应附有检验合格证明,在对水泥的安定性、凝结时间、标准稠度用水量、抗折强度、细度等主要技术指标检验合格后,方可使用。水泥的总存放期(包括在水泥厂的存放时间)不得超过 3 个月。

二、粉煤灰

在高速公路、一级公路水泥混凝土路面施工中,按照高性能道路混凝土的设计思想,按水泥中是否含有混合材料,推荐使用掺量 15% ~ 30% 水泥用量以内的 I、II 级静电场收集的干原状或磨细干粉煤灰,不得使用储灰池中的湿排灰、湿灰和结块粉煤灰。其主要目的是在保证 28d 抗折强度 5.0MPa 以上的前提下,取得粉煤灰混凝土一年龄期 6 ~ 7MPa 的高抗折强度和优异的抗磨性能。粉煤灰水泥混凝土必须在加强和延长养护时间、保证表面不失水的条件下,才能达到与长期强度增长相同步的高抗磨性。

在高速公路、一级公路规定采用的硅酸盐水泥、普通水泥和道路水泥中均可掺用,在各种混合水泥中不得使用。粉煤灰的质量指标必须满足《粉煤灰混凝土应用技术规范》(GBJ146-90)规定的 I 级、II 级灰的要求。I 级、II 级灰太粗、煤粉过多,需水量过大，活性差，早强低，收缩很大，将造成严重的收缩开裂和断板，除非经过专门试验研究论证，否则不得用于路面中。

在混凝土路面中使用Ⅰ级、Ⅱ级粉煤灰时，应确切了解所用水泥中已经掺加混合材料的种类和数量，按照水泥和粉煤灰胶凝材料体系最优配伍关系，水泥中已有的和混凝土中外加的混合材料总量不宜大于30%。在高速公路、一级公路水泥混凝土路面中，视所使用的水泥种类和混合材掺量，应保证粉煤灰及其他混合材料在混凝土中全部水化并发挥强度。Ⅰ型硅酸盐（纯熟料）水泥，允许加入最大掺量30%的粉煤灰；Ⅱ型硅酸盐水泥最大掺量25%；道路水泥最大掺量20%～30%；普通水泥最大掺量15%～25%；矿渣水泥不得掺粉煤灰。

研究表明，粉煤灰主要化学成分是活性氧化硅和氧化铝，在混凝土中的化学反应属于二次反应，其反应的激发剂是水泥反应后释放出的氢氧化钙和石膏，它与水泥之间有一个完全化学反应的剂量配伍关系，资料表明，粉煤灰最多的可完全反应量为纯硅酸盐水泥的28%。普通水泥中允许有不大于15%的混合材料，则粉煤灰掺量不应大于15%。超过总混合材料30%必定有一些粉煤灰是不可能反应而产生强度的，多余的粉煤灰与石粉和土一样是有害无益的成分，这是使用粉煤灰时必须坚持的胶凝材料科学原理，必须遵循而不得违背。某省在二级公路水泥混凝土路面上使用高掺量45%粉煤灰，结果引起严重的质量问题，以致该省交通厅不得不规定：所有水泥混凝土路面工程中今后不允许使用粉煤灰，其实作者进行的该省300多公里高速公路掺15%粉煤灰的滑模摊铺水泥混凝土路面质量相当好。粉煤灰在混凝土配合比计算中采用超掺法，超掺系数Ⅰ级灰1.2～1.4；Ⅱ级灰取1.5～1.7。超掺的意思是大于1的部分应代替并扣除砂量。

干粉煤灰在高等级公路混凝土路面工程的使用，必须与水泥一样罐装使用。除了必须遵循其全部水化的胶凝材料原理外，必须认识到其有利有弊，使用的原则是扬长避短。首先，应满足其28d试配抗折强度的要求，发挥其90d以上强度发展很高的优势，作为路面强度储备；同时，明确和减小其早期强度偏低，早期易于开裂、断板，表面耐磨性差的弱点，延长湿养护及保水养护龄期到28d。

三、外加剂及其使用技术

1. 高速公路水泥混凝土路面常用外加剂的种类和性能

在用现代水泥混凝土路面材料科学中，外加剂成为制作优质混凝土路面的必不可少的第五组分。滑模摊铺水泥混凝土路面由于需要比其他施工方式较大的坍落度，应采用外加剂满足水灰比（抗折强度和耐久性）、工作性（振动黏度系数和坍落度）、小变形性能等路用品质的要求。高速公路水泥混凝土路面工程中主要使用如下三类外加剂。这里着重介绍滑模摊铺经常要使用的各种减水剂和引气剂的性能，由于《规程》中在道路滑模混凝土中强调使用引气剂，它具有改善抗折强度、耐疲劳性能、变形性能和耐久性等路用品质，因此本文对引气剂的性能和使用要求，将作较详细的介绍。

（1）减水剂

减水剂按照其减水效率大于或小于 8% 分为高效减水剂和普通减水剂，还有早强减水剂、缓凝减水剂、缓凝高效减水剂、引气减水剂。常用减水剂按化学成分可分为木质素系列［木质素磺酸钙（木钙）、木钠、木镁］普通缓凝减水剂、糖蜜系列（糖蜜、糖钙和糖纳）普通缓凝减水剂、多环芳香族萘磺酸盐系列（萘磺酸盐甲醛缩合物）高效减水剂、聚丙稀酸盐系列高效减水剂和水溶性树脂磺酸盐系列（密胺、三聚氰胺、苯酚、磺化古玛隆树脂等）高效减水剂等。

鉴于混凝土路面工程的重要性，《规程》规定外加剂的产品质量应达到一等品的要求，规定一般公路都不允许使用合格品，这似乎要求偏严，其实不然。一般公路在设计弯拉强度 4.5MPa，达到配制弯拉强度 5.0MPa 以上时，对应的抗压强度标号至少为 C30 ~ C35 级；而高速公路和一级公路，当设计弯拉强度 5.0MPa，加上施工保证率达到 5.75MPa，对应的抗压强度为 C35 ~ C40 级，均已达到较高标号的钢筋混凝土要求。另外，目前国内外加剂市场相当混乱，假冒伪劣产品较多，规定严格将对保证水泥混凝土路面和桥面摊铺质量有利。

高速公路水泥混凝土路面使用的减水剂可以是普通减水剂、缓凝减水剂、引气减水剂、高效减水剂、缓凝高效减水剂或同时加引气剂构成缓凝引气高效减水剂。选择使用哪种减水剂与施工气温有较大关系，这些外加剂只有引气剂是滑模摊铺水泥混凝土路面工程中规定强制采用的，其他外加剂可根据需要和可能选择或复合采用。夏季热天施工应掺用缓凝型或保塑型（高效）减水剂和引气剂；冬季负温施工应采用引气剂或早强剂（防冻剂）。

使用减水剂等外加剂的目的：

改善工作性：道路混凝土一般是低坍落度（摊铺时不大于 5cm）的混合料，对于路面在任何气候条件下的可施工性能即工作性（振动易密性、流动性、黏聚性和可滑性或可模性）的要求很高。这是保证施工质量的前提条件。

使用减水剂可降低水灰比，减小单位用水量，保障和提高抗折强度。要制造高抗折强度、高耐疲劳极限、小变形性能和高耐久性的高性能道路混凝土离不开高效缓凝引气减水剂。

同等强度及工作性不变条件下，可节约一定的水泥用量。

（2）调整新拌混凝土施工性能的外加剂

调整新拌混凝土性能，满足滑模施工要求的外加剂品种有：

调整凝结时间的为缓凝剂；主要品种有柠檬酸、石碳酸、酒石酸等羟基羧酸类；木钙、木钠、木镁、糖蜜、糖钙、糖钠减水剂同时是重要的缓凝剂。

控制新拌混凝土坍落度损失的为保塑剂；主要品种有白糖、三聚磷酸钠、乙二醇、柠檬酸等，木钙、木钠、木镁、糖蜜、糖钙、糖钠减水剂剂量加大时，同时是重要的保塑缓凝减水剂。

冬季施工所用的为促凝剂、防冻剂和早强剂。氯化物系列（氯化钠、氯化钙、氯化铁等），硫酸盐和硝酸盐系列［硫酸钠、硫酸钙、硫酸铝钾；（亚）硝酸钠、（亚）硝酸钙等］，有机系列无氯非盐类的品种（三乙醇胺、三乙丙醇胺、乙酸钠、甲酸钙、乙二醇、尿素等）。

以上在阐述水泥的凝结时间时，已经提及目前水泥规定的标准温度 $20 \pm 2℃$ 下初凝时间过短，在夏季热天（平均气温 35℃以上）大型机械施工中，如果不用缓凝剂、保塑剂或缓凝减水剂，施工时间将无法保证，最终将严重影响摊铺水泥混凝土路面质量。因此夏季必须使用缓凝剂、保塑剂和缓凝减水剂来保证施工能够正常进行。

在冬季负温施工时，混凝土负温凝结时间又过长，无法防止冬季负温下混凝土冻坏，所以需要使用促凝剂、早强剂或防冻剂。由于氯盐对钢筋有锈蚀作用，在钢筋混凝土结构工程中对其限制使用，普通水泥混凝土路面基本上是素混凝土结构，上述各种促凝剂、早强剂均可采用。配有钢筋网的混凝土路面、桥头搭板和桥面铺装层，不得使用氯盐和其他盐类防冻剂。在钢筋混凝土中使用盐类防冻剂，必须用掺有硝酸盐、亚硝酸盐、碳酸盐等阻锈成分的防冻剂。

2. 引气剂

滑模摊铺混凝土路面规定应使用引气剂，引气剂不仅引气而且具有普通减水剂的 6% ~ 8% 减水率，它可增大新拌混凝土的黏聚性，改善和易性，防止泌水离析，提高了混凝土的匀质性。引气剂所引含气量增大了混凝土中水泥浆的体积，使滑模摊铺出的路面光滑密实、平整度高、外观规矩。适宜含气量的引气混凝土，抗弯拉强度提高 10% ~ 15%，降低了抗弯弹性模量和结构刚度，减小了干缩和温缩变形，提高了抗冻性和抗渗性，缓解了碱集料反应和化学侵蚀膨胀，改善了路面混凝土的耐候性，增强了耐久性，有利于提高混凝土的路用品质。所以在滑模摊铺混凝土路面中必须使用引气剂，其他外加剂视工程的需要选用；同时建议在道路混凝土中大力推行使用引气剂，并规定在所有水泥混凝土路面工程中必须使用的外加剂，这有助于从混凝土材料性能上保障道路混凝土工程的质量。

　　引气剂所引的气泡与振捣不密实和木钙等所引气泡有本质不同：引气剂所引的气泡尺寸非常小，直径在 μm 量级，是肉眼不可见的微小气泡，只有在光学显微镜下才能看到。一般来讲，引气剂对抗压强度有降低作用，而剂量合适、含气量适宜时，可提高抗折强度 10% ～ 15%，它是制备高性能道路混凝土的不可或缺的最重要外加剂之一。

　　（1）引气剂的品种

　　引气剂主要有三大系列：松香树脂类（文松树脂、松香皂、松香热聚物），烷基磺酸盐类（烷基磺酸钠、烷基苯磺酸钠、烷基苯酚、聚氧乙烯醚、皂角素）和脂肪醇类（脂肪醇聚氧乙烯磺酸钠、脂肪醇聚氧乙烯醚、高级脂肪醇衍生物）等。目前国内、国外使用最普遍的是第一类。日本的毕索尔、美国的 Vin-sol 文松树脂也有少量使用，它们大多是天然松脂类产品。文松树脂是由松树根中提取的松香配制而成，是美国 ACI（混凝土协会）、PCA（波特兰水泥学会）和 ACPA（水泥混凝土路面学会）共同规定使用得很广泛的产品。

　　松香热聚物、松香酸钠、松香皂和文松树脂的掺量均很小，为 $1/10^4$ ～ $2/10^4$，得到的效益却很大，因此应用很广泛，它们可称为精细的高性能混凝土技术。配制水溶液的精度要求较高，其中文松树脂的气泡尺寸和含气量相当稳定，效果最好，只是其进口价格较贵。松香热聚物、松香酸钠、松香皂要求采用特种松香或质量和纯度较高的普通松香来皂化，全部溶于冷水，效果较好。但是，松香类引气剂与木钙和糖钙类缓凝减水剂共溶于水时，有絮凝沉淀物，影响混合使用效果。民间多使用劣质松香生产的松香类引气剂，使用时有的需要热水来溶解，该法不可在路面混凝土中使用。

　　烷基磺酸钠、烷基苯磺酸钠是以石油产品为原料制成的引气剂，后者是肥皂粉的主要成分，因其气泡尺寸较大，实际工程使用得较少。

　　由上海建材学院研制开发的皂角素引气剂属于有机类引气剂，其主要成分是植物三萜皂甘，除了皂荚，其他的许多天然植物原料广泛。其掺量较大，为 $2/10^3$ 左右，且有部分残渣沉淀不溶于水；但效果不错，特别是与木钙和糖钙类缓凝减水剂无化学反应，与各种高效和普通减水剂的兼容性较好。

　　引气剂的质量检验通过在水泥浆中的摇泡试验进行，相同条件下，产生气泡数量多而细密，气泡稳定时间长的引气剂为质量优良引气剂。引气剂质量检验的摇泡实验不采用简单清水或蒸馏水摇泡方法，而推荐在水泥浆条件下的摇泡，这是因为我们已经发现，不同的引气剂在水泥稀浆和水中气泡的产率、细密度和稳定性差别较大，有时会产生误判，而水泥稀浆比水中更符合混凝土中的真实情况。

（2）引气剂的使用效果

1）工作性

①坍落度

混凝土中加入引气剂，随着含气量的增加，坍落度线性增大。引气混凝土坍落度增加的原因有两个：一是引气剂具有减水作用，按其减水率折减其减水量；二是由于引气剂生成微气泡的润滑作用，会使坍落度增大。本实验是折减减水率后的结果。

很明显，引气剂改善了新拌混凝土的静态流动性和可塑性，具有较好的易密性。引气混凝土静态流变学性质有显著改善。

②振动黏度系数

当含气量小于3%，振动黏度系数随着含气量上升，含气量大于3%，含气量增大，振动黏度系数下降，两者为非线性关系。从增加滑模混凝土的密实度、防止麻面，减小振动能耗，提高摊铺速度等角度，希望振动黏度系数小一些；但从防止滑模关系混凝土塌边来看，希望新拌混凝土有较高的振动黏度系数，从图中可见，砾石混凝土较高的振动黏度系数在含气量2%～6%之间。随着出搅拌机时间的延长，曲线规律并无变化。同时说明，振动黏度系数与时间的关系是线性关系，这一点与坍落度差异显著，坍落度随时间是非线性变小的，有明显的坍落度损失。经过一定时间的新拌混凝土能否振实，将取决于振动黏度系数而不是损失后的坍落度。

上述振动黏度系数随含气量的变化规律，其原因在于：由于掺加引气剂，含气量增加的同时，新拌混凝土内部表面张力在增加，拌和物黏聚性增加，振动黏度系数增加，它有利于防止混凝土在运输、卸料、摊铺过程中发生离析现象。当含气量大于3%时，表面张力仍在上升，但气泡的微珠效益的作用更大，致使振动黏度系数下降。微珠作用有利于新拌混凝土较快地被振捣密实，易密性提高，有利于防止滑模混凝土路面出现麻面现象。引气混凝土的可滑性、稳定性、易密性及振动态流变学性能大大改善。

③泌水率

引气混凝土另一个优点在于控制新拌混凝土泌水和离析。随着混凝土含气量增加，泌水率明显线性下降。泌水率下降意味着拌和物的流浆离析减少，这将使混合料的匀质性更好。特别是施工中使用较粗的（细度模数较大）砂，引气剂减少泌水的作用就特别突出，它是我们控制粗砂混凝土施工时产生大量泌水的重要手段。引气剂混凝土的泌水和离析减少，表明它有较大的内聚性，混合料的稳定性大大增强。施工得到的混凝土匀质性将更好，这将有助于改善硬化后的混凝土力学性能、路面板的抗破坏能力及耐久性。

总而言之，引气剂对混凝土工作性和流变学性能的改善是肯定的。而道路混凝土往往要求在低流动性、小坍落度条件下施工的，其密实度受工作性优劣的影响比其他大流动性混凝土大得多，由此提出道路混凝土广泛使用引气剂的要求是必要的。从上述工作性能出发得到适宜的含气量应控制在 2% ~ 6%。

2）力学性能

①抗折强度

引气砾石混凝土抗折强度与含气量之间是二次方关系。抗折强度较高时的含气量在 3% ~ 6%。引气与不引气的砾石混凝土抗折强度相比，抗折强度可提高15% ~ 20%。更多的实验表明：相同水泥用量和水灰比条件下，碎石混凝土引气也得到基本相同的结果。抗折强度较高的含气量在 2% ~ 5%，抗折强度可提高10% ~ 15%。

这个实验结果有无普遍指导意义？是偶然现象还是材料规律？对此中国水利水电科学研究院也得出了相同的实验结果；从国外所作实验可见，在中低抗折强度范围内，有基本相同的实验结论。作者请同济大学黄士元教授在黑龙江所做的验证试验表明，引气混凝土可提高抗折强度 25%，另外在振碾混凝土中，引气剂提高抗折强度的效果相当显著。由此可见，在一般施工的混凝土强度范围内，这个实验结果具有普遍性，是引气混凝土材料的基本规律。既然如此，即使抗折强度仅提高10%，对道路混凝土也具有重要实用价值。

这是笔者提倡在道路混凝土中使用引气剂的最重要的根据之一。在实际工程当中，在不提高水泥用量和采用其他措施的条件下，即使仅提高抗折强度 10% 也是难能可贵的。应该加以充分利用，以便使道路混凝土不仅满足设计抗折强度的要求，而且满足一定的施工强度保证率。特别是在砾石混凝土提高抗折强度极为困难的条件下，混凝土引气为我们提供了一种经济合理、简便易行的方法。

最新的研究表明：使用引气剂不仅仅能增强抗冻耐久性，在道路混凝土中使用引气剂具有广泛改善混凝土材料性能的意义，尤其是能提高抗折强度，而路面抗折强度是设计和施工控制中最重要的力学指标，它对提高道路混凝土材料质量极其重要。参照国际标准，在《规程》中规定我国无论南方、北方，混凝土路面有、无抗冻性要求，均必须强制使用引气剂，其最重要而充分的理由就是利用引气剂来满足施工抗折强度保证率要求。

②抗压强度

我们的实验研究表明：引气混凝土抗压强度随着含气量增大而线性下降，国内外的实验都证明了这一点。但是这个实验结果不稳定，在贫混凝土、抗压强度较低时或水灰比控制不严时，也能做出抗压强度随含气量先提高后下降的曲线情况。抗压强度随含气量变化的曲线结果并不具有普遍意义。

含气量对混凝土抗折强度的影响为什么与抗压强度不同？引气混凝土的抗折强度为什么可以有较大的提高？首先是由于加载方式不同，在试件中引起的应力状态不同。抗压破坏受压剪应力控制，抗压强度主要受浆体本身的强度控制。而抗折破坏主要受弯拉应力控制，弯拉应力对混凝土界面结构和匀质性更敏感。在含气量3% ~ 5%以内，由于水泥浆总体积增大，工作性改善，离析和泌水减少，引气混凝土均匀性高，抗拉、抗折强度都受最弱截面的材料控制，匀质性提高，抗折强度离散会小，抗折强度会提高。更重要的是：在适宜的含气量范围，生成气泡占用或夺取了本来聚集在界面区的水分，使界面结构改善，增强了界面的抗拉能力，提高了抗折强度。但是，当含气量过大，一方面，气泡间距系数过小，使浆体削弱；另一方面，当浆体中气泡过多，会将其中一部分挤到界面区，使气泡在界面区富集。在显微镜下，平面上连成了气泡串，在三维空间的集料周围，气泡连成了类似蜂窝状结构，界面大大削弱，界面抗拉强度下降，抗折强度也明显下降。

③耐疲劳特性

在国内、国外的水泥混凝土路面的设计规范中，都考虑了混凝土路面板的耐疲劳极限，因此，有必要研究引气混凝土的抗折疲劳特性。Lee.D.等人的研究表明：水灰比相同的引气混凝土，在极限抗折强度的60% ~ 90%，疲劳荷载加载速率5 ~ 7.5Hz时，在混凝土含气量在10%以内，引气混凝土的S–/V曲线都将落在非引气混凝土的95%置信限以内。研究结论是：在常规使用的混凝土含气量范围，含气量对引气混凝土的抗折疲劳特性没有影响。从上述含气量对抗折强度影响的分析中可见，当适量气泡夺取了部分集料界面处的水分后，界面增强，孔结构改善，匀质性提高，抗拉、抗折强度明显提高。可以预料，在抗折强度提高的含气量范围内，不会对引气混凝土的抗折疲劳特性带来负面的影响。

总结上述引气剂和含气量对道路混凝土抗折强度、抗压强度和抗折疲劳特性影响的研究，笔者针对以抗折强度及抗折疲劳特性为其重要力学特征的道路混凝土提出拓宽使用引气剂的技术要求，这对保证道路混凝土材料满足使用要求的力学强度和质量是十分必要的。从提高抗折强度角度讲，适宜的含气量应控制在3% ~ 5%。它与以抗压强度为第一力学指标的其他结构混凝土，显然是不同的，对后者则没有这种广泛要求的必要。

3）变形性能

①抗折弹性模量

随着引气剂掺量的增加，抗折弹性模量下降较快。由于引气剂掺量与混凝土含气量之间存在线性关系，因此，混凝土的抗折弹性模量也将随着其含气量的增加而下降。国外的研究也有相同的结果。

对于道路混凝土这种刚性路面而言，应降低材料的刚性，增加其柔韧性，但不降低抗折强度，解决刚性与强度之间的矛盾只有掺引气剂才能实现。一般情况下，材料越密实，弹性模量越大。掺引气剂既提高了抗折强度，又降低了抗折弹性模量。

降低抗折弹性模量的好处是当荷载、干湿、温度等引起的翘曲变形一定，混凝土路面板内产生的弯曲疲劳应力水平低，翘曲循环破坏的概率小，有利于保持各种因素作用下，路面的完好率。当荷载应力一定时，抗折弹性模量小，弯拉应变大，路面的柔韧性好，有利于降低材料脆性、混凝土路面刚度，提高道路的行车舒适性。

②干缩变形

干缩应变一般占混凝土温度和湿度应变的绝大部分，所以混凝土的变形性质仅指其干缩变形。可以看到由于引气剂的减水作用，使单位用水量减少，混凝土 28d 的干缩有一个低谷存在，在含气量 2% ~ 4% 时，干缩明显减小了，6% 的含气量与非引气混凝土干缩基本相同，这符合国内、国外一般实验规律。

当含气量在 4% 以内，混凝土的干缩主要受单位用水量和水灰比控制，在 50% 的相对湿度条件下，硬化混凝土干缩产生的原因是由于水分从水泥浆中毛细孔散失，毛细孔水分的表面张力对孔壁所产生的拉力所致。干缩的大小取决于毛细孔水分的逸出量的多少和速度，即取决于单位用水量和水灰比的大图（混凝土含气量与干缩应变关系小。单位用水量大，保留在毛细孔中的水分多，可供散失的水分多，则干缩大，反之则干缩小）。当含气量大于 6%，毛细孔水分散失的速度不再决定于单位用水量，而逐渐取决于气泡的间隔厚度，即气泡间距系数大大减小，水分散失速度加快，干缩因含气量大大增加而增大。

这个实验表明，在控制坍落度和水泥用量相同条件下，由于引气剂的减水作用在 6% 含气量范围内，干缩都不会比非引气混凝土大，但干缩最小的含气量为 2% ~ 4%，与抗折强度峰值含气量基本一致，两者都具有同一个最优含气量，有利于控制两者同时达到。由于干缩在混凝土的自然因素变形中，占有绝大比重，所以从减小混凝土变形角度而言，也应提出掺引气剂，控制含气量不大于 6% 的要求。

③温度变形

温度变形比干缩变形小一个数量级，而且可以通过温度系数对温度变形进行计算，影响混凝土温度系数的因素除了集料的种类外就是含气量。国外的研究表明，含气量增大混凝土的热扩散系数和热传导系数减小，这对暴露在日照下的水泥混凝土路面结构减小温升应力和温度翘曲变形是有利的。

在我国现行的水泥混凝土路面设计规范的计算中，考虑了由于温度翘曲应力疲劳对路面使用性能的影响。因此，掺用引气剂，使路面混凝土的热扩散系数及热传导系数变小，在强烈日照条件下，将高热量阻隔在结构以外，无疑将减小温度翘曲变形和计算温度疲劳应力值，改善了路面结构的耐热性，这对延长水泥混凝土路面的使用寿命是有利的。

总结本节的研究，引气剂能降低道路混凝土的抗折弹性模量，减小干缩应变，减小热扩散系数和热传导系数，从总体上提高了道路混凝土的体积稳定性，增强了在野外结构的耐候性。从本质上讲，为延长结构物的使用寿命，有必要提出广泛使用引气剂的技术要求，但需注意从干缩角度必须保证其含气量不大于6%，适宜的含气量在2%～6%。

4）耐久性

①抗冻性

混凝土引气提高抗冻性是引气剂最初的使用目的，在其含气量适宜时，混凝土的抗冻性会大幅度提高，国内、国外无数实验都能证明。非引气混凝土，在相同水泥用量和水灰比条件下，28d抗冻融循环次数仅105次，而使用质量较好的引气剂，含气量4.4%，普通混凝土的抗冻性可达到550次冻融循环，能满足达到超抗冻性混凝土的要求。常规松香皂引气剂，也能达到450次冻融循环。粉煤灰混凝土的抗冻性研究表明，随着粉煤灰掺量增加，达到相同含气量的引气剂用量成倍增加；粉煤灰混凝土在28d以内，虽然粉煤灰效应尚未发挥，强度较低，但只要具有抗冻所要求的含气量，其抗冻性还是能够达到300次以上的冻融循环次数。粉煤灰混凝土在100d以后的实验表明，其抗冻性与不掺的基本持平。

为满足混凝土抗冻性要求，各国都提出了适宜的含气量推荐值，一般均在3%～6%，集料的最大粒径增大，含气量变小。根据混凝土抗冻机理研究得到的最大气泡间距系数应为0.25mm，对应的最小含气量为3%。有实验表明，当混凝土含气量超过6%时，抗冻性不再提高。

②抗盐冻性

在我国北方，在冬季下雪天路面上要求撒除冰盐以减少车辆的溜滑，降低交通事故。但是，在水泥混凝土路面和桥面上撒除冰盐，会带来严重的盐冻破坏，最新的研究报告表明，其破坏速率比淡水冻融快10倍左右。具体表现在水泥混凝土路面上初冬降雪时，撒除冰盐在前一个月之内就发生了表面砂浆脱落，盐冻的破坏形式是从除冰盐溶液的渗透深度之内，表面一层层剥落。高寒地区的实践表明，撒除冰盐水泥混凝土路面的使用寿命一般不大于5年，盐冻破坏的快速性和严重性成为高寒及寒冷地区水泥混凝土路面耐久性的首要因素，必须引起高度重视。按目前的抗（盐）冻性研究成果来看，在盐冻条件下，水泥混凝土路面和桥面不使用引气剂是绝对不行的，必须使用。控制含气量不小于 5% ~ 6%，此外水灰比不大于 0.44，单位水泥用量不小于 350kg/m³。最少应有 14d 潮湿养护，并要保证路面混凝土有 30d 干燥时间，才能参与冻融循环和盐冻循环。

盐冻促成主要有以下原因：（盐）水在大孔中结晶，而在毛细管中盐水具有比淡水更低的冰点，盐水是电解质溶液，在毛细管中大大削弱了管壁上双电层吸附作用及其范围，因此电解质溶液在毛细管中具有更大、更强的可流动性，带来比淡水大得多的破坏性渗透压力。其次，在路面上干湿循环的环境下，盐溶液在孔隙中结晶，更增加了渗透压力；撒除冰盐虽降低了水的冰点和溶化点，但同时造成了更频繁更多的冻融循环次数及盐类的化学侵蚀。盐在混凝土中的干燥结晶，其巨大的结晶破坏力相当于利用钙矾石结晶所制造的"无声爆破剂"，导致盐冻破坏率是冰冻的 10 倍左右。

③抗磨性

抗磨性是道路混凝土普遍的耐久性问题。引气混凝土的抗磨性如何？从混凝土表面磨损来看，含气量对其影响较小，实验结果基本上在实验误差以内。但是，混凝土内部及总磨损却有个转折点，磨损率突然增大的含气量大约在 4%，这与粗集料界面黏接不良、脱落较快有关。因此，《规程》规定无抗冻性要求的路面混凝土，即使使用引气剂，从保证耐磨性要求出发，含气量应控制为不大于 4%。从抗磨性来看，只有道路混凝土表面有抗磨要求的砂浆表层，抗磨性基本不受含气量的影响，但表面砂浆磨掉或脱落后，当含气量较大时，其耐磨性能将随着含气量超过 4% 而显著变差。从抗磨性、抗滑性和防止砂浆脱落来看，道路混凝土保持一个最适宜的砂浆厚度是很重要的。总而言之，引气剂对混凝土抗磨性影响并不大，国外的研究结论基本相同。

④抗渗性

水利科学研究院的研究表明：在相同水灰比条件下，引气混凝土较非引气混凝土的抗渗性更高。在同水泥用量条件下，引气混凝土的抗渗性显著提高；在同配合比条件下，含气量增大，抗渗性提高掺引气剂使混凝土单位用水量减少，泌水后沉降率降低，混凝土匀质性提高，大毛细孔减少；同时气泡切断了毛细管通道，使混凝土抗渗性得到改善。

提高道路混凝土的抗渗性，对于路面表面似乎并不重要，但是对于桥面板却是很重要的。由于我国对混凝土桥面板没有抗渗性要求，有不少桥面板渗透严重，从桥下可见到很厚一层白色渗滤出来的 $Ca(OH)_2$ 结晶，在有风条件下，大部分碳化为碳酸钙结晶。由于渗透性好，桥面板先发生的是溶蚀性渗漏，孔隙逐渐加大，各种其他的冻融、盐冻、钢筋锈蚀等侵蚀破坏接踵而至，耐久性受到较大影响。例如，北京西直门立交桥，有专家认为是碱集料反应破坏，还有专家说是冻融和盐冻破坏，但笔者所做的桥面板下部溶出结晶的分析表明：首先是抗渗性不足，造成的溶出性侵蚀，这是所有其他破坏的始作蛹者。所以，提高桥面混凝土的抗渗性并规定抗渗标号，是增强耐久性首当其冲的问题。

水泥混凝土路面板虽没有桥面那样的快速干燥条件，渗透溶蚀也没有桥面上那样直观，但实际上破坏基本相同，因此用引气剂改善道路混凝土抗渗性也是有利的。

⑤耐腐蚀性及抗碱集料反应

国外的实验研究表明：引气混凝土由于具备化学侵蚀和反应物释放的孔隙，其耐硫酸盐侵蚀性和耐碱集料反应的性能优于非引气混凝土。道路混凝土引气对于缓解这两种化学反应破坏是有利的，应注意的是：其效果仅仅是数量上的缓解，而没有质量上的改变。

总结对引气混凝土耐久性的研究，掺引气剂对提高抗冻性、抗盐冻性、抗渗性、耐硫酸盐侵蚀及抗碱集料反应性能都是有利的，其中抗冻性及抗盐冻所要求的含气量较高，为 5% ~ 6%。引气混凝土的耐磨性与适宜厚度的砂浆包裹层有关，表层砂浆受含气量的影响较小，混凝土耐磨性在含气量大于 4% 受到一些影响。总而言之，引气剂对混凝土抗磨性影响并不大，引气混凝土有利于提高抗渗性，缓解硫酸盐侵蚀和碱集料反应化学膨胀性破坏。

关于其他配合比参数对混凝土材料、路面及桥面的耐久性影响规律的研究，以及在配合比设计当中如何利用这些研究规律进行混凝土路面配合比的设计，详见第六章第三节。

5）使用引气剂的经济效益

引气剂在混凝土中的掺用量很小，一般为（1 ~ 50）×10^{-4} 以内，费用很少，因此引气混凝土具有显著的技术经济效益。例如，将混凝土含气量控制在 4%，将使混凝土总量节省 4%，引气剂的费用只占节省混凝土费用的 1/4 ~ 1/3。所以道路混凝土使用引气剂，不仅技术上先进，经济上也具有相当显著的效益。

（3）混凝土含气量控制技术

1）含气量与引气剂掺量的关系

在展开引气剂对道路混凝土各项性能研究之前，需要了解引气剂掺量与所要得到的含气量之间的关系。研究表明，无论是碎石混凝土还是砾石混凝土，对于某种引气剂和特定的搅拌工艺，引气剂掺量与引气剂之间都是正比线性关系。欲得到一定的含气量，必须在特定施工工艺条件下，对拟采用的某种引气剂做实验，得到其掺用剂量与含气量的关系，并将适宜含气量对应的引气剂剂量范围确定下来，才能进行含气量的有效控制。

控制混凝土含气量，应首先根据混凝土路面工程的实际和可能，并按上述使用经验技术要求选择适宜的引气剂种类。当水泥混凝土路面工程选定了原材料和配合比，并确定了采用某种引气剂后，欲达到的含气量均可以通过引气剂使用剂量的调整来实现。这是目前世界各国所采用的最重要、最便捷的含气量调控手段。

引气剂的掺加方式应先配制成适当浓度的溶液，使用时加入拌和水中，并要注意充分溶解及扣除配制溶液所用的水量在搅拌楼只有一个外加剂加入容器，可将减水剂和引气剂混溶稀释后同时加入，则要充分注意两者的相溶性，不能使用有大量絮凝沉淀物的溶液，该溶液是根据搅拌锅的容量、单位水泥用量和外加剂剂量容器的大小计算得出的，搅拌时要在每盘用水量中扣除溶液所增加的水量。后掺引气剂将严重影响搅拌机的生产效率，一般不采用，引气剂严禁干掺。

2）道路混凝土含气量的施工控制技术

在道路滑模摊铺及其他方式施工的水泥混凝土中，上文论述指出：使用引气剂会带来诸多优异的路用性能。如增大静态坍落度，增加新拌混凝土振动黏度系数，减少泌水等改善工作性；提高抗折强度；减小弹性模量及荷载变形；减小温湿度变形；增强抗冻、抗盐冻耐久性；提高抗渗性；提高耐腐蚀及抗碱集料反应能力等。但必须从原材料、混凝土的搅拌和水泥混凝土路面的摊铺等方面，进行卓有成效的含气量控制和监测工作，方可取得这些优异路用性能。下面介绍道路混凝土的含气量控制技术。

3）混凝土含气量检测方法

国际上采用在施工现场的新拌混凝土含气量测量方法有：压力法（水或气）、体积法（滚动或搅动）、比重计法、Chace 空气探测仪等。这些方法的精度对比研究表明：压力法和体积法的精度较高，比重计法由于精确测定引气混凝土和同配合比的非引气混凝土比重的精度限制，测量精度较差；Chace 空气探测仪是近年来出现的一种新方法，要在混凝土中筛出砂浆测定含气量，再反推到混凝土中，所以误差偏大难以避免。

对有抗冻性要求的引气混凝土耐久性而言，气泡参数与抗冻性直接相关，气泡平均间距应不大于 0.2mm，气泡比表面积应不小于 $236cm^2/cm^3$ 测定硬化混凝土气泡参数有光学显微镜线割气泡计数器、硬化混凝土气泡参数高压测定仪等。硬化混凝土气泡参数测定检测技术较复杂，多用于实验室研究，在此不赘述。

在我国《公路工程水泥混凝土试验规程》（JTJ053-94）中，对测定混凝土拌和物的含气量规定有水压法 T0514-94 和改良气压法 T0515-94，这两种方法都属于压力法。压力法测量新拌混凝土含气量的理论基础是波义耳定 1%，最初是 1946 年由

Klein和Walker所发现，它测量精度高，复演性好，也是我国其他行业普遍采用的方法。只要严格按照规程规定的实验步骤和标定方法，均可得到满意的含气量测定结果。我们的实验研究全部采用改良气压法测定。为了模拟滑模施工时的超高频振捣棒对混凝土含气量的剧烈排除作用，作者在滑模摊铺混凝土试验中，规定每三层的振动台振动时间由试验规程规定的20s延长到30s。

无论水压法或气压法，与体积滚动法相比，实验仪器过于笨重、实验步骤也较繁杂。我国应该引进精度同样高、测定体积含气量更直接、仪器和实验方法更为简捷的体积滚动法。

4）道路混凝土含气量的控制目标

制定道路混凝土含气量的控制目标应该有三方面的要求：一是有抗盐冻性要求，即冬季需要大量撒除冰盐的地区，严格使用接近极限的含气量，保证在一定年限内不破坏；二是在有抗冻性要求的地区，满足路面抗冻性和路用性能两者的共同要求；三是在没有抗冻性要求的地区，满足优良路用混凝土性能的要求。

对照我们提出的道路混凝土有抗冻性要求时允许波动的含气量推荐值，与我国《混凝土外加剂应用技术规范》规定值及各国的推荐值，基本上是一致的。在无抗冻性要求时，推荐含气量比有抗冻性要求的推荐含气量总体上小1%。

在有、无抗冻性要求两种情况下，对照作者在上文中，从改善道路混凝土工作性、抗折强度、变形性能和各项耐久性（抗磨性）所要求的最佳含气量角度，推荐数据基本都能满足。这表明按照这个推荐数据进行含气量控制，将有效地实现我们利用引气剂改进道路混凝土的路用性能的技术目的。推荐含气量允许波动是施工实际的客观要求，在美国垦务局所提出的含气量推荐值也是允许波动 ±1% 的。

与国内其他土木工程行业只在有抗冻性要求时使用引气剂相比，本规程使用了扩展耐久性概念——耐候性。规定所有混凝土路面无论有、无抗冻性要求都应使用引气剂，并达到各自的规定含气量。对于混凝土路面这种大面积体积比暴露于野外的混凝土薄壁结构改善耐候性，减小温、湿度翘曲变形、应力和冻坏是相当重要的。

（3）混凝土路面工程外加剂使用技术

1）减水剂与所用的水泥适应性问题

当采用当地的水泥和砂石料时，性能会有很大的变化，有的减水剂的减水率可能远高于规范中的数据，有的则可能根本不减水反而增加单位用水量，甚至出现假凝现象。国内很多公路水泥混凝土路面工程即使有外加剂也不使用，因为用外加剂需要承担风险，这是外加剂在混凝土路面中推广不开的重要原因之一。

影响外加剂适应性的因素主要是水泥中的矿物成分，最主要的是所用的石膏种类、混合材料和铝酸三钙含量，一般适应好的是二水石膏，适应性不佳的是半水石膏、硬石膏、佛石膏、莹石膏及工业石膏渣等，特别是木钙、木镁、木钠和糖蜜、糖钙糖钠两大类型的外加剂，只对普通二水石膏适应，而对各种石膏变种均不适应。混合材料如火山灰、煤矸石、粉煤灰、窑灰对外加剂的吸附量很大，如粉煤灰水泥或掺粉煤灰的混凝土，引气剂的剂量必须加倍，才能达到规定含气量的引气效果。铝酸三钙含量越高，对减水剂的吸附量越大，减水率越小；铝酸三钙含量较低的水泥，减水剂的减水率较高。

外加剂与水泥的适应性问题，是外加剂学术界正在研究中的重大问题。按作者的观点，适应性问题可分为化学不适应和剂量不适应两类问题。如木钙、糖钙对各种变种石膏不适应，属于化学上的不适应，必须更换与水泥在化学上适应的外加剂方可解决。铝酸三钙含量及水泥中的混合材料，如粉煤灰、火山灰、煤矸石、窑灰的不适应问题，属于它们的过量吸附造成的剂量不适应问题，这个问题中有化学吸附和物理吸附共同作用，不能简单归结为物理不适应。对此，加大外加剂的剂量是可能解决其剂量不适应问题的。

无论是化学抑或剂量的适应性，只有通过试验才能得到鉴别。所以，所有公路工程使用的减水剂都必须先通过混凝土试配试验，检验其对某项工程所用的水泥是否适应。遇到剂量不适应问题，生产厂家提供的最优外加剂掺量已经发生了变化，对当地使用的水泥来讲，已经不适应了。首先，应根据外加剂厂家提供的剂量实验，证明化学上适应与否。如果基本适应，而效果不如或减水率远小于厂家提供的数据，就必须变换几个剂量，找到与本地水泥适应的最优掺量（或称饱和掺量），再按照找到的最优掺量使用外加剂。所谓外加剂的最优掺量是指外加剂掺量与混凝土减水率之间曲线关系中的上升线到水平线之间的拐点（饱和点）所对应的掺量，即小于最优掺量，当外加剂用量增加时，新拌混凝土减水率是增大的；大于最优掺量，增大外加剂掺量，减水率不再增大或增加不明显，多掺剂量是无用的或无意义的。

在滑模施工水泥混凝土路面中使用的控制坍落度损失的保塑剂和延长缓凝时间的缓凝剂，其与所用水泥的适应性比减水剂的适应性问题还要突出，表现为在某些水泥中使用效果良好的保塑剂和缓凝剂，在另一些水泥中毫无效果，目前其作用机理尚不清楚。要想达到优良的保塑缓凝效果，必须拿几种保塑剂和缓凝剂做试验，达到保塑和缓凝要求者，方可使用。

2）外加剂使用过程中的质量控制技术

同时使用几种外加剂时的可共溶性：

滑模摊铺水泥混凝土路面在夏季热天施工中，要求同时掺高效减水剂、缓凝剂和引气剂或是同时使用缓凝减水剂和引气剂。在大型混凝土搅拌楼上，一般只有一个计量筒，要求将各种外加剂同时溶解于一个稀释池中，用自动计量筒分盘计量并喷入搅拌锅。这时可能会遇到几种外加剂不能混溶的问题，如糖钙与松香皂混合，钙化糖蜜的过量钙离子，会将松香皂化的钠离子离解或置换出来，使松香皂还原为松香或松香钙，造成大量絮状漂浮物或沉淀。这一方面使引气剂几乎完全失效；另一方面这些絮状或沉淀物会堵塞滤网，使外加剂溶液无法泵送拌和使用。

这种情况，国外亦遇到不少，目前的解决办法一是改用可共溶的外加剂品种；二是在搅拌楼上配备两套外加剂的计量筒和泵送设备。

外加剂的沉淀、分层及其危害：

大型混凝土路面施工适合使用化学反应合成后，喷雾干燥前的高浓度液体外加剂原液，不适合使用喷雾干燥后的粉末外加剂，然后在工厂或现场加水配制成一定浓度的液体。由于喷雾干燥，部分外加剂已经焦化或碳化，不可能在常温下溶解了。使用粉末外加剂时，应 20t 一批，在水中稀释，检测其不溶物和沉淀含量。外加剂稀释溶解池中形成的大量沉淀物，几天不清除，就会在池中累积很厚一层沉淀物，这个沉淀层搅拌起来，池中的外加剂浓度就大大超出施工规定的剂量浓度，更为有害的是直接抽取外加剂沉淀物拌和混凝土。在这两种情况下，如果使用了木钙或糖钙粉末，由于它们的强缓凝作用，加上超量使用，实际施工时，会造成混凝土路面几天都不凝固，看着断板也无法锯缝。试验证明：超缓凝的混凝土即使很长时间以后会凝固，强度也很低，远远达不到设计要求，不得不铲除重铺。这种情况已在多个工地遇到，必须引起足够重视。如果外加剂沉淀过多，势必造成正常施工时的外加剂用量过小，达不到预期的减水效果，对混凝土强度不利；而抽取底部溶液时，浓度又特高，会造成工程质量事故。所以，必须规定施工 1 ~ 3d 对外加剂池进行彻底清理，丢弃池中的沉淀物。

几种外加剂复合使用中的分层问题，主要由于各种外加剂溶液的比重不同，长时间静置，像"鸡尾酒"似的按其比重大小上下分层。分层的外加剂在外加剂水泵抽吸的过程中，有可能只抽了某层某种外加剂，从而造成危害。如果我们抽取的是某一层中的外加剂，那将肯定是某种性能的单一外加剂，也将造成外加剂的使用事故。复合外加剂的分层问题比较好解决，同时复合使用几种比重不同的液体外加剂时，要求连续不断地搅拌外加剂稀释池中的溶液，防止形成分层现象。

各种外加剂的稀释用水和原液中的水量，在混凝土搅拌时应从加水量中扣除。

外加剂的原液浓度和剂量控制：

使用液体外加剂，每 20t 为一批，用烘干法测量其含固量是否达到产品的有效成分即含固量指标、有无变化；每一筒液体外加剂，在稀释前，均使用比重计测量其浓度及其变化，过稀达不到样品浓度和含固量的外加剂坚决退货。比样品浓度大的外加剂，使用稀释时，应该在稀释池中多加水，稀释到规定浓度。粉装外加剂，每20t为一批，使用前应检测其不溶物质及沉淀含量，以便规定在施工过程中，粉装外加剂的沉淀物彻底清除的时间。因为外加剂的使用量是根据搅拌楼容量，按配合比中水泥剂量的百分比或千分比，再按外加剂计量筒体积计算的稀释浓度。如果原液浓度有较大变化而没有及时调整，势必造成外加剂掺量的很大变化，按规定外加剂用量波动不得超过2%。外加剂用量过小，则减水率不够，影响抗折强度；用量过大，过多外加剂则会带来严重的质量事故。

第二节　集料

集料是混凝土中分量最大的组成材料，粒径 d ≥ 5mm 以上者，称为粗集料，粗集料最常用的分类是按粒形分为碎石、破口石和砾石；粒径 d < 5mm 以下者，称为细集料，细集料按产状可分为河砂、海砂、山砂、沉积砂、机制砂等。粗、细集料在混凝土中占有 4/5 的分量，所以，粗、细集料对混凝土路面工程质量有着举足轻重的影响。在本节中，将详细讨论集料的品质及其对混凝土路面工程性质和质量带来的影响。

一、粗集料

1. 粗集料的种类

混凝土粗集料种类从岩石成因上可分为火成岩、变质岩和沉积岩。从岩石化学成分上分为碱性石灰岩、玄武岩、大理岩等，有酸性花岗岩、石英岩等，中性闪长岩等。

岩石由产状分类有叶岩、板岩、砂岩、块状岩石等。从粒形上分为碎石、破口石和砾石，有不规则、角状、片状、针状。按岩石的表面结构可分为玻璃质、光滑、粒状、粗糙、结晶、蜂窝状等。

集料的颗粒形状、级配、矿物成分、表面特征对所配制的混凝土抗折强度、用水量、工作性、界面黏结有较大的影响。

2. 粗集料对路面混凝土性能的影响

在过去很长一段时期内，人们都认为集料是混凝土中的惰性成分，除了粒形和级配外，它对混凝土及其路面性能几乎没有影响。但随着研究的深入，现已有了一些新的认识。

对水泥混凝土路面而言，就目前所知，相同岩石成分不同的粗集料粒形有碎石、破口石和砾石。首先，影响拌和物工作性，砾石和易性和流动性优于破口石，破口石优于碎石；其次，由于粒形造成嵌锁力不同，碎石混凝土抗折强度高于破口石，破口石高于砾石；最新研究成果表明，混凝土路面的耐疲劳循环次数砾石高于破口石，破口石高于碎石。

随着高性能道路混凝土的发展，集料的强度决定混凝土可能达到的最高抗压强度，集料的种类和级配决定混凝土弹性模量的大小，并且可以通过集料的体积份数和对应的弹性模量计算出来。粗集料在普通混凝土中，质量占 50% 左右；体积按骨架密实结构几乎充满混凝土整个空间。在高速公路要求的高性能道路混凝土中，粗集料的重要性比中低强度的混凝土更为突出。

最新研究表明，岩石的酸碱性影响混凝土材料结构内部的集料界面黏结强度和界面结构宽度，碱性岩石优于中性岩石，中性岩石优于酸性岩石。同时，岩石的酸碱性，影响混凝土的温度收缩系数，酸性石英岩的温度收缩系数可达碱性石灰岩的 2 倍以上，粗集料岩石的酸碱性对混凝土温度变形性能影响很大，不仅影响到面板的温度翘曲量和温度疲劳应力大小和特性，进而影响其抗风化能力及耐候性，包括抗冻性。从抗断裂能力角度而言，岩石本身结晶结构复杂的变质岩优于结构均一的火成岩和沉积岩。

3. 粗集料的技术要求

（1）石料强度和压碎值

粗集料的强度采用两种强度指标来表示：一是直接采用岩石制成 5cm×5cm×5cm 立方体（或 φ5×5cm 圆柱体）试件，在水饱和状态下测得的极限抗压强度。二是以粗集料在圆筒中抵抗压碎的能力（压碎值）间接推测其强度。用压碎值评定粗集料强度时，由于岩石的抗压强度越高脆性越大的影响，经常会发现压碎值与块体抗压强度不对应的现象。后一种方法检验便捷，国内、国外各行业混凝土工地一般多采用后者。注意做水泥混凝土路面压碎时，荷载为 200kN，压碎使用 10～20mm 的粒径，属于压碎的粒径 d≤2.5mm。而基层和沥青路面集料压碎值用 400kN，压碎 12～16mm 颗粒，采用通过 3mm 压碎质量与总质量之比计算压碎值。试验的细节也有差别，所以两种压碎值之间没有可比性。其次，粗集料粒形对压碎值的影响很大，砾石的压碎值远小于碎石。

一般要求岩石的抗压强度值与混凝土标号之比不宜小于 1.2～1.5。高速公路路面混凝土满足设计抗折强度 5.0MPa，加上施工保证率为 5.75MPa 时，对应混凝土的抗压强度约 C40。所对应粗集料的抗压强度火成岩不宜低于 80MPa，变质岩不宜低于 60MPa，沉积岩不宜低于 50MPa。

实践证明，在承受很大破坏力的高等级公路水泥混凝土路面上，当集料强度过低、风化程度过大、粗集料本身有微细裂缝时，水泥的数量和水灰比的高低对保障抗折强度 5.0MPa 以上均无效，弯曲断裂破坏将首先从粗集料开始。1996 年作者在 312 国道最西端新疆果子沟重山区路段进行超二级水泥混凝土路面滑模摊铺时，全部果子沟 50km 路上基本为河流冲成的石灰岩石冲沟，但沟内任何一处的石灰岩石无论碎石和砾石，均不能满足水泥混凝土路面 4.5MPa 的抗折强度要求。从抗折强度试件断口可见，岩石几乎全部断裂，而抗折强度最高值仅为 4.4MPa，平均值为 4.2MPa。仔细观察粗集料石灰岩，其中每块集料都充满微细裂缝，压碎试验得出的压碎值为 26.3%。考察当地的气候风化条件可知，该地夏季山坡阳面太阳直接照射下的岩石表面温度 55℃；冬季最低气温 −43℃，表面岩石受到的年温差达 981°。岩石受到了强烈的自然风化作用，解理、裂隙和微裂缝强烈发育，满沟的岩石均无法达到制作水泥混凝土路面抗折强度的要求，不得不在 70km 以外的赛里木湖边寻找合适的碎石料场，以加工并运送粗集料。

我国高速公路水泥混凝土路面破坏较多，其中粗集料强度指标过低是其原因之一，由此很有必要在相关规范中统一规定，提高高等级公路水泥混凝土路面粗集料的强度和降低其压碎值。《规程》规定滑模摊铺水泥混凝土路面碎石、砾石的压碎值均不得大于 16%，当压碎值不满足此要求时，按试配混凝土抗折强度试验结果达到 5.5MPa 与否决定取舍。

实际上降低压碎值要求就是在碎石开采时，剔除和不使用表层风化程度较大的山皮岩石。强风化的岩石集料不仅抗折强度无法达到要求，而且即使混进少量的强风化集料，在路表面上与泥块一样会出现空洞，造成破坏的临空点，对路面质量相当有害。

（2）碱活性集料

水泥混凝土中发生碱集料反应，必须具备三个条件：

①高碱水泥，当水泥的含碱量不小于 0.6% 或水泥用量过大，混凝土中总含碱量（包括外加剂和水代入的碱度）不小于 $3kg/m^3$；

②碱活性集料，包括活性硅酸质集料和活性碳酸质集料两类；

③水分，最近研究发现，与空气湿度相平衡的湿度就足以提供碱集料反应所需要的水分。

对于水泥中的碱含量控制标准上文已经阐述，问题是水泥混凝土的水化反应是在高碱性条件下进行的，硅酸盐类水泥的 pH 在 13.5 左右。即便严格限制水泥和外加剂带进混凝土中的碱含量，依然不可改变水泥混凝土的高碱性环境，在活性集料中不能保证其长期化学体积稳定性和耐久性。所以，最根本的防止碱集料反应的办法是严格限制不使用混凝土中的碱活性集料。

研究表明，在我国能够造成碱－硅酸反应的集料岩石主要有：硅质白云岩、硅质灰岩、花岗岩、流纹岩、安山岩、玄武岩、片麻岩、凝灰岩、雨花石、燧石等。活性岩石矿物有：微晶石英、玉髓、微晶白云石、蠕虫状石英、火山玻璃体等。不仅碱硅酸反应与这些活性 SiO_2 硅质矿物有关，而且研究表明：碱碳酸盐反应也与其中夹杂的活性 SiO_2 硅质矿物关系密切。所以，在重要高速公路水泥混凝土路面工程准备工作中，当怀疑有活性集料时，应进行活性 SiO_2 硅质矿物的岩相学或碱集料反应鉴定。应该注意集料的碱活性不仅是粗集料中有，细集料石英砂中也会发生碱活性反应，应当对粗、细集料的碱集料反应同样重视。典型的石英砂导致的碱集料反应破坏在首都机场的跑道上被发现；典型的粗集料碱硅酸反应作者在青海西宁机场停机坪上发现，不仅混凝土全部发生网络状开裂，而且裂缝中有乳白色反应生成物硅胶。为了在我国高速公路水泥混凝土路面上防止碱集料反应破坏，《规程》中除了对水泥的碱度和混凝土中总碱量进行限制外，还规定：粗、细集料当怀疑有碱活性集料，或夹杂有碱活性集料时，应进行碱集料反应检验，确认无害后方可使用。

（3）粗集料的最大粒径

水泥混凝土路面粗集料的最大粒径是一个长期以来有争议的问题。《水泥混凝土路面设计规范》（RA012-94）和《水泥混凝土路面施工及验收规范》（GBJ97-87）都规定最大粒径 40mm，同时在级配曲线中规定 40mm 上的筛余量不大于 5%。实际施工中很难满足后一项要求，超径过大、含量过多。40mm 粒径的规定是在"七五"期间，按一般公路水泥混凝土路面 4.5MPa 的抗折强度要求规定的，其宗旨是为了在 0 ~ 20mm 坍落度时，用大粒径和良好级配来节约水泥。但是在目前高等级公路上规定设计抗折强度 5.0MPa，加上 1.15 的施工保证率又加上 0.75MPa，施工抗折强度 5.75MPa 就出现了问题，在 40mm 的最大粒径下，这样高的抗折强度很难达到。结果为了提高抗折强度，在大粒径条件下，反而多用了水泥。

应该指出：当采用砾石作滑模摊铺混凝土路面的粗集料时，对达到路面设计和施工保证率之和 5.75MPa 的抗折强度而言，最大粒径 30mm 仍然偏大，难从达到。所以，在采用砾石混凝土时，一般应采用 20mm 的最大粒径来保证抗折强度和疲劳强度。美国 ACI 的研究表明：最大粒径 20mm 的砾石混凝土，耐疲劳循环周次比最大粒径 30mm 的砾石混凝土大 1 ~ 2 倍；最大粒径 20mm 的砾石比碎石的耐疲劳极限也大 2 ~ 4 倍，但碎石混凝土抗折强度比砾石高。

（4）粗集料的粒形

1）针片状含量

按粗集料的颗粒外观形状，可分为碎石、破口石或砾石。同一种粗集料的针片状颗粒含量，不仅对混凝土的工作性、单位用水量有很大影响，而且对抗折强度、耐动载疲劳极限、弹性模量、温度和湿度收缩变形、路面平整度有很大的影响。现行水泥混凝土路面设计和施工规范以及《普通混凝土用碎石或卵石质量标准及检验方法》（JGJ53-92）中均规定混凝土抗压强度不小于 C30 时，碎石、砾石的针片状颗粒含量不大于 15%。其实这个限制对高速公路水泥混凝土路面过于宽松，对于改善混凝土工作性、增加密实度、提高抗折强度、减小收缩和改善平整度均很不利。实际工程中在大多数情况下，不超过 10%，高速公路应将针片状颗粒含量限制在不大于 10%。

粗集料的针片状含量，最主要与粗集料的破碎生产方式有关。简易鄂式一级破碎，针片状颗粒一般在 10% ～ 16% 之间，5 ～ 10mm 的小碎石偏大，10mm 以上颗粒针片状颗粒含量较小。针片状颗粒不大于 10% 的优质碎石的必须采用两级破碎方式生产，第一级粗破碎可采用颚式，第二级应采用反击式、回旋式、冲击式、锤击式、圆锥式或对流撞击式进行生产。在湖北黄黄高速公路上，自备 4 套 120t/h 生产能力的碎石机来供应水泥和沥青路面的碎石集料，取得了质量、效益双丰收。

2）集料颗粒粒形的定量表述

球形率通过实积率与相同水灰比下的混凝土单位水泥用量贡献的抗压强度有关系。当集料的针片状颗粒含量减少，颗粒趋向于球形，球形率 ψ 趋近 1，级配良好时，实积率 θ 增大即空隙率减小，构成了骨架密实结构，单位水泥用量贡献的抗压强度增大，作者相信此规律对路面混凝土的抗折强度具有相同的影响，对混凝土抗折强度而言，集料的嵌锁力原理对提高抗折强度比对抗压强度有更重要和直接的作用。

研究表明：人工碎石及河砂经过级配和球形率的优化，砂石料混合级配所能达到的最大集料实积率 θ=0.87，最小空隙率 Δ=0.23，水泥浆体积超量系数取 1.3 时，水泥浆体的体积份数 V_p=0.28，水灰比为 0.42，单位水泥用量为 337kg/m³，可达到 C60。级配和球形率的优化，砂石料混合级配达到最大集料实积率 θ=0.87 时，不仅强度值最高，而且水泥最节省，单位水泥贡献的强度最高。

集料粒形的影响还包括：粒形（球形率大）和级配好的新拌混凝土和易性、流动性、易密性好，泌水离析减少。球形率 ψ 大，实积率 θ 高的硬化混凝土由于有最大限度的粗集料充填体积率，构成了骨架密实结构，混凝土的收缩变形和开裂也肯定是最小的。这些规律是指导高性能道路混凝土的集料基本原理之一。

（5）粗集料级配

粗集料级配优劣首先影响新拌混凝土的工作性、黏聚性、匀质性和可振动密实度。良好级配所提供的较大嵌锁力直接关系到抗折强度大小和单位水泥用量多少，粗集料级配好坏还影响水灰比和单位用水量的大小，同时决定着塑性收缩和硬化混凝土的干缩变形性能和抗冻耐久性，所以级配优良是优质水泥混凝土路面的先决条件之一。滑模摊铺水泥混凝土路面用的粗集料级配要好，可采用连续级配和间断级配，一般间断级配不易获得，多采用连续级配。

综观国内、国外的水泥路面，与沥青路面和泥结碎石路面相比，其级配要求则宽松得多。有一种解释是水泥水化后为水泥石，它与石头一样具备较强承载力和抗压强度。这一点不可否认，但在高速公路水泥混凝土路面上，其级配不能过于宽松。一般条件下，施工所得到的水泥石，总是低于粗集料岩石的强度。对高速公路水泥混凝土路面而言，一是增强嵌锁力对提高抗折强度十分重要；二是水泥石是路面干缩变形的源泉；三是水泥石与集料界面控制着混凝土渗透性和抗冻性。所以，从严控制路面混凝土粗集料级配，使路面混凝土形成具有嵌锁力的骨架密实结构，对改善其路用品质和使用耐久性具有现实意义。

实际使用当中，粗集料生产中是分级为 5 ~ 10mm，10 ~ 20mm，20 ~ 30mm 或 10 ~ 30mm 的，最大粒径 30mm 的粗集料在使用 5 ~ 10mm，10 ~ 30mm 的两级配制的级配曲线不佳时，应采用三级配来控制优良的级配曲线。实际使用当中，宜对各分级级配也提出单级级配的控制要求，以便于施工控制粗集料级配。对最大粒径 20mm 的大、小两级配粗集料，关键是两者的质量比例应为（30 ~ 40）：（70 ~ 60）之间；最大粒径 30mm 的大、中、小三级配的比例应为 50：30：20。具体比值应根据振实最大密度来试验确定，满足最大密度和最小空隙率，肯定落在规定的级配范围以内。当需要提高抗折强度时，应选用 5 ~ 10mm 颗粒的高限；要求减小收缩，增大密度，则应选大粒径高限。

二、细集料

1. 砂的种类

细集料有河砂、海砂、山砂、沉积砂、机制破碎砂、工业废渣砂、尾矿砂等。其中，河砂经长期水流冲洗，粒形较圆、较洁净，质量最好，因此高速公路、一级公路水泥混凝土路面工程应优先采用河砂。海砂的氯离子含量、硫酸根离子含盐量和贝类壳含量等较高，经冲洗处理，满足氯盐、硫酸盐和有机质含量规定，可用于无筋混凝土路面，但不得用于配筋及钢纤维混凝土路面、桥面及搭板。山砂的含泥量和软弱颗粒较多，但只要不超标，仍可使用。破碎砂的粒形很差，石粉含量很高，新拌混凝土工作性很差，相同工作性的水灰比大，抗折强度及耐磨性等指标不易满足，当控制住细石粉和土含量，采用减水率较高的外加剂时，也可生产合格的滑模摊铺水泥混凝土路面。

2. 砂的粗细、细度模数和比表面积

作者用吸附法证实，对混凝土工作性影响很大的砂比表面积与其细度模数之间有良好的反比线形关系。砂越粗，其细度模数越大，比表面积越小。目前采用的砂的细度模数可以较好地代表砂的粗细程度和比表面积，此规律对滑模混凝土配合比设计中的砂率确定很重要。与其他土木、建筑工程行业混凝土配合比不同的是，作者提出了路面半塑性混凝土由工作性指标控制的配合比设计中选择砂率的总表面积原理。由于路面混凝土要求的坍落度和振动黏度系数是确定值，要保持工作性不变的前提是保持包裹粗、细集料的水泥浆厚度不变，水泥浆厚度不变就要求混凝土中的集料总表面积恒定。在相同最大粒径时，粗集料的表面积变化很小，可忽略不计，而砂的细度模数由其比表面积决定，因此要保持良好的工作性和可滑性，必定要求按砂的总表面积，即砂的细度模数来选定砂率。对给定粗细的砂，应按集料的总表面积不变来调整使用适宜的砂率：砂细，细度模数小，比表面积大，用较小砂率；反之，砂粗，比表面积大，用较大砂率。保持混凝土中总表面积不变，水泥浆厚度不变，工作性基本恒定，这就是道路滑模混凝土的总表面积原理。只有这样，才能保证滑模混凝土具有良好的易密性、和易性、黏聚性和滑模摊铺性能。

滑模混凝土的可滑性与泵送混凝土的可泵性相仿，所谓可滑性就是混凝土在滑模摊铺机摊铺后，路面混凝土不仅被振捣密实，而且不被挤压底板拉裂，表面挤压成形后，不再有需要处理的缺陷。这个问题不仅与滑模摊铺机上的施工参数的设置有关，而且与新拌混凝土的可滑性这个滑模混凝土特殊的工作性有关，两者相比，后者更为重要。我们的研究表明：滑模混凝土的可滑性与总表面积、砂的细度模数和砂率关系密切。

为了保证水泥混凝土路面抗折强度和表面砂浆抗磨性，高速公路、一级公路宜采用细度模数 2.3 ～ 3.2 之间的Ⅰ区、Ⅱ区中砂、中粗砂和偏细粗砂。

施工实践证明，Ⅲ区细砂混凝土即使使用较低砂率，黏聚性很大，满足滑模摊铺时的单位需水量较大，水灰比较大，混凝土路面的抗折强度难于保证。同时，路面抗磨性严重不足，抗滑构造的保持时间短，这将影响到高速行车的安全性，一般不宜使用。在只有ⅠE区的细砂，细度模数大于 1.8 时，混凝土配合比设计应认真研究，使用减水率大于 15% 的高效减水剂，同时降低砂率，不使单位用水量增大过多，首先保证抗折强度，用低水灰比的细砂浆体保持抗滑耐磨性。但是，应注意砂率不可太小，砂率过小将造成混凝土中砂浆总体积不足，使新拌混凝土的振捣提浆不足，而使其可滑性变差，表面的拉裂和石子挤压变位的缺陷增多。在热天施工时，必须增加使用保塑剂来解决高效减水剂混凝土的快速坍落度损失。有时，加大普通缓凝减水剂的用量来增大减水率，并降低坍落度损失，在热天施工时的效果要比使用高效减水剂好。在任何气温条件下，应保证低水灰比的细砂新拌混凝土的初凝时间不短于 2h 的施工操作需要。

细度模数大于 3.2 的 I 区粗砂，一是表面微观抗滑构造深度过大；二是表面过粗砂粒路面平整度难于满足要求，不宜使用。作者在福建龙岩高速公路工地，曾经使用细度模数为 3.3 ~ 3.6 范围的粗砂，结果在拖出细观抗滑构造时，粒径大于 2.5mm 的砂过多，很难制作合格的细观抗滑构造；同时 2.5 ~ 7mm 的砂粒被拖出来后，静态 3m 直尺的平整度有 6mm 之多，因此不得不改用细度模数 2.9 ~ 3.1 的砂。I 区的粗砂细度模数不大于 3.2 时，采用时要加大砂率，增大黏聚性，防止塌边和倒边，并采取加引气剂的措施来防止混凝土路面表面大量泌水。泌水会因表层水灰比变大，造成表面强度很低，严重降低了路面表层的耐磨性、抗剥离性和抗冻性。

3. 细集料的质量要求

其中，含泥量过多带来的问题最为突出，应严加控制，使之不宜超过 2%。因砂的种类较多，来源不同，有时控制砂中的含泥量相当困难，大量砂的全部清洗又做不到。在这种特殊情况下，应采取的措施：一是在混凝土配合比中，控制砂石料中的总含泥质量不超标；二是在砂石料的总泥量也超标，又无法清洗的情况下，则必须加大 20 ~ 40kg/m³ 水泥用量来保证达到规定的施工抗折强度。这些均为不得已而为之的措施，严格要求则应控制住砂石料各自的含泥量。

第三节　接缝材料

一、胀缝填缝材料

胀缝填缝材料包括胀缝板、胀缝上部的嵌缝材料及其黏结剂。接缝板和橡胶嵌缝条应能适应混凝土路面板的膨胀和收缩，应具备易于安装、施工时不变形、不脆断、复原率高、密封性好、抗嵌入、切割能力强和耐久性优良等性能。

1. 胀缝板

胀缝板有各种木板、沥青纤维板、泡沫橡胶板、泡沫树脂板及各种纤维复合板材，使用较好的有杨木板、杉木板及沥青纤维复合板，性能要符合《公路水泥混凝土路面接缝材料》（KJT/T203-95）的技术要求。

工程实践表明：各种柔软的泡沫板材，由于架立刚度不足，立不起来，不适应滑模连续摊铺对其挤压小变形的要求，不便于在滑模摊铺水泥混凝土路面胀缝中采用。目前在滑模施工的高速公路工程中使用性能最佳的胀缝板是益阳至常德高速公路使用的泡沫橡胶板，其刚度、压缩性及耐生物侵蚀及化学腐蚀均相当优良。实际上，所有的木板，在使用寿命要求 30 年的高速公路、一级公路水泥混凝土路面上使用都有严重的不耐生物侵蚀问题，5 年后木板基本上被虫蛀成了粉末　因此，木质胀缝板材在水泥混凝土路面中必须使用稀释热沥青浸泡透，即使这样，大致仅能正常使用 10 年左右，耐久性和使用年限仍不能满足水泥混凝土路面的使用要求。所以，在高速公路、一级公路水泥混凝土路面不推荐使用木板，而推荐使用泡沫橡胶板或沥青纤维板等。

胀缝板使用中最大的问题是不仅要保证板的压缩变形小，而且要完全隔断混凝土，胀缝板不得有破损、缺口和未连接部位，只要胀缝板未完全隔断混凝土，胀缝必被挤坏，这一点在施工中应严加控制。

2. 胀缝嵌缝材料

胀缝上部的密封嵌缝条，由于胀缝伸缩间距较宽和伸缩量较大，一般不使用普通缩缝用实心填缝料。任何填实的材料，都会在夏天被挤出来，会被车轮碾坏或带走，影响平整度和舒适性，所以应该采用多空隙材料来填缝，多采用预制空心橡胶嵌缝条以适应较大的伸缩变形，同时多空隙材料又不能被嵌入的硬物较快切割破坏。在高速公路上，应采用预制多孔橡胶条和发泡聚氨脂，我们使用过国产两孔橡胶条，进口五孔橡胶条，使用实践证明，这两种橡胶条效果均不理想。两孔橡胶条使用 1 ~ 2 年后，五孔橡胶条使用 2 ~ 3 年后，就被嵌入的砂石切成了条带片，失去密封，随后就完全破坏了。

通过研究，作者从水泥混凝土路面胀缝经久耐用，有效防止被砂石切割和防水渗漏的效果出发，提出断面多重设防的复合翅翼大深度预制空心四孔橡胶嵌缝条结构形式和规格。

这种截面破坏时，首先破坏上部翅翼，但底部四孔截面将具有良好密封性，直到上两孔被破坏，仍具有一定密封效果，下两孔破坏后，嵌缝条才失效，这种截面的嵌缝条有希望使用 5 年以上。嵌缝条填入前应清洁缝壁，必须用粘接剂与混凝土壁粘接牢固。广西在柳桂高速公路上试用了发泡聚氨酯作胀缝填缝材料，使用效果比实体填缝材料要好，但由于发泡聚氨脂是封闭的圆孔，使用中照样会被挤出，效果不理想。在一般等级公路水泥混凝土路面上，可采用质量较好的缩缝填缝材料。

3. 润滑粘接剂

胶条润滑粘接剂是胀缝和缩缝安装预制橡胶填缝条和多孔聚氨脂的专用材料。要求粘度适中，固化前不发粘，有较强的润滑作用，固化速度可调，固化后与橡胶填缝条和混凝土缝壁粘接牢固、低温不脆、不溶于水等。可选用的粘接剂有聚氨脂胶粘剂、改性环氧树脂胶粘剂等。

二、缩缝填缝材料

在我国卡车敞开运输、路面很脏和基层较弱的情况下，不可能像某些发达国家那样，有贫混凝土基层，并配置传力杆，缩缝仅切 3mm 宽，不填缝。我国水泥混凝土路面缩缝，从使用密封防水、防唧泥和错台、防缝壁破坏和提供足够的嵌锁力角度出发必须灌缝。

1. 缩缝填缝材料的类型

缩缝填缝材料的种类多而杂，性能差异很大，施工时必须搞清楚填缝材料的基材类型，从填缝材料的性能、使用耐久性和经济性诸方面考虑，选择适合不同公路等级水泥混凝土路面的填缝材料，笔者将目前国内使用较多的填缝材料按其化学成分划分为四种，可供选用填缝材料时参考。

（1）树脂类填缝材料

主要有硅树脂、聚氨脂、氯偏树脂、环氧树脂等为基材的填缝材料，这是属于技术性能最高档的填缝材料，在我国高等级公路上，大多数采用聚氨脂填缝材料。正常使用温度在 –30 ~ 70℃之间，使用耐久性尚可；但普通聚氨脂在某些气候严寒地区使用，低温下性能偏脆，有低温脆裂的趋向。这个问题目前可以通过聚氨脂改性来解决，使用低温改性共混交链聚氨脂。

（2）橡胶类填缝材料

以氯丁橡胶、沥青橡胶或改性橡胶为基材的填缝材料，优点是弹性好，但粘接力不足，灌好的接缝容易开裂。无论是填缝材料本身或填缝材料与缝壁开裂，车轮带入脏物，都无法复原，会使填缝材料丧失应有的密封作用。

改进办法是在其中加入一定的树脂，做橡胶基树脂填缝材料。实践证明，既改进了树脂材料的低温脆性，又改善了橡胶材料粘接力的不足，是优质的复合型高等级公路用填缝料。

预制鱼刺状橡胶条，直接插入缩缝和纵缝，目前有切割成台阶缝，省略黏结和垂直缝黏结的两种形式。对这种缩缝预制胶条在施工中，笔者主张不切割台阶缝，理由是缝口过宽，会嵌入更大、更硬的石子，加快破坏缝壁和削弱接缝传荷能力；同时不得连泥带水嵌入，必须清缝并黏结牢固，防止其挤入下部或被车轮行驶真空吸掉。由此，在《规程》中强调了各种预制橡胶嵌缝条的施工均必须彻底清缝，并涂黏结剂粘牢，不得连泥带水嵌入橡胶条。

（3）塑料类填缝材料

这类填缝材料以 025 项目研制出的聚氯乙烯胶泥、聚乙烯胶泥等为代表，实质上是基材为塑料型的填缝材料，再掺入大量辅助材料和填料制成，它已经在机场跑道、高等级公路上有较多使用。但是这类填缝材料的硬度不足，抵抗砂石的嵌入能力较差，另外使用耐久性亦有待研究改进。

（4）沥青基填缝材料

这类填缝材料有热沥青、沥青玛蹄脂、乳化沥青和各种改性沥青，属于最低技术档次的填缝料。其粘接力、抗硬物的嵌入能力、弹性和耐久性均不理想，但最大的优势是价格低廉，目前在不少水泥混凝土路面工程中仍在使用。

上述四类填缝材料前二类适用于高速公路、一级公路水泥混凝土路面填缝，第三类可以使用在二级公路上，一般沥青类的填缝料不适宜在高等级公路工程中采用，只能在三、四级公路水泥混凝土路面的填缝料使用。

缩缝填缝料应具有如下性能：与混凝土板壁黏结力强、回弹性好、拉伸量大、不溶于水、不渗水；高温下不挤出、不流失、不粘车轮、耐嵌入；低温时不发脆、耐冲击韧性好、耐大气老化。

2. 缩缝填缝材料的技术要求

热施工式填缝料主要指高弹性的高分子改性沥青类、聚氯乙烯胶泥类和沥青橡胶类填缝料，其性能应满足相应的规定。

3. 缩缝背衬泡沫塑料垫条

缩缝背衬材料的作用是支撑灌注型填缝料不流入接缝底部，使填缝材料的灌注深度保持基本一致。其原理是通过垫条来保持所灌的填缝材料具有均匀一致的厚度，使填缝材料承受的胀缩内张拉应力在一条接缝各点基本维持相等，从而保证灌好的填缝材料不在局部先拉裂，不至于过早破坏所必需的填缝材料，使缩缝填灌后能经久耐用。这种材料在《公路水泥混凝土路面接缝材料》（JT/T203-95）中尚未考虑，参照美国及欧洲缩缝的做法，我国在高等级公路水泥混凝土路面的施工中已经大量采用，效果良好。所以本书在此补充背衬垫条材料有关技术要求和应用条款，供使用时参考。

按照上述填缝材料厚度必须保持均匀一致，才不过早破坏的原理和大量工程的填缝实践，对背衬垫条提出如下技术要求：

所有使用灌注型填缝材料的高等级公路接缝填缝时，必须使用背衬材料；常用的背衬垫条材料主要品种有聚乙烯泡沫塑料条、聚氯乙烯泡沫塑料条、橡胶微孔泡沫条、交链聚乙烯泡沫塑料条和聚氨脂泡沫塑料条等；背衬材料性能应具有良好的弹性、柔韧性、不吸水，耐酸碱腐蚀性等要求；按照热灌和常温灌分为普通型和耐热型两种背衬垫条材料，耐热型的要求在高温 180℃ 时不软化。使用时要注意它们与热灌和冷灌填缝材料和工艺的配伍，前三种只能冷灌，热灌时会熔化掉；后两种既适应热灌也适应冷灌；背衬材料的形状最好是圆柱形，也可为方棱柱形。形状尺寸根据接缝的宽窄选用，一般其直径或宽度应比接缝宽度大 2 ~ 4mm；施工时，先用固定灌缝深度的专用安装轮具压入背衬垫条，再灌填缝料。

三、纵缝填缝材料

由于有拉杆约束，对纵缝填缝材料的要求不高，所有缩缝填缝材料都适应于纵缝填缝使用。已涂饱满沥青的纵向施工缝可不填缝；未涂饱满沥青，有可能透水的纵向施工缝应与纵向假缝一样切缝并灌缝。桥面、桥头及路面高填方路段纵向施工缝必须切缝并灌缝，后铺路面强度较先铺路面低，切缝易跑锯时，可等到14d或通车前，再切缝灌缝。纵缝灌缝材料可使用缩缝聚（氨）脂灌缝材料和橡胶类填缝材料，也可使用聚氯乙烯胶泥、（改性）沥青等灌缝料，后两种性能较差灌缝材料的灌入深度不小于3cm。

第四节　养生材料

一、养生剂的种类和作用原理

养生剂，又称养护剂或成膜剂（作者以为统一称为养生剂比较确切，不会同路面养护概念相混淆）。滑模摊铺水泥混凝土路面施工速度快，暴露表面大，养护工作量大，世界各国和我国都推荐采用喷洒养生剂这种快速养护新工艺。

1. 养生剂的种类

国外养生剂的种类很多，有溶剂型、乳液型、表面硬化耐磨型及着色型等许多种。国内目前主要使用的有乳化石蜡型、水玻璃型、共聚树脂乳液型、乳化沥青型等。

国内养生剂的化学品种主要有水玻璃基、石蜡基和聚合物单体树脂基三大类。经试验和工程使用证明，乳化石蜡养生剂保水率最高为70%～85%，但不耐磨；聚合物单体树脂基保水率居中，缺点是易被雨水冲掉；水玻璃基养生剂保水率仅60%左右，但具有表面快速硬化，耐磨性较强的特点。目前国内没有一种养生剂能达到90%以上的保水效果，可采用下述方式加以改善：

加厚喷洒养生剂，试验用喷涂剂量250mL/m^{2}原液时，实际施工时应使用300mL/m^{2}以上；先喷水玻璃养生剂300mL/m^2，再喷石蜡养生剂300mL/m^2，两层养生；喷一层养生剂300mL/m^2，再覆盖塑料薄膜的方式养生。

2. 养生剂的作用原理

养生剂的主要功能是在表面形成一层不透水的薄膜，阻止混凝土中水分蒸发，改善湿度条件，这是达到混凝土路面养生目的的经济、快速有效的养生新工艺技术。

混凝土中的拌和用水量，除了提供水泥水化需要外，有相当一部分是为了提供拌和物润滑，即保证工作性而多加的水，这部分水如果不蒸发的话，被认为是足以保证混凝土自身强度增长，即满足其养生需要的。

在混凝土路面表面喷洒了养生剂，不同类型养生剂的作用原理不尽相同，但主要有反应型和非反应型两种。典型的反应型是水玻璃类的养生剂，它与水泥水化释放出的 $Ca(OH)_2$ 反应，在表层 $1 \sim 3mm$ 的渗透层范围内发生快速生成水化硅酸钙的反应，同时封闭孔隙，形成坚硬的耐磨薄膜硬壳，阻止表面水分蒸发和散发，它属于耐磨型的养生剂。氯－偏二元高聚物乳液，当乳液中水分蒸发后，两种聚合物靠拢接触，也发生共聚反应，封闭混凝土表面气孔，达到自养生目的，但它属于水溶型养生剂，在路面上不满足抵抗雨水冲刷性的要求，而在某些连续浇筑的大体积混凝土结构中，具有快速冲洗掉的优点。石蜡和沥青型养生剂不发生化学反应，当其水分蒸发，乳化颗粒靠拢，只发生脱乳，自身形成封闭薄膜层，达到防止混凝土路面水分蒸发和散发的目的，它属于普通型的养生剂。可见养生剂有不同的性能和型号，应根据工程的使用要求，正确地选用。

二、养生剂的优缺点

1. 用养生剂的优点

节约水资源。滑模摊铺混凝土路面施工速度快、面积大，按常规混凝土路面围水或覆盖湿养生，如果日施工 $5000m^2$ 以上路面，湿养护一周所需要的水量将非常大，在水资源有限的情况下，难于保证养生用水。养生剂养生将不存在这个问题。

节省运输和劳动力。滑模摊铺混凝土路面日施工面积很大，常规混凝土路面围水或覆盖湿养生，每天增加 $5000m^2$ 以上路面，湿养护一周至少有 $35000m^2$ 处在养护中，需要 3 辆水车供应，十几个劳动力工作；而使用养生剂仅需要 $2 \sim 3$ 人，并将养生剂运到现场，按要求剂量均匀喷洒既可。

可提早喷洒，防止塑性收缩开裂。常规养生方法要等到混凝土路面终凝后，工作人员才能上路面工作。而喷洒养生剂可在混凝土初凝前进行，这是防止路面出现塑性收缩开裂的有效措施之一

养生均匀时间长。常规养护一周后撤除养护，混凝土路面失水大，强度增长少。养生剂养生，只要路面薄膜不被磨掉，始终处在养生当中，养生时间长，后期强度持续增长，养生效果和强度均匀性好。

防止养生用水渗漏和漏养。常规混凝土路面养生，特别是围水养生，养护水流进基层和路基的情况难于避免，这可能造成路基软化或冰冻；加上路面纵横存在坡度，高处难免漏养生。使用养生剂养生则不存在这些问题。

2. 使用养生剂存在的问题

保水率或保水有效性不足。交通部公路工程质量检验中心实验室检测过国内数十种养生剂商品，当试验用量 $200mL/m^2$ 时，保水率最大的 86%，最小的仅 46%，一般在 60% ~ 70% 之间，显然大部分不满足滑模摊铺水泥混凝土路面上的使用要求，这个问题需要着力改进。方法之一是加大养生剂试验用量，由 $200mL/m^2$ 提高到 $250mL/m^2$，以保证大部分养生剂能够达到保水率 90% 以上的要求；方法之二是喷两种两层养生剂，或喷一层养生剂，再覆盖数量薄膜。否则，将使路面混凝土抗折强度减低超过 10% 以上，使用养生剂基本上等于放弃养生，《规程》规定养生剂没有90% 以上的保水率或保水有效性不得在路面工程中使用。

抗折（抗压）强度保持率低。养生剂的使用效果，最终视路面抗折强度或抗压强度损失率而定。虽然我国没有养生剂标准和实验方法，但我们在滑模摊铺水泥混凝土路面工地进行的施工自然温度、湿度下，标准抗折强度梁试件的抗折强度保持率要求大于 95%；抗压强度保持率大于 90%，否则我们认为其养生效果从路面使用要求看是不够的。国内不少养生剂达不到此标准。

表面硬度不足耐磨性差。养生剂效果差，损失的大部分为表层水分，从对比试件的表面砂浆硬度实验中表现得比抗折强度更明显，建议将表面硬度或耐磨性的比较实验作为养生剂保水效果的参考指标。

耐水冲刷性（再湿软化性）。在混凝土路面滑模摊铺中，如果喷洒养生剂后遇到下雨，我们发现了有些树脂乳液型的养生剂会被不大的雨水完全冲刷干净，作者专门收集并制作了薄膜，浸入水中，很快就溶化了。使用这样的养生剂，在雨停后，阳光曝晒下，相当于路面没有养生。不仅是养生剂延长养生期的效果无法实现，而且若不注意雨后再喷洒，连早期养生也没有了。作者针对这种情况，首次建议提出对养生剂耐水冲刷性或称再湿软化性必须提出相应的技术要求，以满足养生剂抗雨水冲刷的能力，只要养生剂薄膜不磨失，就不丧失养生效果的目的。

混凝土路面拉毛对保水性影响较大。水泥混凝土路面与其他光面混凝土结构不同，表面拉出的抗滑构造，无论宏观或微观，都对养生剂形成的养生薄膜有影响，即使室内光滑混凝土表面上保水率合格，在路面上的失水损失也相当大。由于养生剂薄膜非常薄，按养生剂喷洒 $3m^2/kg$，原液中的含固量 40% 计算，养生剂成膜物质不足 $100g/m^2$。如此少的养生剂材料，无法盖住微观纹理和砂粒，但是多喷洒后养生剂又会从宏观槽中顺横坡流失，这是水泥混凝土路面使用养生剂的难点所在。作者建议在室内实验的试件表面上，按路面抗滑构造做表面处理，再喷洒养生剂，以消除这种不利影响；路面喷洒时，按气温和风速不同，要求间隔一定时间喷洒多遍。这是水泥混凝土路面养生剂使用和实验中的特殊之处。

三、喷洒养生剂时的施工注意事项

按照美国 ACI308 委员会提供的混凝土养生标准的规定，参照我国滑模摊铺水泥混凝土路面施工经验，本书制定在水泥混凝土路面上喷洒养生剂的注意事项如下：

1. 采用的工（器）具

在重型配套滑模摊铺机组情况下，配备有拉毛养生机，使用泵压 0.5 ~ 1.0MPa。当机械向前行走时，喷口自动开启，边行走边均匀喷洒养生剂，包括侧、立面全部喷洒。

在不配置拉毛养生机时，要另外配备液体压缩机，工作压力 0.4 ~ 0.8MPa，配套有胶管、喷头、竹竿、水桶、称、搅拌棍等。由两人从路面表面和两侧同时喷洒，效果较好。实践表明，使用人背式农用喷雾器，效果很差，一是喷口易堵塞；二是使用寿命很有限，因此在路面上喷洒养生剂，使用农用喷雾器是不合适的。

2. 喷洒养生剂的时间

要正确掌握喷洒养生剂的时间。喷洒过迟，会使混凝土表面水分过多、过早蒸发，在有风、日照强、气温高的干燥天气，会很快形成塑性收缩开裂；喷洒过早，养生剂将与混凝土路面泌出的水分混合，会降低石蜡性的养生剂的成膜效果，干燥后形成混合物分散小裂壳，降低养生效果。合适的养生剂喷洒时间是表面泌水停止后，混凝土路面接近初凝时进行。

3. 喷洒方式

视压缩机的压力大小，喷头离路面的高度有所不同，基本原则是：养生剂喷洒既不能被风刮走，又不得在表面留下冲击麻点，一般高度在 30 ~ 50cm 之间。喷洒时，人应站在上风头；路面宽度较大时，应接长竹竿喷洒或设踏板喷洒；喷洒均匀，不漏喷。

4. 养生剂喷洒用量

养生剂的喷洒用量应略大于室内实验时的剂量，当采用 250mL/m^2 标准实验时，在施工中因为路面粗糙度远大于试件，应加大用量，使用 300mL/m^2 原液：即喷洒 3m^2/L 左右，包括侧面在内。喷洒面积过大，则厚度过薄，影响养生效果和强度；面积过小，厚度大，不仅造成不必要的浪费，而且厚养生剂本身易龟裂，降低养生效果。养生剂在喷洒前应搅拌均匀再用。喷洒方式有拉毛养生机和人工加水压机喷洒两种方式。

5. 标记

夏季热天水泥混凝土路面使用的养生剂宜掺有白色颜料，冬季使用的养生剂应掺有黑色颜料。一是作标记，保证不漏喷；二是满足夏天热反射降温、冬天吸热需要。使用在养生剂中的颜料应能褪色。

6. 不稀释养生剂

养生剂在使用当中，除非特别黏稠，喷头堵塞严重，一般在现场是不允许加水稀释使用的，否则喷洒剂量将失去控制。对特别黏稠的养生剂稀释后，要按照实验剂量的稀释程度补足喷洒厚度。

四、使用养生剂需要研究解决的问题

1. 制定行业公认并共同遵守的标准实验方法和评价指标。对此作者已经提出了相对保水率、绝对保水率；抗折强度保持率、抗压强度保持率；抗折强度贡献率、抗压强度贡献率；表面相对硬度值、表面相对磨损率、抗水冲刷性、稠度及成膜物质含量、储存稳定性、干燥时间可以从中选用一部分评价准确、实验简捷、效果较好的指标。

2. 在上述基础上，通过国内现有养生剂的大量检验，提出可以使用在水泥混凝土路面养生使用的产品质量控制标准。最终形成养生剂产品质量应满足建材行业标准和水泥混凝土路面养生剂的应用技术规范。

3. 大量推广使用养生剂，其对路面混凝土各项路用性能的影响需要开展深入的研究。现有的资料相当有限，且很不齐全，没有专门针对路用性能的研究工作，如养生剂对新铺混凝土路面的塑性收缩开裂的影响，以及对混凝土抗折强度、耐磨性、抗冻性、抗盐冻性的影响基本没有研究。需要深入开展此方面的研究工作，以便养生剂的大规模滑模施工应用。

4. 适用于水泥混凝土路面养生的新型养生剂品种的研究，需要改变思路开展积极有效的研究工作。我们知道，混凝土路面的养生相当于防水和保水，而防水材料有许多优良的品种，有待开发应用到水泥混凝土路面的养生上来。

第十三章 滑模混凝土配合比设计

滑模混凝土是一种特殊机械施工的路面混凝土材料，其配合比设计相当重要，它是保障高等级公路滑模摊铺实现高质量水泥混凝土路面的混凝土材料科学核心和关键施工技术之一，必须给予高度的重视。

在展开对滑模混凝土配合比设计的阐述以前，首先讨论滑模混凝土配合比设计所应遵循的指导思想、基本原理和设计基本参数；原材料及配合比参数对设计指标的影响；阐述滑模摊铺路面混凝土配合比设计计算方法和步骤。其次讨论滑模混凝土试配调整。最后列举已经施工过的高速公路滑模摊铺水泥混凝土路面工程配合比设计计算实例及数据资料，供今后的工程参考。

第一节 配合比设计指导思想、基本原理与技术要求

一、配合比设计的指导思想

针对高速公路水泥混凝土路面遇到的是前所未有的强大破坏力，笔者提出了"材料精良"的路面混凝土技术指导思想。其中，除严格的原材料技术要求外，还要求混凝土配合比要科学、准确、稳定、均匀。各等级公路路面使用的混凝土在路面上均不得有可见的颜色差异。高速公路混凝土路面的配合比精度要求应更加严格和准确。高速公路水泥路面所使用的滑模混凝土材料，绝不是在普通"简单粗放"配制方式下生产的普通路面混凝土，而是在高性能道路混凝土技术要求的指导思想下，全部使用计算机自动控制的搅拌站精确计量生产的"精细和精良"的路面和桥面混凝土材料。这是做到高质量水泥混凝土路面的物质基础。

20世纪90年代以来，在国际上水泥混凝土材料科学领域内，高性能混凝土成为研究和应用的热点，被国内、外专家推崇为21世纪的混凝土材料。作者认为高性能混凝土必须密切结合工程应用领域，没有必要也不可能将混凝土的所有性能都提高，并提出了高性能道路混凝土的基本技术内涵，作为路面混凝土原材料选择、配

合比设计、生产施工和质量控制的指导思路和发展方向。

高速公路上的水泥混凝土材料是一种使用条件极为苛刻的动荷载结构材料，如果将其视为普通静荷载使用环境下的混凝土，不对其从原材料、配合比和搅拌方式等生产方式上进行严格要求、科学配制和质量监控，水泥混凝土路面仅在使用 1 ~ 2 年内就可能完全破坏，需要返修和重建，这样就远远达不到 30 年的设计使用寿命。

因此，要按照最新高性能道路混凝土的如下技术要求配制路面混凝土，应注意的是：即使应用的不是高性能道路混凝土，普通路面混凝土也应该满足下述基本的路面使用性能的要求，这不仅是高性能道路混凝土的技术内涵，也是普通路面混凝土改善性能的方向。

1. 优良工作性

新拌混凝土在施工坍落度不大于 5cm 条件下的滑模摊铺机可施工密实性，它实质上是指新拌滑模混凝土具有较低坍落度（坍落度损失小），与摊铺机械振捣能力和速度相匹配的最优振动黏度系数、匀质性和稳定性。这在上一章已经做过详尽的讨论。

2. 高抗折强度

28cl 设计抗折强度由 5.0MPa 提高到 5.5MPa 或 6.0MPa，施工抗折强度由 5.75MPa 提高到 7.0MPa 以上，90d 或 1 年抗折强度接近或达到 8MPa。保证在我国高速公路特重交通量和超轴载使用条件下，具有足够的抗断裂破坏能力。

3. 高耐疲劳极限

在路面工程规定的疲劳应力强度比下，由原来的抗折疲劳循环周次 500 万次提高到 1000 万次或更大，保障滑模摊铺水泥混凝土路面的使用寿命延长一倍以上。

4. 小变形性能

包括较低抗折弹性模量，较小的路面结构刚度，较小的温度变形系数和较低的干缩变形量，保证接缝具有较小的温、湿度变形伸缩量和完好使用状态，并保持面板具有较小的温、湿度翘曲变形和较低的翘曲应力。

5. 高耐久性

各种物理力学作用和化学介质侵蚀下的耐久性，路面和桥面上普遍突出的是抗磨性、抗滑性及其保持率、抗冻性和抗渗性。其他的耐久性，如碱集料反应、耐油类的侵蚀、耐盐碱腐蚀、耐海水侵蚀性等，均可作为特定工程条件下的特殊耐久性问题来分别研究对待。

6. 经济性

在满足所有路面混凝土工程性能条件下尽可能就地取材、经济实用，特别是单位质量水泥的强度贡献率最大。

上述路面混凝土配合比设计技术要求均来源于路面设计、施工规范和路面混凝土长寿命使用中的客观要求。优良工作性是施工密实性的基本要求，是保障其他所有性能实现的前提。水泥混凝土路面是动荷载结构物，在我国现行设计规范板厚计算中，包含抗折强度、荷载疲劳和温度疲劳应力。在施工规范中，满足耐久性要求有最小水泥用量和最大水灰比两项限制。

二、配合比设计基本参数

滑模水泥混凝土路面配合比设计的任务是按照设计交通量、公路等级对路面混凝土路用品质——抗折强度、耐疲劳极限、变形性能和耐久性，根据当地可能获得的原材料特性以及当地的环境条件，专门为适应水泥混凝土路面的滑模摊铺机施工要求所设计计算和试验确定的混凝土各组分含量的比例，即粗集料、细集料、水泥、粉煤灰、外加剂和水的配制比例。其配合比设计的基本参数为：

1. 根据交通量、公路等级和超重轴载的调查结果确定路面混凝土配合比设计、试配和施工抗折强度。

2. 满足滑模摊铺当时、当地的新拌混凝土工作性要求：振动黏度系数和坍落度。

3. 根据施工当地施工季节和气候状况：最高（低）温度、相对湿度、最大风力、雨雪状况、调查清楚有无抗冻性、抗盐冻性及地区性耐化学侵蚀性等耐久性要求。

4. 调查清楚工地附近水泥厂的水泥路用品质及供给方式：抗折强度、抗压强度、品种、标号、型号、生产窑型、安定性；影响路用品质的关键化学成分：游离氧化钙、碱度；水泥中使用混合材料与否，所加混合材料和石膏的掺量、种类；与所用的外加剂化学适应性，日产量、供给能力、运输包装方式等。确定滑模施工可以使用的水泥品种和标号，并计算单位水泥用量。

5. 调查该工地粗集料的岩石品种、压碎值、最大粒径、颗粒外形、针片状含量、软弱颗粒含量、含泥（土块和石粉）量、分级和级配、有无碱活性集料、生产加工方式等，在此基础上确定应使用的粗集料并计算单方用量。

6. 调查该工地细集料砂的种类、细度模数、级配、含泥（土块和石粉）量、有无碱活性集料、产地和砂的类型等。按滑模混凝土的要求确定砂率并计算用砂量。

7. 按所用的外加剂种类：引气剂、缓凝剂、保塑剂、（高效）减水剂、防冻剂化学成分；多种外加剂的复配情况、可共溶性、化学和剂量适应性、最优掺量、固液状态、含固量、不溶物含量、溶解度、产品是否达到一级品、质量是否稳定、供应状况等条件，优选外加剂品种，并确定其掺量。

8. 按当地混合材料的种类、质量品级、磨细与否、产量、供给能力、运输包装方式等条件，确定滑模混凝土使用的混合材料的种类，并计算其掺量。

9. 按水质是否满足配制路面混凝土的技术要求和水资源供应状况，计算出单位用水量。

三、配合比设计基本原理

1. 水灰比定则

混凝土水灰比定则最先由 20 世纪 40 年代英国的 BOLOMY 提出，因此又称为 BOLOMY 定则。它是以抗压强度为第一设计要求的静荷载混凝土结构物所提出的，影响混凝土抗折强度与抗压强度的因素并非相同，部分因素甚至是相反的。尽管水灰比对抗折强度的影响远不及抗压强度大，特别是高抗压强度的混凝土，随着抗压强度的提高，其抗折强度并非同比例增强。高抗压强度的混凝土，其折压比和拉压比越来越小，材料越来越脆，但它决定着水泥浆的稠度、水泥石强度及其界面黏结强度。所以，水灰比定则对高抗折强度的路面混凝土依然是行之有效、不得违背的客观规律，仍然是配制和施工较高抗折强度路面混凝土必须遵循的基本原理。

在路面混凝土中，水灰比不完全是越小越好。近年来，水泥化学界对水泥的水化理论研究结果表明，水泥能够完全水化的最小水灰比是 0.38，这个水灰比恰好处在目前滑模摊铺混凝土路面经常使用的水灰比 0.35 ~ 0.45。从所使用的单位水泥用量贡献强度最大的经济性来看，路面混凝土经济性最佳的水灰比要求在 0.38 左右，更低的水灰比必然有一些水泥颗粒或核心不可能水化，只能是作为微细集料使用。目前，高性能混凝土理论和使用中的最大问题是 0.35 以下的水灰比遗留下的大量未水化的水泥核，可能会在结构使用当中继续水化，带来体积不稳定或较大自收缩。这些问题是高性能混凝土应用中的难点问题，目前正处在研究阶段。

水灰比定则在一定的水泥用量下，隐含着使用较小的单位用水量。显而易见，水泥用量确定的单位用水量实际上代表了水灰比，它对路面混凝土性能有较大影响，在日本路面混凝土施工指南中，规定不得大于 $150kg/m^3$。在我国的施工实际中，由于原材料性能的差异，在使用普通缓凝引气减水剂时，由于外加剂减水率不高，较难达到要求。但是要确保滑模混凝土路面施工抗折强度 5.75MPa，大量的实践表明，碎石混凝土最大单位用水量不宜超过 $160kg/m^3$，砾石混凝土不宜超过 $155kg/m^3$。不使用混合材料时，最小单位水泥用量不得小于 $300kg/m3$，有抗冻（盐）性要求，不得小于 $320kg/m^3$，最大水泥用量不宜超过 $400kg/m^3$；在掺 I、II 级粉煤灰时，最小水泥用量不得小于 $250kg/m^3$；有抗冻（盐）性要求，不得小于 $270kg/m^3$，最大胶凝材料总量（水泥用量 + 粉煤灰用量）不宜大于 $450kg/m^3$。只有在使用优质引气剂和缓凝减水剂或高效保塑减水剂的情况下，才能保证在滑模摊铺混凝土路面所要求较大坍落度（2 ~ 5cm）及较小振动黏度系数（150 ~ $600Ns/m^2$）条件下，始终保持较小的水灰比，从而保证上述各项优良路用性能的实现。

2. 确定最优砂率的总表面积原理

路面混凝土最优砂率的选择应根据砂的粗细，即细度模数和比表面积原理进行，我们配制的是半塑性低坍落度的混凝土。首先，笔者用吸附法进行的测定表明：砂的粗细、细度模数与其比表面积之间有确定的线性关系，即砂越细，细度模数越小，比表面积越大，反之亦然。其次，研究表明：砂的总表面积是影响混凝土坍落度和振动黏度系数的决定性因素，既要减小单位水泥用量、用水量和水灰比，满足路面混凝土的力学性能和经济性，又要满足工作性要求，则所用的砂总表面积不得过大，其细度模数要适中，要求在 2.3 ~ 3.2。同时满足这些技术要求的砂率就是混凝土达到骨架密实嵌锁结构的最优砂率。由总表面积原理得到，满足路面使用要求的最优砂率选择，应根据细度模数来进行，这样才能保证包裹砂石料的水泥浆厚度是基本一致的，从而保障实现上述所要求的路面混凝土六项优良路用性能。

3. 强化路面混凝土结构的集料嵌锁力和界面

配制高抗折强度的混凝土除低水灰比和适宜砂率外，强化路面混凝土材料结构的集料嵌锁力和界面也很重要。为达到此目的，应使用较低水灰比、较小的单位用水量、较大的粗集料体积份数、优良的粗集料级配和适宜的砂细度模数。路面混凝土应使用骨架密实嵌锁结构，最大限度地减小水泥浆和细砂浆在混凝土中的体积份数，使用较低的砂率，这样可以强化界面和提供足够的混凝土结构嵌锁力，抗折强度较高；使用碎石的混凝土比砾石混凝土的嵌锁力大，因而抗折强度亦高，但使用砾石的耐疲劳极限高；使用粒径较小的粗集料并增加其含量，可增大嵌锁力，提高抗折强度；使用细度模数较大的中粗砂，有利于加大嵌锁力，抗折强度也较高。增强集料的嵌锁力和界面在提高抗折强度的同时，提高了耐疲劳极限，减小了混凝土温、湿度变形，增强了耐久性，保证了路用品质的全面实现。

强化嵌锁和界面是保证高抗折强度和小变形性能的基本措施，基于此，我们在滑模摊铺水泥混凝土路面中使用的砂率比国外低得多。在混凝土骨架密实嵌锁结构所要求的最优砂率的基础上，在软拉抗滑构造的情况下，仅增加 1% ~ 2% 的砂率来满足可滑性和表面抗滑构造制作的要求；在硬刻槽制作抗滑构造时，直接使用最优砂率。这样除表层 3 ~ 5mm 外，整个混凝土路面板均应在捣实后达到骨架密实嵌锁结构的要求。

增强集料的嵌锁力与试件成型时的振动方式有很大的关系，嵌锁力原理最初是从振捣棒与振动台成型小梁试件（15cm × 15cm × 55cm）的弯拉强度对比试验中发现的。振捣棒制作的试件弯拉强度偏低 10% ~ 20%，其存在差别的原因是由于折断的横断面上振捣棒振动过的插孔，即小梁试件的中央，几乎没有粗集料或仅很少的粗集料，而且振捣棒越粗，这种影响越大，弯拉强度降低得越多。因此，除在配合比设计中应保证混凝土达到骨架密实嵌锁结构外，我们规定梁式试件的成型制作必须使用振动台，无论工地或室内试验室，从混凝土的搅拌、振捣、成型到养生，全部应采用标准试验方法，以防止试件制作中因嵌锁力不足而造成弯拉强度失真的情况。

日本路面混凝土设计手册中采用的先确定粗集料的体积份数，然后再根据粗、细集料的粒形、细度、坍落度等进行修正，用查表方法来设计配合比。原苏联采用集料填充原理来设计混凝土配合比均是根据嵌锁原理，但是嵌锁公式中使用到一系列原材料的基础参数不易测准；另外其拨开系数的确定随意性很强，需要很丰富的经验，一般工程技术人员不易掌握。作者不推荐苏联这些复杂的配合比计算方法，但已经计算出的配合比应按嵌锁原理进行校核计算，满足嵌锁力足够大的要求。高嵌锁力路面混凝土中的粗集料体积份数一般在 0.67 ～ 0.75，最小不小于 0.67。

4. 配合比经济性原则

路面混凝土配合比的经济性原则，以前一直是定性要求，在满足所有施工、力学性能和耐久性后，水泥用量最省。其实，随着外加剂技术的进步，以及高效减水剂的广泛使用，高强混凝土的水灰比小到 0.25 ～ 0.35 时，依然能够满足较佳的流动性及施工性能，实际上，在混凝土中保证所用的全部水泥水化的最小水灰比是 0.38。一方面，极小的水灰比导致了相当一部分水泥最终也无法水化，而只能作为填充的微细集料，这样使用水泥无疑是一种浪费，显然是不经济的；另一方面，过低水灰比的高强混凝土其体积是不稳定的，不仅是本身会产生体积收缩，而且一旦有系件，未水化的水泥颗粒会在硬化混凝土中继续水化,带来混凝土结构使用中收缩、变形、开裂、断板等诸多问题。

因此，笔者认为：目前条件下，讲究水泥混凝土配合比的经济性原则，必须提出定量化的要求，即科学的配合比要实现单位质量水泥对强度的贡献率最大。按照水泥化学原理：水泥能够全部水化并贡献最大强度，才是技术经济最优的配合比，这个水灰比应该在 0.38 左右。过大，强度和耐久性不足；过小，则经济性和体积稳定性不佳。

5. 对水泥的路用品质应提出更严格的技术要求

等级公路所用的水泥必须符合第四章所详细阐述的各项化学成分和路用品质的要求，在此作者特别强调的是：不是随便所有的水泥都能用来架桥修路的，高等级公路所用的水泥必须符合路用品质的要求，才允许在水泥混凝土路面和钢筋混凝土桥梁、桥面工程中使用。提出这个观点的理由如下：

1. 作者从中国建筑材料科学研究院了解到，我国目前有 1 万家水泥厂，其中有 2 千余家厂生产的水泥达不到国标技术要求，也就是有 20% 左右的水泥是不合格品。

2. 水泥的国标是按所有使用水泥的行业共同技术要求制定的，基本满足静载混凝土结构的使用要求。即使水泥的质量指标达到国标要求，对于公路路面和桥梁、铁路轨枕和桥梁这类使用条件非常苛刻的动载结构，特别是高速公路水泥混凝土路面和钢筋混凝土桥面，是飞驰的车轮直接作用在混凝土面上，除了动载疲劳循环问题以外，还存在 3.5 ～ 5 倍的巨大冲击破坏动能和直接磨损等一系列耐久性问题。由于公路工程使用条件的严酷性，从保证质量的角度，必然对水泥的路用品质提出更为严格的技术要求。

3. 随着本书所总结归纳的水泥混凝土路面滑模施工技术的推广和应用的普及，在公路路面施工上使用了越来越多的现代化大型搅拌楼和滑模摊铺机，水泥混凝土路面和桥面施工技术水平和工程质量正在得到明显的提高和改善。计算机自动控制的大型搅拌楼从配料精度、均匀稳定性方面保障了所拌和的混凝土"材料精良"；大型滑模摊铺机的超高频密集振捣和强力挤压成形有效地保障了所摊铺的混凝土路面和桥面"面板密实"。通过机械化保证施工质量以后，水泥、混合材料和外加剂所带来的工程质量问题，越来越多地显现出来，达到必须通过提高水泥的路用品质要求来解决的程度。1999 年 4 月，作者去广东湛（江）电（白）高速公路考察滑模摊铺水泥混凝土路面质量，其抗折强度、平整度和面板外形均做得相当出色，但是，混凝土路面和桥面个别地段有密集的网络状微细裂缝，一般看不出来，倒上水以后，微细裂缝看得很清楚，可以预料，这样的路面在通车运行的几年内，将会出现严重的质量问题。作者认为，这不是施工质量问题，而是水泥路用品质有问题，网络状微细裂缝的生成是由于所用的水泥收缩过大。由此可见，水泥的路用品质把握得不好，已经并且将来还会越来越严重地危害高速公路水泥混凝土路面的质量。

4. 与高速公路沥青路面对沥青材料严格的技术要求相比，迄今为止，我国公路界对路用水泥的技术要求过低，宽松到了将会严重危及水泥混凝土路面质量和信誉的程度。在我国高速公路沥青路面上，国产重交通沥青质量不行，改用进口沥青，当前是重交通进口沥青也还嫌不行，各地正在研究和使用进口沥青改性技术或直接进口改性沥青。无论高速公路路面是柔性还是刚性，对基础胶凝材料的技术要求应该也必须同样严格。当前，我国具有对国民经济良好带动作用的水泥混凝土路面在高速公路上使用得不多、声誉不佳，主要是由于已建水泥混凝土路面的质量不好，维修较困难，而所用水泥的路用品质不好，技术要求太低是其主要原因之一。

针对目前我国水泥工业和高等级公路水泥混凝土路面的技术和建设现状，作者从两个方面来做实际推进工作：一是趁水泥国标向 ISO 国际标准接轨、修改的时机，通过正式渠道，提出作者的修改意见。二是在行业《规程》中，利用水泥国标中规定的可按用户的技术要求生产和供应水泥的条款，规定水泥混凝土路面的滑模施工单位，在与水泥厂签定供销合同中，不仅签订供应总量和日供应量，而且应签订满足高速公路用水泥的路用品质的各项技术要求、矿物化学成分、混合材料、烧成方式、水泥的品种类型等一系列技术条款。这样可分清由于水泥品质所造成的混凝土路面质量上的法律和经济责任，施工单位若不提出技术要求，责任自负；水泥厂若不按双方签订的技术条件来生产和供应水泥，要承担供应劣质建筑材料质量责任。

6. 双掺技术要求

双掺技术是指在混凝土中掺用化学外加剂和矿物混合材料两种填加材料，它是目前国、内外制作高性能（道路）混凝土的基本技术措施。

（1）化学外加剂

用于混凝土中的化学外加剂的定义是：在混凝土中掺加的总量不大于单位水泥用量5%，能够改善混凝土材料某项（些）性能的化学物质。

化学外加剂被称为现代混凝土的必备第五组分，特别是高效减水剂是现代混凝土制备技术中的关键材料。一个国家混凝土材料科学发达与否，其主要评价指标是在整个混凝土中化学外加剂使用的份量大小。发达国家90%以上混凝土均使用了化学外加剂；而我国没有精确的统计数据，一般估计不超过30%。用于路面混凝土的外加剂比例更小，在已经建成的8.3万多公里水泥混凝土路面中，大致不超过10%。绝大多数人工和小型机具或使用真空吸水技术施工的水泥混凝土路面均没有使用外加剂。特别是真空吸水技术，因为化学外加剂一般是以水溶液方式加入混凝土中的，通过真空吸水，相当一部分外加剂会随水吸出并被丢弃。使用此项施工工艺，应用外加剂将受到很大限制。

真空吸水工艺给路面混凝土带来的其他主要问题是面板水灰比上下、中间和边缘不均匀，抵抗破坏的能力不同；以及由于吸水造成了面板上下几乎贯通的毛细管孔道，削弱了面板的抗折强度。真空吸水工艺的优点是方便了施工，表面的水灰比较小，抹面后的抗磨性得到了提高。匀质性好、抗折强度高的混凝土路面真空吸水是做不出来的，必须使用外加剂。

采用现代先进的大型滑模摊铺、轨道摊铺高速公路混凝土路面施工技术中，必须100%使用外加剂，方可达到提高水泥混凝土路面各项性能之目的。按照国际上发达国家混凝土路面技术规范或指南的惯例，我国要在路面混凝土外加剂使用技术上与国际接轨，就必须在设计和施工技术规范中规定：路面混凝土必须使用引气剂，同时视工程施工和应用环境的需要，提倡使用（高效）减水剂、缓凝剂、防冻剂等外加剂。

1）引气剂的作用原理和使用效果

引气剂为一种大分子气液界面活性剂，它的作用原理是亲水集团在水泥溶液中，另一端在气泡内的空气中，它们排列成具有较大表面张力的韧性单分子层膜，自动构成了表面积最小的球形。它与木钙等减水剂引进的肉眼可见的有害大气泡有本质的不同，引气剂所引进混凝土中的气泡，直径为微米数量级，只有在光学显微镜下才能看到。

引气剂具有普通减水剂的减水率，一般为 6% ~ 10%。在我国南方冬季施工中，仅用引气剂即可达到既引气又减水效果。引气剂在新拌混凝土中增大了黏聚性，防止粗砂混凝土路面泌水离析；同时，当含气量为 4% 时，这些体积全部在水泥浆中，大大增加了水泥浆体积量，使水泥用量 $350kg/m^3$ 的混凝土从外观上看，相当于 $470kg/m^3$ 水泥的富浆混凝土，便于制作光滑密实、平整度高、外形规矩的混凝土路面。

适宜含气量的引气混凝土，提高抗折强度 10% ~ 15%，优质引气剂提高幅度更大些；降低了抗折弹性模量；减小了干缩和温缩变形；提高了抗冻性、抗盐冻性及抗渗性；缓解了碱集料反应和化学侵蚀膨胀。

2）减水剂

无论何种类型的减水剂，其作用原理是带同性电荷和不带电荷的表面分散剂。通过表面分散作用，将水泥颗粒包裹的水分释放出来，提高施工密实所需要的流动性及工作性。减水剂技术发展很快，目前已能够提供减水率达到 25% 以上的高效或超塑化减水剂，它是实现高强泵送混凝土，免振自流平混凝土的最主要的技术，但一般高效减水剂的坍落度损失都很大很快，目前已有多种方法对其进行控制，制作高性能道路混凝土的技术条件基本成熟。复配路面热天施工用保塑的引气缓凝坍落度损失小的高效减水剂和冬季施工用的引气早强高效减水剂的技术已经得到普及，这对高速公路水泥混凝土路面的施工带来了便利条件。

3）缓凝剂

在夏季热天水泥混凝土路面施工中，必须加入缓凝剂、缓凝减水剂或保塑剂，以保证热天新拌混凝土的坍落度损失小、初凝时间 3h 以上的要求。在高效减水剂中加人酸类缓凝保塑成分，既可以减少热天坍落度损失，同时可用酸类外加剂来中和部分水泥的碱度，使碱度超过 0.6% 高碱水泥配制出满足总碱量不大于 $3kg/m^3$ 的抗碱集料反应混凝土要求，以减轻钢筋锈蚀作用和碱集料反应。

目前，我国滑模摊铺水泥混凝土路面中使用的外加剂正在从最初的普通缓凝引气减水剂提高到高效保塑引气减水剂。外加剂的应用技术水平进步很快，使用的几乎都是国内市场上性能最优良的外加剂，路面混凝土抗折强度越来越高，要求也愈加严格。按《规程》的规定来检验和控制，不仅使得外加剂的使用安全性有了保障，而且对实验室技术人员素质提出了更高的要求。

（2）活性矿物混合材料

活性矿物混合材料的定义是在水泥或混凝土中加入的与水泥具有水化反应活性的粉体材料。

活性混合材料的主要种类有：水淬矿渣、钢渣、硅灰、粉煤灰、火山灰、沸石矿粉等。其实，在自然界天然分布着许多磨细后具有水化活性的岩石矿物，如火山灰、沸石、蛋白石、煤矸石，甚至磨细石灰石也具有一定水化活性，可作为混合材料在水泥和混凝土中使用。然后是冶金、电力、水泥工业排放的许多废料，如矿渣、钢渣、粉煤灰、水泥窑灰、铬渣、锰渣、铝渣等众多工业废渣均具有一定水化活性，均具有可用作水泥和混凝土工业中混合材料的潜力，但是必须有全面系统透彻的研究工作作为应用的基础，不可随意使用。

活性矿物混合材料在砂浆和混凝土中有两种使用方式：一是作为水泥混合材料，在水泥磨细过程中加入。二是作为混凝土混合材料，在混凝土搅拌时加入。第一种利用方式，我国在世界上无论产量或质量均具有领先地位，如中国独具特色的五大硅酸盐水泥品种中，普通水泥、矿渣水泥、粉煤灰水泥、火山灰水泥是大量使用混合材料的。矿渣水泥中，矿渣的最大掺用量达到70%；混合材料用量最少的普通水泥，也有15%。这四大水泥品种，产量占我国水泥总产量5.2亿吨的90%左右。

国外有专家讲，21世纪的高性能水泥混凝土不可没有混合材料，实际上我国从60年代起，就在大量使用这四种混合水泥了。除中国外，世界上任何国家都没有将矿渣、钢渣等混合材料利用到供不应求的程度。国内有专家说，如果没有混合水泥的使用，我国碱集料反应、钢筋锈蚀、软水及各种化学侵蚀所造成的危害和损失是不可估量的。

在水泥混凝土路面中使用粉煤灰等混合材料，重点强调所使用的水泥必须是硅酸盐水泥、普通水泥和道路水泥，不可在已经使用了大量混合材料的矿渣水泥、粉煤灰水泥和火山灰水泥混凝土中再掺混合材料。

对于火山灰、粘土、煤矸石等收缩很大或碱度极高的窑灰混合材料，应禁止在水泥混凝土路面工程中使用；生石灰、石粉禁止在有抗盐冻性要求的水泥混凝土路面中使用，否则，塑性收缩及干缩裂缝会多到无法收拾的地步。对于上述所列的混合材料种类在路面混凝土中的使用性能的研究，应持慎重态度，必须经过全面系统的研究，满足上述路面混凝土的基本性能要求方可使用。

目前，我国在高速公路水泥混凝土路面中成功使用的主要是粉煤灰和硅灰。由于粉煤灰廉价易得，性能优良，所以在高速公路水泥混凝土路面上使用较多，截至1998年年底，我国已采用粉煤灰建成了500余公里高速公路。粉煤灰在路面混凝土中的使用技术要求详见第四章，这里要说明的是：掺用粉煤灰的混凝土配合比设计中，不使用水灰比概念，而是使用水胶比，即水与水泥加粉煤灰的质量比。

不少公路工程技术人员对粉煤灰水泥混凝土的抗折强度，特别是抗磨性有疑问。其实，我们使用粉煤灰的目的是提供优良的可施工振捣密实性和滑模的可滑性，最主要的是利用粉煤灰二次水化，后期抗折强度很高的优良特性，即 28d 达到 5.5MPa，90d 超过 6MPa，1 年达到 7MPa 的高性能道路混凝土的要求。可以肯定，抗折强度为 5.5 ~ 7MPa，对应的抗压强度为 35 ~ 50MPa 的混凝土，在养生良好的情况下，抗磨性、抗滑性及其构造的长期保持性不成问题。粉煤灰混凝土养生不好，尽管本体抗折强度会逐渐提高，但表面失水干燥情况对其抗磨性也有一定影响，所以使用粉煤灰时，路面应加强养护，延长养生龄期到 28d。

施工当中要扬长避短，需要高度重视、控制并解决粉煤灰水泥混凝土路面的早期塑性收缩裂缝、断板及延长养生时间等缺点。粉煤灰的使用必须贯彻就地(近)取材、量大易得、经济性原则，没有利用条件不可强求。

粉煤灰使用的基本指导思想必须是首先确保其实现高速公路水泥混凝土路面工程的高性能，绝不是从环保等其他要求出发，而超量使用粉煤灰，坚持路面混凝土中所用的水泥和掺加混合材料的总量不超过 30%（该值为胶凝材料学中最佳匹配剂量）。否则，超量粉煤灰不仅会将人们引入歧途，而且会对路面工程造成重大危害。除非粉煤灰的水化和激发科学研究取得重大突破。要特别明确实际工程和科研探索可行性是两个概念：研究探索中可以不使用水泥，可全部使用粉煤灰及激发剂来制作混凝土；但实际工程必须在不违背现有胶凝材料科学原理条件下利用粉煤灰，才不会导致出现严重质量事故。

另一种高速公路路面工程中可能使用的混合材料是硅灰，它将使用在设计抗折强度 6MPa、施工抗折强度 7MPa 的超重载高性能路面混凝土中，用于减薄超重轴载混凝土面板很厚、材料用量很大的混凝土路面上，这项技术正在研究过程中。鉴于硅灰是硅钢厂炉窑烟道中收集的极高细度（比水泥细度大 10 倍以上）的活性硅质颗粒，掺用 5% ~ 10% 时（比其他混合材料用量都省），其活性和对强度的贡献远大于水泥，是国内、外制作超高强度混凝土不可缺少的主要混合材料，另外，硅灰混凝土的抗盐冻性最好。缺点一是硅灰来源不广，价格较贵；二是硅灰的细度很高，质量很轻，体积很大，相同坍落度时的用水量增加过多，较难压低水灰比，这限制了它在混凝土中的广泛使用。硅灰是目前已知的颗粒材料中最细的有限分子数量的粉体物质，也是目前用超细粉磨最新技术所达不到的粒度材料，它在化工、染料、橡胶等工业领域中具有比混凝土更高附加值的广泛利用前景。近年来，国际上在广开硅灰来源的研究工作，如从稻壳灰中寻求硅灰，但其产率过低，实际利用价值相当有限。

第二节　原材料及配合比参数对设计指标的影响

一、影响抗折强度的因素

水泥混凝土路面设计施工和质量评定的首要技术指标是抗折强度，这一点与其他水泥混凝土结构中使用抗压强度作为第一强度指标是不同的。在实际水泥混凝土路面工程中，由于广大工程技术人员对混凝土配合比各因素影响抗压强度的规律了解较深入，而对配合比参数影响抗折强度的规律则了解不多，往往采用提高抗压强度的措施以增加抗折强度。但是配合比各参数影响抗压强度的规律与抗折强度不尽相同，有些恰恰相反，结果措施往往不奏效或适得其反，因此，研究清楚配合比参数对抗折强度的影响规律不仅对于滑模摊铺混凝土，而且对其他方式施工的水泥混凝土路面提高工程质量都很重要。

配合比参数对抗折强度与抗压强度影响不同的根本原因在于混凝土材料对不同加载方式的敏感性差异，抗折强度的大小取决于抗拉强度，而抗拉强度主要依赖混凝土材料的均匀性及其集料界面的黏结强度。配合比各参数中只要能提高混凝土材料均匀性和界面结合能力的都可以提高抗折强度。而抗压强度则不同，无侧限抗压强度的破坏形式主要是压剪破坏，它对混凝土均匀性和界面结合强弱的敏感性则相对低得多，因此它们的影响规律不尽相同。重要的是要研究清楚抗折强度的影响规律，依此来指导每年 1 万～2 万公里普通水泥混凝土路面的设计、施工和质量监测，有的放矢地采取合理技术措施来保障水泥混凝土路面的工程质量。

1. 原材料对抗折强度的影响

（1）水泥抗折强度和体积稳定性的影响

大量施工实践表明，水泥的抗折强度一般比同水灰比的混凝土抗折强度高 2MPa 左右，在高速公路、一级公路上，混凝土的施工配制抗折强度要求达到 5.5～5.75MPa，那么水泥的抗折强度必须达到 7.5～8.0MPa 以上。

需要严肃指出的是：水泥的安定性不佳、收缩变形大，对混凝土路面的抗折强度有重大影响，这样的路面混凝土内部微细裂缝很多，钻芯抗折强度不可能高。但是在做水泥抗折强度检验时，由于试件过小，不可能反映出体积不稳定性对其抗折强度的不利影响，所以路用普通水泥使用中限制游离氧化钙含量不大于 1.0%。从保障混凝土路面抗折强度来看，禁止掺用煤矸石、石灰石、黏土、火山灰和窑灰五种混合材料也是必要的。

（2）粗集料对抗折强度的影响

1）强度和压碎值

实践表明，粗集料的强度和压碎值偏低，很难配制出高速公路、一级公路最小施工抗折强度 5.5MPa 的混凝土。

因此，粗集料岩石的立方体抗压强度值宜为所配混凝土标号的 1.2 ~ 1.5 倍，路面滑模摊铺的混凝土标号一般为 C40，粗集料岩石的抗压强度最小不得低于 50MPa。

碎石与砾石的压碎值一般不应大于 12%，最大不应大于 20%。当不满足此要求时，按试配混凝土抗折强度试验达到 5.5MPa 决定取舍。

2）最大粒径

实验得到的抗折强度最大点是 20 ~ 30mm 的最大粒径。该实验表明，《规程》中将滑模摊铺混凝土路面粗集料最大粒径，碎石定为 30mm，砾石为 20mm，有保障抗折强度的充分理由。

3）外形和级配

粗集料针片状含量不大于 10%、球形率高、级配优良、实积率大时的单位水泥用量的抗压强度提高。充填实积率高，粗集料提供的嵌锁力大，抗折强度亦增大，砾石、破口石、碎石的静载抗折强度依次增大。高等级公路上粗集料级配应按捣实密度最大的实测比例控制。

4）集料的含土（泥）量和软弱颗粒的影响

试验表明，粗集料中的土对混凝土性能影响最大的是抗折强度和硬化混凝土的收缩，随着含土量增加，抗折强度线性降低，干缩明显直线上升。因此，必须从保证抗折强度和减小收缩的角度，严格控制含土（泥块、石粉）量和软弱颗粒总量不大于 1%，发现局部砂石料土、泥块、石粉超标，必须进行处理。这一点与建筑和其他以抗压强度为设计指标的混凝土不同，试验同时表明，干土对抗压强度几乎无不利影响。

（3）砂细度模数的影响

试验表明，随着砂细度模数增加，抗折强度和抗压强度均略有增大。原因是当砂越来越粗时，砂对于嵌锁力的贡献逐渐增强，而嵌锁力提高必然带来抗折强度的增大，这是我们提出滑模摊铺水泥混凝土路面应使用细度模数在 2.3 ~ 3.2 的中砂或偏细粗砂的强度依据。

2. 配合比参数对抗折强度的影响

（1）单位水泥用量对抗折强度的影响

作者试验表明，单位水泥用量由 250kg/m³ 增加到 400kg/m³（考虑到混凝土的经济性指标，未使用大于 400kg/m³ 的水泥用量）。随着水泥用量增大，混凝土抗折强度和抗压强度均上升，但抗折强度提高的幅度小得多。单位水泥用量增大 100kg/m³ 时，抗压强度可提高 35% 左右，砾石混凝土抗折强度仅增加 5%；碎石混凝土增加 12% 左右。单纯增大水泥用量增加抗折强度并非很有效，该试验条件：水灰比 0.44，砂率 32%，碎石最大粒径 30mm。

（2）水灰比对抗折强度影响

实验表明，随着水灰比增加，抗折强度缓慢下降，抗压强度则下降较快。两种强度相比，前者比后者的影响小得多。曲线的斜率较小，用降低水灰比提高抗折强度远不及抗压强度明显。差别在于水灰比对抗折强度的影响数量上远小于其对抗压强度影响。当砾石混凝土水灰比由 0.5 降低到 0.4 时，抗折强度只增加 12% 左右，而抗压强度可增加 30%，碎石混凝土基本相同。以前在滑模摊铺水泥混凝土路面上使用普通缓凝引气减水剂时，一般水灰比为 0.42 ～ 0.48；最近使用高效保塑引气减水剂，已有效地将水灰比控制在 0.35 ～ 0.45。

用降低水灰比制作高抗折强度的混凝土，比制作高抗压强度的混凝土困难得多，这符合一般规律。减小水灰比，抗压强度的提高幅度远较抗折强度大，随之而混凝土问题是折压比和拉压比随着强度的提高而减小，脆性明显增大。

在使用增加单位水泥用量提高抗折强度时，如果不同时降低水灰比，则效果有限；只有同时采用增大单位水泥用量和降低水灰比两条措施，才能使抗折强度有较明显的提高。

（3）单位用水量的影响

当水灰比和单位水泥用量一定，单位用水量也确定了，它对抗折强度的影响已经综合反映在上述两者的规律中。一般而言，单位用水量对抗折强度及抗磨性的影响要大于水灰比和单位水泥用量。在滑模混凝土要求掺引气剂或缓凝引气（高效）减水剂的情况下，砾石混凝土应将单位用水量控制在不大于 155kg/m³，碎石混凝土则将其控制为不大于 160kg/m³。日本的道路混凝土施工规定要求单位用水量不大于 150kg/m³。

（4）含气量

1）振动黏度系数碎石混凝土含气量对振动黏度系数的影响与砾石混凝土不同。含气量增加，碎石混凝土振动黏度系数曲线降低。引气对于多棱角和粗糙度大的碎石提高振捣密实度有利。不仅可以减少振捣能量消耗，加快施工速度，而且路面混凝土高抗折强度的前提是消除毫米量级大孔隙后的面板高密实度。由此可见，滑模摊铺水泥混凝土路面规定使用引气剂是正确的。

2）抗折强度

混凝土含气量对抗折强度和抗压强度的影响截然不同。作者的试验表明，含气量增大，抗压强度线性降低；而抗折强度则不然，随着含气量增大，抗折强度先增大，然后再减小。

这是《规程》中规定在道路滑模混凝土中无论南、北方都应强制使用引气剂以提高抗折强度的重要根据之一。实际工程当中，在不提高水泥用量的条件下，即使仅提高抗折强度10%也是难能可贵的，应该加以充分利用。设计抗折强度5MPa时，有10%的增长，就可增加0.5MPa，满足配制强度保证率放大1.1倍，达到5.5MPa要求。特别是砾石混凝土，在提高抗折强度极其困难的条件下，混凝土引气为我们提供了一种经济有效、简便易行的方法。

3）抗压强度

我们的实验研究表明：引气混凝土抗压强度随着含气量增大而线性下降，国内、外的实验都证明了这一点。但是这个实验结果不稳定，当使用贫混凝土、抗压强度较低时或水灰比控制不严时，也能得出抗压强度随含气量先提高后下降的曲线情况，但不具有普遍意义。

二、影响混凝土抗折疲劳极限的因素

路面混凝土抗折疲劳极限在水泥混凝土路面设计和使用中都很重要，但由于这个试验的难度较大，一般均很少进行这方面的研究工作。我们也由于条件限制，只进行了有限的试验研究，就目前国内、外研究结果可以得到如下规律。

1. 粗集料最大粒径和粒形对抗折疲劳极限有显著影响

国内、外研究均表明，粗集料最大粒径对混凝土抗折疲劳极限有显著影响。国外的研究表明，抗折疲劳极限最高的是砾石最大粒径7～8mm，俗称豆石混凝土耐疲劳极限最高，国外有使用60～80年豆石水泥混凝土路面。最大粒径越大，集料粒形越不规则，抗折疲劳极限越低。相同的最大粒径，砾石混凝土耐疲劳极限大于破口石混凝土，破口石混凝土大于碎石混凝土。尽管砾石混凝土在相同配合比下的静载抗折强度低于破口石混凝土，破口石混凝土抗折强度低于碎石混凝土，但砾石混凝土耐疲劳极限远高于碎石。在设计抗折强度5MPa中，有接近一半强度用于疲劳循环的，因此，只要砾石混凝土抗折强度可达到5.5MPa，其使用寿命将高于碎石混凝土。

混凝土的耐疲劳极限对原生裂纹的多少和大小很敏感，碎石带有很多尖锐棱角，而砾石较圆滑，在混凝土疲劳破坏中，即裂纹的发生、缓慢扩展过程中，碎石集料的尖锐棱角就是裂缝发生源。越大的碎石，原生裂纹的尺寸越大，抗折疲劳极限越

低于同粒径圆滑砾石混凝土。

国内不少施工单位，在道路混凝土施工中，由于要求较高抗折强度而限制砾石混凝土在路面工程中的使用，有的规定必须采用破口石，不得采用砾石。该要求从提高抗折强度而言不无道理，但从提高抗折疲劳极限而言，就值得商榷。从国内、外对混凝土抗折疲劳极限的研究中，不能排斥砾石混凝土在路面工程中的采用。尽管其抗折强度略低，但抗折疲劳极限很高，动载特性很好，在一定程度上弥补了抗折强度的不足，总的使用经久耐用期限并不低。

通过提高混凝土抗折疲劳极限的研究，对于砾石资源很丰富、碎石很缺乏的地区，利用廉价的砾石资源，修建高质量的水泥混凝土路面具有重要的现实和经济意义。

2. 水泥中的游离氧化钙含量对抗折疲劳极限有很强的影响

我们的研究表明，水泥中的游离氧化钙含量对抗折疲劳极限有很强的影响。这个实验是在水泥的安定性合格的基础上专门配入游离氧化钙做出的，水泥中的游离氧化钙含量小一半，而混凝土的抗折疲劳极限提高 3 倍之多，可见其作用之大。道理很明显，游离氧化钙加快了疲劳裂纹的扩展。

根据这个试验，作者认为，除了水泥的安定性之外，水泥混凝土路面这种主要承受动载疲劳结构与其他静载结构对游离氧化钙的控制要求应该更严格。目前仅按静载结构来对游离氧化钙控制指标偏大，不利于动载结构提高耐疲劳极限。同时，上述研究结论对于我们选用不同厂家相同品种、标号的水泥有实际意义。当其他条件相同，水泥的安定性均合格时，应该选择抗折强度高且游离氧化钙含量尽量低的水泥，提高混凝土动载疲劳极限。

3. 含气量对抗折疲劳极限无影响

国外 Lee.D. 等人的研究表明：水灰比相同的引气混凝土，在极限抗折强度的 60% ~ 90%，疲劳荷载加载速率 5 ~ 7.5HzB 寸，除非含气量大于 11.3%，在混凝土含气量小于 10% 以内，引气混凝土的 S-/V 曲线都将落在非引气混凝土的 95% 置信限以内。研究结论是：在常规使用的混凝土含气量范围，含气量对引气混凝土的抗折疲劳特性没有影响。从上述含气量对抗折强度影响的分析中可见，当适量气泡夺取了部分集料界面处的水分后，界面增强、孔结构改善、匀质性提高、抗拉（折）强度明显提高。引气剂所引入的气泡不仅尺寸极小，而且外观是圆形的。可以预料，在抗折强度提高的含气量范围内，不会对引气混凝土的抗折疲劳特性带来负面影响。

三、影响混凝土变形性能的因素

水泥混凝土路面上存在着大量因混凝土变形而设置的纵、横接缝，从路面使用角度看，这些接缝无疑是混凝土路面最薄弱、最易破坏的部位。所以，高性能混凝土路面不仅要求较高的抗折强度，而且应当具有较小的弹性模量和结构刚度、较小的温度变形及干缩性能。

只有水泥混凝土路面板具有小变形能力，才能减小各种接缝的张开位移量。这一方面，可增强各种接缝对荷载的传递能力，增强混凝土板对边角断裂、碎裂的抵抗能力；另一方面，水泥混凝土路面板的小变形性能降低了对填缝材料苛刻技术要求，使其更经久耐用，有利于保持水泥混凝土路面板上最易破坏接缝部位的完好率。这不仅有利于增强水泥混凝土路面的舒适性，而且有利于降低路面的维护费用，提高其运营经济性。因此，小变形性能是水泥混凝土路面对混凝土材料提出的客观使用要求。

水泥混凝土路面的变形性能由荷载作用下的变形、温差变形和干湿变形三部分组成。

1. 荷载变形：抗折弹性模量

（1）含气量

随着引气剂掺量的增加，抗折弹性模量下降较快。一般情况下，材料越密实，强度越高，弹性模量越大。掺引气剂既提高了抗折强度，又降低了抗折弹性模量，解决了抗折强度与抗折弹性模量同步增长的矛盾。

（2）粗集料最大粒径

随着粗集料最大粒径增大，混凝土抗折弹性模量增加。小粒径的混凝土弹性模量较低，从降低弹性模量角度而言，应当使用粒径较小的粗集料。

粗集料在混凝土中的体积份数对其抗折弹性模量有很强的影响，这是人所共知的规律。但是工程实际使用的混凝土均配制成骨架密实结构，不可能是粗集料悬浮结构，除很特殊的情况外，用改变粗集料的最大粒径和体积份数来减小弹性模量是有限的。

（3）单位水泥用量

试验得知，随着单位水泥用量增加，抗折弹性模量基本上是下降的。当水泥用量增加，水灰比不变时，粗集料的体积份数减少，因而弹性模量降低。应综合考虑增加单位水泥用量会产生增大成本，使干缩变形增大，增加塑性收缩开裂概率等问题。

（4）水灰比

试验表明，随着水灰比增加，弹性模量下降，抗折强度也下降。

2. 干缩变形

（1）含气量

干缩应变一般比温缩应变大一个数量级，占混凝土温度和湿度应变的绝大部分，所以，讨论或检测混凝土的变形性质，仅指其干缩变形。

可以看到大约在含气量 2% ~ 4% 时，干缩明显减小了，有一个低谷存在，6% 的含气量与非引气混凝土干缩基本相同。干缩最小的含气量 2% ~ 4%，与抗折强度峰值含气量接近，有利于控制两者同时达到。从减小混凝土干缩变形角度，也应提出路面混凝土掺入引气剂，以控制其含气量不大于 6%。

（2）粗集料最大粒径

随着粗集料最大粒径增大，硬化混凝土干缩变形急剧减小。可见，粗集料粒径加大，对减小干缩有利。但是，这种减小干缩的方法与提高抗折强度和减小弹性模量是相互矛盾的，而提高抗折强度在路面混凝土中尤为重要。所以，对诸多因素综合协调的结果是：路面碎石混凝土控制最大粒径 30mm，砾石混凝土最大粒径 20mm 比较适宜，既满足抗折强度，又可获得干缩变形较小的路用品质要求。所有发达国家在水泥混凝土路面上使用碎石或砾石时均规定最大粒径 20mm，我国将碎石混凝土最大粒径放大到 30mm，就是要在满足抗折强度的前提下，同时考虑降低混凝土干缩变形这个重要因素。

（3）集料含土量

实验表明，随着粗集料含土量增加，混凝土收缩应变急剧增大。因此，在施工时，要严格控制粗细集料的含土量，砂中不大于 2%，粗集料中不大于 1%，不使干缩变形剧烈增大而导致路面开裂。

（4）单位水泥用量

随着水泥用量增加，硬化混凝土干缩增大。说明水泥用量加大，水泥浆量增多，干缩变大，增大水泥用量对干缩是不利的。所有细粉状材料在混凝土中对减小干缩都不利。例如，掺粉煤灰，特别是磨细粉煤灰，将大大增加干缩量。

3. 温度变形

温度变形比干缩变形小一个数量级，而且可以通过温度系数对温度变形进行计算。因此，一般讲混凝土变形性能仅指干缩变形，对路面混凝土温度系数、热扩散、热传导和隔热系数的研究比较少，这个问题仅局限在一般混凝土材料热工性能研究领域内。影响混凝土温度系数的因素最重要的是粗集料的岩石种类，然后是含气量。国外的研究表明，含气量增大，混凝土的热扩散系数和热传导系数减小，这对暴露在日照下的水泥混凝土路面结构，减小温升应力和翘曲变形是有利的。

在我国现行的水泥混凝土路面设计规范的计算中，考虑了由于温度翘曲应力疲劳对路面使用性能的影响。因此，掺用引气剂，使路面混凝土的热扩散系数及热传导系数变小，在强烈日照条件下，将高热量阻隔在结构以外，无疑将减小温度变形和计算温度疲劳应力，改善路面结构的耐热性，这对延长水泥混凝土路面的使用寿命是有利的。

总之，引气剂降低道路混凝土的抗折弹性模量，减小干缩应变，减小热扩散、热传导和隔热系数，从总体上提高道路混凝土的体积稳定性，增强这种暴露在野外结构的耐候性，也有利于在青藏高原季节性冻土路基上混凝土路面中采用。这将从本质上延长这种结构物的使用寿命，无论从一般混凝土路面的减小温度翘曲和疲劳应力，还是有隔热特殊要求的功能性混凝土路面角度而言，都有必要提出广泛使用引气剂的技术要求。但从干缩角度必须保证其含气量不大于6%，适宜的含气量在3%～6%。

四、各影响因素的综合协调

我们做大量试验的目的，就是力求寻找一些对滑模混凝土配合比设计有用的规律，用以指导滑模混凝土配合比设计和滑模高性能道路混凝土材料的制作。到此为止，本书已介绍了道路混凝土原材料、配合比各因素对力学性能、耐疲劳性能和变形性能的影响规律，有必要将各因素的综合协调确定的结论作为本节的总结，并作为滑模混凝土配合比设计的技术准备。

1. 粗集料的种类和最大粒径

碎石和砾石混凝土都可以生产优质的水泥混凝土路面，但砾石混凝土应采用最大粒径20mm，而碎石混凝土应为30mm。这样可以得到抗折强度高、耐劳极限高和变形性能小，具有优异路用性能的水泥混凝土路面材料。该规范中规定最大粒径40mm可降低水灰比和单位水泥用量，取得较好的经济性。但是当抗折强度不能满足要求时，势必增加水泥用量，经济性反而不佳。40mm的最大粒径只有干缩变形小的优势，其他如抗折强度、耐疲劳极限、抗折弹性模量、温差变形等路用品质均不好。作为参照，水泥稳定砂砾基层规定最大粒径30mm，从重要性、路面匀质性等方面来讲，面层最大粒径的要求至少不能低于基层。目前，这一条只能作为滑模摊铺水泥混凝土路面的特殊要求，实际上对所有水泥混凝土路面都是适用的。

2. 集料含土（泥）量

水泥混凝土路面应更严格限制集料中的含土（泥）量，砂不得大于2%，粗集料不得大于1%。砂和粗集料将严重影响抗折强度和剧烈增大干缩变形，对于有抗（盐）冻性要求的混凝土路面，两者均不宜大于1%。

3. 砂的细度模数

水泥混凝土路面宜采用细度模数2.6左右（适宜的细度模数范围在2.3～3.2）的中、偏粗的砂，这样抗折强度和变形性能均较好。

4. 水泥中的游离氧化钙含量

作为动载结构使用的水泥应更严格限制游离氧化钙的含量。在水泥有选择余地的条件下，应选用抗折强度较高、游离氧化钙更低的水泥以增强抗折疲劳极限。

5. 水灰比和单位用水量

路面混凝土在可施工密实的水灰比范围内，应尽量用高效保塑引气减水剂达到较小的水灰比 0.40 或 0.44，前者用于提高抗（盐）冻性，后者用于无抗冻要求的一般混凝土路面保证较高抗折强度、小变形性能及耐磨性。碎石混凝土单位用水量不大于 $160kg/m^3$，砾石混凝土不大于 $155kg/m^3$，这既可提高抗折强度，又可得到变形小、耐久性好的路用混凝土。

6. 单位水泥用量

路面混凝土的单位水泥用量不宜过大，过大会使水泥浆量增多，集料之间的嵌锁力减小，抗折强度提高并不明显。因为水泥浆量增大会使干缩变形加大，抗磨性变差，路面混凝土经济性不好。所以，滑模摊铺水泥混凝土路面的单位水泥用量 525 号水泥不宜大于 $360kg/m^3$，425 号水泥不宜大于 $400kg/m^3$；有抗（盐）冻性要求时，525 号水泥最小水泥用量不应小于 $300kg/m^3$，425 号水泥的最小水泥用量不应小于 $320kg/m^3$。

7. 混凝土密实度

混凝土路面的施工密实度不仅大大影响抗折绳度，而且影响抗磨性、抗渗性、抗冻性和耐油性。只有使用超高频密集排振、大吨位挤压的滑模摊铺混凝土路面匀质性和密实度保障率最高，实现高等级公路水泥混凝土路面"面板密实"的最重要手段是使用滑模施工技术。密实度除了从混凝土工作性方面控制以外，主要依靠优良的机械施工装备来实现。

8. 含气量

作者对道路混凝土中掺引气剂已不局限于提高其抗冻性，而将掺引气剂作为改善水泥混凝土路面抗折强度、降低路面刚度、减小变形性能，以及提高抗渗性、抗盐冻性、缓解各种化学侵蚀和碱集料反应等诸多路用品质的重要技术措施，其中抗冻性仅仅作为提高混凝土耐候性内容之一。耐候性包括耐温度循环、干湿循环、抗渗性、软水侵蚀性和抗冻性等环境单纯物理因素的作用，它比耐久性的概念窄，不包括各种化学反应性侵蚀抵抗能力。

第三节　路面耐久混凝土配合比设计与研究

一、提高水泥混凝土路面耐久性的意义

滑模摊铺水泥混凝土路面耐久性不仅对保持其经久耐用、30 年的设计使用寿命

具有重要保证作用，而且可减少水泥混凝土路面难度很大的维修养护、投资较大的重建或罩面费用，对实现国民经济的可持续发展具有重要意义。需要指出的是：我国建设了8.3万多公里的水泥混凝土路面，能够一直运行到设计使用年限寿命30年的极少。有的仅使用了1~2年，就全部崩溃，需要投入数倍的费用对其进行重建或罩面处理，可见水泥混凝土路面耐久性研究的重要性。因此，在国家"八五"科技攻关项目403-01-01专题中设立了对滑模摊铺水泥混凝土路面材料耐久性分项研究内容。希望通过研究，找出一些控制规律，指导高耐久性的滑模摊铺水泥混凝土路面施工。

研究混凝土材料和混凝土路面耐久性的另一个重要的方面是高性能耐久混凝土的配合比设计，这个长远目标在国内、外学术界已经被正式提出，问题的关键是我们目前研究所知道的影响混凝土耐久性的规律，如何在混凝土配合比设计和施工规范中体现出来。

高等级公路水泥混凝土路面的经久耐用性能，应从两个方面进行研究：一是施工方式对路面耐久性的影响；二是水泥混凝土原材料和配合比对路面耐久性的影响。

二、滑模摊铺水泥混凝土路面具备独特的耐久性优势

水泥混凝土路面结构使用耐久性的研究难度相当大，而且在5~10年内无法得到明显的效果。尽管如此，有一点目前可以肯定，滑模摊铺水泥混凝土路面的耐久性和完好使用年限比用其他方式施工的水泥混凝土路面要高得多。本研究项目施工最早的一、二级公路上两条实验路段，至今也有8年多的使用历史，目前除了个别断角和胀缝损坏之外，尚未发现较严重的结构性断板破坏现象，尽管微观抗滑构造已被磨掉，但宏观抗滑槽依然完好。我国最早的滑模摊铺水泥混凝土路面是国家"八五"科技攻关项目立项以前1988年在湖北施工的，迄今已经使用了12年。该路面与同一条公路上人工施工的水泥混凝土路面相比，滑模摊铺的路面基本完好，仅局部有少量露骨和个别断角，而人工施工出的路面基本已经彻底破坏，布满了坑穴和纵横断板断角，平均断板块约2m大小，需要重建。

该条路段两种施工是由一个单位施工的，所用的混凝土原材料、配合比、运输乃至搅拌都基本相同，为何会有如此显著的耐久性差别？首先，其原因是滑模摊铺机具有超高频振捣棒和强大的挤压吨位。超高频振动使水泥分散度大大提高，水泥的水化活性得以较充分发挥；大挤压吨位滑模摊铺机摊铺出的混凝土路面密实度高，其平均抗折强度比人工施工的水泥混凝土路面高10%~15%，因此，滑模摊铺出的混凝土路面抵抗断板能力高得多。其次，滑模摊铺路面的平整度高，车轮的冲击振动小，断板和断角少。另外，滑模摊铺对水泥混凝土材料的均匀性及稳定性要求高

得多，路面匀质性好，抗磨性不仅均匀，而且很高。因此，世界各国在高速公路的水泥混凝土路面施工上均普遍采用滑模摊铺高新技术，从保证混凝土路面的耐久性角度而言，滑模摊铺比其他施工方法具有独特的技术优势。

三、路面水泥混凝土材料的耐久性研究

滑模摊铺混凝土路面的耐久性很大程度上取决于使用环境下滑模摊铺混凝土材料的耐久性，而材料的耐久性决定于滑模摊铺的混凝土组成、配合比和施工密实度。因此，必须首先研究混凝土原材料和配合比对混凝土耐久性的影响。

1. 滑模摊铺水泥混凝土路面对耐久性研究的考虑

道路混凝土要求高耐久性，几乎所有的混凝土结构可能遇到耐久性问题，如抗磨性、抗冲击韧性、抗冻性、抗渗性、耐油性、耐软水溶蚀、耐化学侵蚀、耐碱集料反应等。这些问题是研究路面混凝土耐久性时均要遇到的，首当其冲的是抗磨性，在北方还应加上抗（盐）冻性。除长期使用在水中的过水路面外，路面上仅降雨水量，不足以形成渗透压力，水是无法从厚路面板上渗透下去的，水泥混凝土路面的抗渗性问题主要考虑的是接缝的密封防渗性能，一般不对面板混凝土提出抗渗性要求。而厚度很薄的钢筋桥面则不然，由于雨水的渗透，造成氢氧化钙大量溶出，孔隙率增大，引起钢筋锈蚀，耐磨性、抗冻性、抗盐冻性（北方地区）迅速劣化，形成桥面钢筋混凝土板的过早破坏。北京和天津的许多立交桥面的破坏即属于此类，由此，作者认为：对桥面混凝土应该也必须提出抗渗性标号的要求。

抗化学侵蚀性，如硫酸盐侵蚀、碱集料反应、氯盐侵蚀等，在我国的混凝土路面上因为有路堤和基层的阻隔，均不是普遍性问题，仅在某些特殊地区和场合可能发生，可只作为局部特殊问题，需要时做专门研究。

对滑模摊铺水泥混凝土路面材料的耐久性研究，这里主要介绍抗磨性、抗冻性、抗盐冻性等几项带普遍性的内容，也是对滑模摊铺混凝土路面配合比设计具有一般指导意义的耐久性研究内容。

该项目的研究思想是：首先，为了改善滑模混凝土的工作性、强度等性能，在《规程》中规定所有的混凝土都掺引气剂。对掺引气剂的普通混凝土，其抗冻性有大量成熟的研究结论。其次，在我国江南各省水泥混凝土路面最普及的地区，应用中对其水泥混凝土路面的抗冻性亦没有要求，因此关于抗冻性设计的试验研究内容相对较少。但一方面，我们需要检验自己研制的引气剂对滑模摊铺水泥混凝土和掺粉煤灰的混凝土的抗冻性效果；另一方面，在我国北方水泥混凝土路面受盐冻的破坏相当快，本书对抗盐冻性的最新研究成果加以介绍，以便引起大家的重视。在滑模摊铺水泥混凝土路面材料耐久性研究中，我们将重点放在滑模摊铺水泥混凝土路面材

料的抗磨性研究上。

2. 抗磨性研究

抗磨性是道路混凝土普遍存在的耐久性问题，路面和桥面是直接受车轮磨损破坏的结构物，在路面耐久性中占有举足轻重的地位，值得做深入研究，这里将滑模摊铺水泥混凝土路面材料的抗磨性作为其耐久性的重点内容来进行研究。

在抗磨性研究中，我们研究影响滑模混凝土材料的因素有：水泥用量、最大粒径、粉煤灰早期和长期的各种掺量、各种外加剂、含气量、砂的细度模数、膨胀剂用量及抗折强度、抗压强度与磨损的关系等。

3. 抗渗性研究

抗渗性是路面混凝土中较为重要的性能之一。在桥面混凝土中，表现得很直观和明显，抗渗性不好的桥面混凝土，其下表面有大量白色溶出的侵蚀物存在，开始是 $Ca(OH)_2$，后来碳化为 $CaCO_3$ 结晶。这种软水侵蚀增大了混凝土的孔径和孔隙率，使抗折强度、抗磨性、抗冻性、抗盐冻性等严重变差，并使钢筋锈蚀加快。由于渗透性好，桥面板先发生的是溶蚀性渗漏，孔隙逐渐加大，各种其他的冻融、侵蚀破坏接踵而至，耐久性受到很大影响，如上文所提及的北京旧西直门立交桥破坏原因。所以，提高桥面混凝土的抗渗性，是增强耐久性首要的问题。作者曾提出对桥面混凝土应与水工混凝土一样提出抗渗性指标的要求，同时考虑桥面上的磨损，至少应有 S10 的抗渗标号，对应的桥面混凝土强度标号应达到 C40。

路面混凝土与桥面铺装混凝土不同的是其厚度大得多，非过水路面仅降雨所引起的水连 20cm 厚的 C30 级混凝土都渗透不到底，路面从上面进入基层和路基水分，只能通过密封不好的接缝和断板缝流动下去。所以路面混凝土在保证抗折强度的前提下，可以不提抗渗性要求，以接缝、断板密封和透水基层为主要防排水措施。

需要明确指出的是：无论路面或桥面混凝土，提高其抗（盐）冻性或其他耐久性的基本前提是混凝土应具有足够的抗渗性，它是混凝土密实度的一个间接衡量指标。因此，有必要对提高混凝土抗渗透性的一些规律作扼要介绍，为耐久混凝土配合比设计作必要的准备。

影响桥面混凝土抗渗性的因素规律有：

含气量。水利水电科学研究院的研究表明：在相同水灰比条件下，引气混凝土比非引气混凝土的抗渗性高。在同水泥用量条件下，引气混凝土的抗渗性显著提高；在同配合比条件下，含气量增大，抗渗性提高。

掺引气剂使混凝土单位用水量减少，泌水离析减少，混凝土匀质性提高，大毛细孔减少；同时气泡切断了毛细管通道，使混凝土抗渗性得到改善。

密实度。影响混凝土抗渗性最直接的是混凝土施工密实度。特别是表面密实度好、抗渗性较高，要设法将渗透水阻隔在桥面混凝土之外，减少渗透、软水和钢筋锈蚀等侵蚀。表面涂覆耐磨防水剂是提高桥面抗渗性的另外一种有效的方法。

水灰比。水灰比直接与密实度和强度有关，水灰比大，密实度不高，强度必然低，抗渗性随之降低。水泥混凝土桥面应采用较小水灰比或通过强化振捣来增强密实度、强度和抗渗性。

四、与耐久混凝土路面相关的疲劳寿命问题

道路混凝土主要是指水泥混凝土路面、桥面、机场跑道表面板体结构使用的水泥混凝土。实际上它不是一种平常的普通混凝土，而是一种使用和环境条件极为苛刻严酷的承受动荷载的结构物。如果将它视为通常混凝土结构材料，不对其从原材料、配合比和搅拌生产方式上进行严格质量控制，铺好的道面仅在 1 ~ 2 年内就可能完全破坏，需要翻修或重建，远远达不到 30 年的设计使用寿命。而国内质量控制优异的混凝土路面，有使用 40 年的记录；美国有使用 80 年未大修的水泥混凝土路面。

水泥混凝土路面板和桥面板是承受交变动荷载下的疲劳结构。在我国水泥混凝土路面设计规范中，考虑了荷载应力疲劳计算和温度应力的疲劳计算，水泥混凝土路面的使用寿命长短、破坏的快慢、显然与其耐疲劳循环周次数有关。

根据最新的研究成果，目前我们了解到在水泥混凝土路面材料中，至少有下述几项因素严重影响水泥混凝土路面的耐疲劳循环次数或疲劳寿命，必须认真对待。

1. 水泥中的游离氧化钙和游离氧化镁对其疲劳寿命影响巨大

经过我们"八五"攻关的研究，表明承受动载的结构水泥与静载结构水泥相比，在耐疲劳极限和游离氧化钙含量的要求是很不相同的。水泥的安定性对耐疲劳极限和水泥混凝土路面的服役期影响很大。我国现行水泥规范从满足静载结构要求，对游离氧化钙含量没有限制仅规定沸煮法安定性检验合格，沸煮法合格的水泥中游离氧化钙最大可达 2%。我国有 1 万多家水泥厂，其中大约 2000 多家小厂出产的水泥，游离氧化钙的含量大大超过 2% 的要求，由于经济方面的原因，这些严重不合格的水泥在水泥混凝土路面上大量在使用，造成了严重的后果。

笔者有一些典型案例，某省在 107 国道的旧沥青路面上加铺水泥混凝土路面的改建工程中，使用了游离氧化钙含量高达 9.7% 的普通硅酸盐 425 号水泥，游离氧化钙的含量高出规范要求 3 倍多，结果该 20km 水泥混凝土路面加铺层，仅通车使用了 1 年，就全线崩溃，第二年使用 3 倍的投资用沥青混凝土进行了重建。1999年，作者在山西京大高速公路施工时，曾遇到使用矿渣 425 号水泥稳定碎石基层摊铺后 8d 都不成板体的情况，作者做的水泥浆安定性试饼，未等沸煮就开裂了，通过游离氧化钙检测表明：其水泥中所含的游离氧化钙达到 8.7%，不得不推掉 800m

长双向 6 车道的水泥稳定碎石上基层。不仅如此，我国一些水泥混凝土机场跑道工程，刚建好不久就开裂得不成样子，不能排除与所使用的不合格游离氧化钙很高的劣质水泥的关系。这些教训是惨痛的。所以，笔者赞成一些水泥混凝土材料和路面专家提出的水泥混凝土道面工程不得使用小立窑水泥（立窑水泥游离氧化钙最小为 1.8%），而只能使用大回转窑生产的合格水泥。

我们的研究是在安定性合格的条件下进行的，即水泥中的游离氧化钙含量小于 3%。我们的实验研究表明：当游离氧化钙的含量从 0.9% 增大到 2.7%，其水泥砂浆的耐疲劳极限可相差 1 ~ 2.5 倍，混凝土还要大一些，达 1.5 ~ 4 倍。游离氧化钙含量越低的水泥，其配制的混凝土耐疲劳极限越高，原因何在？因为疲劳断裂与初始原生裂纹多少及裂纹的扩展速率有关。游离氧化钙含量越高，初始裂纹的数量越多；在疲劳裂纹尖端，游离氧化钙像楔子一样，加快了疲劳裂纹的扩张，它的数量越多导致疲劳寿命越小。这项研究说明，承受疲劳动载的高性能道路混凝土［包括公路混凝土路面、机场跑道、公（铁）路桥梁］所使用的水泥，应该比目前水泥规范按静载结构要求的安定性合格水泥的游离氧化钙含量还要低。在高性能道路水泥的研究中应该高度重视这个问题，目前我们能够做到的是：在相同水泥品种和标号情况下，在水泥的生产厂家和性能有选择余地的情况下，应选用游离氧化钙较低的水泥，作为动载疲劳结构用水泥，以保证高性能道路混凝土冲击疲劳应力循环周次，延长其使用寿命。

2. 粗集料的最大粒径和粒形对混凝土耐疲劳极限有较大影响

首先，水泥混凝土路面设计不是以抗压强度为标准，而是以弯拉应力加疲劳应力循环，并考虑温度应力不小于路面混凝土的弯拉强度作为其设计准则。它有与其他混凝土结构完全不同的技术特色，其首要使用技术特性是高抗折强度和高耐疲劳极限。研究发现混凝土粗集料的最大粒径和粒形对耐疲劳极限有较大影响，最大粒径大的比小的差，同粒径的碎石比砾石差。砾石混凝土的疲劳寿命最高，破口石混凝土居中，碎石混凝土最差。耐疲劳极限最高的混凝土是河床中豆石（砾石，粒径 7 ~ 8mm）配制的混凝土。国内使用 40 年、美国使用 80 年未大修的水泥混凝土路面，经作者调查，均为砾石混凝土，后者还掺有豆石。

然而，我国很多地方修建水泥混凝土路面，只用抗折强度一项静载技术指标，不考虑（不知道）其耐疲劳寿命，结果是有良好的砾石不用，而用砾石破口，使用破口石。殊不知，尽管破口石及碎石的静载抗折强度比砾石的高，但其耐疲劳寿命反而低，并非有利。为什么砾石混凝土的耐疲劳寿命比碎石混凝土高得多？原因是碎石的粒形是多棱角的，引发疲劳裂纹的初始裂纹尖端显然多于圆滑的砾石。因此，从断裂力学角度来看，碎石混凝土的疲劳断裂性能应该比砾石混凝土差。所以采用最大粒径 20mm 以内的小砾石混凝土建造路面，将是高耐久性水泥混凝土路面的一个重要发展方向。我们在湖南湘潭高速公路上，全部采用湘江砾石来建造，不仅各项性能指标优良，耐疲劳寿命长，而且比碎石节省了一半多的投资，烁石既节省破口费用，又能取得良好经济效益。

3. 混凝土粗集料种类和级配对耐温度疲劳性能有较大影响

首先，在级配相同时，粗集料的种类直接影响到混凝土的热膨胀系数。碱性石灰岩比酸性石英岩的热膨胀系数小一倍，这不仅影响到接缝的完好率和使用性能，而且严重影响温度翘曲量的大小和温度疲劳应力幅度，对温度作用下的耐疲劳寿命有重大影响。碱性石灰岩的耐疲劳极限明显高于酸性石英岩。

其次，当粗集料岩石种类相同，集料的级配优劣、总量多寡对干湿变形和温度变形量也有较大影响。砂浆仅干缩变形一项就是混凝土的 16 倍，加上温差变形，要相差 20 倍以上。所以，粗集料较多、级配优良形成骨架密实结构的混凝土比级配欠佳的混凝土这两种变形量小得多，相应的耐干湿循环和温度变化的疲劳寿命也高很多，所以高耐疲劳寿命的道路混凝土要求优良的级配。尽管水泥石硬化后，也是刚性的石头，但与集料相比，其变形量高几十倍。这一点是保持接缝完好率，并延长路面板耐疲劳极限中不可忽视的重大因素。

从上述研究可见，混凝土的变形性能和耐疲劳极限是相对抗折强度独立的性能，不可仅用抗折强度一项来反映路面耐久性的优劣。从保持混凝土路面上大量接缝的完好率和使用寿命上考虑，要求道路混凝土具备小变形性质：较低抗折弹性模量降低结构刚度，较小的温度变形和湿度变形系数，良好的气候稳定性和耐候性。它与耐疲劳寿命的要求是一致的。

第十四章　筒仓滑模施工

第一节　筒仓结构滑模施工技术

一、滑模系统设计

1. 提升系统：采用 YKT—36 型液压控制台，采用 GYD—60 型滚珠式千斤顶，支承杆采用国标 φ48 钢管。门架均采用"Ⅱ"型门架，槽钢围圈，标准钢模板，操作平台采用内外悬挑三角架平台，拉杆与中心盘连接，下设内外吊角手架。

2. 模板系统：提升架采用"Ⅱ"型门架，立柱采用 [14 槽钢，横梁为 [10 槽钢，立柱与横梁采用高强螺栓连接，门架布置间距为 1.6m 左右。模板采用标准钢模板，连接用 U 型卡和铁丝捆绑。为了减少滑升时模板与混凝土之间的摩阻力，便于脱模，模板在安装时应形成上口小，一般单面倾斜度为 0.2% ~ 0.5%，模板二分之一高度处的净间距为结构截面的厚度。

3. 围圈：筒仓围圈沿水平方向布置在模板背面上、下各两道，形成闭合框，用于固定模板并带动模板滑升。围圈主要承受模板传来的侧压力、冲击力、摩阻力及模板与围圈自重。围圈采用 [8 槽钢，上下围圈间距为 500mm。

4. 操作平台系统：操作平台由内外三角架、楞木和铺板组成。内平台采用内挑三角架，长 1.7 米，主要材料为 [8 槽钢或 φ48 钢管，由螺栓与提升架连接，下设内吊脚架，三脚架可满足 170Kg/m 的线荷载；在提升架内侧挂 Φ14 辐射式拉杆与中心盘相连，以防止平台受力后提升架根部水平移位和库壁变形，用花栏螺栓调节松紧。外平台采用外挑三角架，长 1.7 米，主要材料由 [8 槽钢或 φ48 钢管，采用焊接，由螺栓与提升架连接，下设外吊脚架。内外侧防护栏杆采用长 1.5m 主要材料由 φ48 钢管，中间穿三道 φ12 的钢筋，外加防护网。

5. 吊脚手架：吊脚手架用于滑升过程中进行混凝土质量的检查、混凝土表面的修整和养护、模板的调整和拆卸等。吊脚手架挂在内外操作平台下。吊脚手架的吊杆可采用 Φ14 ~ Φ16 的圆钢制成，其铺板宽度一般为 50 ~ 80cm，高度 1.6 米左右。吊脚手架外侧必须设置防护栏杆，并挂安全网到底部。吊脚手架可满足 170kg/m 的线荷载。

6. 精度控制系统：用水准仪或水平管测量水平面，在库壁外两个轴线上设四个点，用线坠可做垂直度的测量。

二、垂直与水平运输设备选配

根据混凝土量和滑升速度每 24 小时必须滑升 4m 以上要求情况，单仓可配塔吊一台配合施工，搭设人行跑道 1 座，混凝土输送泵 1 台。

三、对混凝土的要求

1. 滑升速度及混凝土出模强度

当支撑杆无失稳可能时，按混凝土的出模强度控制，可按下式确定：

$$V=(H\text{-}h\text{-}\alpha)/T$$

式中，

V——模板滑升速度（m/h）；

H——模板高度（m）；

h——每个浇筑层厚度（m）；

α——混凝土浇筑满后，其表面到模板口的距离，取 0.1（m）；

T——混泥土达到出模强度所需的时间（h）。

滑模 24 小时连续作业，根据天气气候、混凝土的垂直运输、钢筋的绑扎情况等，滑升速度 V 大于 0.2 米 / 小时，每天应大于 4 米，混凝土出模强度应控制在 0.3 ~ 0.35Mpa。

2. 对混凝土配合比的要求

混凝土塌落应尽量控制在 12 ~ 18CM，初凝时间控制在 2 小时左右，终凝时间控制在 6 小时左右。砂含泥量小于 3%，石料含泥量小于 1%。

四、具体施工方法

滑模施工工艺：

1. 滑模设备检查

（1）液压控制台：是液压传动系统的控制中心，每一个工作循环，可使千斤顶爬升一个行程，历时 3 ~ 5min。滑升前应试运行，使其正常。

（2）千斤顶：液压千斤顶必须经过检验，并应符合下列规定：耐压 12Mpa，持压 5min，各密封处无渗漏；卡头应锁固牢靠，放松灵活；在 1.2 倍额定承载的荷载作用下，卡头锁固时的回降量对滚珠式千斤顶应不大于 5mm。

（3）必须对油管、针形阀进行耐油试验。油路的布置一般采取三级并联的方式：

从液压控制台通过主油管到分油器，从每个分油器到支分油器，最后再从每个支分油器经支油管到各千斤顶。

2. 滑模装置的组装工艺

安装提升架——安装内外围圈——绑扎竖向钢筋和提升横梁以下的水平钢筋——安装模板——安装操作平台及内吊架——安装液压提升系统——检查、试验插入支承杆——安装外吊架及安全网

滑模施工：

安装提升架——安装内外围圈——绑扎竖向钢筋和提升架横梁下水平钢筋——安装模板——安装操作平台及内吊架——安装中心拉杆——安装液压提升系统——检查、试验插入支撑杆——安装外吊架及安全网（滑升 2000mm 后）。

3. 滑升程序

滑升程序应分初升、正常滑升和末升三个阶段，进入正常滑升后如需暂停滑升（如停水或风力在六级以上等），则必须采取停滑措施（停滑施工缝做成 V 型）。

（1）初升

初升时一般连续浇铸 2 ~ 3 个分层，高 60 ~ 70cm，当混凝土强度达到初凝至终凝之间，即底层混凝土强度达到 0.3 ~ 0.35Mpa 时，即可进行试升工作。初升阶段的混凝土浇铸工作应在 3 ~ 4 小时内完成。

试升时应将模板升起 5cm，即提升千斤顶 1 ~ 2 个行程，当混凝土出模后不塌落，又不被模板带起时（用手指按压可见指痕，砂浆又不黏手指），即可进行初升。初升阶段一般一次可提升 20 ~ 30cm。

（2）正常滑升

每浇铸一层混凝土，提升模板一个浇铸层高度，依次连续浇铸，连续提升。采用间歇提升制，提升速度大于 10cm/h。正常气温下，每次提升的时间，应控制在 1 小时左右，当因某种原因混凝土浇铸一圈时间较长时，应每隔 20 ~ 30 分钟开动一次控制台，提升 1 ~ 2 个行程。

（3）末升

滑升到接近顶部时，最后一层混凝土应一次浇铸完毕，混凝土必须在一个水平面上。

4. 停滑方法：

在最后一层混凝土浇铸后 4 小时内，每隔半小时应提升一次，直到模板与混凝土不再黏结为止。

5. 支撑杆空滑加固

当采用空滑方法处理门窗洞口必须对支撑杆加固处理。一般采用方木加固、传

力牛腿加固、钢管加固及加焊短钢筋加固。

6. 钢筋施工

钢筋施工应按照规范及图纸施工，绑扎钢筋速度应满足滑模提升速度的要求，至少组织三班工人轮流进行钢筋的绑扎。

7. 支承杆

支撑杆采用 φ48 钢管，壁厚 3mm，第一批插入千斤顶的支撑杆，其长度有 4 种，按长度变化顺序排列，根据滑模组装部位基础情况，下端宜垫小钢板。在支撑杆焊接时应焊牢、磨光，如有油污应及时清除干净。

8. 混凝土施工

（1）应以混凝土出模强度作为浇铸混凝土和滑升速度的依据，每天滑升高度应控制在不小于 4m，每小时应大于 0.2m，出模强度控制在 0.3 ~ 0.35Mpa。

（2）必须分层均匀按顺逆时针交替交圈浇铸，每层在同一水平面上。

（3）每层浇铸厚度一般为 200 ~ 300mm，各层间隔时间应不大于混凝土的初凝时间（相当于混凝土达 $0.35KN/cm^2$ 贯入阻力值）。当间隔时间超过时，对接茬处应按施工缝的要求处理。用去除粗骨料的混凝土砂浆铺设 2cm，然后再浇筑混凝土。

（4）混凝土振捣时，振捣器不得直接触及支承杆、钢筋和模板，振捣器应插入前一层混凝土内，但深度不宜超过 50mm，在模板滑升的过程中，不得振捣混凝土。

（5）混凝土出模时应及时修饰，表面不平时用方木拍实刮平，用抹子压光抹平。对于拉裂和塌落及保护层脱落等问题，搓抹人员应在混凝土尚未凝固前及时修补。

（6）混凝土强度到养护时间后必须及时进行养护。①用自来水在混凝土收浆后浇洒。②保持混凝土表面湿润不干，养护时间 7 ~ 14 天。③措施为：内、外各设置一条环型的 PVC 管，PVC 管每 20cm 用电钻开小孔，小孔开口方向均一致对准库壁混凝土面。内、外环型的 PVC 管同时共用水压满足的水管供应，供水管与内、外环型的 PVC 管设置伐门开关，每个仓分别采用增压泵将水送到指定位置，随时提供对仓壁混凝土的养护条件，不受其他因素影响。派专人进行养护工作，供水管要求满足养护及其他施工的需要。内、外环型的 PVC 管设置。

9. 预埋件的施工

采用直接埋入法：当达到预埋件埋设标高时，将预埋件与仓壁钢筋焊接，预埋件应与模板有一定间距，避免模板滑升时与模板接触，而产生挂模现象。

10. 施工水平、垂直度控制与纠偏方法

（1）水平控制

采用限位卡加叉形套控制法，在提升架上方的支承杆上设置限位卡，距离以一个提升高度或一次控制高度为准，一般为 30 ~ 50mm，在千斤顶上方设叉形套，使所有千斤顶行程一致。

（2）纠偏

一般采用以下三种方法纠偏：

1）操作平台倾斜法：一次抬高量不大于 2 个千斤顶行程。

2）调整操作平台荷载纠偏法：在爬升较快千斤顶部位加荷，压低其行程，使平台逐渐恢复原位。

3）支承杆导向纠偏法，当用上述两种方法仍不能达到目的时，可采用此法继续纠偏，其方法有三种：

a）在提升架千斤顶横梁的偏移一侧加垫掣型钢垫，人为造成千斤顶倾斜。

b）切断支承杆重新插入钢靴，把钢靴有意地反向偏位，造成反向倾斜，

c）由于支承杆的导向关系，带动提升架上升达到纠偏的目的。

第二节 径筒仓的滑模施工

随着经济的发展，基础建设的速度加快，能源需求量的日益增长，作为中国主要能源之一的煤需求量越来越多，因此，煤矿及煤加工设施的改扩建工程也相应增多。目前，煤仓建设的趋势是容积越来越大，直径也是越来越大。煤仓在施工时支模将成为一大难题。如果直径较小，可采用满堂脚手架，但对于较大直径的筒仓。如果仍然采用这一方法，造价将大大增加。如果采用操作平台，连同模板一起提升。形成滑模系统。会降低模板及脚手架的用量；同时，施工过程也非常方便。本文以沁水沁城煤矿产品仓末煤仓工程实例对大直径筒仓滑模施工加以阐述。

一、工程概况

本工程位于山西省晋城市沁水县，建设单位为沁城煤矿管理局。末煤仓内径为 15m、筒壁厚 400mm、高度为 55.7m 的圆形筒仓，混凝土标号为 C35、C40。

二、主体施工工艺

1. 施工工艺的选择

根据本工程的实际情况，底板采用支模现浇，筒仓、筒壁在基础环梁以上采用筒仓整体滑升方案，筒仓安装 28 个千斤顶，千斤顶由 1 台液压油泵控制。

2. 滑模系统组成

（1）操作平台系统

操作平台是绑扎钢筋、浇注混凝土、安装预埋件等工作的场所，也是钢筋、混凝土、预埋件等材料和千斤顶、振捣器等小型备用机具的暂时存放场地。本工程操作平台采用辐射梁式刚性平台，辐射梁用两根［16 拼制而成。共设 28 组，加强环梁采用两根［14，共 4 道均匀分布，悬索拉杆采用 25 钢筋中间用法兰螺丝调整，平台板采用 4cm 厚松木板铺设。

平台下挂设水平安全网，鼓筒外径为 3m，上环梁采用［32，下环梁采用［25。腹杆用［10，斜杆 10×10。上环梁设 28 个托架均匀分布，材料垂直运输采用塔吊。

（2）模板系统

模板采用 200mm×1500mm 普通钢模，内外模均用固定模板形式，内模固定模板宽 200mm，外模 200mm，为了减少滑升时模板与混凝土之间的摩阻力，要求接缝紧密平整。内外模要放坡。外模为千分之一，内模为千分之二。壁厚为模板上口下来 1/3 处为壁厚。在每侧模板的背后，按构筑物的设计形式，设置上、下各一道闭合式围圈，其间距为 600mm，采用 L75×5 制作，上围圈距模板上口距离为 200mm。提升架用钢管和角钢焊接而成，横梁与立柱刚性连接，保证两者的轴线在同一平面内。

（3）吊架

吊架主要用于检查混凝土的质量、模板的检修及拆卸、混凝土表面修砌和养护等工作。内外吊架跨筒壁挂在辐射梁上。吊脚手架铺板宽 700mm，连环铺设。吊架外侧必须设置安全防护栏杆，并应张挂安全网。

（4）液压提升系统

液压提升系统主要有支承杆、液压千斤顶、液压控制台和油路等部分组成。滑模的操作平台液压控制机械设备布置在操作平台的中央部位。支承杆，又称爬杆。它支承着作用于千斤顶的全部荷载，为了使支承杆不产生压屈变形，采用 $\phi 48 \times 315$ 的钢管，在接长时，使用套管，先将连接件插入下部支承杆钢管内，再将接长钢管支承杆插到连接件上，即可将上下钢管连成一体，当千斤顶爬升过连接件后。用电焊把上下钢管和焊对中在一起，支承杆的接长，既要确保上、下中心重合在一条垂直线上，以便千斤顶爬升时顺利通过，又要使接长处具有相当的支承垂直荷载能力和拉弯能力。千斤顶采用 HQ235 型专用千斤顶配合 $\phi 48 \times 315$ 的钢管的爬杆。液压泵 YKT236，额定起重量为 60～100kN 的大吨位千斤顶，与之配套的支承杆采用 $\phi 48 \times 315$ 的钢管。其基本参数为：外径 48mm，内径 41mm。壁厚 315mm，截面积 4.89cm^2，重量 3.83kg/m，外表面积 0.152m^2/m，截面特征：I=12.296cm^4，W=5.096cm^3。R=1.58cm，弹性模量：E=2.1×105MPa。

3．滑模施工工艺

（1）滑模的组装

首先在库底板筒壁 –11.4m，注意控制平台起拱 5cm ~ 10cm，然后安装鼓筒，注意对好中心位置以及方向，再安装辐射梁，使其一端与鼓筒上环梁连接。另一端搁置在上面，然后依次安装加强环梁、斜拉杆、提升架、爬杆、油泵，铺设平台板，最后安装内模板、内围圈、绑扎钢筋以及安装外模板和外围圈。挂设安全网，由于此时平台较低，不能装内吊架，须待滑升一定高度后安装。注意爬杆安装时必须平均分布，并加斜撑加固其稳定性，首批爬杆加工成 4 组，每组中：1 号 L=3000mm，2 号 L=4000mm，3 号 L=5 000mm，4 号 L=6000mm，往上每根长约 6000mm。

（2）设备调试

设备组装好后，应检查所有电路及油路系统，确信完好后方可进行试验初提升。

（3）初升

浇筑混凝土之前，应冲洗原混凝土面使之保持干净，浇一层厚 50mm 的原配合比减半石子的混凝土，然后分两层浇筑到 60cm，每浇 30cm 振捣 1 次。待分层浇筑到模板高度 2/3 时，将模板提升 1 ~ 2 个行程，观察液压系统和模板系统的工作情况，当第一层混凝土强度达到 0.05 ~ 0.25MPa 时，即可转入正常滑升。正常滑升时，对称浇筑混凝土且不断变换方向，有利于控制平台扭转，每次浇筑必须留 1 根以上环筋在混凝土外，以保证绑扎环筋的间距。

（4）正常滑升

正常滑升时，每 400mm 提升一次，对中一次，每班应有一次严格检查。中心偏差应控制在 1% 范围内，两次提升的时间间隔一般不宜超过 2h。

（5）末升

当模板滑升至距建筑物顶部标高 1 m 左右时，滑模进入末升阶段，此时应放慢滑升速度，做好抄平及找正工作，保证顶部标高正确。另外。在最后一层混凝土浇注 4h 内，每隔 1/2h 提升 1 次，直到模板与混凝土不再黏结为止。当采用空滑方法处理库底板施工或滑升至库壁顶标高空滑时，应对支撑杆进行加固处理。加固方法采用一根大于 20mm 的短钢筋绑扎在支撑杆上。

4．混凝土施工控制

混凝土施工控制措施如下：

（1）应以混凝土出模强度作为浇注混凝土和滑升速度的依据，每昼夜滑升高度 3.0m，因筒壁为高耸构筑物，出模强度控制在 0.3 ~ 0.35Mpa 为宜。

（2）必须分层均匀按顺时针交替交圈浇筑，每层在同一水平面上，每层浇筑厚度为 200 ~ 300mm，各层间隔时间应不大于混凝土的凝结时间。当间隔时间超过时，对接茬处应按施工缝的要求处理。

（3）混凝土振动时，振动器不得直接触及支撑杆、钢筋和模板。振动器应插入前一层混凝土内，但深度不宜超过 50mm，在模板滑升的过程中，不得振捣混凝土。

（4）混凝土出模后应及时修饰，表面不平时用方木拍实刮平，用抹子压光抹平。对于拉裂和坍落及保护层脱落等问题，搓抹人员应在混凝土凝固前及时修补。

（5）孔洞及预埋件的施工采用直接埋人法：门、窗、洞口胎膜宽度应小于滑升模板上口宽度 1cm，并与结构钢筋固定牢固。预埋件应提前加工好，边滑升边预埋。埋件不得突出模件表面。埋件出模后及时清理，使其外露。

（6）特殊部位处理如雨棚在滑升时预留钢筋，出模后剔出筋，二次浇筑。筒壁和梁的结合部留洞处理，2 次浇筑梁。

（7）混凝土的养护采用养护液进行养护，用滚筒滚涂。利用吊架对脱模后的混凝土自下而上进行，脱模后 1 ~ 1.5h 滚涂，先绕筒壁水平涂刷 1 遍，成膜后再垂直滚涂第二遍，两次涂刷需要横竖交叉以便养护膜厚度一致，经现场试验证明，使用养护液同浇水养护比较，提高混凝土强度 10% 左右，并节约了养护用水。

5. 滑模施工的工程质量控制

（1）对混凝土的质量检验应符合下列规定

1）标准养护混凝土试块的组数，每一工作日或 5m 不少于 1 组。

2）在每次模板滑升后，应立即检查出模混凝土，发现问题应及时处理，最大问题应做好处理记录。

（2）质量问题的处理

在模板滑升过程中，由于支承杆脱空长度太大、操作平台上荷载不均及模板遇有障碍而硬性提升等原因，均可使支承杆失稳弯曲。对于弯曲的支承杆，必须立即进行加固，否则弯曲现象会继续发展而造成严重质量问题或安全事故。发现支承杆弯曲后，必须先停止千斤顶工作。并立即卸荷，弯曲不大时，可加绑条；弯曲程度较大时，应将支承杆弯曲部分切断，并将上段支承杆下降（或另接新杆）并在混凝土表面厚支承杆的位置上加设一个由钢垫板及钢套管焊接的套靴，将上段支承杆插入套靴内顶紧即可。

第三节　联体筒仓滑模施工技术

在水泥厂新建和技改工程中，其重要子项为均化库、熟料库、水泥库、水泥散装库、生料库、原料配料库。大都均设计为筒体结构,占水泥厂土建工程的一半工程量,筒仓是滑模施工较为适宜的结构类型,混凝土成型整体性能好。施工速度快、周期短、施工占地少、劳动强度小、节约模板和人工、综合效益高,而且有利于安全生产。

由我公司承建的云南国资水泥剑川水泥厂、三江水泥厂、富明水泥厂、海口水泥厂、东骏水泥厂等工程。水泥厂均化库、熟料库、水泥库、生料库、原料配料库、全部为筒仓结构。直径最小 6m,直径最大 18m,共计施工 69 个筒仓。其中直径 15m 以上筒仓 27 个。筒仓结构施工中全部采用滑模施工方法。最为典型的是云南国资三江水泥厂工程中的生料均化库 1 个直径 15m 圆库。熟料系统 2 个直径 18m 二联体圆库。水泥及散装系统 6 个直径 15m 六联体圆库。联体筒仓滑模施工工艺在我公司水泥厂筒仓结构施工中广泛应用,并取得较好的经济效益及社会效益。

一、该技术具有以下特点

1. 施工中只使用一套模板操作平台和模板,用液压千斤顶提升,不再用支模板和搭设脚手架,可节省大量材料及人工。

2. 多个库可同时组装滑升,施工保持连续作业,使各种工序简化,施工速度快。

3. 混凝土连续浇筑,可减少施工缝,保证构筑物的整体性,质量容易得到保证。

4. 操作平台栏杆及清光脚手架均设安全网和保护绳,施工操作安全。

5. 机械化程度高,劳动强度低。

二、技术要点

1. 联体筒仓滑模施工技术适用于水泥厂生料库、均化库、熟料库、水泥库、水泥散装库、原料配料库等筒仓结构工程。还可运用于各种类型的筒仓筒体结构工程施工。对常规的筒体结构滑模施工具有指导意义。

2. 筒仓滑模施工工艺是由千斤顶、液压提升机、带动提升架、模板沿着混凝土表面滑动而成型的现浇混凝土结构的施工方法。它是由模板、围圈、提升架操作平台、支撑杆、液压控制台、千斤顶组成的一个混凝土现浇模板装置。由液压提升系统带动模板系统沿混凝土表面自动滑升。形成一个移动的现浇模板体系。由提升系统自下而上缓慢提升模板并实施混凝土连续浇筑施工工艺。

三、施工方法

1. 滑模设计

(1) 模板系统

1) 模板选用可调弧形钢板,模板宽以 1200mm 为主,不足部分以 100mm 和

150mm 相调剂，如拼装时不足 50mm，用 100mm 宽的改制，外钢模高 1200mm，内钢模 900mm，内外模板上下差 150mm，即内模顶标高比外模顶低 150mm，模板与模板之间用 M12 螺栓连结，中间夹 10mm 厚的海绵条，模板与围圈用特制钩头螺丝连接。

2）围圈的选择与布置

为增强围圈的钢性，传力的均匀可靠，上下围圈均用［10 的槽钢，现场用 Φ48 钢管焊接成垂直拉杆，拉杆之间用 Φ48 钢管焊接成斜撑腹杆，相互链接成桁架式围圈。

3）提升架的选择与布置

提升架是滑模施工最重要的受力构件，滑模装置上所有荷载都集中在提升架上，通过千斤顶传递给支撑杆，最后传到混凝土墙体上，选用开型桁架式提升架。

（2）操作平台系统

本工程选用小桁架斜拉索滑模操作平台，操作平台系统由内外操作平台及内外吊架组成。

1）内操作平台：在每桁提升架内侧设置挑架，挑出 1.8m，在挑架上设置一道环形水平钢桁架，用 7# 槽钢由螺栓与挑架连接。该环形水平桁架主要起保证滑模系统稳定性的作用。内操作平台设置在水平桁架上、上铺 50mm×100mm 方木，间距 50cm，上铺 2.5cm 厚木板，平台下面采用 Φ14 圆钢对拉，在提升架处间隔设置一道，受拉挑梁长脚上，用花蓝螺栓调节松紧程度。

2）外操作平台：挑出 1.2m，连接在提升架外侧立柱上，挑架用钢管搭设，外挑架间用环形钢管及扣件、檩条采用 50mm×100mm 方木，上铺 2.5cm 厚木板。

3）内外吊架：吊架采用 Φ16 圆钢制作，横梁采用 2∠50×4 角钢制作，螺栓连接，内外吊架宽度 800mm，上铺 4 根 50mm×100mm 方木，上铺 2.5cm 厚木板，侧面作扶手栏杆，安全网封闭。

（3）液压提升系统

液压提升系统由控制台、千斤顶、支承杆、油路等组成。控制台选用 YHJ-36 型一台，该设备可一次控制到顶。控制台设在筒仓中心，千斤顶采用 HQ-30 型，额定起重能力 30KN，需要 40 台千斤顶，考虑到圆筒仓仓壁滑模千斤顶的对称布置，实际使用数量为 36 台，单双间隔布置，每台设置针型阀及限位装置，以保证每台千斤顶能同步行进。支承杆通过承载力验算校后采用 Φ48 钢管承接，支承杆标准长度 6.0m。第一批支承杆为错开接头位置，分别用 2.5m、3m、3.5m、4m 四种规格依次顺序埋入千斤顶并牢固地支撑在混凝土基础上。油路采用二级并联油路，主管采用 Φ19 高压油管，分为四路，若发生滑模偏（扭），可通过控制不同主管的出油量来控制千斤顶的行程，达到纠偏（扭）的目的。高压油管，用分油器连接，每条支管控制一组（共6台）千斤顶。

（4）支承杆的加工与安装

支撑杆需购买正规厂家生产的有出厂合格证和检验报告的Φ48钢管进行加工，加工长度为6m，加工好后运到现场安装，为了保证接头在同一截面上尽量少，组装时选择4种支承杆排列到3m、4m、5m、6m，4次排完，在滑升过程中全部加接6m的支承杆，接头连接，待出千斤顶后必须焊接牢固。

2．施工准备

（1）垂直提升设备的选配

根据滑模施工技术要求和气候情况，一是每昼夜滑升高度为2.5～3.0m左右，垂直提升设备选配应先满足其相应的混凝土和钢筋提升要求；二是满足滑模设备拆除需要；三是满足其上部施工及除属工程施工需要，采用QTZ5013塔吊一台，为了便于人员上下，需要搭设钢管人行跑道、密目安全网封闭。

（2）对混凝土的要求

混凝土设计标号为C30，混凝土应用普通硅酸盐水泥或矿渣水泥配制，滑升速度及混凝土出模强度，根据工期拟定24小时出模计划，连续作业，滑升速度工期大于10cm/小时，一般每天应大于2.5m，混凝土早期强度宜在4～6小时达到0.3～0.35MPa，混凝土坍落度冬季应控制在5～7cm，初凝时间控制在4小时左右，终凝时间控制在8小时左右，混凝土含泥量小于3%，水泥应按实际用量同批号一次进够，并严格防潮。

3．滑模设备检修

（1）液压控制台：试运行使其正常；

（2）千斤顶空载爬行试验，使其行程达到一致；

（3）油管、针形阀进行耐油试验。

4．滑模组装

滑模系统组装程序如下：准备工作（放线、建立测量控制点等）→提升架就位→内外围圈→内外挑架及水平拉杆→千斤顶及液压系统→试压、插支承杆、提升一个行程、内环水平桁架及水平拉杆初步受力→提升架最后连接→安装内模板及操作平台板→水平钢筋绑扎至提升架下横梁以下→安装外模板及铺设电管线及测量系统→组装验收合格→滑升2m后安装吊架及挂设安全网。

5．模板滑升

模板滑升分初滑、正常滑升、末滑三个阶段进行。

（1）初滑：当混凝土分层连续浇灌高度大于900mm（模板高度的2/3）时，先进行试探性提升，即 1 个千斤顶行程，观察液压系统和模板系统的工作状况及混凝土的出模强度（控制在 0.2～0.4Mpa，用指压混凝土清晰面不致下陷），如各系统工作正常，每浇灌一层混凝土，再提升 3～5 个行程，浇灌到距模板上口 50mm，可进行初升。

（2）正常滑升：

1）在滑升过程中保持操作平台水平，各千斤顶的相对高差控制在 40mm 以内，相邻两个提升架上千斤顶在 20mm 以内。

2）提升时随时检查千斤顶是否充分进、回油，提升过程中若发现油压增至正常滑升油压值的 1.2 倍，千斤顶升起时，则可判断系统出现故障，必须马上组织检查并及时进行处理。

3）正常滑升时两次提升的时间间隔控制在 1.5 小时以内，一般情况每隔 1 小时提升 1～2 个行程以减少混凝土面的摩阻力。

4）在提升前派专人检查钢筋、预埋件等是否阻碍模板滑升，随时检查操作平台、支承杆的工作情况及混凝土凝结状态。

（3）末滑：当模板滑升至筒仓下环梁底 1m 左右时，滑模进入末滑阶段，此时放慢滑模速度并进行准确计算最后一层混凝土均匀交圈，滑模停滑后再对混凝土进行一次快速浅点振，保证拆模后的混凝土面整齐平顺。

四、滑膜质量控制

1．质量控制标准

（1）筒体结构滑模施工质量执行《滑动模板工程技术标准》（GB50113）。

（2）滑模工程的验收应按现行国家标准《混凝土结构工程施工质量验收规范》（GB50204）的要求进行。

（3）滑模装置各种的制作应符合现行国家标准《钢结构工程施工质量验收规范》（GB50205）和《组合钢模板技术规范》（GB50214）。

2．质量保证措施

（1）垂直度预控措施

每个仓布置 5 个 7.5kg 线锤，分别位于仓中心位置和在横、纵轴线对称位置上，每滑升 300mm 观测一次，若发现偏移可采用操作台倾斜法、调整操作平台荷载纠偏法、支承杆导向纠偏法进行纠偏。

（2）滑模平台水平预控措施

将水平控制标高直接引测在每根支承杆上，随操作平台上升，由专人沿支承杆每 300mm～600mm 向上标法滑升 3m 用水平仪抄平一次。

（3）预防扭转措施

滑升前检查平台刚度，滑升时控制好油压，使千斤顶同步爬升，混凝土浇筑应顺时针、逆时针交替进行。

（4）预防支承杆失稳措施

保证操作平台施工荷载控制在 150kg/m² 以内，平台上的支承杆和钢筋应随用随放，不得超载。材料堆放要均匀，不得集中堆载。每次提升 300mm 左右，严禁超高提升。

（5）预防筒仓壁混凝土拉裂措施

模扳安装应上口小，下口大，斜度宜为模板高度的 0.2% ~ 0.5%。滑模提升过程应控制好操作平台水平。混凝土浇筑速度应满足滑模工艺要求，严格按滑模施工技术要求提升模板。每提升一个浇筑层高度，应全面检查出模混凝土的质量发现不正常现象应及时分析原因，采取相应的措施及时处理。

五、滑膜施工安全

1. 滑模施工安全执行《液压滑动模板施工安全技术规程》（GBJ113）、《建筑机械使用安全规程》（JGJ33）、《施工现场临时用电技术规程》（JGJ80）的有关规定。建立施工安全检查评分制度。定期检查。对存在的安全隐患限时处理，随时消除不安全因素。

2. 安全操作措施

（1）钢平台焊接可靠，铺板平整、严密、防滑、可靠，内外吊脚手架应满挂安全网。

（2）塔吊在施工前应作安全检查，操作司机必须持证上岗，施工人员上下，应设置可靠楼梯，并满挂安全网。

（3）应设置双四路或备用电源，电压 380 伏及 220 伏，设置紧急断电装置及明显标志，零线接地可靠。

（4）操作平台的最高点安装临时接闪器，与接地体相连，接地电阻不得大于10 欧，垂直运输设备及人梯应与防雷装置的引下线相连。

（5）雷雨时，所有高空作业人员应下到地面，人体不能接触防雷装置，操作平台上设置两个专用消防灭火器。

采用滑模施工，只需组装一套模板，不再支设模板和搭设落地脚手架，可节省大量的材料和人工，比其他工法节省功效 21% 以上。可以取得较好的经济效益。

一组模板可同时组装滑升。施工保持连续作业，使各种工序简化，施工速度快、混凝土连续浇筑，可减少施工缝，保证构筑物的整体性。

质量容易保证，操作平台栏杆及清光脚手架均设安全网和保护绳，施工操作安全，模板支撑系统应用少。

滑模施工工艺成熟、质量稳定、安全可靠。在已投入使用的库体中，筒体光滑笔直，结构性能好。取得了良好的经济效益及社会效益。

第四节　筒仓滑模施工技术应用

一、施工工艺

滑动模板施工装置是由液压提升系统、模板系统和操作平台系统组成，由液压提升系统控制台的电动机带动高压油泵，使高压油液通过电磁换向阀、分油器、针阀和输油管路进入液压千斤顶，液压千斤顶在油压作用下带动滑升模板及操作平台沿着支撑杆往上爬升；当控制台使电磁换向阀换向回油时，油液由千斤顶内排出并回入油泵的油箱。如此反复进油和回油，便使液压千斤顶带动滑升模板和操作平台不断地上升。

施工工艺流程 → 滑模设计与制作 → 内外筒滑模、操作平台组装（上人梯、泵送管道、吊架搭设）→ 滑模验收 → 初滑升 → 正常滑升 → 预埋件、钢筋安装 → 混凝土浇筑 → 空滑 → 拆除液压控制装置、油管路和内操作平台 → 降内桁架 → 桁架加固→钢筋模板安装混凝土浇筑正常施工→外操作平台拆除→桁架拆除。

滑模设计与操作：滑模根据筒仓施工图、总体施工方案及施工荷载等进行设计，经审批后交付制作。滑模由模板系统（内外筒模板、围圈）、操作平台系统（内外筒钢圈、钢梁、平台板、提升架、内、外吊脚手）和提升系统（液压控制装置、油管路、液压千斤顶、支承杆）组成。

二、滑模设计

1. 确定模板、围圈、提升架及操作平台的布置，进行各类部件和节点设计，提出规格和数量。

2. 确定液压千斤顶、油路及液压控制台的布置，提出规格和数量。

3. 确定施工精度控制措施，提出设备仪器的规格和数量。

4. 进行特殊部位处理及特殊设施布置和设计。

5. 绘制滑模装置的组装图，提出材料、设备、构件一览表。

三、操作要点

1. 测量放线：按设计图纸将筒仓定出中心轴线和筒仓壁轮廓线，作为滑模滑升的控制依据。

2. 钢筋绑扎：钢筋加工成型后，按规格、长度、使用顺序分别编号堆放。吊到内操作平台上，并分两处对称落放。防止桁架不均匀受力扭曲。

3. 滑模系统组装：滑模系统包括上承式钢桁架，内、外操作平台可调式开字提升架，悬吊内、外脚手架，液压控制台，油压千斤顶，油路系统及滑升模板。

4. 安装顺序：开字提升架 →内、外围圈→内模板→内桁架操作平台 →外模板 → 安装外桁架操作平台 →安装千斤顶→安装液压控制台系统 →连接支承杆→内、外悬挂脚手架 →内、外安全网。

内、外滑升模板一般采用定型组合钢模板 1200mm，用螺栓固定在内、外围圈上，围圈应具有一定的刚度，一般可采用 10# 槽钢制作，上围圈距模板上口距离不宜大于 250mm，模板通过用模板与围圈间的薄铁垫调整成上口小、下口大的梢口，上下梢口差为 4 ~ 5mm 或单面倾斜为模板的 0.2% ~ 0.5%（2mm、4 ~ 6mm），以便混凝土顺利出模。内、外围圈再用螺栓固定在沿筒壁圆周对称均匀布置开字提升架上。提升架间距经计算取得，应大致均等。在内桁架上铺板，形成内环形操作平台。外桁架则用三角桁架形式，铺板后形成外环形操作平台。

5. 安装支承杆

作为爬升用的支承杆一般采用直径 48mm、壁厚 2.5mm 的钢管，每一水平断面处接头数不应超过总根数的 50%，支承杆按提升架位置放好后，液压系统经检查合格后可将千斤顶穿入各自的支承杆，整个滑模提升装置即安装完毕。检查允许偏差进行调整。爬杆上部采用电焊焊接，然后使用磨光机把焊接部位磨圆滑有利于滑模系统的爬升。

6. 混凝土浇筑

分层均匀对称交圈浇筑，每一浇筑层的混凝土表面应在一个水平面上，应有计划均匀的更换浇筑方向。混凝土浇筑厚度不大于 300mm，滑升时混凝土的浇筑高度不应大于 200mm。浇筑过程中应随时确定标高、滑升高度，防止预埋件漏放、错放。筒壁要连续浇筑，不留施工缝。遇到特殊情况，如停电时间过长、机械出现严重故障无法及时修复更替时等，应按规范留施工缝，在施工缝上续浇混凝土时，应将施工缝彻底湿润，再浇混凝土。滑模施工期间，应密切注意天气预报，一般小雨可以正常浇筑，中到大雨时要准备防雨苫布，暴雨时应暂停浇筑。当受到飓风暴雨侵袭时，应立即停止作业，设置施工缝并做必要保护。

7. 液压滑升

滑升分为初滑、正常滑升、终滑。

初滑，当模板内混凝土浇筑至 1.2m 左右时，待第一圈混凝土初凝时间达到时先滑升一个行程。

正常滑升，每次连续滑升 300mm，为下一个浇筑层创造工作面。两次提升的时间间隔不宜超过 0.5 h。当两次正常滑升的时间超过 1h，应增加中间滑升 1 ~ 2 个行程。滑升过程中应注意观察混凝土出模强度的变化，以采取相应滑升速度（加快或减慢），我们通常采用指压法进行检测，用手指按刚滑出的混凝土表面，基本按不动，但留有指印，则表示此时混凝土出模强度比较适宜。每次提升前应充分检查并排除滑升障碍，提升过程中，应保证充分的给油和回油，且要随时检查有无漏油、渗油现象，随时检查操作平台的水平、垂直偏差情况，如发现异常，应及时采取调平、纠偏等相应处理措施。

在滑升过程中，保持整个模板系统的水平同步滑升是关键，水平度测量采用标尺法。筒仓的垂直度与滑模操作平台的水平度有直接的关系。当筒仓向某一方向位移的垂直偏差时，其操作平台的同一侧，往往就会出现负的水平偏差。对筒仓出现的垂直偏差，可以通过调整操作台的水平偏差来解决。在筒仓滑模施工中，垂直度的控制采用调整水平度高差控制法。

终滑，正常滑升接近尾声时，对滑模系统进行抄平，并将操作平台调平，然后灌筑最后一层混凝土，其顶面标高误差控制在 20mm 内。

8. 仓顶施工

模具滑升至距仓顶底板 500mm 处开始调平，而后将模具一次滑升到梁底部位，待空滑后拆除液压控制装置、油管路和内操作平台。在利用模具，加固内外操作平台作为施工作业面施工仓顶上部结构。

储煤仓筒壁滑模施工，出模的混凝土平滑密实、无蜂窝、无麻面，仓体垂直最大偏差 4mm。采用滑模施工不用重复支模作业，施工速度快，可以节约施工工期；同时，滑模施工需连续作业，不留设施工缝，筒体表面混凝土随浇筑、随滑动、随压光，外观质量很好。由于模板只需一次支模，可以节省大量模板及模板支模加固人工费。

滑模施工技术使混凝土可连续浇筑，可以最大限度地减少甚至避免施工缝，使混凝土的整体性更好，并能够避免了支模、拆模、搭拆脚手架等多种重复性工作，故进度更快，工效更高，材料消耗更少。

第十五章 滑模混凝土的养护与施工缝的留置

第一节 高寒地区筒体滑模混凝土保温养护施工技术

一、工程概况

俄罗斯某水泥股份有限公司5000t/d水泥熟料生产线，位于俄罗斯圣彼得堡市、距圣彼得堡市区约200km。根据该国当地的气温情况，冬季时间较长，约为5~6个月，气温较低。最冷时可达–40℃，冬季平均气温在–15℃~–10℃。本工程设计筒体结构形式较多共8个库，筒体施工均采用滑模，因冬季时间过长，气温较低，部份筒体滑模施工在低温下进行。为保证工程质量，确保工程总工期，提高效益，在低温条件下如何对筒体滑模混凝土进行保温、养护是关键之一。

二、混凝土入模前的保温技术措施

混凝土入模前的保温措施从材料的选择及保温、配合比的配制、混凝土的搅拌、混凝土的运输及浇筑等方面采取有效的、合理的方案措施。

1. 混凝土原材料的加热措施：进入冬季前，在混凝土搅拌站配制提供烧热水的设备如（锅炉），要满足该日混凝土浇筑用量所需的用水量。当加热水的方法不能满足要求时，骨料要分批存放到临时搭设的暖棚内。骨料的保温，根据该日现场所需混凝土量，要提前一天进行保温。

2. 骨料的保温措施：在下料斗处采用热汽加热（热汽来源烧开水的锅炉），料场采用帐篷布及棉被覆盖，保证骨料投料前的温度。投料时先投入骨料和水，最后才投入水泥。

3. 水泥储存在水泥罐内，水泥罐外测环绕加热气管，热气管外采用保温材料封闭，通过锅炉烧开水的热汽连接到环绕在水泥罐的热气管，进行热汽保温。代装水泥储存在暖棚内，冬季水泥要根据施工现场的需要分批进场，即时使用，不易存放过长。

4. 根据现场实情情况重新配制冬季混凝土配合比设计。

5. 拌制掺外加剂的混凝土时，如外加剂为粉剂，可按要求掺量直接撒在水泥上面和水泥同时投入。如外加剂为液体，使用时应先配制成规定浓度溶液，然后根据使用要求，用规定浓度溶液再配制成施工溶液。各溶液要分别置于有明显标志的容器内，不得混淆。每班使用的外加剂溶液应一次配成。加入外加剂时，搅拌时间取常温搅拌时间的 1.5 倍。

6. 严格控制混凝土水灰比，由骨料带入的水分及外加剂溶液中的水分均应从拌合水中扣除。

7. 混凝土拌合物的出机温度不宜低于 10℃，入模温度不得低于 5℃。针对俄罗斯项目根据施工现场的施工条件。在高寒地区，如何确保混凝土拌合物的出机温度及入模温度是重点之一。不仅对混凝土拌合物所有的原料进行保温措施，对混凝土运输的设备也要进行保温措施。根据施工现场的实际保温情况，计算混凝土拌合物的出机温度及入模温度。

8. 冬季施工运输混凝土拌合物，使热量损失尽量减少，确保入模前的混凝土温度，采取下列措施：合理放置搅拌机的地点，混凝土运输罐车外包裹保温材料，尽量缩短运距，选择最佳的运输路线。减少热量的散失。优先采用混凝土罐车运输混凝土或地泵设置在搅拌机下，直接泵送混凝土。尽量减少装卸次数并合理组织装入、运输和卸出混凝土的工作，装运拌合物的容器设有保温措施。

三、筒体滑模工艺保温施工技术措施

1. 滑模模具改装：加宽内、外吊脚手架篮作业平台。根据加热保温所需要的材料重量及大气温度变化所带来的额外的雪荷载，在滑模模具门架之间用加固槽钢相互焊接，防止滑模过程中出现滑模模具移位。

2. 电路及电加热器布置：根据需要在内、外吊脚手架篮作业平台上布置一定数量的电暖风机，电暖风机的布置要均匀，吹风的方向为向上 45 度倾斜。在布置主电缆线时，提前计算所需的电流量，同时要提前预留额外增加的电暖风机电源接口。

3. 保温材料的施工：首先布置滑模模板外的保温棉被；其次再布置外吊脚手架篮上的安全网、保温棉被、篷布，内吊脚手架篮上的安全网、保温棉被、篷布和内外吊脚手架篮作业平台下的安全网、保温棉被、篷布；最后布置库内保温篷布。在布置保温材料时，首先施工安全网，其次在安全网外挂篷布，最后在安全网内挂保温棉被。篷布固定要牢固，每张篷布间的连接要结实，防止滑模过程中被风吹落。布置保温材料要严密，达到封闭的效果。

4. 防火器材布置：根据现场情况在内、外操作平台和内、外吊脚手架篮作业平台上布置灭火器。防火是本项施工过程中最重要的一项预防工作，所有的保温材料均为易燃品，在滑模期间，不仅要准备足够的灭火器材，还要专人二十四小时跟进督查。

5. 空模试温：所有的保温准备工作完成后，在混凝土浇筑前开动所有的电暖风机，进行试温试验。在吊脚手架篮作业平台内的最低温度达到 10 摄氏度时，具备浇筑混凝土条件。

四、混凝土入模后的保温、养护技术措施

①筒体滑模混凝土保护养护技术措施采用暖棚法。②第一次滑模提升试温：根据第一天一昼夜施工的情况，确认在提升过程中脚手架篮作业平台内温度的变化，当脚手架篮作业平台内的最低气温低于 10 摄氏度时，增加电暖风机，达到正常施工的条件后，方可连续滑模施工。③滑模提升 2m 后吊脚手架篮作业平台下的保温施工：滑模提升后，在吊脚手架篮作业平台下露出的混凝土需进行保温，因此在滑模提升 2m 后，立即在吊脚手架篮作业平台下吊挂保温棉被及篷布。在施工时，首先吊挂保温棉被，其次在保温棉被外再吊挂篷布。保温棉被及吊挂的篷布固定要牢固、可靠，防止在滑模施工过程中掉落，否则将无法再修复。④成型混凝土附加养护施工：根据混凝土的性能需求，出模后的混凝土表面要涂刷两遍冬季专业养护液，以确保混凝土的质量。⑤当大气温度为 –15℃以下时，将无法进行滑模。采用暖棚法进行保温养护，要保证温度，温度保持在 5 ~ 10℃。不然需停止施工。

五、其他施工保证措施

①安排专人 24 小时进行温度检测及记录，主要检测保温棚内的保温温度，大气环境温度、混凝土的入模温度。根据温度变化随时调整相关措施。②对出模的混凝土进行回弹强度检测，控制滑模速度。③安排专人对保温棚内 24 小时不停检查保温材料，防止保温材料着火。在作业平台上准备足够的灭火器材。④上下人走道做好防滑措施。

⑤因筒体滑模过程中无法连续滑模时，对筒体施工缝进行相关措施，混凝土表面要做好保温工作。

针对俄罗斯某水泥股份有限公司 5000t/d 水泥熟料生产线工程。经过两个冬季施工，筒体滑模施工全部结束。高寒条件下筒体滑模混凝土保温养护技术更进一步的完善和发展，技术更加成熟，混凝土构件在负温条件下得到有效的保证，达到了预期的效果。混凝土经现场取芯及同条件试块的混凝土强度试验报告均符合设计及施工规范要求。

第二节　综论混凝土结构施工缝的留置及处理

一、施工缝在施工过程中出现问题的种类及产生原因

从以往接触的一些工程中，由于施工缝而引发的施工质量问题主要有两大类：一是施工缝位置留设不当；二是施工时对施工缝的处理不妥。

1. 施工缝位置留设不当

施工缝留设时没有按照规范要求设置在受力较小处，如把施工缝留在混凝土底板上或在墙上留垂直施工缝，或者将施工缝设置在对于施工来说很不方便或很难实现的地方，如紧贴基础梁顶设置而采用钢板止水带时，由于与梁箍筋位置发生冲突很难放置。

2. 施工时处理不妥

这是施工缝引发的主要和较常见的施工质量问题，引起的原因有以下几点：

（1）混凝土面没有凿毛，残渣没有冲洗干净，使新旧混凝土结合不牢。（2）在支模和绑扎钢筋过程中，锯末、铁钉等杂物掉入缝内没有及时清除掉，浇筑上层混凝土后，在新旧混凝土之间形成夹层。（3）浇筑上层混凝土时，没有先在施工缝处铺一层水泥砂浆，上下层混凝土不能牢固黏结。（4）施工缝没有安装止水带。（5）下料方法不当，使骨料集中于施工缝处。（6）混凝土墙体单薄，钢筋过密，振捣困难，混凝土不密实。（7）没有采用补偿收缩混凝土，造成接茬部位产生收缩裂缝。（8）施工缝的接缝形式选取不当。

二、预防施工缝在施工过程中出现问题的措施

设置施工缝应该严格按照规范规定，认真对待，避免位置不当或处理不好而引发质量事故，以确保结构安全及使用寿命，主要从以下几个方面入手：

1. 严格控制施工缝的留设位置

施工缝的位置应设置在结构受剪力较小和便于施工的部位，且应符合下列规定：柱应留水平缝，梁、板、墙应留垂直缝。

（1）施工缝应留置在基础的顶面、梁或吊车梁牛腿的下面、吊车梁的上面、无梁楼板柱帽的下面。（2）和楼板连成整体的大断面梁，施工缝应留置在板底面以下 20～30mm 处。当板下有梁托时，留置在梁托下部。（3）对于单向板，施工缝应留置在平行于板的短边的任何位置。（4）有主次梁的前檐宜顺着次梁方向浇筑，施

工缝应留置在次梁跨度中间 1/3 的范围内。（5）墙上的施工缝应留置在门洞口过梁跨中 1/3 范围内，也可留在纵横墙的交接处。（6）楼梯上的施工缝应留在踏步板的 1/3 处。（7）水池池壁的施工缝宜留在高出底板表面 200 ~ 500mm 的竖壁上。（8）双向受力楼板、大体积混凝土、拱、壳、仓、设备基础、多层刚架及其他复杂结构，施工缝位置应按设计要求留设。（9）后浇带的位置按规范要求结合具体工程进行留设，这里不再赘述。

2. 施工缝的形式

施工缝的接缝形式有凸凹缝、高低缝、平缝、设止水带缝等多种。另外，对于有防水要求的施工缝，根据以往的经验，发现目前常用的几种接缝方式均存在着渗漏水的隐患。例如，采用"凹凸"型施工缝的最大弊端在于施工难度大，而且很难保证质量，施工缝处混凝土凿毛时，极易将"凸"楞碰掉一部分，由此减少和缩短了水的爬行坡度和距离，从而产生渗漏水现象；另外，凹槽中的水泥砂浆粉末难以清理干净，使在浇筑新混凝土后，在凹槽处形成一条夹渣层而影响了新老混凝土的黏结质量，留下渗漏水的隐患。而采用橡胶止水带防水，因止水带是呈柔性的，安装时难以固定，且容易在浇筑混凝土时受挤压变形移位，从而容易造成局部渗漏水，而且橡胶止水带易老化失效，也不利于结构的长久使用。根据很多的施工实例，发现采用 400mm 宽、2mm 厚的钢板作为施工缝处的止水带其防水效果很好。一是施工方便，将钢板止水带按要求加工成一定的长度，在施工现场安装就位后进行搭接焊即可；二是不易变形且便于固定，止水板下部可支承在对拉螺栓上，上部用钢筋点焊夹住固定在池壁两侧模板支撑系统上；三是施工缝上下止水板均有 200mm 高，爬水坡度陡，高度也较大，具有较好的防渗漏效果。所以建议有条件的情况下还是采用钢板止水带为宜。

具体做法：金属止水带一般用 2 ~ 2.5mm 厚的薄钢板制成，接头应满焊，不得有缝隙。固定于墙体暗柱处，常在止水带上割洞扎箍筋，封模前应补焊。BW 止水条为 5000mm × 30mm × 20mm 的长条柔软固体，7d 的膨胀率应不大于最终膨胀率的 60%，浸入水中，最大膨胀倍率为 150% ~ 300%。试验证明，可堵塞 1.5MPa 压力水的渗漏。应用 BW 止水条时，须将混凝土粘贴面凿平，清扫干净后，抹一层水泥浆找平压光带，利用材料本身的黏性，直接粘贴于混凝土表面，接头部位钉钢钉固定。

3. 施工缝的处理

在施工缝处继续浇筑混凝土时，应符合下列规定：（1）已浇筑的混凝土，其抗压强度不应小于 1.2MPa。（2）在已硬化的混凝土表面上，应清除水泥薄膜和松动石子以及软弱混凝土层，并加以充分湿润和冲洗干净，且不得积水。即要做到：去掉乳皮，微露粗砂，表面粗糙。（3）浇筑前，水平施工缝宜先铺上 10 ~ 15mm 厚的水泥砂浆一层，其配合比与混凝土内的砂浆成分相同。（4）混凝土应细致振捣密实，以保证新旧混凝土的紧密结合。（5）防水混凝土结构设计，其钢筋的布置和墙体厚度均应考虑方便施工，易于保证施工质量。（6）防水混凝土应连续浇筑，宜少留置施工缝。当需留置施工缝时，应遵守下列规定：第一，底板、顶板不宜留施工缝，底拱、顶拱不宜留纵向施工缝。第二，墙体不应留垂直施工缝。水平施工缝不应留在剪力与弯矩最大处或底板与侧墙交接处，应留在高出底板表面不小于 300mm 的墙体上。当墙体有孔洞时，施工缝距孔洞边缘不应小于 300mm。拱墙结合的水平施工缝，宜留在拱（板）墙接缝线以下 150 ~ 300mm 处，先拱后墙的施工缝可留在起拱线处，但必须注意加强防水措施。缝的迎水面采取外贴防水止水带，外涂抹防水涂料和砂浆等做法。第三，承受动力作用的设备基础不应留置施工缝。（7）高度大于 2m 的墙体，宜用串筒或振动溜管下料。

三、处理施工缝在施工过程中出现问题的措施

1. 出现问题的现象

施工缝在施工过程中出现的问题主要表现为以下几种现象：施工缝处混凝土骨料集中，混凝土酥松，新旧混凝土接茬明显，沿缝隙处渗漏水等。

2. 处理问题的措施

（1）出现问题较多的部位一般还是地下部分，而且由于其通常情况下都有防水的要求，根据施工缝渗漏水情况和水压大小，采用促凝胶浆或氰凝（丙凝）灌浆堵漏，其方法见"地下防水工程堵漏技术"。

（2）对于不渗漏水的施工缝出现缺陷后，可沿缝剔成 V 形槽，遇有松散部位，须将松散石子剔除，刷洗干净后，用高强度等级水泥素浆打底，抹 1∶2 水泥砂浆找平压实。

第十六章　特殊气候条件下的滑模施工

第一节　夏季热天施工

一、热天施工中坍落度损失危害及其控制

在夏季高温天气进行滑模施工时，最棘手的问题是水泥混凝土的坍落度损失，特别是在运距较长的情况下，刚搅拌出的混合料是适宜滑模施工的，但在高温天气、高温水泥、长运距、摊铺机临时故障、安装胀缝和缩缝传力杆钢筋支架、连续摊铺桥面板及桥头搭板时，混合料将发生较长时间的耽搁，造成较大的坍落度损失，有时会使坍落度为零。在这样的条件下，混合料过干过硬，无法振捣密实，造成大量麻面甚至拉裂现象，麻面和拉裂对滑模摊铺水泥混凝土路面的质量危害很大。首先是路面混凝土不密实，无法保证应有的强度。其次是麻面和拉裂部位必须使用人工修整，无法做到高速公路水泥混凝土路面所要求的高平整度。另外，由于滑模摊铺机停机时间过长，坍落度损失值相差很大的新拌混凝土之间，会因为坍落度的较大差别形成施工冷缝，并引发施工断板。滑模摊铺施工拉裂的深度较大，也造成施工断板。这是滑模摊铺水泥混凝土路面在夏季高温天气（日平均温度 ≥ 30℃）中施工时必须解决好的问题。

控制坍落度损失，降低其造成的危害是每一个热天施工的工地都必须妥善解决的问题。根据作者多年的施工经验，必须从以下几个方面着手来解决这个影响滑模摊铺施工质量的关键问题：

1. 使用缓凝减水剂、缓凝剂或保塑剂

滑模摊铺水泥混凝土路面在夏季热天施工时，必须在混凝土中掺缓凝减水剂、缓凝剂或保塑剂。而较少单独使用高效减水剂。其原因是高效减水剂使坍落度损失更快更大，无法保证滑模摊铺水泥混凝土路面的施工质量。使用高效减水剂时，必须同时使用控制和减缓坍落度损失的缓凝剂或保塑剂。滑模施工的混凝土必须在热天保持 3 ~ 4h 内有坍落度，以保证滑模施工能够正常进行。

2. 加强施工组织

滑模摊铺水泥混凝土路面是大型快速的机械化施工方式，摊铺现场和搅拌机之间必须配备快速的无线通信联络和生产调度指挥系统。对施工中出现的各种问题，反应要快，调度要迅速、及时、准确。减少因施工调度和组织不周，混凝土、水泥、钢筋、水、燃油等短缺而造成的施工延误。热天施工不允许因施工调度延误而造成摊铺质量问题。

3. 保障混凝土运输道路的畅通

保障混凝土运输道路的畅通，防止运输混凝土车辆堵塞。如果确实在白天因堵车严重而无法正常施工，可采用夜间施工方式，但必须配备好照明设施。

4. 准备好各种大型施工机械的易损配件

准备好各种大型施工机械的易损配件，必须快速排除搅拌楼、滑模摊铺机、发电机等施工关键设备的机械故障。

所有以上这些措施都是为了保障滑模摊铺在热天的正常进行，综合起来无非是两个方面：一是保证混凝土混合料始终是可正常摊铺的；二是减少在施工过程中的机械和人为因素的延误。从而保证水泥混凝土路面的施工质量。

二、热天施工中防止温差裂缝的措施

1. 路面不发生温差裂缝的允许温差值

在我国南方 6 ~ 8 月进行滑模施工时，会经常遇到散装水泥温度过高的问题，即使水泥满足在水泥厂的停放时间，由于气温过高，水泥热传导系数过小，用散装水泥车将水泥运到工地时的温度也高达 70 ~ 90℃。当气温在 35 ~ 40℃时，实测搅拌时的水泥温度为 60 ~ 80℃；搅拌出的混凝土混合料温度可达 35 ~ 45T；在高温水泥、热天砂石材料和水温条件下，45℃的混凝土温度加上热天快速的水化反应温升，塑料薄膜覆盖养生下的混凝土温度将达 58℃左右。路面撤除养生时，夜间最低温度不超过 30℃，将有 28T 左右的温差。

资料表明：混凝土的热膨胀系数通常在（6 ~ 10）× 10^{-6}/℃，混凝土的热膨胀系数主要随着骨料的品种和含量而变化，可由下式进行计算：

$$a_c \approx (a_p E_p V_p + a_a E_a V_a) / (E_p V_p + E_a V_a)$$

式中：a_c——混凝土热膨胀系数；

$\quad\quad a_p$——水泥石的热膨胀系数，$10 ~ 20 \times 10^{-6}$/℃；

$\quad\quad a_a$——集料的热膨胀系数；

$\quad\quad E_p$——水泥石的弹性模量；

E_a——集料的弹性模量；

V_p——水泥石的体积比；

V_a——集料的体积比 $V_a=1-V_p$。

石灰岩和花岗岩等碱性岩石的热膨胀系数较低；砂岩和石英岩等酸性岩石的热膨胀系数较高。石灰岩混凝土的热膨胀系数为 $6×10^{-6}℃^{-1}$，温度降低 28T 造成的热收缩量为 $168×10^{-6}$。如果混凝土的弹性模量为 $3×10^4$MPa（不考虑徐变松弛）；混凝土热应变受完全约束条件产生的拉应力为 3.47MPa，仅底部约束的混凝土路面板拉应力大约为其一半，约 1.735MPa。新浇筑的混凝土 7d 抗压强度约 75%，C35 为 30MPa，2 ~ 3d 大约为 15MPa，抗拉强度仅有抗压强度的 1/10，为 1.5MPa。由此可见，在混凝土路面板降温达 281 时，2 ~ 3d 的拉应力 1.5MPa<1.735MPa，势必会引发温差裂缝。

与塑性收缩表面裂缝和断板贯穿裂缝不同的是：温差裂缝在面板中间，宽度可达 3 ~ 4mm，表面仅 0.3mm 左右，底部未裂通。石灰岩混凝土路面的开裂临界温差值大约为 251；考虑一些安全储备，应控制允许温差不大于 201。石英岩集料混凝土的热膨胀系数为石灰岩的一倍，$12×10^{-6}℃^{-1}$，用临界抗压强度 1.5MPa 推算出的开裂临界温差仅为 12.9℃，因此，允许温差不大于 10℃。

温差裂缝的潜在威胁在于：它不一定穿透整个面板，它的典型形态是板中裂缝开口宽、上下部小。它只有在裂缝穿透表面时，才能被发现。表面即使没有裂缝也不证明内部不裂。在通车条件下，温差裂缝将很快断裂通，形成路面断板，所以危害很大，必须严加防范。

首先，搞清楚温差裂缝的原因；其次，采取一切可能采用的措施，严格控制发生温差开裂。

2. 造成混凝土路面升温的原因

混凝土路面升温的原因主要有以下几个方面：

（1）因原材料过热，造成混凝土基础温度过高。一是砂石料因太阳直射，料堆一定深度的温度过高，集料占有 80% 以上的份额，因此，这是搅拌出的混凝土温度过高的主要原因。二是水泥和水的温度过高，水泥用量 345kg/m³，其份额尽管只占混凝土的 14%，但由于水泥加水搅拌时，立刻释放出第一个水化热量高峰，对混凝土温升仍有不小的作用，不可忽视。实际测温表明：当水泥温度比气温高 30T，即水泥搅拌温度为 60℃时，可使混凝土温度提高 4.5 ~ 5.6℃，平均升温 51 左右。当水泥温度比气温高 20℃时，即水泥搅拌温度为 50℃，可使混凝土温度提高 2.5 ~ 3.4℃，平均升温 3℃左右。可见，高温水泥是混凝土温升重要影响因素之一，必须加以限制。

（2）水泥的水化热大 在路面施工条件下，普通硅酸盐中热 525 号水泥水化释放出的水化热，与绝热条件下温升情况不同，将有一部分散失掉。因此，无法计算，只有在实际混凝土路面上埋温度计实测第二个最大水化热峰值。在气温 35℃，刚搅拌出的混凝土温度 38℃ 左右时，日照强烈上午 11 时，摊铺出的混凝土路面，喷养生剂并覆盖塑料薄膜，大约在 3～4h 水化热温升达到最大峰值。在面板下部 3cm、中间和上部 3cm 处测出的温度分别是 43℃、49℃ 和 44℃。不覆盖时的温度分别是 41℃、46℃ 和 43℃（板厚 24cm）。实测证明普通中热 525 号水泥（用量 345kg/m³）的水化热可使混凝土板中间温度提高 8T 左右，表面温度提高 3℃，底部温度提高 5℃。

（3）太阳辐射温升 在太阳的强烈辐射下，刚摊铺的水泥混凝土路面与硬化后的路面温度差别很大，硬化路面日照下温度可达到 57℃。而未硬化的新鲜湿水泥混凝土路面由于水分的蒸腾，温度要低得多。塑料布覆盖条件下，在红外线和紫外线辐射下（塑料薄膜阻挡不了这两种射线），路面温度在水化热（热量有散失）基础上，最高温度峰值，表面提高了 5℃，中间提高了 3℃，底部仅提高 1℃。

（4）温差过大且降温速率过快 夜间温度过低，总温差过大，降温速率过快，也是形成温度裂缝的重要直接原因之一。热天施工只要降雨又刮风，不仅在夜间，白天也会因降温速率过快而产生温度裂缝。适宜的控制办法是适当在后半夜或降雨时，达到最低温度前，覆盖保温层，以降低总温差及减缓降温速率。

3. 温差裂缝的控制措施

（1）降低散装水泥搅拌时的温度 在任何气温条件下，水泥进罐温度应不大于 55℃，搅拌时温度应不大于 50℃。这就是说，由于水泥本身温度高引起的拌和物温升不得超过 3℃。

（2）热天应使用低热水泥降低水化热，禁止使用快硬早强高热的 R 水泥 实测表明：在混凝土路面板内部，单位水泥用量为 330～350kg/m³ 的普通硅酸盐中热水泥，在 35℃ 气温时，水化热大约在 3～4h 达到最大值。在散热条件良好的情况下，使混凝土路面板中心温度提高 8℃，表面温度提高 3℃，底部温度提高 5℃。在塑料布覆盖情况下，路面温度在水泥温度为 50℃，加上水化热和太阳辐射热（热量有部分散失）的条件下，最高温峰值时的总温升值为：表面提高了 8℃，中间提高了 14℃，底部提高 11℃。如果此时 2～3d 内，夜间气温 25℃，板中温差将有 19℃，石英岩混凝土必裂无疑，石灰岩混凝土也相当危险，当混凝土抗压强度尚未达到 1.5MPa，也一定会开裂。可见，在上述热天施工条件下，中热水泥会开裂，必须采取强有力的控温措施。此时，推荐采用低热水泥。若使用 R 型早强高热水泥，温差裂缝将不可避免，所以，禁止使用。

（3）砂石料遮阳，并淋水降低集料温度砂石料遮阳并淋水降低集料温度，从热工计算上看，有相当大的降温效果。实践证明，这种方式可降低混凝土搅拌温度3～5℃，可见，降低混凝土基础温度效果明显。

（4）使用井水或冰水降低拌和水温度这种方法效果不明显，因为在滑模摊铺水泥混凝土路面中水灰比控制得相当小，在0.40～0.44，扣除砂石料含水量，水泥混凝土中的加水量仅100kg/m³左右，加水量仅占水泥混凝土总重量的4%。我们使用过水中加冰，用冰水拌和混凝土的方法。在拌和水温只有3T的情况下，实测证明：其降低混凝土拌和物温度不超过1.5℃。只有加过冷水，即冰屑效果才会大一些。但公路施工工地往往不具备加冰屑的条件。

（5）掺粉煤灰降低混凝土的水化热峰值，延长水化放热时间。当混凝土中加入20%左右粉煤灰时，水化热温升峰值约降低2℃左右，但水化时间大大延长，对控制温升有效果。由于其早期强度偏低，控制早期温差裂缝价值不大，如果使用粉煤灰品质不高，特别是含碳（烧失）量超过5%～7%时，还将促进温差开裂。

（6）控制新拌混凝土温度控制新拌混凝土温度不大于35℃，这项要求是国外水泥混凝土路面施工规范的规定，但是，在我国热天施工情况下很难做到。即便如此，也一定要控制在夏季最热的天气，新拌混凝土温度不得大于40℃。放宽此要求，是从实际出发，更重要的是路面温差裂缝的产生并非只取决于基础混凝土温度，很大程度上取决于施工前几天内夜间的最低气温和降温速率，新拌混凝土温度为40℃时，2～5d夜间最低温度不应低于30℃。否则，必须加覆盖层，降低总温差和减缓降温速率。

（7）降低日照辐射温升要将太阳辐射温升降下来，一是应采用散热快的可单独养生的高保水率的养生剂，以加快散热；二是用湿麻袋或湿草袋养生混凝土路面（不宜使用红外线和紫外线可穿透的塑料薄膜覆盖养护混凝土路面）。采用上述方法可降低路面温升1～5℃，特别是可降低表面温升5℃，对表面抗裂有相当大的效果。

（8）夜间路面覆盖保温混凝土路面温差裂缝的产生并非只取决于所有各种升温原因引起的最高温峰值，很大程度上取决于施工前几天内夜间的最低气温和降温速率，降低温差值和降温速率，亦能有效防止温差开裂。夜间温度最低时，夏季夜间最低温度低于30℃时，应采取适当覆盖保温措施防裂。

应注意，采用上述办法控制水泥混凝土路面温差裂缝，经现场实验和研究，有几个临界温度：水泥温度不大于50℃，新拌混凝土出搅拌机的温度不大于35℃，石灰岩混凝土考虑全部提高温度的因素，允许最大温差20℃石英岩混凝土允许最大温差KTC。白天日照强烈，气温高于35℃，夏季夜间最低温度低于30℃，应采取适当覆盖保温措施防裂。否则，温度收缩裂缝将无法防止，对水泥混凝土路面的使用寿命造成极为不利的影响。

第二节　雨季施工

当滑模施工的水泥混凝土路面尚未凝固前遭受暴雨袭击，轻者将路面抗滑构造冲刷掉，表面露砂；重者将致使路面横坡偏低的边侧部位全部冲垮，若不及时处理，将造成路面返工重做。所以，滑模摊铺水泥混凝土路面在雨季施工时，必须事先研究并制定出防止暴雨冲刷的措施。根据作者在全国各地的施工经验，应从如下几个方面入手来制定切实可行的防雨措施。

一、充分重视天气预报工作

滑模摊铺水泥混凝土路面的施工属于野外机械作业，每个施工单位应有专人负责与附近地方政府的气象站的联系，取得施工短、中、长期天气预报，并随时从广播、电视、电话等媒体中获得确切的明后两天降雨信息，并将这些气象降雨信息公布于黑板上，不仅使施工组织者明确了解中、长期天气形势及其预报，以便计算工程任务量和工期，科学地组织和调整施工进展和计划，而且要确切掌握近期天气预报，做好预防暴雨袭击的一切准备工作和应急措施。同时，要令每一个施工人员都了解近期降雨情况，提前安排各自工种的施工计划和应急方案。

二、防雨措施

1. 准备防雨篷

在摊铺现场准备不少于100m的防雨（防晒篷），防雨篷主要用于刚刚摊铺尚未凝固的水泥混凝土路面防雨保护。防雨篷应该做成双面倾斜排水式，每个防雨篷的长度为5m左右，宽度比路面略宽50cm，同时要有足够的强度和刚度，可采用钢结构焊接制作，搬运重量不可过大，过大时，可安装轮子，以便于推行。防雨篷视使用需要和结构强度，有高低两种。低的防雨篷，有利于防风。高的防雨篷它不仅结构坚强，同时便于雨天人工或小型机具在其中作业。防雨篷的搬运和覆盖较困难。防雨篷应固定牢固，防止被大风刮翻或吹倒，砸伤路面。防雨篷的材料宜采用较牢固的编织布或帆布，不宜采用塑料薄膜。

2．准备塑料薄膜和边侧模板

施工现场应准备一定数量的覆盖塑料薄膜和边侧模板，已经初凝的路面，可采用塑料薄膜覆盖来防止雨水冲刷。其要求是覆盖塑料薄膜后不损坏路面的微观抗滑构造，表面不出现塑料薄膜的折印。薄膜边界压土防止风吹，上部的覆盖土必须是细土，不可丢土块和石头。雷阵雨时，滑模摊铺机前方未摊铺的混凝土，如果打算继续使用，也需要覆盖塑料薄膜。当雷阵雨到达急促，来不及覆盖，已经冲垮的低边沿必须尽快架模板修复好，否则就要推掉已经摊铺好的路面重做。

3．已经被雨水冲刷路面的处置

对于受雨点轻微冲刷，宏观抗滑构造未受损坏的路面，不必做处置，检测结果表明，其摩擦系数仍符合要求；对于冲刷较严重的路面，表面宏观抗滑构造已被冲刷掉，表面砂浆中水泥被冲走，仅留下砂子的路面，路面标高仍满足要求时，需要待表面硬化后，用叠合锯片硬性刻槽，槽深、槽宽及槽间距与硬刻槽相同。

4．搅拌站的防雨和场地排水

多雨地区的混凝土搅拌站的设置应事先考虑场地排水问题，一般应将搅拌站建立在较高地势的地方，利用自然坡度排水。确因场地限制，必须在地势较低处设置搅拌站时，要提前做好排水边沟和集水池，并备有排水泵管，以备抽排积水。搅拌站的一切电气设备和袋装水泥，必须垫高，防止水淹。砂石料堆和搅拌楼下不得积水。当暴雨来临前，尽快覆盖砂石料，并将搅拌楼的各个水泥罐和粉煤灰罐的上部开口绑扎塑料布以密封防水、防潮，同时关闭其下部插板阀门，如果水泥和粉煤灰罐的软连接口为帆布，也应用塑料布绑以扎防水、防潮。

5．降雨不肯定情况的处置办法

难以确定降雨与否的情况是指大范围的天气预报没有降雨，但天气似要降雨的阴天，降雨与否，不能确定。如果工期和完成任务的要求急迫，这时，往往是施工组织者很难决策的时候，一是要请教长期居住在本地的农牧民；二是必须做好充分的防雨准备，方可开工。

暴雨和雷阵雨天气的提前防雨准备很重要；快速反应，迅速采取上述各种防水措施亦相当重要而紧迫。

三、雨天、雨中、雨后施工注意事项

1．雨天强制施工

一般情况下，降雨天气是不能施工的，但也有因工期紧迫，强制施工的情况。微量的毛毛雨天，也不是完全不可施工的，其可施工的标准是在运输、卸料、摊铺和制作抗滑构造以前不得在混凝土表面冲刷出黄色的砂粒。若能将砂粒表面的水泥浆冲刷掉而显现黄色，是不可强制施工的，必须停工等待雨停方可施工。

在毛毛雨天气施工，首先，要对运输混凝土的翻斗车进行覆盖，减少运输过程中的含水量变化及影响。其次，雨天施工时，砂石料必须覆盖，防止料堆上下部的含水量差别很大，新拌混凝土的坍落度将难于控制，随时需要调整。只有在有丰富经验的工程技术人员的监督下，才能强制在毛毛雨天施工。

从新拌混凝土本身来讲，由于路面滑模施工使用的是半塑性、黏聚性很大、振动黏度系数较高的混凝土，只要及时快速调整砂石含水量的变化，毛毛雨对混凝土内部水灰比和混凝土强度质量不会造成较大的不利影响。不然，就无法理解灌注桩和桥墩混凝土的水中或水下浇注。但是，不能因为对强度影响不大，就认为在雨天是可以放松要求的，须知：即使在毛毛雨天施工水泥混凝土路面，对路面的抗滑构造和抗磨性影响也是很大的。抗滑构造关系到路面竣工后的行车安全性；而抗磨性关系到路面的使用耐久性。

2. 降雨间歇施工

在江南的梅雨季节或一次较长的降雨过程中，总会遇到半天或 1 ~ 2d 不下雨的降雨间歇，此时，只要路面不被冲刷，可进行滑模摊铺水泥混凝土路面的施工，且好处是不需要采取养生措施。待天气晴好后，视龄期到达与否，对路面进行养生。未达养生龄期的路面进行喷洒养生剂或覆盖养护，养生达到 7d 以上的降雨自然养生的路面，其强度亦相当高。

应该注意的问题是除了保证路面不被冲刷之外，混凝土搅拌时的砂石含水量相当大，不覆盖的砂可达到或超过 10%；石子可超过 5%。此时混凝土含水量的正确控制程序是先在雨天前覆盖砂石料，如果来不及，未覆盖，应从实验室准确测定砂石料的含水量（此时由于砂子含水量过大，搅拌楼上设置的含水量测定仪器，极可能因更湿的砂包裹而失效），应根据实测砂石含水量调整砂、石、水用量；然后及时测定搅拌的前几盘拌和料的坍落度，以坍落度适宜摊铺为标准，试拌调整单位用水量，保证生产质量符合要求并适宜滑模摊铺的混凝土拌和物。

3. 雨后施工

雨后滑模施工应该注意的混凝土搅拌问题与上述基本相同，只是还要注意根据砂石料的蒸发失水和含水量逐渐减小的变化，及时调整砂、石、水的用量。调整的目的是使新拌混凝土更加符合设计标准配合比，从而确保水泥混凝土路面材料的质量。

第三节　春、秋季多风天气施工

一、水泥混凝土路面的塑性收缩裂缝问题

1. 塑性收缩裂缝现象

滑模或人工施工的普通素水泥混凝土路面，当养护措施尚未采用以前，即混凝土初凝前，新拌混凝土处在泌水过程中或泌水后的柔软塑性状态时，表面产生的杂乱或定向的裂纹现象，称作塑性收缩裂缝，又称凝结前裂缝。

观察表明：塑性收缩裂缝在水泥混凝土路面上的发生时间为路面施工后 45min 到 4h。过了混凝土的初凝时间，混凝土具有一定的抗裂能力，塑性收缩开裂就不会发生了。

2. 塑性收缩裂缝的性质

（1）原生塑性施工裂缝新拌混凝土未达到相对均匀连续多相物系造成的塑性收缩裂缝是原生微裂纹，如抹面不当、搅拌不充分、等料或欠振的新拌混凝土所产生的塑性收缩开裂，其后的塑性收缩裂纹，仅尺寸增大而已。这种现象应当在施工中采取措施加以消除，因此不是研究的重点。

（2）塑性收缩裂缝从塑性收缩裂缝的性质上讲，塑性收缩裂缝是在混凝土尚在柔软塑性状态时，因混凝土表面水分蒸发造成的失水干燥，同时蒸发降温及水泥水化所引发的干燥收缩、温度收缩和化学减缩共同相互作用的结果。表面蒸发失去水分，发生干缩；同时失水又带走热量，使表面降温，发生温缩，发生温缩与否取决于热量及温度平衡条件。水泥在遇水的最初 1.5 ~ 2h 内，处于初始快速放热水化期，实测混凝土面板中部温度可提高 3 ~ 8℃；化学减缩在最初 2h 主要表现是泌水，泌水并不引起开裂，自由水在表面代替了混凝土中的蒸发水，对抵抗塑性收缩裂缝有利。

由上述分析可见，塑性收缩定性地讲，以干缩为主，以温缩和化学减缩为辅。定量地讲新拌混凝土发生塑性收缩开裂与否、裂缝多少，不仅与外界因素造成的干缩、温缩和水泥的化学减缩有关，还与和新拌混凝土材料抵抗塑性收缩裂缝的能力有关，是一个多因素交互影响的复杂问题。

目前从理论上讲，我们很难将塑性状态时的干缩、温缩、水泥的化学减缩区分开来，事实上也没有区分的必要。干缩与温缩都归结为同一个原因：过大的蒸发率。因此，国内外控制塑性收缩裂缝主要是抓住其关键——减小水分蒸发率，即减少新拌混凝土塑性体积收缩量。

混凝土中水分的蒸发速率直接与施工时外界的风速、相对湿度、气温、日照和养生措施采用的早晚有关。新拌混凝土抵抗塑性收缩裂缝的能力与原材料细粒含量、配合比中水泥浆和砂浆含量、新拌混凝土的匀质性和离析与否有关。

从以上混凝土路面产生塑性收缩裂缝的性质和原因分析可知，防止塑性收缩裂缝的措施应从材料、施工和环境（特别是风速）三个方面，围绕两个核心问题进行：一是减少表面水分蒸发率，二是增大材料的抗裂能力。

3. 塑性收缩裂缝的种类、危害和处理方式

滑模摊铺或人工施工的水泥混凝土路面按塑性收缩裂缝的程度可划分为三种，其危害程度不同，处理方式也不同。

（1）轻微塑性收缩裂缝观察表明：轻微塑性收缩裂缝在路面板表面上可出现单条，也可出现多条裂缝，成片分散在几块板上。它的分布是无规律杂乱的，裂缝宽度大约为1mm，长度约0.2～1m不等。这种塑性收缩裂缝的深度较小，一般2～4cm。其特征是表面开口宽，随深度逐渐消失。

轻微塑性收缩裂缝在滑模摊铺和人工施工的水泥混凝土路面上都会出现，一般是水泥本身的收缩过大加上环境因素（大风、大蒸发条件）造成的。裂缝宽度≤1mm的表面塑性收缩裂缝是有可能自愈合的（作者确实观察到这种微细裂缝的自愈合现象，半年愈合后的微细裂缝表面看似划伤，仅有一道痕迹而已）。它的危害程度不严重，至多影响混凝土路面的耐磨性，可不做处理或适当处理。按目前的观测，发生此类塑性收缩裂缝的水泥混凝土路面，在通车10～15年内没有发现问题。

（2）中度塑性收缩裂缝中度的塑性收缩裂缝，裂缝宽度2mm左右，长度在1～2m，深度5～10cm，方向基本与路面纵向或施工方向平行。这种塑性收缩裂缝在滑模摊铺水泥混凝土路面上出现较多，在人工施工的水泥混凝土路面上也有发生。如抹面压力过大造成的垂直于抹刀运动方向的塑性收缩裂缝，其产生原因很复杂，有施工方式、材料和外界环境（风速）等众多因素的影响。

这种中度塑性收缩裂缝危害将比轻微裂缝大得多，为了在使用期间保持水泥混凝土路面板的整体性和使用功能，对中度塑性收缩裂缝必须进行处理。处理方法有各种黏结剂灌缝或打掉表层开裂部分再加钢筋网施工上层两种。灌缝要求灌满，灌过的缝劈裂强度要满足推算最小抗折强度不小于4.5MPa的要求，否则就必须用上述第二种处理方法。

（3）严重塑性收缩裂缝滑模摊铺水泥混凝土路面施工现场观测到的严重塑性收缩裂缝，一般裂缝深度为10～15cm，宽度3～5mm，长度可达4～5m，贯通整块路面板，方向大致是纵向的。

这种裂缝是由于滑模摊铺机的振捣棒位置安装过深，新拌混凝土稠度过大，在

振捣棒离开时，形成了砂浆槽，纵向一定间距顺槽产生了有规律的塑性收缩裂缝；或因滑模摊铺机侧模的挤压角度过大，出机混凝土路面向两侧胀宽，由于塑性变形过大，引发的纵向塑性收缩裂缝。注意滑模摊铺过程中，发生了的拉裂现象，尽管使用抹平板可将拉裂表面用砂浆抹掉，但略有失水蒸发，也会形成严重的规律性横向塑性收缩裂缝。

有规律的塑性收缩裂缝一般是由于施工操作不当加上不利的大风和大蒸发条件引起的，它的裂缝严重程度要比前两种塑性收缩裂缝大得多，而且在滑模摊铺水泥混凝土路面更为严重，危害很大。它将混凝土路面分割成了破碎的小块，无法保证路面的整体板块和使用性能。

4. 研究防止塑性收缩裂缝的必要性和紧迫性

塑性收缩裂缝是一个在我国不论北方和南方水泥混凝土路面施工中普遍存在的问题。其根本原因在于它是一种薄壁素混凝土结构，对表面蒸发失水相当敏感。在我国北至黑龙江，南到广东深汕地区都有发生，仅严重程度不同，它已成为阻碍我国水泥混凝土路面发展，特别是滑模摊铺机械化施工的大敌，是实际施工中迫切需要解决的重大问题，所以非常有必要对其开展攻关研究。

二、塑性收缩裂缝的试验研究

1. 试验设计方案

（1）考察滑模摊铺水泥混凝土在特定的试验条件下，产生塑性收缩裂缝的蒸发率界限值，给出初始开裂的蒸发率的警戒线，用于可能产生塑性收缩裂缝水泥混凝土路面的施工控制，并与美国标准进行对比。

（2）了解混凝土原材料和配合比对塑性收缩裂缝的影响程度，从原材料角度寻求防止塑性收缩裂缝措施，安排了如下几轮试验：

①膨胀剂对塑性收缩裂缝的影响。

②粉煤灰对塑性收缩裂缝的影响。

③粗集料含土量对塑性收缩裂缝的影响。

④水泥品种对塑性收缩裂缝的影响。

⑤外加剂对塑性收缩。

⑥土、粉煤灰、水泥净浆、砂浆和混凝土塑性收缩裂缝的定量对比。主要对比初裂蒸发率、总蒸发率和最终裂缝应变。

2. 试验方法、评定指标及计算公式

对新拌混凝土的塑性收缩裂缝目前国内外没有标准试验方法。我们制定了下述试验方法：

用深度 5cm 的瓷盘，表面积为 35cm×55cm、24cm×34cm，内装新拌混凝土混合料，经拍实抹平，每种混凝土制作三个试样，同时盛一瓷盘的拌和用水，放在太阳辐射下，利用两个电风扇从一个方向吹风。测量温度、湿度、风速、计时、称重（初次开裂、每隔 30min 或 1h）。试验时间定在 1994 年 7 月 29 日～8 月 2 日华北地区气温最高天气的上午 10: 00 左右，到下午 16: 00 左右。通过试验得出塑性初裂蒸发率、每个时段的蒸发率、总平均蒸发率及混凝土与水的蒸发率的比值。

三、试验研究结果及分析

1. 原材料对塑性收缩裂缝的影响

（1）膨胀剂对混凝土塑性收缩开裂的影响试验条件：日照充分；气温 39～46℃，平均 42.7℃；相对湿度 65%～20%；平均风速 3.55m/s。这项试验得出下述结果：

加入 5%～10%（希望做补偿收缩混凝土）膨胀剂对于控制初裂蒸发率有一定效果，但不明显，大约降低初裂蒸发率 10% 左右。原因是新拌混凝土的初裂时间太短，大约为 50min 到 1h10min。膨胀剂来不及产生化学反应，发生膨胀效果前，新拌混凝土就已经开裂了。

试验从上午 9: 37 做到下午 15: 03，由于气温很高，超过 40℃，水泥和膨胀剂的水化在加速进行，降低总平均蒸发率效果较明显，加膨胀剂越多，降低总蒸发率越大。5% 膨胀剂降低 20%；10% 膨胀剂降低 35%。在试验时间延续到 5h35min，膨胀剂发生了化学反应，明显降低总蒸发率。

在完全相同的试验条件下，加与不加膨胀剂的新拌混凝土初裂蒸发率与水的蒸发率很接近，比值 B 接近于 1 在新拌混凝土达到最大蒸发率时，与水的蒸发率的比值为：1.76～1.51，大于水的蒸发率，其原因是新拌混凝土的颜色较深，蒸发率大于自由水面上的蒸发率。

（2）粉煤灰对混凝土塑性收缩裂缝的影响试验条件：晴天；平均气温 35.51；相对湿度 35%；风速 3.55m/s。从此项试验可得出下述结果。

粉煤灰掺量越多，初裂蒸发率越大，与水蒸发率比值也越大，总平均蒸发率亦略有增加。粉煤灰 10%，初裂蒸发率比 B=1.32；粉煤灰 25%，B=1.68；粉煤灰 40%，B=1.74。掺粉煤灰增大了初裂蒸发率，在相同气候条件下，粉煤灰混凝土蒸发得更快，更容易塑性开裂，不利于塑性收缩裂缝控制，粉煤灰混凝土控制塑性收缩裂缝的要求比普通混凝土更严格。

从试验可见，粉煤灰掺量越大，初裂蒸发率越大，开裂后蒸发率越大，塑性收缩裂缝应变越大。混凝土中粉煤灰掺量越多，越不利于防止塑性收缩裂缝。

（3）粗集料含土对混凝土塑性收缩裂缝的影响试验环境：日照充分，平均温度38.41，相对湿度30%，风速3.55m/s。此项试验是从施工最不利的粗集料条件出发的，含土量以碎石的百分数计，土量仅代替碎石重量，要保持新拌混凝土的工作性接近，水灰比在含土量大时有所增加，从此项试验可得出下述结果：

①当混凝土中含土量增加时，初裂蒸发率将大大增加，即新拌混凝土中含土量越多，蒸发速率越快，塑性收缩裂缝形成得也越快。初裂蒸发率与水的蒸发率比，当含土量10%（占水泥用量的38.3%）时为2.22；含土量5%（占水泥用量的19.2%）时为1.53；含土量1%（占水泥用量的3.85%）时为1.33。总平均蒸发率差别较小。

②本项试验做了混凝土和泥浆塑性收缩裂缝宽度、分布及裂缝应变的测量。试验表明：含土量越多，裂缝条数、宽度和长度都增大。试验结束时的塑性收缩裂缝应变亦很大，素土泥浆为4.612%；含土量10%的混凝土为0.324%；含土量5%为0.25%；含土量1%为0.19%。不含土的混凝土为0.186%。

（4）水泥品种、水泥净浆、砂浆和混凝土的塑性收缩裂缝影响试验条件：日照充分，平均温度36.71，相对湿度47%，风速3.5m/s。此项试验得出下述结果：

①水泥品种有425号矿渣硅酸盐水泥、邯郸和沧州厂产的525R普通硅酸盐水泥，邯郸水泥掺15%的煤矸石，沧州水泥掺15%的火山灰。对比表明：425号矿渣硅酸盐水泥混凝土的初裂蒸发率、初裂蒸发率比、总平均蒸发率、总平均蒸发率比、塑性收缩裂缝应变都比525R普通硅酸盐水泥混凝土小。分析认为是425号矿渣硅酸盐水泥的细度较大，为4.1%；邯郸与沧州525R普通硅酸盐水泥分别为1.8%、1.6%。邯郸与沧州525R普通硅酸盐水泥混凝土塑性收缩开裂特性相差较小。

②水泥净浆、砂浆与混凝土均为沧州525R普通硅酸盐水泥，初裂蒸发率相差不大，净浆和砂浆初裂蒸发率比均为1.43。总蒸发率是净浆最大，砂浆第二，混凝土最小。净浆的总蒸发率比为1.1368，砂浆1.0499，混凝土0.92。塑性收缩裂缝应变泥土浆最大为4.61%，水泥净浆第二为3.34%，粉煤灰浆第三为1.68%，砂浆第四为1.3M%，混凝土最小为0.139%~0.186%。

③水泥浆的塑性收缩裂缝应变为3.43%，是混凝土0.186%的18.4倍，砂浆为1.204%，为混凝土的6.5倍。这项试验表明即使在相对湿度80%的气候条件下，路面或桥面混凝土表面洒水泥粉修饰，水泥浆的开裂也难以避免。表面的净浆除开裂外，强度和抗磨性均很差。同时还说明路面混凝土除不应洒水泥粉修饰外，表面砂浆层的厚度亦不应过厚，满足做抗滑构造即可。滑模摊铺混凝土若黏度过低，坍落度过大，除塌边外，过厚的表层砂浆亦很可能形成塑性收缩裂缝，促进表面剥落。

（5）泥土、粉煤灰浆和水泥浆的开裂应变的对比试验：泥土、粉煤灰浆和水泥浆的开裂应变的对比试验是在试件彻底干燥后测得。开裂应变最大的是泥土为4.61%，水泥净浆第二为3.34%，粉煤灰浆第三为1.68%，砂浆第四为1.204%，混凝土最小为0.139%～0.186%。所有的细料对防止塑性收缩裂缝都是不利的。泥土的开裂应变是砂浆的3.8倍，是混凝土的25倍以上，因此，混凝土中有土对防止塑性收缩裂缝是最有害的。粉煤灰浆开裂应变是水泥浆的一半，是砂浆的2.4倍，是混凝土的12倍以上。因此，粉煤灰的塑性收缩开裂性能比水泥浆要好，但是粉煤灰的水化太慢，材料本身的抗裂性还是要水泥来提供。从控制塑性收缩开裂来讲，水泥混凝土和粉煤灰混凝土都应控制胶凝材料总量不宜过大。在铺装厚度较薄的桥面混凝土中，仅从防止塑性收缩开裂的角度上讲，不应掺粉煤灰。

（6）外加剂对混凝土塑性收缩裂缝影响试验表明：配合比中列举的外加剂对混凝土塑性收缩开裂的影响较小，三种外加剂的对比试验表明：初裂蒸发率，RC最大，引气剂第二，木钙最小。三种掺外加剂混凝土的总平均蒸发率都大于水的蒸发率，可见外加剂对塑性收缩开裂的影响相对较小。

（7）水灰比对塑性收缩裂缝的影响：水灰比越大，初裂蒸发率和总蒸发率越小，初裂蒸发率与水蒸发率比值B越大。这说明增大混凝土材料的水灰比有利于路面板抵抗塑性收缩开裂。水灰比大，初裂蒸发率小，单位面积上的蒸发速率小，单位时间失去的水分少，混凝土塑性收缩体积量小，不易开裂。所有的试验均表明：自由水面的蒸发率小于混凝土表面。水灰比大的混凝土单位用水量大，泌水多，表面以自由水形式蒸发，反而蒸发率小。泌水是空隙水，不影响混凝土体积收缩量，它代替了混凝土表层的蒸发水，证明水灰比大，泌水多对防止塑性收缩裂缝有利。

2. 施工条件对混凝土面板塑性收缩裂缝的影响

（1）热天施工开始时间对塑性收缩裂缝的影响：夏季热天施工，根据我们所做的水分蒸发率的试验，从上午9：00到下午18：00，水分蒸发率最大为中午13：00左右，在此之前，蒸发率上升；此后蒸发率缓慢下降。除非有云，一般11：00到下午15：00是平均蒸发率最高的区间。其中混凝土是相同的，仅做蒸发率的时间不同，可见，初裂蒸发率随着气温和水分蒸发率提高而上升。这说明在11：00到15：00区间内，由于太阳的垂直辐射，气温很高，混凝土单位时间的蒸发强度增大，将加速开裂。根据此项研究，酷热天气施工，防止塑性收缩裂缝最简单的方法是避开气温和蒸发率最高的11：00～15：00这个区间。

（2）混凝土板厚对塑性收缩裂缝的影响：混凝土板厚对塑性收缩裂缝影响的研究中可见，在做塑性收缩开裂试验时，混凝土板厚从7.5cm增大到13.6cm，塑性收缩开裂过程线整个抬高，特别是曲线的下降段几乎平行。显然是由于厚混凝土底部给表面供给蒸发水分多于厚度小的混凝土板的缘故。滑模混凝土路面板的厚度在

25cm左右，但是这样厚的混凝土表面积又大，搬动困难，无法精确称量蒸发率。预计混凝土路面上的初裂蒸发率和总蒸发率都要大于我们试验的结果，但是用我们的试验数据是偏于安全的。

3. 环境因素对混凝土塑性收缩裂缝的影响

（1）风速对混凝土塑性收缩裂缝的影响：大量的工程实践和试验研究均表明，风速是造成水泥混凝土路面塑性收缩开裂的首要原因。即使在夏季强烈的太阳辐射下，表面温度达到42～45℃条件下，如果没有两个电扇吹风，混凝土也难以开裂。按照美国资料，他们认为在80%相对湿度条件下，就不会发生塑性收缩开裂，可以不进行塑性收缩开裂的控制。但从我国的施工实践来看，北到山东胶东半岛烟台和威海，南到广东深汕地区，相对湿度超过80%的沿海高速公路施工时，只要有较大的海风，塑性收缩开裂仍相当严重。须知，无论相对湿度多少，只要风速大时，蒸发率依然很大。在我国泰安、盐城、广州、长沙、石家庄、北京、伊犁等地，风速大的春秋季节施工，照样也产生大量塑性收缩开裂。风速是塑性收缩开裂第一位的环境控制因素。所以，作者将塑性收缩开裂归结为全国范围内的春秋季节的施工问题。

试验条件：表面温度36～42℃，相对湿度30%左右，混凝土厚度12cm，在试件与电扇之间离开不同的距离测风速。可见，当风速增大，混凝土塑性收缩裂缝过程线变窄、变高，初裂蒸发率增大，峰值最大蒸发率增大，初裂蒸发率与水分蒸发率之比值也增大。在夏季大风条件下，即使是其他条件较有利，滑模混凝土塑性收缩开裂的概率也很大，风速越大越不利。应当在热天避开大风天气的施工，以防止路面塑性收缩开裂。

（2）太阳辐射对混凝土蒸发率的影响：太阳辐射对混凝土蒸发率的影响可见，在风速相同均为3.5m/s时，蒸发率较高的是晴天做的，较低的是阴天的。在阴天有云遮挡太阳辐射时，蒸发率将迅速减小。说明遮挡太阳对减小新拌混凝土的蒸发率有积极效果。太阳辐射主要是提高了混凝土表面的温度，从而促使蒸发率提高，混凝土表面的开裂加快。在等厚混凝土板条件下，晴天混凝土板的总蒸发水量，即相同面积蒸发过程曲线的积分大于阴天的，证明相同时间干燥得更彻底。

（3）可见，混凝土初裂蒸发率线性上升，初裂蒸发率与水分蒸发率的比值下降。表明表面温度越高，混凝土表面蒸发强度提高，将加速开裂，水分的蒸发率随温度增加小于混凝土的，所以其比值下降。表明将B=1定为塑性收缩开裂的警戒值是正确的。

（4）相对湿度对混凝土塑性收缩裂缝的影响相对湿度增大，初裂蒸发率下降，峰值蒸发率也下降，开裂时段延长。表明相对湿度与蒸发率成反比关系，相对湿度增大有利于混凝土抵抗塑性收缩开裂。60%相对湿度时，尽管峰值蒸发率较小，在

0.7 左右，但开裂时间将延长到 3.5h 以上，这样就有了足够的时间来采取养护措施，无论用什么养护方法，都会中止混凝土表面的蒸发失水，塑性收缩裂缝将不再产生，混凝土塑性收缩开裂的概率将大大减小。美国规定相对湿度不小于 80%，可不考虑塑性收缩开裂问题是有条件的，在混凝土温度较高、风速较大时，即使相对湿度为 80%，如果不及时养护，塑性收缩裂缝也是不可避免的。

（5）综合环境因素对混凝土塑性收缩裂缝的影响：上述环境各项因素的影响在试验中无法单独分离，也就是上述单因素研究都有其他因素的交互影响。如果都有太阳辐射，环境条件对混凝土塑性收缩裂缝的影响有三项：风速、表面温度和相对湿度。将混凝土塑性初裂蒸发率定为控制基准，则三项环境因素将构成混凝土塑性收缩开裂临界环境平面。不同材料因素有不同的临界开裂平面，当材料确定，环境因素在此平面内，则不会开裂，超过此平面将会开裂。这个方法的环境数据仍不十分充分，有待进一步研究充实，将会发展为我国的临界塑性收缩开裂的判定方法。相信每个地区有各自的临界开裂环境平面，发表此方法供同行参考并积累数据。

四、混凝土路面发生塑性收缩裂缝可能性的判别

我们的目的是防止和避免混凝土路面发生塑性收缩开裂，但蒸发是客观存在不可避免的。必须研究出一定的方法使人们可以对产生塑性收缩裂缝的概率和可能性进行判别，才能达到防患于未然之目的。

（1）初裂蒸发率与水分蒸发率之比的 B 值法。可在现场的气温、湿度和风速下测水分的蒸发率，通过不同水灰比混凝土的初裂蒸发率与水分蒸发率的比值 B，计算出混凝土的初裂蒸发率。试验得出 B 值最小值为掺膨胀剂 5% 为 0.98，膨胀剂 10% 为 0.91，其他所有 B 的临界值定为 1.2。这样当现场水分的蒸发率接近 0.5kg/h.m^2 时，混凝土表面蒸发率将超过 0.60kg/h.m^2，提醒施工人员混凝土路面可能产生塑性收缩裂缝，必须采取提前喷养生剂等施工措施。

（2）临界风速法。如果现场的水分蒸发率不小于 0.67kg/h.m^2（瞬时风速不小于 5m/s，气温 25℃，混凝土表面温度 32℃，相对湿度 60%，日照强烈），则表明混凝土路面蒸发率已达到或超过 1.0kg/h.m^2。春季的现场实测表明：路面上的塑性收缩开裂将不可避免。在促进蒸发的 5 个环境因素中，风速的影响最大、最强烈。在路面摊铺后持续 4h 内，平均风速不小于 5m/s，即不小于 18km/h，路面必定开裂无疑。

以上这两种判别方法比较简便易行，同时可包容全国各地千差万别的材料和环境情况。并在河北石太高速公路和山东泰化高速公路工程中采用过，效果较好。

（3）混凝土塑性收缩开裂临界环境平面法。这个方法是事先找出所施工配合比的混凝土在日照条件下的初裂蒸发率环境临界平面，当材料确定，三个环境因素（混

凝土表面温度、相对湿度和风速）在此平面内，则不会开裂，超过此平面将会开裂。由于所做试验有限，我们得出的临界环境开裂平面仅限于河北保定地区，且还不能包含全国的所有混凝土材料和环境因素，只能是提供了一种思路和方法，不同的地区可做出当地的环境临界平面，供施工参照使用。

（4）美国 ACI305 委员会混凝土表面蒸发率的模诺图法。美国 ACI305 委员会对热天浇铸混凝土的规定中，用气温、混凝土温度、相对湿度和风速构造了一个混凝土表面蒸发率的模诺图，将混凝土塑性收缩开裂临界蒸发率定为 1kg/h.m²。

通过上述大量试验研究和现场测试，我们发现，在中国的施工条件下，存在以下两个问题：

①用四项环境因素查此诺模图，得到的水分蒸发率比实测小 1 倍左右，混凝土路面实际初裂蒸发率也小得多。可见，用直接查图法得出的数据太小，防止不了塑性收缩开裂。

②对水泥混凝土路面这种薄壁结构来讲，塑性收缩开裂的蒸发率警戒值过大，为 1.0kg/h.m²。在中国的条件下，用此值防止不了路面塑性收缩裂缝，我们做出的初裂蒸发率的最小值是 0.53kg/h.m²，除了掺粉煤灰 25%、40% 和加粗集料 10% 的混凝土的初裂蒸发率大于 1kg/h.m²，其余均在 0.53 ~ 1kg/h.m²。在我国，如果要采用此方法，应将混凝土塑性收缩开裂临界蒸发率定为 0.5kg/h.m² 较为稳妥可靠。

五、防止滑模摊铺混凝土塑性收缩裂缝措施

在春秋季节滑模摊铺水泥混凝土路面施工时，对环境因素可能造成的塑性收缩开裂，采用上述四种方法中的任意一个方法（最简便的临界风速法，只测风速即可），都能够判断出混凝土路面开裂与否。已经知道路面可能开裂或者已经有塑性收缩开裂时，采取什么方法才能有效对其加以控制和防止呢？

我国高速公路由于人口和村庄密集，因此路堤高度都很高（≥6m），由于路堤抬高，平地很小的风，当其刮过高速公路时，风速将提高 0.5 ~ 2 倍，路面施工时，将刮更大的风，这将造成控制塑性收缩开裂的难度增大。另外，必须认识到，滑模摊铺水泥混凝土路面的施工与其他施工方式相比，更容易形成塑性收缩开裂。原因是滑模摊铺的摊铺、整平、抹面都只一遍成功，不能像其他施工方式那样，可反复多次整平抹面。因此，滑模摊铺水泥混凝土路面上发生塑性收缩开裂的概率和可能性更大，相对而言，控制难度也更难、更大。但也决非无法控制。在此，作者根据多年的研究和施工实践，提供一些卓有成效的防止塑性收缩开裂的措施，供业内人士参考。

混凝土路面的塑性收缩开裂的原因是多方面的，首先，我们应该从人为便于控

制和能够控制的原材料和混凝土配合比着手。其次，应是努力控制施工和环境因素的不利影响。

1. 提高混凝土原材料质量防止塑性收缩裂缝

①严格控制混凝土原材料中泥土含量，试验表明土对塑性收缩裂缝的影响很大，要严加控制。粗集料含泥量按规定不得大于 1%；砂的含泥量不得大于 2%。

②粉煤灰有增大混凝土塑性收缩裂缝的趋势，在施工时有塑性收缩裂缝的条件下，不宜掺粉煤灰，更不得使用大掺量粉煤灰。

③水泥的品种标号对塑性收缩裂缝的影响主要表现在水泥的细度上，较粗的水泥、水泥用量较小，对防止塑性收缩裂缝有利。

④膨胀剂对减少混凝土塑性收缩裂缝有一定效果，但由于塑性收缩裂缝发生时段太短，所以效果不明显。

⑤如果砂的来源和粗细可以选择的话，细度模数为 2.5 ~ 3.2 的中偏粗砂及粗砂抗裂效果要比细度模数 ≤ 2.5 的细砂好。

2. 调整混凝土配合比满足大风天气抗裂强度要求

（1）满足抗折强度要求控制最小胶材总量

混凝土组成对塑性收缩裂缝影响最大的是砂浆体积含量和砂浆中的水泥浆含量。上述试验表明：水泥浆的塑性收缩裂缝应变为 3.43%，是混凝土 0.186% 的 18.4 倍，砂浆为 1.204%，为混凝土的 6.5 倍。水泥浆由三种材料构成：水泥、粉煤灰和水，在这三种材料中，单位水泥用量是不能因为抗裂性要求而轻易改变的，比抗裂性更重要的强度等力学性能必须保证。但是，单位水泥用量考虑抗裂性要求，只要同时能够满足抗折强度要求，应采用最低值。在抗裂的混凝土配合比中，单独采用 525 号普通硅酸盐或道路水泥，最大用量不宜超过 350kg/m³；采用 425 号水泥，最大用量不宜超过 375kg/m³；在掺用粉煤灰的条件下，最大胶材总量不宜大于 400kg/m³。必须明确，胶材总量越多，混凝土越不抗裂。而且，抗裂的混凝土配合比最好不掺用粉煤灰，以降低胶材总量，增大抗裂性。

（2）抗裂的配合比必须控制较低的砂率

通过大量的混凝土原材料和配合比因素的试验研究，我们知道，在诸多影响抗折强度的因素中，砂率对抗折强度等性能的影响最小，是唯一可以在较大范围内调整的配合比因素。一般情况下，滑模摊铺水泥混凝土的砂率是满足滑模摊铺的振动黏度系数和坍落度等工艺要求，按照比表面积原理，根据所用砂的细度模数优化确定基准砂率。然后，按照满足软作抗滑构造深度要求，增大 1% ~ 2% 后最终确定的。减小砂率的可能性在于滑模摊铺混凝土的振动黏度系数范围很宽；抗滑构造深度的要求也可以通过加强滑模摊铺时的振捣烈度来满足。因此，滑模摊铺混凝土的砂率不一定非要最优砂率不可，可以也能够使用在较低水平上来满足混凝土抗裂性的要求。施工实践证明：抗裂的混凝土配合比砂率，可以在原定基础上降低 4% ~ 5% 使用。在春秋多风季节，采用低砂率，提高混凝土抗裂能力效果显著，我们采用此方法已经滑模施工出所有性能均优质的水泥混凝土路面。

（3）满足强度要求使用较大的水灰比和单位用水量

增大水灰比和单位用水量可减小混凝土的塑性初裂蒸发率和总蒸发率，有利于混凝土抵抗塑性收缩裂缝。其原因主要是水灰比大的混凝土空隙水泌出得多，代替了混凝土表层的蒸发水。在蒸发率很大的最不利时间施工，可在强度和耐久性仍符合要求的前提下略增加水灰比以防止塑性收缩开裂。但对增大抗折强度的施工保证率是不利的，一般不宜采用。

综上所述，低砂率加上满足抗折强度要求的最小水泥总量和最大水灰比，是春秋大风和多风季节，我们调整滑模摊铺混凝土路面满足抗裂性要求配合比的主要手段和方法，这个方法被几项高速公路路面工程的施工实践证明是行之有效的。在其他因素可调整幅度有限的情况下，最重要的只有一条：采用低砂率，提高混凝土抗裂能力。在春秋季节多风天气施工时，应提前准备好另外一个低砂率的抗裂混凝土配合比，以备刮大风时，可即刻调整混凝土配合比，供滑模施工使用。

3. 从施工因素防止滑模混凝土产生塑性收缩裂缝

（1）滑模摊铺机应将振捣棒和挤压底板的前仰角调整到正确位置。不得在路面上留下振捣棒拖出的砂浆集中的发亮条带，混凝土面板也不得在出摊铺机挤压底板时被拉裂。在这些条带部位，由于砂浆与混凝土塑性收缩量相差过大，在大风和蒸发率大的天气，很容易引发有规律的很长的纵向塑性收缩裂缝。而当混凝土路面出滑模摊铺机时已经被拉裂的部位，在大风和蒸发率大的天气下，肯定会产生有规律的横向塑性收缩裂缝。

（2）尽可能控制好新拌混凝土坍落度和振动黏度的稳定性，面层砂浆尽量均匀。滑模混凝土表面砂浆层厚度对防止塑性收缩裂缝意义重大，过厚的砂浆层更容易导致塑性收缩裂缝。

（3）按滑模摊铺混凝土的运输和摊铺时间要求供应新拌混凝土，滑模摊铺机等料时间在热天超过 50min ~ 1h 时，应做施工缝，防止出现施工塑性收缩冷缝或断板。

（4）滑模混凝土施工时，在多风天气，应尽快、尽早开展路面养护。对路面平整度影响最小的方法是在混凝土呈塑性状态时喷洒足够厚度的养护剂；在大风天气，必须在滑模摊铺出的路面，尚未拉毛前，就喷一遍养生剂，路面一旦摊铺好，立刻阻断表面蒸发。待拉毛过后，再喷洒第二遍，阻止抗滑构造槽内的水分蒸发。

试验表明：长时间不进行养护的混凝土即使在阴天蒸发率较小时，也会产生塑性收缩裂缝。施工实践表明：提前喷洒和二次喷洒养生剂的方法是卓有成效的控制手段。

（5）滑模混凝土施工应调整好抹平板的压力，尽量少而轻的人工抹面修饰，可防止路面因抹面拉出垂直裂缝。

（6）滑模摊铺机及施工现场应有照明设施。可进行夜间施工，或避开日照强烈最不利的白天施工时段；混凝土板厚增大有利于抵抗塑性收缩裂缝，但混凝土路面板厚是不得随意调整的。机场跑道厚混凝土板比公路薄板有利于抵抗塑性收缩开裂。

4. 控制施工环境对混凝土路面塑性收缩裂缝的不利影响

（1）太阳辐射对混凝土路面塑性收缩裂缝有很明显的影响，试验表明：在阴天有云遮挡太阳辐射时，蒸发率将迅速减小。说明遮挡太阳对减小新拌混凝土的蒸发率有积极效果。夏季施工当太阳辐射强烈，气温超过30℃时，施工应当避开从11：00到15：00塑性收缩最大、最不利的时段。或者用雨天施工用的高大遮雨篷阻隔太阳辐射。

（2）混凝土表面温度对塑性收缩裂缝有较大影响，高温使混凝土的最大蒸发率和总平均蒸发率提高，塑性收缩裂缝的时间缩短。如果必须在最不利季节和时段进行滑模混凝土摊铺，应当采取积极的降温措施，譬如用冰水拌和或直接用冷井水拌和混合料，任何情况下的水泥温度不得大于50℃，混凝土温度不得大于35℃。

（3）相对湿度对塑性收缩裂缝有明显影响，试验表明：相对湿度越小，初裂蒸发率和总蒸发率越高，蒸发时段越短；相对湿度即使大于80%，施工不当也不是不开裂的。国外在水泥混凝土路面滑模施工时，当湿度过小时，要求喷雾，但这项措施在大风天使用基本无效，风小或无风天气可以用于控制混凝土路面的塑性收缩开裂。

（4）风速对塑性收缩裂缝有很大的影响，试验证明：风速增大，混凝土塑性收缩裂缝过程线变窄、变高，初裂蒸发率增大；峰值最大蒸发率增大；初裂蒸发率与水分之比 S 值也增大。我国的高等级公路由于通道多，路基高度较大，实测表明路面上的风速比地面风速约大 0.5 ~ 2 倍。特别是海边和风口道路，有必要遮挡施工。

5. 大风天的塑性收缩开裂控制方法

在特大风天气进行滑模摊铺水泥混凝土路面的施工时，当张紧的拉线已经有振动声或发出哮叫声时，必须停止施工。因为拉线上有 1000N 以上的拉力，如果拉线发生振动声或哮叫声，风速必定大大超过 5m/s，即使采取上述各种控制措施已经无能为力，混凝土路面必裂无疑。原则上应该停止施工，但不少情况下，由于工期的原因等，还要强制施工，那就必须采取特殊措施，否则，即便施工出来了混凝土路面，由于裂缝过多、过大，也必须返工。

在这种极端恶劣的天气条件下强制施工时，必须增加重新抹面的设备，如架在支架上整个摊铺宽度内可以反复作业的滚杠，人可坐在上面操作并可自由行走的专用抹面机。国内也有采用 6 ~ 8 个人坐在工作桥上，人工全断面抹面的施工方式，但是这种方法将破坏滑模摊铺水泥混凝土路面的高平整度，不宜多采用。

在日照较强、空气干燥的春秋多风季节或沿海经常刮风地区施工时，采用养生抹面防止路面发生塑性收缩开裂的措施。刮风天，控制塑性收缩开裂的方法是用风速计在现场定量测风速或观测自然现象，确定风级，按提供的养生或抹面措施，防止塑性收缩开裂。

为什么在大风天气可以采用二次机械抹面来保证混凝土路面不开裂？通过测量蒸发率和计算混凝土路面的体积总收缩率，我们将会明白其中的道理。

假定水泥混凝土路面在摊铺后 4h，蒸发率始终为开裂临界值 $0.63kg/h \cdot m^2$。连续蒸发 4h 开裂的总蒸发量为 2.52kg。当路面厚度为 25cm 时，$1m^2$ 路面上的体积收缩量为 1%。实际上，不可能 25cm 整个板厚范围内的水分都蒸发，水分明显蒸发的深度最大仅 5cm 左右，即塑性收缩裂缝的深度，表面的体积收缩量为 5%。这样大的表面体积收缩量，在垂直方向受骨料顶托约束的条件下，必然在水平方向寻找出路，平面二维方向那里新铺混凝土黏聚性最小（强度尚未形成），在其垂直方向肯定引发表面裂缝。看来，混凝土路面产生塑性收缩开裂的总体积收缩量为 1%（这个数据至关重要）。如果要保证混凝土路面平面上不裂，必须将这个临界体积变形量 1% 全部转移到高度即板厚缩减上，那么 25cm 板厚的 1% 是 2.5mm。也就是说，必须用压力抹面方法将面板高程压缩并降低 2.5mm，才能保证其不开裂。混凝土路面高程压缩板厚的 1% 就可防止其发生塑性收缩开裂，通过抹面机械第二次抹面防止塑性收缩开裂。

但是要注意：尽管采用能够保证平整度的抹面机械二次抹面能有效防止塑性收缩开裂，而经过二次抹面的混凝土表面再做抗滑微观和宏观构造时，由于很大风力，表面吹干得很快。抗滑微观和宏观构造的软拉制作将相当困难，侧向摩擦系数和宏观构造深度肯定将大大损失，很难保证达到高速公路的技术要求。应改用硬刻槽施工抗滑构造。所以，原则上很大风天，不能滑模摊铺高速公路混凝土路面，即使采用二次抹面工艺，仍是以损失抗滑构造及路面的行车安全性为代价的。在设计车速不高的二级公路和城市道路上，对抗滑构造要求不高的情况下，二次机械抹面不失为一种能完全控制塑性收缩开裂的好方法。

第四节　冬季施工

一、问题的提出和冬季施工方案

高速公路水泥混凝土路面负温下的冬季施工，是我国三北地区高寒和寒冷地区经常会遇到的实际施工问题。由于我国高等级公路水泥混凝土路面滑模施工的建设规模较大，工程任务量重，工期紧迫，有时不得不进行冬季施工。由于滑模摊铺水泥混凝土路面在冬季施工时，有一些特殊问题需要研究解决。此外，国内以往还没有人进行过此项研究，有关资料较少。因此，有必要对此问题进行专门研究。通过此项研究，希望对于进行冬季施工滑模摊铺及采用其他方式施工混凝土路面具有指导和参考价值。

水泥混凝土面板是薄壁结构，暴露在大气中的面积很大。在我国北方寒冷地区，从蓄热角度讲，其面积与体积之比特大，散热快，保温性差。一般建筑工程上常用的加热原材料法等主要的冬季施工方法都难以采用。所以，在我国北方地区滑模摊铺水泥混凝土路面的施工，均避开了冬季施工季节。但是由于工期等各种原因限制，水泥混凝土路面的冬季滑模施工提上了议事日程，1996 年 11 ~ 12 月，我们在山东烟台珍八高速公路上，结合工程进行了冬季滑模摊铺水泥混凝土路面的施工研究。

滑模摊铺水泥混凝土路面的混凝土搅拌量很大，在烟台珍八高速公路上，我们配置了 205m³/h 混凝土搅拌能力的搅拌站。从施工实际出发，采用加热原材料的抗冻方法，无论是水或砂石材料，数额都十分巨大，经济上施工单位无法承受。因此，经研究确定的冬季施工方案是：首先，必须确定新拌混凝土初凝前的结冰温度，在日施工最低温度达到或低于此最低温度时掺用适当剂量的防冻剂，降低冰点，严禁水泥混凝土路面表面结冰受冻。其次，严格监测水泥混凝土路面温度并喷养护剂，待混凝土路面终凝后，立刻覆盖塑料薄膜隔潮保湿，并覆盖保温材料蓄热防冻养护。在采取加防冻剂和覆盖保温材料方法的滑模摊铺水泥混凝土路面冬季施工中，必须解决如下三个问题：

1. 我们必须研究出新拌混凝土刚摊铺完毕（混凝土初凝以前）时，不掺防冻剂及掺各种防冻剂的新拌混凝土混合料的结冰温度，用于了解不采用加热原材料等特殊防冻措施时，新拌混凝土不结冰的最低温度以及优选不同品种、牌号和剂量的防冻剂，为优化配合比提供必要的参数。

2. 必须研究在当地气温和混凝土温度下，滑模摊铺水泥混凝土路面何时达到了施工规范所规定的抗冻临界弯拉强度，用于指导在施工过程中，可在保温覆盖养护多长时间时，撤除覆盖保温材料。此法在快速大面积滑模施工的条件下，有利于覆盖保温材料的周转，减少覆盖保温材料用量和冬季施工费用。

3. 冬季施工的水泥混凝土路面的 28d 以及长期抗折强度能否满足水泥混凝土路面设计抗折强度的要求，这是冬季施工水泥混凝土路面中最重要的前提条件。如果，在特定低温下混凝土路面板抗折强度达不到设计要求，必须强制停工。

二、初凝前混凝土冰点温度的研究

初凝前的水泥混凝土路面上的结冰最低温度的研究关系到下述几个问题：

在何种温度下必须掺防冻剂？采用防冻剂就必须对防冻剂的剂量、品种和牌号进行优选。采用哪种防冻剂？掺用方法和剂量是多少？

首先，必须了解当滑模摊铺水泥混凝土路面的施工最低气温是多少时，需要掺加防冻剂。由于工地的抗冻试验条件限制，我们选择了一台可冻结到 -48℃ 的大食品冰柜。将从搅拌楼拌和出的混凝土装在 $15cm \times 15cm \times 55cm$ 的棱柱体试件内。在软混凝土上插入温度计，放入冰柜中降温，监测表面结冰的混凝土温度。在不掺防冻剂时我们测出的新拌混凝土表面结冰温度是 -3℃左右。当路面施工时最低温度低于 ~ 3℃，要防止新摊铺水泥混凝土路面结冰受冻，必须考虑掺防冻剂措施。

这项试验采用的是混凝土路面施工配合比：水灰比 0.45，单位水泥用量 370kg，425 号道路硅酸盐水泥，同时掺有高效减水剂 6% 和引气剂 0.8/ 万。

新铺的水泥混凝土路面的结冰温度为什么会低于 0℃？这是由于水泥遇水后，首先溶解出了 $Ca(OH)_2$，使溶液的 pH 值提高。当拌和水中的 pH 值提高后，按溶解热力学的原理，其冰点会低于 0℃。当溶解的时间延长，$Ca(OH)_2$ 浓度达到饱和或超饱和就会形成结晶，溶液的冰点会更低。我们注意到，-3℃时结冰的不是包覆层中的高浓度溶液，而是包覆层间的低浓度水溶液形成了冰晶体。如果，单位水泥用量更大，水灰比更低，冰点还可能有所降低。

为了考察加防冻剂后，新拌混凝土降低冰点的效果以及适宜的施工温度，我们用两种商品防冻剂、食盐和尿素用相同的方法做了各种掺量时的临界结冰温度试验。可见，掺食盐的新拌混凝土降低冰点的效果最好，尿素较差，防冻剂 B、Y 居中，Y 型略好。考虑到氯盐对水泥混凝土路面中拉杆、传力杆及桥面钢筋网等钢筋的诱蚀作用，同时考虑到在防冻剂 Y 中有早强和阻诱组份，因此，选用了防冻剂 Y 作为最低气温在 $-10T$ 以上的水泥混凝土路面滑模施工的防冻剂。施工在 12 月 20 日左右结束，按当地历年气温，在此以前的可能最低气温大约为 -10℃。

按照国内外对水泥水化温度的研究，混凝土中水泥停止水化的温度是 -10℃。

所以，在成熟度的计算公式中，温度要加10℃。低于此温度，水泥不水化，即使混凝土不受冻，强度不发展也是不可取的。我们认为，从水泥混凝土路面的后期强度考虑，最低混凝土温度应由采用现有养护保温措施，路面混凝土的抗折强度满足按设计要求而定。尽管气温低于0℃，但保温的混凝土路面板温度应不小于5℃。否则，混凝土抗折强度不再增长，应该停止施工。

在气温低于0℃时，不仅是水泥混凝土路面受冻，拌和水也开始结冰，应将防冻剂（或部分）加在拌和水中，防止拌和水结冰。与此同时，搅拌楼上的水泵等机械部件也会结冰，应采取一定的保温措施来保证运转。如果气温较低，在停工时应将水泵中的水放掉。

三、满足负温抗冻要求的滑模混凝土配合比优选

在研究了混凝土路面板表面结冰温度后，研究和比较了适宜滑模混凝土冬季施工的配合比，主要比较道路水泥和普通硅酸盐水泥，在单位水泥用量不同（减水剂、引气剂及防冻剂相同）时，砂石料基本相同，哪种配合比最有利于冬季施工使用。采用自然保温养护，气温大致在 −10 ~ 8T；混凝土路面板内部平均温度保持在 6 ~ 10℃。要求 28d 抗折强度满足设计抗折强度和施工保证率在 5.5MPa 以上（考虑滑模混凝土路面施工变异性较小，略降低保证率系数）。

试验采用的是施工配合比，三个配合比均掺有高效减水剂6%，引气剂0.8/万，Y型防冻剂5%。

从上述试验研究可知，在冬季保温覆盖养护的施工条件下，采用单位水泥用量较大的425号水泥较水泥用量较小的525号水泥有利，同样是水泥，但425号水泥道路水泥抗折强度较普通硅酸盐水泥高。其原因有以下四点：一是同种同标号的水泥，单位水泥用量较大时，混凝土温升较高，有利于在负温条件下，混凝土抗折强度的增长；同种不同标号的水泥，高标号水泥发热量大，相同强度时，单位水泥用量较小，从内部温升可见，发热量较小，所以应优选用量大、发热量高的425号道路水泥。二是在水泥用量较高保持相同混凝土工作性时，水灰比较小，有利于强度提高和抗冻。三是所有防冻剂、减水剂及引气剂用量均以水泥用量为基准，当水泥用量较大时，这些外加剂的总用量也增大，有利于混凝土防冻、蓄热保温。四是采用较高用量的道路水泥对抗折强度的保证率较高。最终确定的冬季施工的滑模混凝土配合比为425号道路硅酸盐水泥的配合比。水泥用量410kg/m³，水灰比为0.42，砂率为32%，28d抗折强度为5.9MPa。

四、抗冻临界弯拉强度的研究

我们采用对水泥混凝土路面表面测温并在路面上留试件测量不同龄期的抗折强度的方法，进行了试验研究。测量表明：在气温 -10 ~ 6℃ 时，在采取了加防冻剂和覆盖层后混凝土路面的温度一般可保持在 5 ~ 10℃ 范围内。在 0℃ 左右的气温时，混凝土路面温度为什么可保持在正温区间？这是由以下三个原因决定的：

（1）拌和时水温较高，实测表明：拌和使用的是水温在 16 ~ 22℃ 的井水。

（2）水泥的水化放热，两种不同标号的单位水泥用量在 320 ~ 410kg 变化，测量结果是大致可使路面混凝土温度提高 6 ~ 9℃。

（3）覆盖后防止了风直接刮到路面上带来的降温，并使热量散失减少，温度不仅不降低，还比气温高。

在不掺防冻剂时，达到抗冻临界抗折强度需要约 8 ~ 9d；防冻剂掺量在 2% 时，大致需要 5 ~ 6d；当防冻剂掺量为 5% 时，大致在 3 ~ 4d。为了保险起见，该路面工程自定撤除保温覆盖材料的抗折强度不小于 2MPa。按此强度要求所做的试验表明：在掺防冻剂 2% 时，覆盖养护为 7d；防冻剂掺量在 5% 时，至少应覆盖养护 5d 方可撤除保温措施。考虑到施工时，气温可能降低得较试验时大，可采取了更长的较为保守的覆盖养护时间。

五、冬季负温滑模摊铺水泥混凝土路面的长期抗折强度

冬季施工的滑模摊铺水泥混凝土路面长期抗折强度，采用在施工的路面现场预留抗折试件和钻取岩芯方法测试。其中，最高、最低气温是摊铺当天的实测温度；混凝土平均温度是摊铺 2 ~ 3d 的每隔 4h 测量的板内温度平均值；小梁抗折是 28d 强度；钻芯劈裂强度和抗折强度是路面上第二年即 1997 年 9 ~ 10 月的测试结果。施工配合比为上述经优化选定的 425 号道路硅酸盐水泥的配合比。

由上述实测的滑模摊铺路面混凝土小梁抗折强度、劈裂强度及推算抗折强度可见，在采用防冻剂和覆盖保温养护条件下施工水泥混凝土路面，其极限气温不得低于 -14℃（夜间最低的气温），满足混凝土路面板在摊铺前 3d 的内部温度不得低于 5℃，否则，对长期抗折强度有不利影响。小梁抗折强度尽管满足设计要求，但已经有偏低迹象，不满足施工保证率的要求，特别是 10 个月后，路面钻芯的抗折强度已经低于设计强度值。在极限气温 -10℃ 以上，尽管抗折强度的施工保证率不足，但抗折强度已达 5.4MPa，满足设计使用要求。从路面上的长期强度可见，气温在 -10℃ 以上，混凝土温度在 7℃ 时施工混凝土路面，对强度几乎无影响或影响很小，这是采用防冻剂和覆盖保温养护这种冬季施工水泥混凝土路面控制温度情况下的研究结果。在更低的温度下，应采用其他的冬季施工养护方式。

从最低气温 –10 ~ 0℃施工的 9 组数据可得：标准梁试件抗折强度平均值为 5.5MPa，偏差系数 Cv=2.97%；钻芯平均抗折强度为 5.51MPa，偏差系数 Cv=3.47%。由这些统计数据可见，滑模摊铺水泥混凝土路面的强度变异性相当小。这一方面保证了设计强度要求，另一方面也证明了可以采用略低的保证率系数。

六、冬季滑模施工的技术措施

滑模摊铺或其他方式摊铺水泥混凝土路面能否在我国三北地区冬季进行施工？是困扰我国公路工程界的一个问题，不少多年研究沥青路面的专家受沥青路面施工技术影响很深，他们始终认为，在我国三北地区的水泥混凝土路面是不能在冬季进行高质量施工的。

作者认为，常温施工水泥混凝土路面与加热施工的沥青路面相比，在冬季负温条件下可施工性能上，有其独特优势。热沥青不能施工的负温条件，不能认为是水泥混凝土路面也不可施工。建筑和其他行业，冬季有施工钢筋混凝土结构规范，在我国三北地区大量钢筋混凝土结构，在采取合适的冬季施工措施后，仍在冬季施工。有一点是肯定的，冬季混凝土结构施工的费用要相应增大。在不增加施工费用的前提下，进行有限制条件的科学的水泥混凝土路面冬季施工，实践已经证明是完全可行的。但必须因地制宜地制定好可靠的冬季施工措施，绝不可盲目蛮干，造成工程质量问题乃至事故。

水泥混凝土路面冬季保温覆盖施工的限制条件和简单易行的措施如下：

1. 滑模摊铺水泥混凝土路面冬季施工现场的试验研究表明：在一般配合比条件下，水泥混凝土路面摊铺后，表面结冰的温度为 –3℃。低于此温度应采用加防冻剂等抗冻措施。

2. 防冻剂有明显降低新拌混凝土结冰点的作用，并随着剂量增大，降低冰点的作用越显著。选用了 Y 防冻剂剂量 5% 作为最低气温在 –10℃以上的水泥混凝土路面滑模施工的防冻剂。

3. 采取了加防冻剂和覆盖养护措施后，在气温 –10℃以上温度可采用滑模摊铺施工水泥混凝土路面。防冻剂掺量在 5% 时，新拌混凝土的结冰温度在 –9 ~ 10℃，不会造成混凝土路面结冰冻害。

4. 在不掺防冻剂时，达到抗冻临界抗折强度 IMPa 时约需 8 ~ 9d；防冻剂掺量在 2% 时，大致需要 5 ~ 6d；防冻剂掺量为 5% 时，大致在 3 ~ 4d。为了保险起见，自规定撤除保温覆盖的抗折强度不小于 2MPa，在掺防冻剂 2% 时，覆盖养护 7d；防冻剂掺量在 5% 时，至少应覆盖养护 5d 方可撤除保温措施。

5. 通过防冻的滑模混凝土配合比优选，推荐使用较大水泥用量的 425 号道路水泥 410kg/m³，水灰比为 0.42，砂率为 32%，掺有高效减水剂，引气剂为 0.8/ 万，防冻剂为 5%。在气温 –10℃时，可采用双层覆盖保温养护；施工滑模摊铺水泥混凝土路面。

6. 由上述实测的滑模摊铺路面混凝土小梁抗折强度、劈裂强度及推算抗折强度可见，在采用防冻剂和覆盖保温养护条件下施工水泥混凝土路面，其极限气温不得低于 –10℃，混凝土路面板在摊铺前 3d 的内部平均温度不得低于 5℃。气温在 –10℃以上，混凝土温度在 7℃时施工水泥混凝土路面，对强度几乎无影响，这是采用防冻剂和覆盖保温养护这种冬季施工水泥混凝土路面的控制温度。在更低的温度下施工时，应采用其他的冬季施工方式。

冬季施工水泥混凝土路面的技术方法肯定不局限于上述研究的一种方法，如加热水和砂石料方法、路面加热保温法、红外线蓄热法等，但是由于这些方法往往需要特殊的技术、设备和资金投入，较难在野外施工的水泥混凝土路面工程中采用。例如，加热水和砂石料的方法，即使能够有设备和资金将大量的原材料加热，在混凝土远距离运输时，有热混凝土的快速坍落度损失问题，不一定适合水泥混凝土路面施工使用。

第十七章 筒仓漏斗及仓顶室的模板施工

第一节 钢筋混凝土筒仓漏斗连续滑升技术

筒仓工程在工业建筑中是一种比较常见的构筑物之一，如煤矿及洗煤厂的原煤及精煤仓建筑，水泥厂的原料调配库等建筑均为钢筋混凝土筒仓。而且施工工艺不外乎两种，即滑模施工和倒模施工，现阶段尤其是采用滑模进行施工更为多见。筒仓施工中漏斗的施工是该工程的难点和重点，本文将通过工程实例介绍一种混凝土贮仓漏斗连续滑升技术的应用情况。

一、工程实例概况

该工程系七星选煤厂技术改造精煤仓工程，位于平顶山市七星选煤厂院内，由两个内径 $\phi 15m$ 筒仓相切组成，共三层，高仓檐口标高 32.850m；低仓檐口标高 29.350m。底层为筒体框架结构，设有漏斗及洞口，二层筒体为壁板结构，设置内凸上下环梁，筒壁厚 250mm。三层为仓上结构，采用现浇钢筋混凝土顶板及框架填充墙结构；基础采用钢筋混凝土现浇梁、板整体片筏基础，筒壁置于周围环梁上，中间柱置于基础梁上。

二、筒壁与漏斗分离施工法

将环梁在垂直方向分为两半，其中一半与筒壁一起施工，宽度与筒壁相同；另一半待筒壁施工后，随漏斗一起，按一般支模方法施工。两半部之间的接槎处，按施工缝处理。为了加强环梁（楼面板）断面的抗剪能力，筒壁与环梁或楼面板的接槎处，应予以凿毛，防止新旧混凝土出现隔层。沿筒壁混凝土采用木方或胶管预留 50mm 深环形凹槽，待模板滑升过后，将木方或胶管取出。

梁窝留设：筒壁混凝土浇筑至主次梁梁底面标高时先找平振实，然后在扶壁梁上留主次梁梁窝，随滑随埋聚苯乙烯泡沫块，出模时拆除，形成梁窝。

筒壁混凝土浇筑至下环梁底面时先找平振实，然后绑下环梁钢筋，在筒壁的外侧绑扎原设计钢筋，在筒壁的内侧增设腰筋是与外侧配筋相同，环梁上下层钢筋配置不变，箍筋不变，把凸出筒壁的部分弯贴到内侧模板上，然后进行筒壁混凝土浇筑，继续滑升模板。混凝土出模后剔出内侧弯倒箍筋，然后二次施工时即可绑内侧环向钢筋。

筒壁混凝土浇筑至楼面板底面标高时先找平振实，然后在筒壁混凝土中预插楼面板上下层钢筋（此钢筋可以比设计钢筋直径小一级），出模后将预插钢筋的端头从混凝土表面弯出，然后将混凝土内钢筋与预埋钢筋焊接。

仓顶梁板混凝土浇筑完后，利用其养护时间。采用一般支模的方法进行主次梁及漏斗的施工。

目前，国外普遍采用仓底与漏斗非整体连接设计形式，仓底通过边梁或环梁简支支承在筒壁扶壁柱上，或者与筒壁完全脱开；筒壁只产生薄膜内力。这种连接的主要优点是便于滑模施工，简化计算。我国近年来在煤炭及其他行业的筒仓设计中也大量采用，施工后效果较好，尤其是漏斗结构层环梁外接茬处外观质量观感较好，得到了建设及监理单位的一致好评。

第二节　筒仓内有限空间漏斗快速支模施工工法

筒仓内有限空间漏斗快速支模施工技术是现浇钢筋混凝土筒仓（尤其是中小直径现浇钢筋混凝土筒仓）仓内漏斗后浇法施工时所采用的一种新型漏斗模板支撑施工方法。广州某公司在广州港南沙港区粮食及通用码头工程立筒仓及配套工程 A 组仓 22 个漏斗施工过程，对筒仓内有限空间漏斗快速支模施工技术进行了研究，采用"辐射—径向异间距"形式钢管支撑架搭设、预弯大直径钢筋次檩、模板预加工安装和混凝土拍坡成型等方法，形成了相应的施工新技术，并在广州港南沙港区粮食及通用码头工程立筒仓及配套工程 A 组仓 22 个漏斗工程上成功应用。

一、工艺原理

1. 预弯大直径钢筋次檩技术

本工法中预弯大直径钢筋次檩技术是指在环向次檩条上采用了长条预弯Φ20 ~ Φ25 的大直径钢筋代替短钢管或短木枋，可根据每一环次檩条的不同周长及弧度分别制作段圆弧形大直径钢筋，每环根据长度情况将钢筋分成 2 ~ 4 段。

本工法中预弯大直径钢筋次檩技术类似于装配式钢结构技术，筒仓外加工数段次檩，筒仓内装配焊接成整体，从而缩短筒仓内加工作业的时间。

2. 模板预加工安装技术

本工法中漏斗模板安装时采用了预加工安装技术。

本工法中模板预加工安装技术根据漏斗展开图排布模板，对模板进行翻样，划分各梯形模板的尺寸，编制模板加工图。

本工法中模板预加工安装技术在筒仓漏斗模板安装施工时从上往下按照列编号依次安装，同列安装时先装首号和尾号并钉紧，其余各号依次排列钉紧即可。

3. 混凝土拍坡成型技术

本工法中采用混凝土拍坡成型技术进行漏斗浇筑。该施工技术可不安装漏斗内侧模板，减少施工步骤和时间。

本工法中混凝土拍坡成型技术对混凝土性能要求较高，多采用塌落度较小、流动性不大的干硬性混凝土。施工时混凝土拌合物利用垂直和水平运输设备运至漏斗内进行浇筑。

本工法中混凝土拍坡成型技术浇筑时必须严格按照自漏斗底部开始分层交圈、自下而上、平衡对称的浇筑方式进行，下料时注意沿漏斗环向进行，避免浇筑不均匀导致漏斗模板临时支撑体系失稳。

二、操作特点

1. 轮辐式支模体系设计

轮辐式支模体系的设计主要包括：钢壁圆环直径、壁厚的选择，双排对称辐射式钢管支顶夹角的设定、方木及胶合板的选择。各个指标参数的选择及设定前先对支模体系受力情况进行估算。钢壁圆环直径及厚度的选择除应考虑强度满足支模受力要求外，同时应考虑支顶钢管沿环外周边布置及焊接操作空间所需的最小周长。为确保支顶钢管与钢壁圆环连接牢固，在支顶钢管值钢壁圆环之间设置加劲钢板。

2. 轮辐式支模体系安装

（1）轮辐式支模体系的安装必须严格按照施工工艺流程的顺序进行。

（2）预埋钢板通过粗短钢筋与围护结构主筋焊接，连接点数量必须满足圆拱支模受力要求。

（3）轮辐式支模体系安装前利用测量放样技术将支模体系的定位点投影到挡土板（墙）上，在预埋钢板上标出钢壁圆环位置，在挡土板（墙）上标出每列钢管及圆拱模板面的位置，再进行钢壁圆环、支顶钢管的安装焊接。

（4）两排辐射状钢管均必须与挡土板面平行，每列钢管也必须平行并在同一辐射线上，辐射末端位置偏差控制在 10mm 内。

（5）在完成下半圆暗梁及端墙钢筋安装后，设置斜向混凝土导管，再安装下半圆对应端墙侧模，以方便下一工序（混凝土）施工。

（6）该支模体系中涉及钢结构及焊接的部分必须严格按照《钢结构工程施工质量验收规范》（GB 50205-2001）及《建筑钢钢结构焊接技术规程》（JGJ81-2002）的规定执行。

3. 轮辐式支模体系混凝土浇筑方法

（1）底部混凝土浇筑时安装斜导管导进混凝土，导管下端倾向支模底部，尽可能将混凝土直接浇筑至支模底部的中间位置，减少依靠混凝土的流淌来填充。对于直径较大孔洞，宜在支模底部预留混凝土浇筑口，直接将混凝土浇至底部中间。

（2）为避免漏振，在圆拱模板底部预留振捣孔，振捣孔间距控制在2倍振捣半径范围内，灌满底部混凝土后再封闭振捣孔，确保底部混凝土浇筑密实。

（3）端墙混凝土浇筑至圆拱支模底部后停歇1.5小时，待已浇筑混凝土沉淀一定程度后再继续往上浇筑。

（4）另为确保混凝土浇筑质量，孔洞两侧混凝土浇筑时采用对称浇筑的方法，减小两侧由于混凝土浇筑产生的侧压力差值，同时控制浇筑速度小于1m/h，避免浇筑速度过快导致下端模板受压过大而破坏。

三、质量控制

1. 本工法质量控制标准按"《混凝土结构工程施工质量验收规范》GB50204—2002"的相关规定执行。

2. 作业人员经岗位技术培训考核合格，持证上岗。

3. 施工前编制支模体系专项施工方案，支模体系经过验算具有足够的强度和稳定性，并履行审批手续，由项目技术负责人对专业安装人员进行技术交底。

4. 焊接质量严格按照《建筑钢钢结构焊接技术规程》（JGJ81-2002）执行。

5. 质检人员必须对支模体系施工全过程监控，按照质量验收规范与专项施工方案进行检查控制，对不符合要求的及时整改。

6. 支模体系安装完成后履行验收手续，验收合格后方可进入下一道工序施工。

7. 测量人员在混凝土浇筑过程中要加强支模体系监测，发现异常立即启动应急措施。

四、环保措施

1. 对型材切割设备、圆盘锯等产生较大噪声的设备采用适当的隔音措施，包括隔声屏障、使用机械隔声罩等，确保外界噪声等效声级达到环保相关要求。

2. 对钢管切割碎料进行清理回收，模板碎片及废弃模板集中堆放，定期清理，减少固体废弃物污染。

3. 现场垃圾及时清理，并存放进指定垃圾站，做到工完场清。整个施工现场要达到整齐有序、干净无污染、低噪声、低扬尘、低能耗的整体效果。

4. 夜间停止钢管模板加工、搬运等产生噪声的工作。

五、安全措施

1. 本工法施工安全控制标准按"《建筑施工扣件式钢管脚手架安全技术规范》JGJ130—2001"相关规定执行。

2. 作业人员必须经过三级教育和安全技术交底，通过安全考核后方可上岗。

3. 向作业人员配备安全帽、安全带等劳保用品，并确保其正确佩戴，方可上岗作业。

4. 钢板预埋、测量定位放线、焊接工作等必须搭设临时操作平台，操作平台搭设符合规范要求，高空作业必须扣好安全带。

5. 钢管切割、焊接、模板加工等临时施工用电严格按照"《施工现场临时用电安全技术规范》JGJ46—2005"执行。

6. 支顶钢管钢板材质及焊接质量应符合相关技术标准的规定。

7. 混凝土浇筑过程对支模体系进行监测，发现局部变形或失稳等异常情况，立即启动应急救援措施。

8. 支模体系拆除必须有工程负责人的批准手续及混凝土的强度报告。

9. 支模体系拆除顺序应按专项方案进行，不得采用大面积撬落方法。

10. 拆除的模板、支撑、连接件应用槽滑下或用绳系下，不得高空抛下，不得留有悬空模板。

第三节　仓筒悬托结构模板支架设计与施工

中电投阜新电厂6号筒仓工程为单层筒体结构，建筑轴心直径21.5m，分为三层：筒下设备层、筒层和筒上控制层，其中筒下设备层层高为14.25m，筒层层顶标高为41.8m，总高度为47.4m；在筒层顶的东西两侧设计有较大跨度的悬托结构，东西两面的悬臂梁板净跨度均为0.5 ～ 3.65m，为外方内弧形。

一、悬托结构下支架系统方案的确定

根据工程情况，若采用型钢伸出楼面进行支撑，由于悬臂梁板结构自重大、长度大、设计荷载大，则费用很高；挑檐距地面高度在40m以上，若搭设落地式脚手架，则需要420多吨钢管，租赁费用会很高且工期较长；若从仓筒顶面进行支撑，则受力效果较差，不能有效地承受上部荷载，支撑系统易发生倾覆，经过反复论证与验算，采用钢管与普通扣件搭设下撑式撑悬托支架结构，取得了良好的经济效益和社会效益。

下撑式撑悬托支架结构即从仓筒顶面下筒壁外侧设置预埋件，进行悬托式支撑。这样可以减少钢管的使用量，减少钢管的搭接，进而解决搭接处钢管及扣件的受力复杂，及操作不当出现的失稳现象。

经过以上研究，最终采用的悬挑支架搭设情况如下：悬托支架立杆横距按1m；立杆纵距、斜撑杆及斜拉杆根据立杆的搭设情况对应设置。

搭设顺序为：利用仓筒筒壁施工的滑升模板外支架系统，在浇筑筒壁过程中，于39.55m处进行预埋件施工，并等待其强度达到设计要求，再搭设斜向支撑系统，并用水平支撑（横杆）构造仓筒顶层楼板的施工平面，同时正常进行仓筒筒壁施工，并在40.4m、41.1m处设置水平杆的预埋件，待强度达到设计强度时，进行纵横杆的连接和搭扣，并将升模支架的外围栏撤除，从而完成支架施工。整个架体为平面半封闭搭设方式，满足与筒体相连的技术要求。且结合筒体内部施工支架形成封闭平台。

二、荷载计算

弧形板厚度均为150mm，框架悬挑梁截面尺寸为250mm×600mm，混凝土自重按25kN/m³取值，则各种荷载标准值计算如下：

永久荷载：模板及其支架自重为0.75kN/m²；楼板自重为3.75kN/m²；框架悬挑梁自重为25kN/m。

活荷载：施工人员及设备荷载为1.0kN/m²；振动荷载为2kN/m²。

三、注意事项

1. 支架施工

悬挑支架的所有水平杆均采用旋转扣件连接，不得采用对接扣件；所有扣件在使用前进行检查，不得采用有裂纹、滑扣等缺陷的扣件；扣件必须拧紧，不脱扣。

浇筑36.05m、38.05m及41.35m处筒体混凝土时，在预埋件内侧与附加钢筋焊接，附加钢筋采用2×25，上下间距120mm，长度为悬挑楼板宽度+40d。

搭设悬挑支架时，水平撑杆、斜撑杆的根部与预埋件相连，以防止悬挑支架的

水平滑移。

在架设斜撑杆前浇筑仓筒 36.05 ～ 41.8m 段筒壁。

在悬挑支架外侧立面满挂密目安全网，水平面铺设跳板，36.05m 处设安全平网。

2. 混凝土浇筑

在浇筑梁板混凝土时，按照先里后外、先中间后两边的顺序进行，确保中央斜支架比周边支架先受力，以防倾覆。

本工程采用泵送混凝土，混凝土不得直接倾倒在悬挑部位的梁板内，而应倒在仓筒筒体内侧的施工平台，由人工铲运至悬挑部位，以减小泵送混凝土对悬挑部位的冲击。

操作人员不得在悬挑部位集中，要分散开来，由尽量少的人员在悬挑部位进行操作。

在混凝土浇筑过程中，派专人看护支撑系统，不少于 2 人，密切注意支撑系统的变化。

利用普通的扣件与钢管，采用下撑式搭设较大跨度的悬挑支撑架，是不需要增加其他的工具或材料的，操作简便快捷，施工成本低廉。但在方案的制订过程中，应进行全面而细致的策划，确保设计计算详细准确，施工方法得当，措施到位。

第四节　筒仓滑模提升仓顶钢结构一次就位施工技术

库壁滑模设备与仓顶空间钢结构骨架整体组装→库壁滑模施工并抬升仓顶钢结构至环梁底→滑模顶升钢结构空滑使钢结构柱脚底标高超过设计标高约 300mm 左右→滑模改模施工库顶环梁并预留钢结构连接埋件→待环梁混凝土强度达到设计强度后，逐步将整体空间钢结构柱脚降到设计标高，并与预埋铁件焊接固定→屋盖压型钢板封闭。

此种施工工艺的特点是：

1. 逆作业施工，仓顶空间钢结构先在地面组装完成，而非搭设整体满堂脚手架在空中组装。

2. 库壁滑模并托带提升仓顶空间钢结构。

3. 在库顶环梁施工完且混凝土强度达到设计要求时，再将整体钢结构降落至设计标高。

在熟料库施工中，为了进一步缩短工期、降低成本，经我们多次研究论证，对原先施工工艺进行了改进，使空间钢结构一次就位，即熟料库滑模提升仓顶钢结构一次就位施工技术，用滑模架体将屋顶钢梁整体提升至设计标高并直接一次就位，改进后的施工工艺流程如下：

库壁滑模设备与仓顶空间钢结构骨架整体组装→库壁滑模施工并抬升仓顶钢结构至环梁底→滑模顶升钢结构空滑使钢结构柱脚底标高升至与设计标高相平→各钢结构柱脚底部做临时 H 型钢柱支撑→滑模改造施工库顶环梁→屋盖压型钢板封闭。

在实际的工程施工中，通过对原有施工工艺的改进，与原有工艺相比，综合效益显著。

1. 包含了原有工艺的所有优点，逆作业施工，仓顶空间钢结构先在地面组装完成，而非搭设整体满堂脚手架在空中组装，库壁滑模并托带提升仓顶空间钢结构。

2. 对原有工艺中的不足之处进行了改进，原有工艺在库顶环梁施工完且混凝土强度达到设计要求时，再将整体钢结构降落至设计标高，而改进后的施工工艺使空间钢结构一次就位，滑模停止后钢梁同时达到设计位置。

3. 改进后的一次就位施工工艺与原有施工工艺相比取消了二次降落就位工序，工期明显缩短，人工材料工具消耗减少，大幅降低成本，二次降落就位施工时的安全隐患也就不复存在了。

一次就位施工工艺原理：滑模组装后在滑模架体上按照设计位置组装屋顶钢梁，保证各个梁底底座在同一水平线上，使钢梁随滑模整体提升至设计位置、标高，到达设计标高后用合理的支撑置换滑模千斤顶，使钢梁固定于设计位置。此项施工需对钢梁支座安装位置、标高、滑模旋转、滑模标高进行严格控制，以达到滑模与钢梁整体同时到达设计位置、标高。

一次就位的施工工艺操作要点：

1. 测量定位

实现屋顶钢梁整体提升一次就位，必须保证组装钢梁位置、标高的准确，因此，首先要保证测量放线的准确。超平使用 DS1 水准仪，在库壁内外各弹出一条控制线，超平后进行复测，将控制线误差控制在 ±2mm 以内。依此控制线进行滑模组装、钢梁安装、滑模控制标高的标准。轴线测设使用 DJ2 电子经纬仪和校验合格的钢尺，两测回取中点作为径向轴线点，用钢尺量出钢梁环向轴线控制点，两个方向轴线控制点都要进行复测，误差 1mm。

2. 滑模模板组装

滑模模板组装除按照滑模要求进行外，在钢梁轴线两侧各布置一个门架使轴线居于两个门架中间位置。模板组装要严格控制标高，模板组装完后检查模板顶标高，内外侧各检查 36 点（18 根梁支座处各一点，两根梁中间一点）并做好记录，高差控制在 20mm 以内。取最低点标高作为组装钢梁支座的控制高程 H1。

3．钢梁支座安装

钢梁支座安装顶标高 H3=H1+库顶环梁高度 H2。根据 H3 距门架的高度选择合适的工字钢作为支撑钢梁。组装时按照钢梁控制轴线使支座居中，支座顶标高要求四个角超平可以用薄铁板作垫块找平，支座顶标高控制误差在 ±3mm 以内。

4．在钢梁支座上弹出钢梁底座位置线 、钢梁组装

钢梁支座焊接找平后，利用钢梁轴线控制线在支座上弹出钢梁底座位置线，要求误差控制在 1mm。同时在钢梁底座上画出钢梁底座双向轴线，安装钢梁时使支座上轴线与钢梁底座轴线双向对齐，钢梁底座轴线与支座上轴线偏差控制在 3mm 以内（双向）。轴线对齐后，开始焊接底座，然后将钢梁之间的支撑杆按设计连接牢固。

5．滑模过程控制

滑模过程控制是能否将钢梁整体提升一次就位的关键，将控制好滑模质量作为重点。

①组装滑模时，首节爬杆要严格掌握垂直度，否则极易有爬杆倾斜引起滑模旋转。每根爬杆都用经纬仪从两个方向检测垂直度，底部不平时可以用薄铁板垫起找平。爬杆垂直度偏差控制在 h/1000 且不大于 5mm。

②在房号两个垂直方向的控制轴线上用经纬仪在库壁上测出一条垂直线，在滑模架体外侧同时划点并吊一线坠，利用三点一线观测滑模旋转情况。每天早晨、傍晚各观察一次，如有旋转及时进行调整。旋转控制在 3mm 以内。

③在一根固定的爬杆上利用控制标高线量出每步滑升的控制标高，利用水管超平在每根爬杆上划出标高线，在标高线处拧紧扣件，防止千斤顶滑过标高。千斤顶标高每滑升一步检查一次，标高误差控制在 ±3mm 以内。每滑升三步检查一次固定爬杆上的控制标高准确性，误差控制在 ±3mm 以内。

④在滑模架体外侧均匀挂 8 个线坠，用于检查滑模垂直度，滑升一步检查一次，垂直度控制在 3mm 以内。发生偏移及时调整。

6．滑模最终标高的控制

以钢梁支座标高控制滑模最终标高。根据支座与千斤顶顶面高差计算出千斤顶最终的高程，提前在爬杆上超平划线，作为千斤顶最后一步控制标高，要求误差在 ±3mm 以内。最后一步浇注混凝土前，测出最终库壁混凝土标高控制线，控制混凝土浇注高度。

7．焊接支撑在库壁内外侧各预埋一块预埋件，距混凝土库壁顶 500mm，库壁顶面预埋一块预埋件，作为钢梁支撑焊接用。

8. 拆除千斤顶

支撑焊接完成后，可以拆除滑模模板及千斤顶。然后施工库顶混凝土环梁。

工程实例。我公司承建河北省某水泥熟料生产线熟料库库体直径40米，库壁厚600毫米，库顶高40.450米。仓顶钢结构重量约132吨，靠18根斜钢梁支撑，斜钢梁与水平面夹角39.8056度、重量4.5吨/根，斜钢梁之间设支撑杆。需提升的屋顶钢结构总重117吨。利用此方法施工，整体提升117吨屋顶钢结构一次就位，提前工期18天，节约成本119870元，而且完全避免了仓顶钢结构二次降落就位安装的危险因素，收到了很好的效果。

第十八章　滑模施工中的特殊问题处置

第一节　平整度的提高和保证措施

一、提高平整度的重要意义

高速公路的平整度是其与一般公路相区别的最重要的技术指标之一，它是高速公路工程质量高低的关键标志。它关系到所建设的高速公路能否达到设计行车速度、设计通行能力、行车舒适性、平稳性以及运营经济性等特征性技术经济性能。因此，国内外对高速公路平整度的研究都非常重视，特别是这种有大量接缝的水泥混凝土路面的平整度，更是国内外研究的重点和难点之一。国内外不少地方，从施工管理上，对平整度指标都制定了一定的奖惩制度，来保证高速公路水泥混凝土路面施工可达到优良的平整度。

水泥混凝土路面要达到高速公路平整度的严格要求，与沥青路面施工一样，必须实行大型滑模机械施工。人工加小型机具施工是很难达到高速公路的平整度要求的，特别是在高速行车时的动态平整度。对比检测表明，人工施工得很好的水泥混凝土路面，仅能达到40%（$\delta \leqslant 1.8$），而施工得较好的滑模摊铺水泥混凝土路面能够达到 $\delta \leqslant 1.0$、IRI $\leqslant 1.67$；平整度最高的山东泰化、湖南长常、广东湛白、湖北黄黄等高速公路滑模摊铺水泥混凝土路面为3m，直尺95%以上小于等于3mm，$\delta =0.8 \sim 1.0$，IRI=1.5左右。施工最好的 6 ~ 10km 路段已经达到 $\delta =0.45 \sim 0.54$。大量的工程实践证明：在高速公路水泥混凝土路面的施工上，采用大型滑模机械施工是保证其严格平整度的设备前提条件。

国内外的施工实践证明，一般而言，水泥混凝土这种刚性路面的平整度比沥青路面略微差一些。但是，并非如一些人所认识的那样，水泥混凝土路面不可能达到高速公路平整度的严格要求。通过国家"八五"科技攻关项目"滑模摊铺水泥混凝土路面修筑成套技术"的研究和几年来的推广，我们在各省建设的 800 余公里滑模摊铺水泥混凝土高速公路路面的工程实践中已经证明：大型滑模摊铺机械采取一定的技术措施后施工的水泥混凝土是可以达到高速公路严格的平整度技术要求的。

然而，工程实践同时还证明：即使有了滑模摊铺机，并不一定能够摊铺出符合高速公路平整度要求的水泥混凝土路面。勿庸讳言，国内采用滑模摊铺机械施工的水泥混凝土高速公路路面的平整度并非都尽如人意，我们尽管有摊铺相当好的、平整度满足高速公路要求的混凝土路面，同时亦有一些滑模摊铺水泥混凝土高速公路路面静态平整度合格率不高，动态平整度亦不是很高。因此，认真地总结这些成功的和不太成功的滑模摊铺水泥混凝土路面施工技术经验，指出改善和提高平整度的技术途径和措施，对进一步提高滑模摊铺水泥混凝土高速公路路面的平整度，是非常重要和有使用价值的。

鉴于平整度对滑模摊铺水泥混凝土路面的极端重要性，本节专门对如何保证滑模摊铺水泥混凝土路面平整度从机械配套、混凝土材料、基层及施工操作四个方面进行了阐述，期望能对提高我国滑模摊铺水泥混凝土路面的平整度起到一定的指导和参考作用。

二、施工机械选型及配套

要使滑模摊铺水泥混凝土路面具有良好平整度，不仅要求施工机械配置系统内各种装备的选型是合理的，同时要求这些大型机械装备可构成一套满足连续不间断摊铺的完备工艺配套的系统。实现连续摊铺是提高滑模水泥混凝土路面平整度的机械装备选型与配套的指导思想，各种机械的选型、装备配套的合理是保障平整度重要的设备基础条件。

1. 滑模摊铺机的选型

（1）所选的滑模摊铺机摊铺工艺要合理

要满足严格平整度要求的水泥混凝土路面滑模机械施工的要求，首先所选购的滑模摊铺机的摊铺工艺要合理。滑模摊铺机施工水泥混凝土路面的工艺是用振捣棒组连续振动密实，挤压底板压实成型的工艺过程。正确的滑模摊铺机摊铺工艺过程必须包括双向分料的螺旋或刮板布料器、可调节入料高度的松方控制板、安装振捣棒组的（可调节）振捣棒插入位置和足够间距的振动排气仓、推压表面粗集料的夯实捣杆、可调整前倾角及超铺角的不锈钢挤压底板、边沿和中间纵缝的拉杆插入装置、振动磋平梁、自动悬浮抹平板、自动传力杆插入配件等。

实践证明，没有松方控制板和振动排气仓的滑模摊铺机，在滑模摊铺机前方不配备布料机的情况下，难以摊铺出平整度较高的高速公路水泥混凝土路面。原因是机前的料位高度失控，在料位经常过高的情况下，松散混凝土面内气泡排放不及，被挤压底模板压在混凝土中，当挤压板通过时气泡被压缩，而当挤压板通过后，气泡压力释放，就会将表面砂浆顶起来，形成一个一个的气泡鼓包，影响路面平整度。

所以，滑模摊铺机本身的设计工艺是否合理是非常重要的，在设计、选购滑模摊铺机时必须高度重视。

（2）尽量采用能一次摊铺两个车道以上的大型滑模摊铺机

滑模摊铺混凝土路面是不设固定模板的施工方式，其侧边在混凝土坍落度波动的不稳定条件下，摊铺机上即使设置了侧边超铺角，也会因超铺角不可能随混凝土坍落度波动而随时调整，造成纵缝衔接的不平整和不平顺。因此，在高速公路的施工上有必要使用一次能摊铺两个车道（8.5m）或全幅路面（12.5m）的大型滑模摊铺机，这一点与对沥青路面摊铺机的要求是一致的。目前，世界上使用的滑模摊铺机最大宽度达到25m，我国一般高速公路的单幅标准宽度大致为12.5m，应该研究开发12.5m摊铺宽度的大型滑模摊铺机供高速公路施工使用。

目前，我国多采用8～9m双车道的滑模摊铺机，使用12.5m三车道大型滑模摊铺机的主要限制因素有三点：一是水泥的日供给能力和强度不足；二是搅拌设备的配套容量不足；三是12.5m全断面滑模摊铺时，高速公路软路肩宽度不足。相信随着水泥、筑机等相关行业的规模生产能力的提高，三车道大型滑模摊铺机会在将来逐渐使用起来。

（3）滑模摊铺机应配齐必需的施工配件

首先，在滑模摊铺机侧模板处应配置气动或手动的侧向拉杆插入配件，以便能在软混凝土受模板挤压的情况下插入侧向拉杆。人工在软混凝土路面侧边插入拉杆，必定会降低插入位置精度及其附近的高程和平整度，无法使下一段路面纵缝衔接好，将会造成路面横向平整度较差，使行车左右摇摆。在选购能同时摊铺双车道以上路面的大型滑模摊铺机时，除侧向拉杆插入装置外，还应配置机前自动中间纵缝拉杆打入配件。机后配备拉杆插入装置，则应配备振动搓平梁，修补插入造成的缺陷。

其次，一般应配备自动悬浮抹平板，用于消除表面气泡及粗集料拖动等局部缺陷。抹平板长度一般大于3.6m，它不仅能够提高路面平整度，同时能够提浆，这对制作优良抗滑构造是很有必要的。

2. 保障可不停机连续摊铺的混凝土供应量

滑模摊铺机械化施工要求尽可能实现不停机连续摊铺。滑模摊铺机最佳摊铺速度为1m/min左右，滑模摊铺机最小摊铺速度为0.6m/min。在挤压底板设置前仰角的摊铺机施工时，如果经常停机，停机处的混凝土路面平整度损失很大。这是由于混凝土路面处于柔软状态，即便不扰动基准线，由于挤压底板对路面的挤压力的持续长时间静压作用，也会使底板下混凝土路面标高降低，每次停机都会在摊铺点留下一条严重影响平整度的横向槽。不设置前仰角的滑模摊铺机，停机对平整度略有不利影响，横槽范围增大为全挤压板宽度，但平整度损失将小得多。

实现不停机连续摊铺所要求的混凝土供应强度很大,根据我们的计算和施工经验,在摊铺一个车道路面时,混凝土供应量应最少不小于100m³/h,正常施工不少于150m³/h。同时摊铺两个车道时,最小不少于200m³/h,正常摊铺不少于300m³/h。在能够供应到正常数量的混凝土量时,滑模摊铺机的施工速度可达每天500 ~ 1000m。不仅可获得最好平整度,而且可达到最快施工速度和最佳施工效益。这一点与沥青路面摊铺的要求是相同的。

目前,国内外的大型滑模摊铺混凝土搅拌楼,其单机生产能力都达不到可一次摊铺两个车道的混凝土供应量,可采用多台搅拌楼同时生产。但多机搅拌方式较难控制新拌混凝土的均匀稳定性,因此,搅拌楼最好不多于4台。

我国目前采用的大型间歇式强制混凝土搅拌楼供料可靠度都不高,混凝土供料难以满足大规模快速机械摊铺要求。此时,可像广东等省大规模施工时所做的那样,采用高精度的连续式搅拌楼或多配备一台后备间歇式搅拌楼的方式来保证足够的混凝土供应量。

3. 配备适宜的布料机械,实现桥面连续滑模摊铺

我国高速公路上的通道和桥涵很多,密集情况下每300m就有一个通道或桥涵。如果不能实现对通道或桥涵钢筋混凝土网铺装层的连续滑模机械施工,通道桥涵上的平整度因不得不采用人工施工而无法保证,而桥涵和通道两侧10 ~ 20m长度范围内的水泥混凝土路面也必须留下来人工补做,这是形成滑模摊铺水泥混凝土路面桥头跳车,通道或桥涵部位平整度欠佳的主要原因。

因此,实现桥涵钢筋混凝土网铺装层的连续滑模摊铺是保障滑模摊铺水泥混凝土路面平整度的重要环节。实现连续不间断地滑模摊铺桥涵钢筋混凝土桥面铺装层,除在施工组织上应预留桥面铺装层外,还应配置连续摊铺所必要和适宜的布料机械设备。推荐采用可侧向卸料、供料的布料机,也可采用挖掘机或吊车吊料斗将混凝土布在桥涵钢筋网上的方法,均可保证桥涵钢筋网片的正确铺装位置。这是国内广东、山东和湖北等省大规模施工已经成功使用的方法。有些地方使用装载机或推土机压在钢筋网上布料的方法,压坏了钢筋网,无法保证桥涵钢筋网片的正确铺装位置,是不适宜采用的。

4. 充足的混凝土运输能力及防止离析

大规模滑模摊铺水泥混凝土路面的混凝土供应量和供应强度很大,混凝土的运输车辆要充足,并应尽量采用大型运输车辆,加快供给速度,一般应采用20t以上的大型翻斗车或侧向卸料的3×8m³的拖挂车来运输混凝土。只有这样才能实现快速连续施工。同时,要视路况的好坏、气温的高低来制定适宜的最大运距(一般极限运距在20km以内),防止混凝土离析。离析的混凝土不仅会影响路面的强度质量,

同时会出现因摊铺的混凝土中的粗集料集中，缺少水泥浆而黏聚性不足造成滑模摊铺路面边侧自动整体倒塌现象，影响边部平整度及纵缝的衔接。

三、混凝土材料对平整度的影响

1. 滑模摊铺对混凝土原材料的规格要求

对滑模摊铺水泥混凝土路面平整度影响最大的原材料规格是粗集料最大粒径，通过大量实验研究，规定砾石混凝土最大粒径为20mm，碎石混凝土为30mm。现行水泥混凝土路面施工规范中制定的最大粒径为40mm，不仅影响路面的平整度，而且影响抗折强度、耐疲劳性，增加对滑模摊铺机的磨损，建议修改施工规范。水泥混凝土路面的技术要求比基层高得多，其最大粒径不应大于水泥稳定粒料基层30mm的最大粒径。

滑模摊铺水泥混凝土的坍落度一般要比人工施工的大，为了保证抗折强度、可摊铺性和平整度，必须采用缓凝保塑减水剂和引气剂。缓凝是为了给出足够的运输摊铺时间，保塑是为了降低热天施工的坍落度损失，引气是为了增强新拌混凝土的黏聚性，同时防止泌水，提高耐磨性、抗冻性及耐久性。

在有条件的地方，滑模摊铺水泥混凝土可掺用Ⅰ、Ⅱ级粉煤灰，采用超掺法，用量与水泥中已有的混合材料数量有关，一般在15%～30%。掺用粉煤灰的滑模摊铺水泥混凝土路面的单位水泥用量应不小于250kg，主要是为了增加新拌混凝土的黏聚性，摊铺出高平整度及光滑平顺的外观，同时利用粉煤灰混凝土的后期强度高的特点，增强抗磨等性能。

2. 严防麻面、拉裂对平整度的严重影响

滑模摊铺水泥混凝土路面要求新拌混凝土工作性稳定。我们的研究表明：新拌混凝土的振动黏度系数与摊铺机行进速度有最佳匹配关系。在摊铺机的行进速度为1～2m/min时，路面混凝土密实度和平整度最好的最佳振动黏度系数为200～500Pa·s，相应最佳坍落度在2～5cm范围内。

如果所摊铺的混凝土稠度过干，振动黏度系数过高，超过500Pa·s，所摊铺路面将产生麻面或拉裂现象，混凝土路面将严重不密实甚至会断板，必须人工补做，修补后路面的抗折强度、平整度和外观都很差。所以，对提高路面平整度来讲，滑模摊铺中的严重麻面、拉裂现象必须严加防范。

3. 防止塌边提高施工纵缝处的平整度

滑模摊铺混凝土若过稀，坍落度过大，超过6cm，即使滑模摊铺机底板侧部设置了超铺角，也必定会引起塌边，此时边角需人工修整。修整后边部平整度也不理想，所以，搅拌混凝土的配合比要准确，每盘之间和搅拌机之间搅拌出的拌和料工作性要尽量始终维持均匀恒定，稳定不变，坍落度的误差应控制在 0.75mm。这样才能提高纵向工作缝的横向平整度和顺直度。

平整度最好的滑模摊铺混凝土路面是拌和料的工作性均匀稳定在最佳数值上，人工修整最少的路面。

4. 禁止在机前向混凝土喷洒水分

在热天施工时，即使掺了缓凝减水剂，由于蒸发率过大及搅拌、运输、摊铺等环节的耽搁，混凝土也会硬化，当机前的混凝土已经硬到了不能摊铺，强行摊铺将出现严重麻面或拉裂时，不少地方采用机前洒水的方法摊铺，这将造成混凝土严重不均匀，平整度和局部弯拉强度大受影响，原则上是应该禁止的。

四、基层对平整度的影响

1. 保证履带行进基层部位的平整度和坚硬度

首先，防止履带打滑，附着力不够，摊铺机推不动前方混凝土，强制抬高底板标高，使平整度丢失。其次，要清除履带行进部位的石头、砖瓦，防止 30 ~ 60t 的摊铺机履带压在上面，瞬间被压碎，摊铺机整机突然振动，形成路面沟槽，丧失平整度。实践证明：滑模摊铺机履带行进基层部位的平整度和坚硬度对平整度影响较大，应给予足够重视。

2. 防止基层压坏

滑模摊铺的混凝土运输量和运输强度很大，在同时施工路面其他设施、渠化交通的条件下，基层可能被严重损坏，出现坑槽，这会影响到面板的推移抬高，损失使用中的路面平整度，因此，要认真组织车流，保持基层不被压坏，已经压坏的基层要修补后才能摊铺。

3. 基层的抗冲刷性和强度对平整度的影响

在特重交通大车流的高速公路上，对基层的抗冲刷性和强度要求较高。否则在运营一定时间后，面板之间会产生错台，使路面平整度变差。高速公路滑模摊铺水泥混凝土路面适宜采用水泥稳定或综合稳定的粒料基层，而不适合石灰土及含土量较高的 4 基层料。在特重交通大车流的高速公路上，防止过早出现错台的最有效的办法是改为与特重交通量相适应的混凝土路面结构：所有缩缝都插传力杆。

4. 面板厚度对平整度的影响

水泥混凝土刚性路面的面板厚度差异对平整度虽有影响，但很小，板厚的影响主要来自水泥混凝土的化学减缩和干缩，它们是应变微米数量级，与毫米量级的平整度相比，小到可忽略不计。在 25cm 的路面和 15cm 左右桥面铺装层连续滑模摊铺的情况下，没有检测到板厚对平整度的影响。这一点与沥青柔性路面不同。

五、提高平整度应规范施工操作

1. 保证基准线精度并严禁撞线

滑模摊铺水泥混凝土路面的施工基准线是保障路面高平整度的"生命线"，路面的摊铺平整度及摊铺精度只能低于而绝不可能高于基准线所给定的量值，必须予以高度重视。基准线测量时一方面是必须严防出现差错，另一方面应随时对基准线进行必要的仪器测量抽检，同时，应经常贴近设好的基准线观察基准线是否有眼睛能看出的拐点和不平顺现象，一经发现，应立即纠正。

基准线桩应钉牢在基层或路基上，桩之间的间距在顺直段设10m一根；在渐变段及弯道段应加密到5m一根。特别是渐变段处纵横坡变化路段，两侧基准线的每个横断面上的坡度都必须正确无误。基准线可用醒目的红色尼龙线，也可以用直径合适的钢丝绳。每根基准线最长大致为500m。每根线上不得有三个以上的接头疙瘩，断开分叉的钢丝应剪掉。每个基准线在两端应设有专用紧线器，基准线张力应不小于1000N，基准线张力的要求是为了保证传感器的导杆在基准线上滑动时，其挠度不至于影响摊铺的平整度。

在施工过程中，严禁任何人和车辆扰动和撞动已设好的基准线，滑模摊铺机操作手应随时观察监视基准线及传感器的工作，严防传感器掉线。如果基准线被扰动或传感器掉线，必定丢失路面平整度。目前较先进的滑模摊铺机在传感器控制上，设置有防止突然掉线的防差错初始参数设定系统，从摊铺机的自动控制上考虑到防止掉线差错。即便如此，亦应严禁基准线被扰动和撞动，一旦发现基准线被撞动变形变位，应重新测量架设。

2. 将滑模摊铺机各项工作参数调整到最佳状态

（1）均匀分布混凝土料

螺旋或刮板布料器应始终正常工作，根据前方料堆位置，及时转动螺旋布料器，横向均匀左右布料，特别应注意两边角的混凝土应充足。同时，要注重前后卸料尽量均匀，一般应在摊铺机前配备一定的机械来保证布料。布料不匀、料位高度变化很大，将严重影响路面平整度。操作手应该明确，机前缺料是不允许推进摊铺机的，任何局部缺料，都需要人工加料重铺。重铺的混凝土表面平整度是极差的，是不允许的。

（2）调整松方控制板高度

松方控制板的高度应根据振动仓内的料位高度随时调整，振动仓内的最佳料位一般应保持在高于路表面10cm左右。料位过低，振捣棒裸露，减小振动效果，可能烧毁振捣棒，挤压回弹量小；料位过高，则混凝土排气不充分，密实度受影响，挤压回弹量大。须知平整度要求在毫米量级上，非常之小，挤压力大小不一，引起的混凝土路面回弹变形量的变化有可能超过毫米量级。料位过高或过低，首先造成挤压力大小不均一，然后引起回弹变形量变化，最终都会影响到摊铺平整度。

（3）调整好振捣棒间距、位置、振捣频率及行进速度

滑模摊铺机振捣棒数量要足够，安装间距不大于45cm，侧边不大于25cm。滑模摊铺时，振捣棒的水平部位应平行于路面，悬浮在路表面处振捣，不插在路面中。否则，因振捣棒拖行，将拉出砂浆沟槽，它不仅会影响路面平整度，而且将引起路面纵向开裂。振捣棒的振动频率应视混凝土稠稀和厚度在6000～10000次/min范围内调整。振捣频率、摊铺速度要与混凝土料的稠度匹配，每个振捣棒可根据拌和料的稠度调整，料干用较高频率振动，料稀用低频振动，与此同时，料干减慢摊铺速度，料稀应加快速度。桥面钢筋网混凝土较薄时，可采用5000～8000次/min振捣频率，并根据供料情况适当加快摊铺速度，既要防止出现欠振麻面现象，又要防止过振流肩。

（4）调整夯实杆位置及夯实频率

插捣粗集料的夯实杆最低位置应在挤压底板前沿以下5～10mm处。过浅不起作用，过深增大摊铺机推进阻力。夯捣频率在60～120次/min调整，料干则加大频率，料稀减小。不然，裸露在表面的大骨料，将被挤压底板拖出破坏表面的沟槽，即使对其加以修复，也会影响路面平整度。

（5）调整好挤压底板的仰角、边部超铺角及侧模板位置

根据滑模摊铺机动力的大小、履带行走部位坚硬程度及挤压底板面积，调整好挤压底板前仰角，一般平原区施工，应在1～3°范围内调整；山区可在2～5°调整，上坡摊铺取小值，下坡取大值。原则是既要保证滑模摊铺机对路面混凝土有足够的挤压力，又使其能顺畅行进摊铺。挤压底板前仰角过大，滑模摊铺的混凝土路面会出现拉裂现象，拉裂也将影响路面平整度。若发现拉裂，首先应检查和调小挤压底板前仰角。

在要求设置超铺角的滑模摊铺机上，摊铺出一小段路面时，应根据稳定的混凝土坍落度，检测出边部横向平整度，调整底板两侧翘起量，同时调整侧模板内倾斜度，使给定坍落度下的超铺角合适，以便路面出模，边部混凝土坍落后，达到路面边角所要求的规矩几何形状和横断面平整度。

在连续滑模摊铺钢筋混凝土桥（涵）面及桥头搭板时，摊铺出的面板厚度差别很大，应随时调整侧模高度，不允许侧模过浅，从边模振挤并漏出大量混凝土，致使因大量缺料而造成大面积平整度丢失。

（6）调整好抹平板压力

为了提高路面平整度并消除表面坑槽、气泡和翘出的石子，在摊铺机上一般应

配置自动悬浮式抹平板，进行表面的机械修整和提浆。既保证了混凝土路面优良的外观和平整度，又提供了制作抗滑构造足够的砂浆层厚度。

自动抹平板的压力应根据混凝土稠度和路面纵坡度变化随时调整。其压力宜轻不宜重，最大为压入表面 1mm，一般接触面积为抹平板的 4/5。压力过大会使原有的纵横向平整度丧失，过轻则提浆整平作用很小。同时要调整好抹平板抹面宽度，在没有长侧模依托时，不能离边沿过近，应离开边沿 30cm，防止在弯道上转向时，抹平板掉下来，破坏摊铺边沿平整度和纵缝。在施工小半径弯道时，必须随时调整抹平板两侧的抹面宽度。

3. 做好工作缝接头处的平整度

滑模摊铺水泥混凝土路面每天施工起头与前一天结束的横向工作缝是影响平整度的一个薄弱点。工作缝有两种施工方式：一是将摊铺结束的头部在下一天开工前锯掉不要，需要配备深切缝机及横向钻孔机插入传力杆或设置工作缝传力杆钢筋支架，从传力杆中间上部锯开，下部用人工凿除；二是人工加工作缝模板，精心修整工作缝。我国由于设备限制多采用后一种方式。这需要有高度的责任心，并用 6m 靠平尺精雕细做。否则，在工作缝处平整度往往不佳，由于前一天人工修整的工作缝部位偏低，而引起工作缝跳车。

4. 对个别平整度不合格点的补救措施

滑模摊铺水泥混凝土高速公路路面，尽管采取了上述各种措施，但施工中出现的个别差错、失误和工作缝不平整在所难免。国外的承包商为了得到更好的平整度，取得超额奖励，多自觉采用磨平方法。我国对高速公路平整度要求较高的如山东泰化高速公路、湖南长常高速公路等，均采用了边测量边用水磨石机磨平和人工凿出微观抗滑构造、硬刻宏观抗滑构造的补救方法，效果较好，可参照这种方法对平整度进行补救。用 3m 直尺测量出某点 5mm 平整度是不合格的，在混凝土强度较低时，用最粗磨头的水磨石机磨掉 2mm，使路面平整度达到 3mm 以下是很容易办到的。磨平后，微观抗滑构造不足，可打毛，宏观抗滑构造不足时，应硬刻槽恢复。

六、提高滑模摊铺水泥混凝土路面平整度的其他问题

滑模摊铺水泥混凝土高速公路路面的高平整度除受上述这些关键技术环节的影响外，还与严密的施工组织管理、滑模摊铺机和搅拌站前后方及时的通信联络和工人的技术熟练程度等有很大关系。特别是应按照滑模摊铺水泥混凝土路面的施工技术规范来指导和规定各项技术指标和施工操作。

实践证明：通过规范上述施工各项技术环节，严格施工组织管理，逐步提高工人的技术素质和熟练程度，高速公路滑模摊铺水泥混凝土路面的平整度将有效提高。

我们相信，滑模摊铺水泥混凝土路面施工技术将对我国建设优良平整度的水泥混凝土高速公路做出越来越大的贡献。

第二节　抗滑构造的保持和恢复

一、抗滑构造补充技术要求

关于高等级公路水泥混凝土路面的抗滑构造要求，应该明确有微观和宏观两级抗滑构造。微观抗滑构造提供降雨条件下，足够的侧向摩擦系数，此系数是在有水条件时测量的；宏观抗滑构造提供降雨天行车时，车轮和路面之间的排水，使路面不产生水膜，防止车辆漂滑。两级抗滑构造均是为了在降雨天保持车轮和路面之间的充分接触，防止车辆漂滑、操纵失灵而专门设计的路面雨天行驶安全保障措施。

滑模摊铺水泥混凝土路面抗滑构造的技术要求，除第八章第一节中所阐述的规定外，还需补充下面两个要点，以便澄清这两个方面的模糊认识。

1. 宏观抗滑构造纵横方向的选择

对于宏观抗滑构造，国内外有两种做法：一种是我们常用的横向抗滑构造；另一种是纵向抗滑构造。从宏观抗滑构造排除降雨天车轮和路面之间的水膜而言，由于有路面横坡的帮助，横向抗滑构造的排水效果迅速而明显。但它也有不足之处：车辆的阻力大、车轮磨损快、噪声大、舒适性较纵向抗滑构造差。选择纵向或横向宏观抗滑构造的依据应该是瞬时降雨强度或年降雨量。另一个考虑因素是路面的纵向坡度，在路面纵坡大、排水快的路面上，采用纵向抗滑构造较有利于排水。世界各国在采用纵、横向抗滑构造时均考虑降雨量因素。按照西班牙的规定，年降雨量不小于 500mm，必须采用横向宏观抗滑构造；而年降雨量小于 500mm 时，可采用纵向。较大的年降雨量条件下，当路面纵坡不小于 3% 时，也可使用纵向抗滑构造。车轮磨损和舒适性与雨天行车的安全性相比，当然要将水膜排除，保证行车安全作为首要保障目标来考虑。

2. 桥涵钢筋混凝土铺装层的抗滑技术要求

必须明确：对水泥混凝土路面抗滑构造的要求，如果桥（涵）面铺装层是钢筋混凝土的，其微观和宏观两级抗滑构造技术要求应相同或略高于路面。现行桥梁规范对此没有要求，高速公路设计时速 120km/h，不可能在桥（涵）面上减速。因此，实际使用中，由于桥面抗滑能力远远不够，引发交通事故的事例很多，必须引起足够重视。在相关技术规范中，补充桥（涵）钢筋混凝土铺装表面的抗滑构造规定，应与路面抗滑技术要求相同或高于路面。

二、抗滑构造保持性要求

对公路水泥混凝土路面的抗滑构造要求，我国现行路面抗滑标准有新建路面的技术要求，还应补充一定运营时间后，侧摩擦系数和抗滑构造深度最小值的要求。

1. 施工完成时的抗滑构造技术要求

高速公路和一级公路竣工验收时的侧向摩擦系数 Fs ≥ 54，构造深度 TO ≥ 0.8mm；一般公路 Fs ≥ 40，TD ≥ 0.6mm。

目前，我国规范对宏观抗滑构造深度的要求为 ≥ 0.8mm，只规定了最低值，那就是说，只要高于此值多大都可以。但施工实践证明：过大的宏观抗滑构造深度有问题，一是严重影响路面平整度，软拉过深的抗滑构造，在总表面砂浆体积不变的条件下，势必将过多的砂浆推挤到表面上来，过深抗滑构造处的局部平整度将远大于于 3mm；二是过高的构造不耐久，通车几个月很快就会被车轮剪切掉，成片脱落成坑，按作者的意见，高速公路水泥混凝土路面的宏观抗滑构造深度必须规定最大许值。在施工软拉毛制作时，应将构造深度控制在 TD=0.8 ~ 1.2mm。

2. 通车运营中的抗滑构造的保持时间和最低值要求

目前，我国现行所有规范对于运营多长时间达到多大抗滑技术指标，没有要求。按照交通部公路科学研究所的研究，水泥混凝土路面通车运行 5 ~ 8 年后的抗滑标准允许最低值，侧向摩擦系数 Fa ≥ 49，构造深度 TD ≥ 0.45mm；一般公路 FS ≥ 35，TD ≥ 0.30mm。否则，应采取措施恢复抗滑构造，达到此项技术标准，以保证行车安全。

这项指标的确定，一方面与水泥混凝土路面实际施工得到的抗折强度或耐磨性有关，即达到要求时间和指标的可能性如何？应通过现有路面的调查和抗滑恢复技术的使用情况等综合确定。另一方面，与运营安全管理中，由于路面抗滑不足，造成交通事故的赔偿法规有关，即多长时间达到多大指标是路面运营安全管理所不能承受的，是国家相关法规或法院判定要求赔偿使用者的，达到要求时间和指标的现实性如何？制定此项规范中的实践和技术指标，应兼顾可能性与现实性两个方面的要求。

三、抗滑构造的恢复技术

1. 凿毛法恢复微观抗滑构造

凿毛法是国内在水泥混凝土路面施工时采用的局部恢复微观抗滑构造的方法。

在水泥混凝土路面施工当中，路面遇雨水冲刷，平整度符合要求，但两级抗滑构造丢失。有时下大雨施工，混凝土路表面湿软就覆盖了塑料薄膜，即使宏观抗滑构造存在，微观抗滑构造也会被降雨压力下的薄膜所压平，由麻袋片拉出的细观抗滑构造丢失了。另外，当滑模摊铺水泥混凝土路面的局部平整度不足时，要求用粗磨头的水磨石机来磨平（粗糙度不够），首先磨光的是微观抗滑构造。在上述情况下，高速公路表面不允许局部路段或局部表面无微观抗滑构造。这会在 120km/h 设计时速的雨天引发交通事故。我们成功地采用的人工用小凿子一点点凿毛，恢复微观抗滑构造的做法效果良好。这种方法的缺点是需要的劳力较多。可否采用众多小凿子撞击式机械凿毛，值得研究开发。在采用这种方法时，要注意打击力不可过大，路面上不允许有砂浆打裂或是石子开裂及松动现象。

2. 喷射法恢复微观滑构造

国外使用专门机械设备在路面上喷射小钢球或金刚砂的方法，主要用于旧水泥混凝土路面整体摩擦系数的提高和抗滑性能的恢复。

喷射法是在一个密封仓内，以一定喷射压力向路面均匀喷射小钢球，然后，将钢球和路面碎屑一同抽吸进分离设备，将碎屑与钢球分离开来，碎屑储存在收集罐内，装满后卸到指定地点，钢球可重复使用。

喷射法可产生优异的微观抗滑构造，砂浆表面至少可喷射出 0.5mm 的小坑，侧向摩擦系数在处理前后可提高 0.22。喷射不仅打毛了砂浆表面，对裸露石子的表面光滑面同时打毛。处理费用便宜，开放交通很快。喷射法也能有效地处理沥青路面，提高沥青路面的抗滑性能。由于喷射法需要专门的机械，我国至今尚未使用此项技术，相信随着对高速公路行车安全性要求的提高，此技术会逐渐在我国开发使用起来。

3. 磨蚀法恢复微观抗滑构造

采用粗粮度足够的磨蚀机，也可以恢复旧水泥混凝土路面的微观抗滑构造。将光滑的表面通过磨蚀机械改善微观抗滑构造，提高侧向摩擦系数。但是，国内采用的水磨石机即使采用现有最粗糙的三角型磨头，也达不到高速公路表面粗糙度的要求。采用此项技术需要在原有水磨石机的基础上，开发更为粗糙的砂轮磨头。磨出的路面侧向摩擦系数应不小于刚施工好路面的技术要求，即 Fs ≥ 54，以满足高速公路对微观抗滑构造粗糙度即摩擦系数的要求。

4. 硬刻法恢复宏观抗滑构造

这种方法是在锯缝机上加长锯片轴，采用叠合多锯片，硬性刻槽，得到宏观抗滑构造。此项技术在国内使用较多，国外使用得较少，原因是这种方法仅对宏观抗滑构造有效，而不能同时采用一台机械恢复粗细两级抗滑构造。但是，仅从恢复宏观抗滑构造而言，此项技术的使用效果相当好。硬刻出的槽比软拉槽深度均匀，槽形相当规矩，同时，抗磨性较高，使用较耐久。硬刻时是连粗集料一同锯切的，而软拉槽对集料无效，做不到这样好的效果。硬刻的槽深应大于 4mm，平均槽台宽 50 ~ 100mm，槽内宽 5mm，用铺砂法测出的宏观构造深度 TD ≥ 1.0mm。比新铺水泥混凝土路面上的略深一些。由于它不是由表面纯砂浆组成，抗剪强度高，而且希望刻一遍尽量使用时间长一些，所以槽深可以比软拉槽略深些。

5. 铣刨法同时恢复宏观、微观两级抗滑构造

这种方法是用金刚石铣刨滚轮，全断面纵向或横向铣刨混凝土表面的方法。它能同时恢复宏观、微观两级抗滑构造，在北美和欧洲发达国家普遍使用在旧水泥混凝土路面的抗滑构造恢复上。与此同时，铣刨法还能够将面板之间的错台也铣刨掉，通过铣刨，路面不再跳车。一机三用，经济性好。在铣刨时，表面的残渣被用真空吸进储罐。这样铣刨时不妨碍高速公路上的车辆通行。在美国，为了提高铣刨施工效率，多采用纵向半圆形铣刨槽，并可不受降雨量限制。

铣刨法的投入较大、施工费用较高。主要是金刚石滚轮的磨损较快，更换一个新滚轮的费用很高。其铣刨速率主要受水泥混凝土路面上所使用的粗集料的岩石品种制约。坚硬的隧石铣刨速度为 75m²/h 左右；石英岩混凝土路面为 200m²/h 左右；石灰岩混凝土路面为 300m²/h 左右。这种方法也可以铣刨沥青路面，玄武岩抗滑集料的沥青混凝土路面，可施工速度约 200m²/h。它同时可降低路面的行车噪声。所以发达国家多将此项技术使用在日交通量不小于 3000 次以上交通量的公路路面上，高速公路上使用得较多也较成熟。

四、水泥混凝土路面恢复抗滑构造的罩面技术

1. 沥青罩面技术

仅恢复抗滑构造的沥青罩面可采用我国使用了多年的沥青表处技术，先清洁表面，然后喷一层热沥青或乳化沥青，用机械洒石子，碾压后再清扫未黏结的石子。这种处置方式做成的罩面厚度 ≤ 15mm 是裸露石料的低噪声表面（如果同时要求结构补强，则应 ≥ 40mm），表处也可采用沥青混凝土。这样表处的薄沥青面层会发生对应底部的混凝土路面板接缝的反射裂缝。由于仅仅为了恢复抗滑性能，所以一般不像结构补强那样使用耐热土工薄膜防裂，待开裂后在气温较低的季节用沥青灌缝即可（在这一层上面，使用一定时间也可以增加 25mm 以上的沥青混凝土进行结构补强）。法国的试验表明：15mm 的表处可使用 2 ~ 4 年，而 40mm 的结构补强层一般可使用 6 ~ 8 年。

无论沥青表处还是沥青混凝土补强，其保持优良抗滑构造和平整度的关键在于两点：一是层间黏结应牢固，防止沥青路面推挤壅包、车辙、卷起和成片脱落，国内外使用效果较好的是喷洒煤油稀释的沥青透层和黏层油，以便保持住刚施工完毕

时的优良平整度和行驶性能。二是处理好水泥混凝土路面接缝发射到沥青表层裂缝，当反射裂缝较宽时，两侧形成临空面，沥青混凝土很容易成块脱落，造成沥青混凝土加铺层或表处提前破坏，损失平整度。在薄层沥青加铺层上最简便易行的方式是对应水泥混凝土路面所有纵横缩缝切缝，并使用热沥青填缝。胀缝板上部接缝宽度较大，可采用双锯片锯缝机切缝，凿除胀缝板上部的沥青混凝土，再用变形和硬度适中的（改性）沥青砂或沥青玛蹄脂填缝。

2. 水泥混凝土罩面技术

高强混凝土裸露粗集料的罩面，这种做法的罩面是仅提高表面抗滑性能，厚度为 4 ~ 7cm。欧洲采用的粗集料最大粒径为 7mm，先凿毛或喷射处理并彻底清洁表面，涂树脂黏结剂作黏结层，按结合式薄加铺层设计，用滑模摊铺机摊铺表层，然后在表面喷洒超缓凝剂，最后用洗刷机刷掉表面砂浆，做成裸露粗集料的低噪声水泥混凝土路面。要特别注意，这一层应是专门配合比的细石高强混凝土，设计抗压强度不小于 70MPa。否则，抵抗不了车轮的冲击破坏。当然，在新建水泥混凝土路面上，现有技术可使用一台滑模摊铺机湿接湿一次摊铺两层，上层厚 5cm，无须黏结剂制作结合式高强混凝土低噪声水泥混凝土路面。而旧水泥混凝土路面罩面时，结合式必须采用黏结剂方可。接缝处全部对应切割，并要求切透，填缝。

用于结构补强，同时恢复抗滑构造的厚度按结合式薄加铺层设计要求做，可做成路拱中间薄两侧厚的拱形，这种做法应与路面拓宽同时考虑。也可做成等厚结合加铺层形式。分离式水泥混凝土加铺层，一般做得较厚，不使用在仅恢复抗滑性能方面，详细的叙述已超出本书的范围，有兴趣的读者请参阅有关资料。

第三节　水泥混凝土路面断板的修复

尽管我们采用了最新的软切缝等新技术，已经能够将断板率控制在 2% 以内，控制好的可达 1% 以内，但是由于施工条件的制约，仍不可能完全根除它。假设我们施工的水泥混凝土路面断板控制水平较高，达到了验收规范断板率 2% 的要求，每公里高速公路上双幅有 $2 \times 3 \times 200 \times 2‰ = 2.4$ 块断板，则 100km 高速公路上将有 240 块断板，最终需要处理。按目前水泥混凝土路面施工规范的要求，规定这些断板非处理不可，否则将无法交工验收。这些断板如何处理修复？是每一个施工水泥混凝土路面的技术人员都想搞清楚的问题之一。尽管 2% 断板，与完整板相比，仅占极小的份额，但在施工里程较长时，需要处理的总量仍不小，而且，处理难度很大。

这里介绍一些行之有效的滑模摊铺水泥混凝土路面断板的处理和修复办法，可能会对关心断板修复的人员有所启迪和帮助。首先，明确水泥混凝土路面断板的种类，然后提出断板的修复处理方法。

一、断板的种类

1. 断板分类

水泥混凝土路面上的断板发生在边角处的称为断角。断板按出现的早晚，可分为如下几类：

（1）施工期断板

滑模摊铺水泥混凝土路面在施工期间，由于其摊铺速度快，日施工进度快、里程更长，所以，摊铺长度远长于其他施工方式，比摊铺速度慢、里程短的其他施工方式更容易产生断板。因此，在施工期间的断板防治尤为突出和重要。

在滑模摊铺水泥混凝土路面上，产生断板的原因较复杂，按目前的研究，有以下几个方面的因素。

①日温差过大，一般超过15℃左右，切缝不及时、切缝方式落后、切缝时间过晚，由于温度应力高于混凝土路面的抵抗拉裂强度，造成的断板。这是一种主要的施工断板形式。改进的方式是采用软切缝机，提早切缝。软切缝机即能提前切缝，又能在早切缝时防止啃边。

②基层强度过高，路基或基层已经断裂，水泥混凝土路面施工中切缝不及时，或在路面混凝土凝结硬化过程中，因路面强度不足，会造成基层的反射断板。对反射断板，最有效的防止措施有两个：一是对应提前软切缝。在对应基层裂缝切缝的两侧，将缩缝调整为不等间距的缩缝。最大板长 < 6m；最短板长不得短于板宽（行车道板宽 3.75 ~ 4.5m）。二是在基层已经开裂部位，滑模摊铺之前，采用热沥青黏结宽度不窄于1m的沥青油毛毡或土工网格。实践证明，这两种方式均能有效地防止路面混凝土凝结硬化过程中，因基层裂缝引发的反射断板。

③由于水泥的水化热过高（如R型水泥）或水泥的安定性不良（小立窑水泥），也会引发早期断板。使用粉煤灰的水泥混凝土路面早期抗拉强度过小，更容易断板。防止的方法是不使用立窑水泥和R型快硬早强高热水泥，在日温差较大的场合施工，粉煤灰掺量应不大于15%。在这样的情况下，更要采用软切缝技术。

④在滑模摊铺水泥混凝土路面时，因滑模摊铺机操作不当或混凝合料的工作性不合适而造成的拉裂型断板；或施工时，因为等料时间过长，由施工连接冷缝引发的摊铺断板，这两种摊铺断板属于摊铺故障，均应在施工控制中予以消除，详见第七章第三节滑模摊铺中的故障处置措施。

综上所述，滑模摊铺水泥混凝土路面的施工期断板，是在摊铺里程、材料、基层、温差和施工等因素综合作用下，由板内过大的拉应力引起的。目前，最有效的防止措施是提前并及时软切缝。实践表明，采用软切缝技术后，可将施工断板率有效控制在 1% 以内。

（2）通车 1～2 年的早期断板

水泥混凝土路面通车 1～2 年产生的早期断板，首先，主要原因是施工进度过快，当年施工路基、基层和混凝土路面，路基固结沉降没有完成就上了路面，路基不稳定，不均匀沉降过大所致。其次，在路基和基层稳定的情况下，上基层表面的粗糙度过大，面板收缩时，基层对路面的局部摩擦阻力过大，使混凝土路面板内产生承过度的拉应力而致断裂，这是我们不主张上基层标高偏高后，铣刨基层的原因之一。目前，我们尚不了解，混凝土路面不发生断板的路基临界允许沉降量是多少？不允许混凝土路面早期断板时，对基层表面的弯沉差要求是多大？此项研究正在通过断裂力学进行。目前的防止早期断板形成的主要方式是延长施工时间，最快需要将路基沉降 1～3 年，特别是通过几个雨季的加速固结沉降，方允许施工水泥混凝土路面。

（3）使用期断板

水泥混凝土路面的使用期断板可以发生在通车 2～5 年之内，其主要原因是所采用的基层不耐冲刷，路面结构横向排水不畅，由唧泥和淘空基层所造成使用期断板。防止的方法有：一是采用抗冲刷性的基层类型；二是提高接缝材料的密封防水能力；三是使用透水基层，并在硬路肩下采用基层表面的纵向排水管沟，将通过接缝和断板透进基层的水分及时迅速排除。防止基层冲刷、唧泥和淘空型水破坏，就能有效防止使用期断板。

（4）设计使用寿命终了的断板

设计使用寿命终了的断板是一种假想的设计断板状态，实际上，这种断板并非一定发生，在一般情况下，30 年当中没有断裂，30 年后亦不断板。否则，不可能产生国内使用寿命达 40 年、国外甚至使用 80 余年无大修的水泥混凝土路面。

二、断板处理方法

1. 非破损修复

（1）扩口填缝法。扩口填缝法处理断板是各发达国家在滑模摊铺水泥混凝土路面施工中采用的一项简单技术，其思路是滑模摊铺水泥混凝土路面板的强度很高，打掉重新浇筑人工制作的小块水泥混凝土路面，其抗折强度和施工质量远低于滑模摊铺水泥混凝土路面。所以，主张不打掉强度和平整度良好的滑模机械施工的水泥混凝土路面，将断板当作缩缝来处理，采用直径很小（10～20cm）的小锯片顺断板缝扩大缝口，然后同缩缝一样用填缝的方法处理断板。采用扩口填缝法处理水泥混凝土路面的施工断板有以下几个前提：

①必须严格控制断板的数量，以保证绝大多数路面缩缝是切割的顺直度。须知，接缝的顺直度在竣工验收规范中有质量要求，扩口填缝法处理的断板数量不得大于的质量要求只有在这个数量以内的断板才可以这样处理。

②必须是滑模机械施工的高强度和高平整度的混凝土路面。而不是人工施工的一般水泥混凝土路面。在明确路面打掉人工重做时，不可能达到目前滑模机械施工的路面质量时，才允许采用扩口填缝法。

③断板缝没有分叉，且基本垂直于路面，水平倾斜度不大于 1/6（斜缩缝用 1/6），平面弯曲度：在一块板（4.5m 宽）内断板的大致方向拉线，不大于 50cm。断板缝深度方向接近垂直，特别是表面附近不得为楔形断口，才能使用扩口填缝法。分叉断板，不符合断板按缩缝处理的基本条件；水平倾斜度大于 1/6 的尖角断板，使用中会引发新断角；水平弯曲度很大的断板，对板的荷载传递和接缝顺直度有严重影响；深度方向严重不垂直的楔形断口，无法确定扩口填缝的准确位置，引起表面混凝土楔形脱落破坏。在上述这些特殊情况下，只能采用下面推荐的断板局部或全部打掉的处理办法。

（2）黏结灌浆法。用水性低黏度环氧树脂等黏结剂，采用灌浆法，黏结断板缝。缝的表面要先贴上封条，从断板一侧灌浆，从另一侧挤压出黏结剂，方可灌浆饱满。黏结灌浆法，要求断板的缝宽至少为 2～3mm，否则，由于黏结剂的黏度依然较大，很难灌进黏结剂。灌浆材料一定要比原有混凝土路面抗拉强度高，保证灌浆后不再从断板处断裂。

实际填灌黏结剂处理断板的实践表明：这种方法不大适宜水泥混凝土路面断板修复，原因是水泥混凝土路面摊铺后，产生温度和湿度翘曲应变，使板底与基层之间有间隙，填灌的黏结剂有相当数量从板底流失了，黏结剂的损耗较多，填灌一条断板的费用高于打掉重铺本块混凝土路面板的费用。所以，我们在数条高速公路水泥混凝土路面的断板处理上均试用了这种方法，但因费用过高而难以推行。

2. 锚钉（半破损）修复法

这种方法是介于破损修复和非破损修复之间的浅层纵向修复方法，先用切缝机垂直断板裂缝切两条间距 50mm 左右的切口，切口深度中间不小于 8cm，两侧不小于 5cm，平面上可按断板裂缝的走向，错开布置。然后，凿除 50mm 范围内的混凝土，并开凿到不小于 8cm 同样深度，用直径 12mm 以上的螺纹钢筋做成两头带弯钩的扒钉，安装扒钉的中到中距离 300mm，再罐树脂砂浆或高强度补偿收缩细石混凝土，捣实并修平表面。灌注锚固钉时使用的材料，要求不仅强度应高于路面混凝土，而且其颜色应尽可能与路面混凝土相同或接近。用这种方式在夏季热天修复时，断口宽度小于1mm时，可对未切开断板其他部位不灌缝处理；断口宽度1～2mm时，宜灌树脂黏结剂；断口宽度≥3mm，或在其他低温季节修复时，应对未切开的断板缝进行黏结剂或水泥浆灌缝处理。

这种修复方法特别适用于修复拉杆失效后张开位移量较宽的纵缝。

3. 锯除条块（破损）修复法

（1）非全厚度的修补法。要求横向切开表面≥7cm深（非全厚度的修补），平行断板两侧各15cm宽（两条切缝的距离应视断板裂缝的弯曲程度确定），在垂直断板方向上加长30cm，最小直径为12mm，间距不大于20cm，平行断板横向绑扎最小直径为6mm，2～3根的螺纹钢筋网。然后，在凿开的7～12cm深、清理干净的表面上，涂低水灰比的水泥浆或树脂粘结剂，再浇筑同颜色高强补偿收缩混凝土，表面修整成与路面平整度及抗滑构造相同。

（2）全厚度的修补法。按英国和美国《水泥混凝土路面修复方法》，采用全厚式局部切割修复断板（宽度不小于1m），需要在两侧路面边壁上钻孔并植入传力杆，同时，在断板处布置与上述基本相同的钢筋网，将一条断板接缝变成两条带传力杆的缩缝。修补混凝土亦要求高强，但无须补偿收缩，局部表面修整的平整度及抗滑构造要求与路面相同；灌缝材料及施工技术要求也与路面缩缝填缝时相同。

4. 全板重铺法

在我国山东、湖南、广东、吉林等省，对水泥混凝土路面断板控制的要求很高，不允许有断板弯曲缩缝，发生断板的混凝土路面板要求全部推掉，重新摊铺。重摊铺的混凝土路面板要求精心整平，平整度不能大于3mm。抗滑构造要求与路面施工时相同。这种方法的问题在于重新摊铺1～2块断裂的路面板必定采用人工施工，除非精心修补，其制作的局部几块板的混凝土密实度、抗折强度、路面平整度和抗滑构造均不及滑模摊铺机连续摊铺的水泥混凝土路面板的质量。

在采用上述各种断板修复方法以前，应首先判断导致断板的原因，通过测量断板两侧的沉降，排除由于基层不均匀沉降造成的断板，方可采用非全厚度非破损或半破损（半厚度）的修复方法，如果通过测量证明是由于基层不均匀沉降造成的断板，则必须采用全厚度的局部或全面板的修复方法，在采用全板厚的修复方法之前，首先应处理和整平基层，再摊铺或修补面层。

三、断角的防止和修复

断角的修复方法，原则上应与断板相同，只是在局部剔除时，不必太大，按断角的大小，只处理断角局部，切成方形或矩形处理。但应注意断角一般与基层局部沉降关系很大，必须先处理基层沉降，否则，处理后的角仍会断。

第四节　错台的防止

一、错台的防止办法

1. 强化基层

①提高基层强度，减少重交通条件下，基层的垂直不均匀压缩变形，如采用透水混凝土或贫混凝土基层。

②使用高抗冲刷性基层类型，提高基层的抗冲刷能力，减小基层的冲刷淘空变形。

2. 改善排水防止唧泥

①使用防水密封性能优良的填缝材料，防止水分透入基层。

②改善路面基层结构渗透排水，使用透水混凝土基层、透水边沟和排水管。

③使用不耐冲刷的基层类型时，不使用"一白两黑"渗透水的"蓄水槽"式路面横断面结构，改沥青路肩为水泥混凝土路肩，或在沥青路肩下使用透水垫层，软路肩下使用砂砾材料快速排除进入路面结构中的水分，防止唧泥和错台，最终将有效地防止大量快速的断板破坏。

3. 所有缩缝插入传力杆

在重交通或重轴载水泥混凝土路面上使用不发生错台的水泥混凝土路面结构类型所有缩缝插传力杆，防止错台的发生。

二、错台的处理

1. 灌浆抬板消除错台

对已经发生错台的重交通水泥混凝土路面，如果，发现脱空现象，在养护时应及时灌浆处理，灌浆时，可采用特制支架使面板拔起来，再灌浆。

2. 铣刨消除错台

不需要灌浆或灌浆后仍然有错台的路面应采用铣刨机械方法消除错台。

第五节　接缝的养护

众所周知，设计上水泥混凝土路面要求达到的使用寿命为 30 年，但迄今为止，还没有能够 30 年不被破坏的填缝材料。在填缝材料的 4 大类产品中，沥青、塑料、橡胶、树脂均为有机高分子材料，在露天使用条件下，即使没有车辆荷载，也存在这些材料的自动热氧老化和光氧老化问题。其黏结力和变形性能会随着时间推移、老化加深而劣化。加上我国货运依然是敞开式车厢板运输方式（不像发达国家全封闭全密封集装箱方式），接缝中嵌入的石子、砂、矿石、煤炭、玻璃及泥土杂物很多。接缝被嵌入的硬物顶死，使我国的水泥混凝土路面在夏季时基本上是温度预压应力路面。接缝上部崩离、拱起、爆裂现象较多。因此，在水泥混凝土路面使用期内，必须重视接缝状况的定期检查，并定期进行接缝材料的清理、重灌。而此项工作国内基本没有进行，应该引起我们高度重视，它对于防止路面板隆起、爆裂和挤崩，保持路面接缝的完好，具有重要意义。

按美国对高速公路水泥混凝土路面填缝材料的使用性能要求，应使用 10 年，10 年后要整个清除重灌。那么在 30 年使用期中，应重灌两次，而我国不具备国外良好的运输清洁环境，按我国水泥混凝土路面的实际使用状况，接缝中填缝料基本完好状态的时间最长为 5 年，这意味着：我国的水泥混凝土路面接缝在 30 年使用期内应清理重灌 5 次。解决这个问题的根本出路一是改货车为全封闭全密封运输方式，这需要我国汽车工业作出积极努力，尽快将开敞卡车改型为集装箱运输车辆；二是提高填缝材料品质，减少重灌次数。无论如何，我们在水泥混凝土路面养护工作中，要将接缝重灌作为一项重要的养护任务。

一、缩缝的养护

水泥混凝土路面上缩缝的数量很多，其使用 3 ~ 5 年，填缝材料基本被破坏，加上嵌入了较多砂、石、土等杂物，必须清理、重灌填缝料。推荐高等级公路上使用橡胶和树脂基的高性能填缝材料。先用切缝机将接缝中的砂、石、土和残留的填缝料飞出来，然后用不小于 2MPa 的压力水枪冲洗接缝，用压缩空气吹干，再压入泡沫塑料垫条，最后灌填缝料。养护灌缝的时间宜避开夏季热天缝宽最窄时，应在春秋季进行灌缝，灌缝高度不宜灌饱满，应留出 1 ~ 2mm 预挤压高度，防止夏季被车轮带走填缝料。如果重填预制橡胶条，则要求切成台阶缝，其缝宽略大于施工填缝时，并要求适当加宽橡胶条横截面尺寸。

当水泥混凝土路面使用到一定年限，交通量和轴载增大很多时，会产生明显错台，在检验没有明显脱空时，应按上述断板处理的锚固方法在每条缩缝植入传力杆或植入传力锚具，增加缩缝的传荷及抵抗错台的能力，错台可用铣刨方法消除。植入传力锚具和传力杆的方法国内没有采用过，法国和德国的修复实践表明：使用效果不错，应积极开发推行。

二、胀缝的养护

胀缝养护问题更复杂一些，首先，按现行水泥混凝土路面设计规范施工的胀缝几乎没有不挤碎的，对此，在本书的接缝施工有关章节中已有详细叙述，原因主要是胀缝如果不进行钢筋加强，其破坏力应大于混凝土的抗拉强度。对这种胀缝的结构性破坏情况，在养护工作中，必须对破碎的胀缝进行全断面清除重做，锯除胀缝破碎带，修复方法之一是不修复成胀缝，而将胀缝改为隔离缝，内填沥青混凝土或沥青砂浆。在我国不少水泥混凝土路面上正在采用这种方法，由于改成隔离缝将严重影响路面的平整度，降低路面行驶性能，我们认为隔离宽缝的做法只能使用在二级以下的公路水泥混凝土路面上，在高速公路和一级公路上不适用。

对破碎胀缝的修复方法之二是在高等级公路上推荐采用本书接缝施工中的加强钢筋支架方式修复，在锯开的接缝壁中也应钻空植入传力杆，同时填补高强补偿收缩混凝土或纤维混凝土修复破碎胀缝带。

胀缝板及上部填缝材料始终是我国水泥混凝土路面上的一项难题，用缩缝填缝料灌满填实的做法，实践证明效果较差。原因是胀缝的压缩张开变形量最大时可达15 ~ 20mm，木材胀缝板和灌满填实方式显然适应不了这样大的变形，结果夏季热天灌满填实的胀缝填缝料挤出很高，造成严重跳车现象，同时，车轮会将其带走或磨损掉，到冬天，胀缝宽度加大时，填缝料又低得过多，同样造成较大颠簸，也容易将胀缝边角撞碎，所以，在高等级公路上不宜采用灌满填实的做法。但在三级以下车速和平整度要求不高的公路上可以采用。

在高等级公路的胀缝上部填缝料方面，我们推荐采用五重防切割的多孔橡胶条截面形式（该外形设计已取得中国专利）。多孔橡胶条的空隙体积高达65%以上，加上橡胶本身的可压缩变形，可保证胀缝条在夏季不挤高，五重防护是针对我国路面切割破损严重而专门设计的。在广东省广花一级公路上，我们曾采用过美国进口的5孔两重防护的橡胶条。通车半年后，有1/3的5孔橡胶条被嵌入的石子切割成了橡胶小条。所以，一方面，需要采用更多重防切割措施，包括采用特种橡胶或增加填料，提高其硬度和嵌入硬物切割的能力。另一方面，说明胀缝填缝材料由于胀宽大，而不被破坏的使用时间相当短，一般只有 2～3 年时间就全部破坏了，需要对已经破坏的胀缝填缝条比缩缝填缝料提前更换养护。否则，胀缝缝宽大，啃边破坏的可能性更多更快。采用作者特殊设计的多重防护橡胶条预计可使用 3～5 年。如果在高等级公路的养护工作中不进行胀缝填缝条的养护更换，那么，当胀缝填缝条被破坏时，缝中挤满了石子等硬物，胀缝的拱起、爆裂和挤溃边角破损的现象将不可避免，这样，劣化了高等级公路车轮的高速行驶性能，破损会在车辆作用快速发展，以后修补就相当困难。必须高度重视，制定相应的养护规章制度来保证。

三、纵缝的养护

水泥混凝土路面上纵缝变形量由于有拉杆的约束作用，不仅小于胀缝而且小于缩缝，所以，其不重新灌缝的使用年限较长。滑模摊铺水泥混凝土路面的纵缝有两种做法：一是只在两次摊铺的连接纵缝侧壁 1/2 上部涂沥青，不切缝也不灌缝，正常情况下，有拉杆约束的纵缝开裂宽度在 1～2mm，加上沥青防水，透水很少。二是一次摊铺的中间纵缝，需要切缝灌缝处理。所用的填缝材料与缩缝相同。虽然纵缝变形小，使用年限长，但由于填缝料的老化，也需要在适当时间重新灌缝，重新灌缝的时间可在缩缝第二次灌缝时，即 10 年左右，与横向缩缝同时进行全面清理填缝。

我国有不少等级较低的水泥混凝土路面 9m 宽度的中间纵缝未设拉杆，结果由于路面和基层的路拱及横坡车辆的振动作用，中间纵缝有的拉开量达到 20～30cm，外移很多，中间长满了青草。这样的纵缝修复应在两侧混凝土路面中掘孔或槽，重新植入拉杆，并对张开部位充填混凝土，旧混凝土路面边壁上应涂沥青防水渗透。

参考文献

［1］欧振伟.建筑工程模板工程施工技术探讨［J］.中小企业管理与科技旬刊，2011（8）：158–158.

［2］刘家宽，邹贤飞.浅谈清水混凝土模板工程施工技术［J］.工程与建设，2011，25（4）：533–534.

［3］梁向东，崔洪杰.简述模板工程施工技术［J］.黑龙江交通科技，2003，26（2）：59–60.

［4］崔玉会.模板工程施工技术在建筑工程中的应用［J］.中国建筑金属结构，2013（2）：86–86.

［5］张良杰.模板工程施工全过程管理技术［J］.施工技术，2009，38（4）：53–56.

［6］王明友.关于建筑模板工程中主体模板施工技术的应用［J］.中小企业管理与科技（中旬刊），2014（8）：141–142.

［7］周雷.建筑工程中模板工程施工技术的应用解析［J］.城市建设理论研究：电子版，2014（33）.

［8］吴建英，顿景艳.混凝土模板工程施工技术［J］.山西建筑，2003，29（16）：48–49.

［9］丁维翔.试析工程施工中模板工程的施工技术［J］.科学技术创新，2014（10）：205–205.

［10］赖卫海.建筑工程施工中模板工程的质量控制措施分析［J］.江西建材，2013（3）：103–104.

［11］谭波.高层建筑液压滑模施工技术［J］.中国科技信息，2005（12C）：199–199.

［12］周功友.大直径筒中筒滑模施工技术［J］.施工技术，2007（s1）：292–294.

［13］邓斌.滑模施工技术在高层建筑中的应用［J］.科技经济市场，2009（3）：27–28.

［14］刘光强．仓顶重载荷大直径筒仓滑模施工技术［J］．工程质量，2010，28（11）：72–75.

［15］关云航．水泥混凝土路面滑模施工技术［J］．内蒙古水利，2010（6）：140–141.

［16］赵晓春．浅析滑模施工技术在高层建筑施工中的要点［J］．房地产导刊，2014（27）.

［17］李岩，杜林林．滑模施工技术的优势及技术要点［J］．中小企业管理与科技（下旬刊），2010（4）：172–173.

［18］陈志鹏．浅谈高层建筑滑模施工技术［J］．科技资讯，2010（9）：72–72.

［19］陈挺生．浅谈高层建筑滑模施工技术［J］．科技资讯，2008（20）：72–72.

［20］何静科．高层建筑剪力墙结构滑模施工技术要点分析［J］．科学之友，2013（8）：91–92.